普通高等教育“十五”国家级规划教材教学辅导书
——配套同济大学普通化学及无机化学教研室编《普通化学》

普通化学学习指导

同济大学
顾金英　杨　勇　主编

化学工业出版社
·北京·

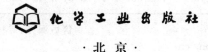

本书是普通化学学习指导及考研参考书，以丰富的例题、习题及分析见长。具体内容包括化学反应的基本规律，水基分散系，溶液中的化学平衡，结构化学，单质及无机化合物，有机化学，高分子化合物，生命与化学，环境与化学，能源与化学。本书力求理论表述清晰概括、例题及习题代表性强，对相关专业学生有较高的参考价值。

图书在版编目（CIP）数据

普通化学学习指导/顾金英，杨勇主编. —北京：化学工业出版社，2013.8（2024.10 重印）
普通高等教育“十五”国家级规划教材教学辅导书——配套同济大学普通化学及无机化学教研室编《普通化学》
ISBN 978-7-122-17981-4

Ⅰ.①普… Ⅱ.①顾…②杨… Ⅲ.①普通化学-高等学校-教学参考资料 Ⅳ.①O6

中国版本图书馆 CIP 数据核字（2013）第 160114 号

责任编辑：刘俊之　　　　文字编辑：颜克俭
责任校对：蒋　宇　　　　装帧设计：刘丽华

出版发行：化学工业出版社（北京市东城区青年湖南街 13 号　邮政编码 100011）
印　　装：北京天宇星印刷厂
787mm×1092mm　1/16　印张 15¼　字数 387 千字　2024 年 10 月北京第 1 版第 7 次印刷

购书咨询：010-64518888　　　　售后服务：010-64518899
网　　址：http://www.cip.com.cn
凡购买本书，如有缺损质量问题，本社销售中心负责调换。

定　　价：39.00 元

前　言

本书依据教育部对高等院校普通化学课程教学的基本要求，是一本与同济大学普通化学及无机化学教研室编写的《普通化学》教材（2004 年出版，普通高等教育“十五”国家级规划教材）内容配套的本科教学参考书，同时也是一本知识内容较为全面、习题难度适中的硕士研究生入学考试的复习用书。

全书按《普通化学》教材内容分章编写。前四章，是普通化学课程教学的重要内容。每章由基本要求，内容精要及基本例题分析，重点、难点解析及综合例题分析，疑难问题解答，自测题五部分组成，对各章知识点做了简要概括，突出了必须掌握和理解的核心内容。例题分析注重与体现解题过程的化学思维方式、解题思路与步骤、演算方法与技巧，旨在帮助读者更深刻地理解和掌握普通化学课程的基本原理和重要内容，提高读者灵活运用化学知识、分析解决问题的能力，特别是对一些较复杂的综合性疑难问题的分析解题能力。带 * 的内容和题目超出普通化学课程要求，供学有余力及准备硕士入学考试的读者参考。

第五章到第七章是普通化学课程的选讲内容，主要介绍无机化学、有机化学及高分子化学方面的基础知识。部分内容及自测题超出普通化学课程要求，仅供以该教材为指定考研用书的读者参考。

第八章到第十章是普通化学课程的拓展内容，旨在拓宽读者的知识面，使读者了解当前世界上与人类生活及社会发展密切相关的生命科学、环境科学、能源科学以及这些学科与化学间的密切联系。对本科生没有更专、更深的要求，对以该教材为指定考研用书的读者有一定参考价值。

本书由顾金英、杨勇主编。第一章至第四章、第八章至第十章初稿由顾金英编写，第五章至第七章初稿由杨勇编写，全书由顾金英、杨勇共同定稿。两位老师均为同济大学普通化学课程现任授课教师，有数十年从事普通化学课程教学的经验，并且都参与了《普通化学》教材的编写工作。施宪法教授主审并对本书提出了许多建议，朱仲良教授对本书的出版给予了大力支持，在此一并表示感谢。

鉴于水平有限，时间仓促，书中不当之处，敬请广大读者提出宝贵意见，以便再版时修正。

编者

2013 年 6 月于上海

目　录

第一章　化学反应的基本规律

本章涉及化学热力学与化学动力学两部分内容。化学热力学解决的问题是判断一个化学反应能否自发进行以及预测反应进行的程度。化学动力学解决的问题是能自发进行的反应以怎样的速率进行以及如何通过改变反应条件，使反应速率符合人们的要求。

第一节　化学热力学

一、基本要求

（1）掌握体系、环境、状态函数、标准状态等基本概念。

（2）掌握热力学能U、热Q、功W、焓H、熵S、吉布斯自由能G，以及$\Delta_f H_m^\ominus$、$S_m^\ominus$、$\Delta_f G_m^\ominus$、$\Delta_r H_m^\ominus$、$\Delta_r S_m^\ominus$、$\Delta_r G_m^\ominus$等热力学函数的定义和意义，判别其中的状态函数。

（3）理解热力学三大定律的基本内容及意义。

（4）利用盖斯定律计算指定反应的反应热、熵变、焓变、吉布斯自由能变及热力学平衡常数。

（5）掌握吉布斯一赫姆霍兹公式和化学等温方程式及相关计算，判定化学反应的方向。

（6）理解化学平衡的特征，掌握热力学标准平衡常数的计算方法以及有关化学平衡的计算，并熟练掌握浓度、温度、压力等条件改变对化学平衡的影响及平衡移动的规律。

二、知识框架图

如图1-1所示。

三、内容精要及基本例题分析

（一）热力学基本概念与定律

1. 状态函数

（1）状态函数的特征：状态函数有特征，状态一定值一定；殊途同归变化等，周而复始变化零。

（2）状态函数的分类：分为广度性质的状态函数和强度性质的状态函数。具有加和性的是体系的广度性质。例如：热力学能U、焓H、熵S、吉布斯自由能G等。不具有加和性的是体系的强度性质。例如：压强p、浓度c等。

（3）状态函数的判断：只与始态、终态有关，而与变化途径无关。（$\Delta X=X_2-X_1$）

（4）热Q、功W不是状态函数，数值与变化途径有关。

【例1-1-1】 某一体系从状态A（始态）到状态B（终态）的变化过程，可通过一个单一的等温过程来完成；也可先经压缩升温，再经绝热膨胀两步连续变化来完成；或通过其他途径完成。但不管实际变化经由何种途径，体系在变化前后的温度差ΔT（T_B-T_A）总是：

（A）$\Delta T<0$　　　　（B）$\Delta T=0$

（C）$\Delta T>0$　　　　（D）ΔT随实际途径而不同

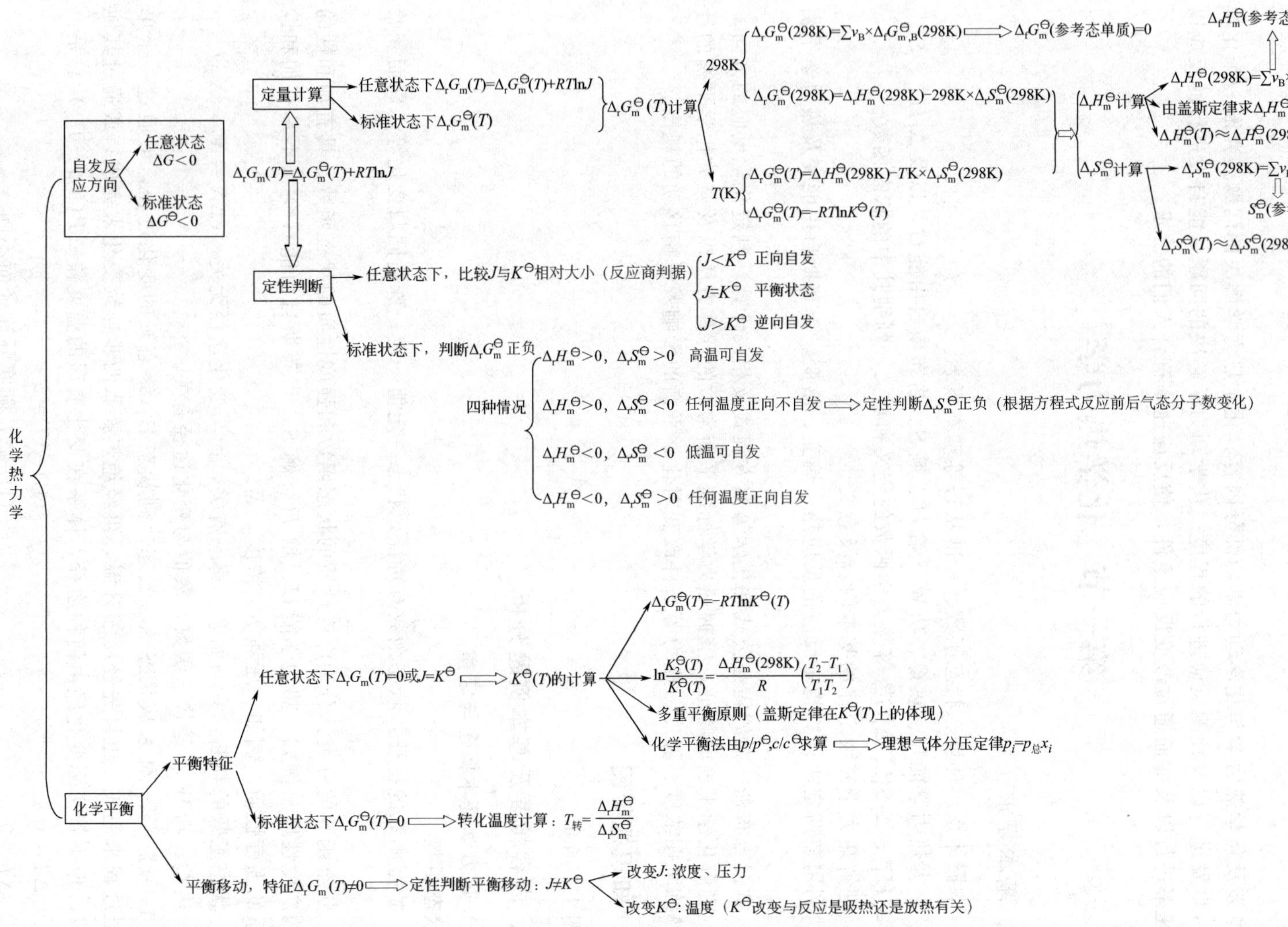

图 1-1 “化学热力学”知识框架图

【解】 答案为B。

【分析】 此题考查状态函数的性质。当体系的状态发生变化时，任何状态函数的变化，只取决于起始状态与终了状态，而与变化经历的途径无关。体系的温度是状态函数。由题意知可通过一个单一的等温过程由状态A到状态B，状态B与状态A温度相等，故通过任何途径由状态A到状态B的变化，其温度差 ΔT 均为0，选项B为正确答案。

2. 标准状态

标准状态的定义不涉及温度。每个指定的温度 T，都可指向一个标准状态。对气体，指定体系中每种组分气体的分压都是标准压力100kPa；对溶液，指定在标准压力下溶液中每种溶质组分的浓度均为 $1mol \cdot dm^{-3}$；对纯液体和固体，指定其处于100kPa的标准压力下为标准状态。

应注意，标准态是一种人为指定的理想状态，用于作为体系状态比较的参照，并不一定是体系的实际状态。

【例1-1-2】 判断对错（ ）：对反应 $H_2(g)+\frac{1}{2}O_2(g) = H_2O(l)$ 而言，标准状态是指在298K时，体系的总压为100kPa。

【解】 判断（×）。

【分析】 此题考查物质及体系标准态概念。尽管习惯上常使用物质在298K下热力学函数的值，但标准态没有规定温度，更没有特指298K。若物质处于标准态，规定其分压（对气体）为100kPa或浓度（对溶质）为 $1mol \cdot dm^{-3}$。对题目给定反应，标准态指参与反应的所有物质均处于标准态，即 $H_2(g)$ 与 $O_2(g)$ 的分压都是100kPa，而不是体系的总压。请读者不要忽略这一点。

3. 参考态单质及 $\Delta_f H_m^\ominus$、$S_m^\ominus$、$\Delta_f G_m^\ominus$ 的规定

（1）参考态单质定义：通常是指在一般的温度、压力下最稳定形式存在的单质，如 $O_2(g)$，并非臭氧 $O_3(g)$。但有例外，如白磷被指定为元素磷的参考态单质，而白磷并非磷最稳定存在的形式，红磷最稳定。

（2）常见参考态单质：氟指气态 $F_2(g)$；氯指气态 $Cl_2(g)$；溴指液态 $Br_2(l)$；碘指固态 $I_2(s)$；汞指液态 $Hg(l)$；碳指石墨；磷指白磷；硫指单斜硫。

（3）参考态单质 $\Delta_f H_m^\ominus$、$\Delta_f G_m^\ominus$ 均为0；但 $S_m^\ominus \neq 0$。

【例1-1-3】 下列各热力学函数中，哪一个为零？

（A）$\Delta_f G_m^\ominus(I_2, g, 298K)$　　（B）$\Delta_f H_m^\ominus(Br_2, l, 298K)$

（C）$S_m^\ominus(H_2, g, 298K)$　　（D）$\Delta_f H_m^\ominus(CO_2, g, 298K)$

【解】 答案为B。

【分析】 此题考查参考态单质及相应热力学函数的规定。尽管选项A、B、C中，3种物质都是单质，但只有选项B、C是参考态单质。根据定义，参考态单质的 $\Delta_f H_m^\ominus$、$\Delta_f G_m^\ominus$ 均为零，故选项B正确。部分读者常误认为C也正确。热力学第三定律规定纯物质的完美晶体在0K时规定熵 $S_m^\ominus$ 为零。因此，298K时 $S_m^\ominus(H_2, g, 298K)$ 不为零。请读者注意，0K下完美晶体是一个理论上的理想状态，实际上并不存在。

4. 热力学能 U 与热力学第一定律

（1）热力学第一定律表达式 $\Delta U = U_2 - U_1 = Q + W$。

其中，热 Q 与功 W 符号的规定：体系获得能量为正（体系从环境吸热 $Q>0$；环境对体系做功 $W>0$）；体系损失能量为负（体系向环境放热 $Q<0$；体系对环境做功 $W<0$）。

(2) U 是状态函数；Q、W 不是状态函数，其值与变化途径有关。

(3) 在恒容且体系不做非体积功条件下，$\Delta U = Q_V$（Q_V 为恒容反应热）。

【例 1-1-4】 某理想气体，经过恒压冷却、恒温膨胀、恒容升温后回到始态，此循环过程中体系做功 15kJ，则 Q 值为：

(A) -15kJ　(B) 0　(C) 15kJ　(D) 无法确定

【解】 答案为 C。

【分析】 此题考查热力学第一定律。U 为状态函数，当体系经历一个循环又回到原来的起始状态，$\Delta U = 0$。根据已知条件，体系对环境做功，W 取负值，$W = -15$kJ，代入热力学第一定律 $\Delta U = Q + W$，Q 的计算值为 15kJ。故 C 为正确答案。

5. 焓 H、恒压反应热 Q_p 及 $\Delta_r H_m^\ominus$、$\Delta_f H_m^\ominus(B)$

(1) 焓的定义：$H = U + pV$。

(2) 焓变的意义：$\Delta H = Q_p$。（前提：体系经历一个等压过程，且变化过程中体系不做非体积功）

(3) 焓变 $\Delta H > 0$ 表示体系吸热；$\Delta H < 0$ 表示体系放热。

(4) 化学反应的热效应 $\Delta_r H_m^\ominus$ 反映了旧化学键断裂和新化学键生成所产生的能量之差，称为标准摩尔反应焓变，单位 $kJ \cdot mol^{-1}$。

(5) $\Delta_f H_m^\ominus(B, T)$ 指物质 B 的标准摩尔生成焓，通常指 298K。

【例 1-1-5】 在 298K、100kPa 时，反应 $3H_2(g) + N_2(g) = 2NH_3(g)$ 的 $\Delta_r H_m^\ominus$ 为 $-92.2kJ \cdot mol^{-1}$，则 $NH_3(g)$ 的 $\Delta_f H_m^\ominus$ 为：

(A) $-92.2kJ \cdot mol^{-1}$　(B) $-184.4kJ \cdot mol^{-1}$

(C) $-46.1kJ \cdot mol^{-1}$　(D) $-30.7kJ \cdot mol^{-1}$

【解】 答案为 C。

【分析】 此题考查化学反应恒压热效应 $\Delta_r H_m^\ominus$ 和物质的标准摩尔生成焓 $\Delta_f H_m^\ominus$ 之间的区别与联系。请读者注意，物质的热力学函数 $\Delta_f H_m^\ominus$ 的规定中，下标 m 指的是生成 1mol 该物质，而且皆由参考态单质生成。$\Delta_r H_m^\ominus$ 中下标 m 指反应进度为 1mol。依题意，由参考态单质［3mol $H_2(g)$ 与 1mol $N_2(g)$］生成 2mol $NH_3(g)$，放出的热量是 $92.2kJ \cdot mol^{-1}$，即 $\Delta_r H_m^\ominus = 2\Delta_f H_m^\ominus(NH_3, g)$，故 $NH_3(g)$ 的 $\Delta_f H_m^\ominus$ 为 $-46.1kJ \cdot mol^{-1}$，选项 C 正确。

【例 1-1-6】 在 298K 时，反应 $H_2(g) + \frac{1}{2}O_2(g) = H_2O(l)$ 的 Q_p 与 Q_V 之差是：

(A) $-3.7kJ \cdot mol^{-1}$　(B) $3.7kJ \cdot mol^{-1}$

(C) $-1.2kJ \cdot mol^{-1}$　(D) $1.2kJ \cdot mol^{-1}$

【解】 答案为 A。

【分析】 此题考查 ΔU 和 ΔH 之间的关系。利用热力学第一定律及反应热的定义，可推导出 $\Delta U = Q_V$，$\Delta H = Q_p$。根据焓定义 $H = U + pV$，则恒压下 $\Delta H = \Delta U + \Delta pV = \Delta U + p\Delta V = \Delta U + \Delta n_g RT$，（$\Delta n_g$ 为反应前后气态物质摩尔数的变化），因此 $Q_p = Q_V + \Delta n_g RT$，题中 $H_2(g)$ 消耗了 1mol，$O_2(g)$ 消耗了 0.5mol，$\Delta n_g = -1.5$mol，故 $Q_p - Q_V = -1.5mol \times 8.314J \cdot mol^{-1} \cdot K^{-1} \times 298K = -3.7kJ \cdot mol^{-1}$。A 为正确答案。

6. 熵 S 与热力学第三定律

(1) 熵的意义：S 是体系混乱度的量度。

(2) 熵的规定：热力学温度为 0K 时，纯物质的完美晶体熵值被规定为 0。此状态下，物质具有最低混乱度。（热力学第三定律）

（目前，0K是热力学的最低温度，但0K是仅存于理论的下限值。这是因为物质的温度取决于物质内部原子、分子等粒子的动能。理论上，若粒子动能低到量子力学的最低点时，物质即达到绝对零度，不能再低。因此，绝对零度永远无法达到，只可无限逼近。）

(3) 定性比较不同物质的熵值大小。

a. 先比较物质状态（气、液、固），$S_m^{\ominus}(g) \gg S_m^{\ominus}(l) > S_m^{\ominus}(s)$。

b. 相同物质状态时再比较物质的结构和复杂度。分子越大，结构越复杂，其熵值越大。

例：$S_m^{\ominus}(I_2, g) > S_m^{\ominus}(Br_2, g) > S_m^{\ominus}(Cl_2, g) > S_m^{\ominus}(F_2, g)$

(4) 定性判断反应的熵变。只需考虑反应前后气态物质摩尔数 Δn 的变化。若 $\Delta n > 0$，则反应 $\Delta S > 0$；若 $\Delta n < 0$，则反应 $\Delta S < 0$。

【例 1-1-7】 常温下，下列物质中，标准摩尔规定熵最小的是：

(A) 汞　　　(B) 水　　　(C) 溴　　　(D) 碘

【解】 答案为 D。

【分析】 此题考查物质的标准摩尔规定熵的定性比较。在物质气、液、固三种聚集状态中，固态物质具有最低的混乱度，熵值最小。故 D 为正确答案。

7. 吉布斯自由能 G 与热力学第二定律

(1) 吉布斯自由能的定义：$G = H - TS$。

(2) 吉布斯自由能的意义：$\Delta G = W'_{max}$，表示在恒温恒压下，自发反应做有用功的本领（例如电功，详见第三章）。反应过程中 G 的减少量（ΔG）是体系做非体积功（有用功）的最大限度。

(3) 自发反应的判据（热力学第二定律的两种表达方式）。

a. $\Delta_r S_m$ 的判据（熵增原理）：$\Delta S_{孤立} \geqslant 0$。适用条件：孤立体系。

b. $\Delta_r G_m$ 的判据：$\Delta_r G_m < 0$，化学反应在恒温恒压下可正向自发进行。

适用条件：恒温恒压下、非体积功为零时的任何体系（例如化学反应）。

【例 1-1-8】 指定温度 T 时，化学反应在敞开容器中能自发进行的充分必要条件是：

(A) 反应的 $\Delta_r S_m^{\ominus}(T) > 0$　　　(B) 反应的 $\Delta_r H_m^{\ominus}(T) < 0$

(C) 反应的 $\Delta_r G_m^{\ominus}(T) < 0$　　　(D) 反应的 $\Delta_r G_m(T) < 0$

【解】 答案为 D。

【分析】 此题考查化学反应自发进行的判据。选项 A 只适用于标准状态下的孤立体系；选项 B 是反应自发进行的一个推动因素，但不是唯一因素；选项 C 只适用于标准状态下自发反应的判断；只有选项 D 适用于所有体系。

8. 盖斯定律

利用盖斯定律不仅可以计算指定反应的热效应 Q，还可以计算指定反应的 $\Delta_r G_m^{\ominus}(T)$、$\Delta_r H_m^{\ominus}$、$\Delta_r S_m^{\ominus}$ 等具有广度性质的状态函数值以及标准平衡常数 $K^{\ominus}(T)$。其中，方程式的加减运算对应上述各状态函数的加减运算（状态函数特性），以及 $K^{\ominus}$ 的乘除运算（多重平衡原则）。

【例 1-1-9】 已知同一温度下，下列反应及焓变

$$CO(g) + \frac{1}{2}O_2(g) \xrightarrow{\Delta_r H_{m_3}^{\ominus}} CO_2(g)$$

$$\Delta_r H_{m_1}^{\ominus} \nwarrow \quad \nearrow \Delta_r H_{m_2}^{\ominus}$$

$$C(s) + O_2(g)$$

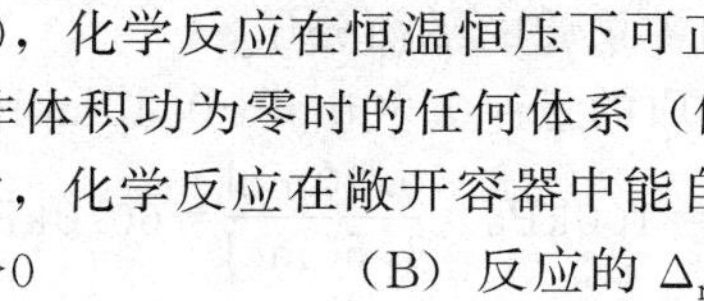

则 $\Delta_r H_{m_1}^{\ominus}$、$\Delta_r H_{m_2}^{\ominus}$ 和 $\Delta_r H_{m_3}^{\ominus}$ 相互间的关系为：

(A) $\Delta_r H^{\ominus}_{m_3}=\Delta_r H^{\ominus}_{m_1}-\Delta_r H^{\ominus}_{m_2}$　　(B) $\Delta_r H^{\ominus}_{m_3}=\Delta_r H^{\ominus}_{m_1}+\Delta_r H^{\ominus}_{m_2}$

(C) $\Delta_r H^{\ominus}_{m_3}=\Delta_r H^{\ominus}_{m_2}-\Delta_r H^{\ominus}_{m_1}$　　(D) $\Delta_r H^{\ominus}_{m_3}=\Delta_r H^{\ominus}_{m_2}/\Delta_r H^{\ominus}_{m_1}$

【解】 答案为B。

【分析】 此题考查利用盖斯定律计算同一温度下指定反应的焓变。可利用方程式的加减运算进行 $\Delta_r H^{\ominus}_m$ 的运算。除 $\Delta_r H^{\ominus}_m$ 外，具有广度性质的状态函数如 $\Delta_r G^{\ominus}_m$、$\Delta_r S^{\ominus}_m$ 均可按此方法求算。$K^{\ominus}$ 的运算参见“例1-1-18”。

9. 理想气体状态方程及气体分压定律

(1) 在低压和高温条件下，真实气体近似满足理想气体状态方程 $pV=nRT$。

(2) 分压的概念：相同温度时某组分气体单独占据与混合气体相同体积时对容器所产生的压力。

(3) 气体分压定律表达式 $p=p_A+p_B+p_C+\cdots+p_m=\sum p_i=nRT/V=\sum n_i RT/V$

$p_i=px_i$（x_i 为摩尔分数，$x_i=n_i/n$）

(4) 应用：常用于化学平衡法计算反应的热力学标准平衡常数 $K^{\ominus}$。

【例1-1-10】 某温度、100kPa条件下，将1.00mol气体A和0.50mol气体B混合，发生反应 $A(g)+B(g) \rightleftharpoons 2C(g)$。达到平衡时，B消耗了20.0%，则反应的 $K^{\ominus}$ 为多少？

【分析】 根据B消耗的量和反应方程式计量关系，先计算出平衡时各物质的量，再根据气体分压定律，计算出各物质的平衡分压，进而求算 $K^{\ominus}$。

【解】 写出反应的平衡列表。

	A(g)	+B(g) ⇌	2C(g)
起始的物质的量/mol	1.00	0.50	0
反应的物质的量/mol	0.10	0.10	0.20
平衡时物质的量/mol	0.90	0.40	0.20

根据气体分压定律可计算出各物质的平衡分压。

平衡时，所有参与反应的物质的量＝0.90mol＋0.40mol＋0.20mol＝1.50mol

$$p_A=100\text{kPa}\times\frac{0.90\text{mol}}{1.50\text{mol}}=60.0\text{kPa},$$

$$p_B=100\text{kPa}\times\frac{0.40\text{mol}}{1.50\text{mol}}=26.7\text{kPa},$$

$$p_C=100\text{kPa}\times\frac{0.20\text{mol}}{1.50\text{mol}}=13.3\text{kPa}.$$

将各物质的平衡分压代入平衡常数表达式，求算 $K^{\ominus}$。

$$K^{\ominus}=\frac{(p_C/p^{\ominus})^2}{(p_A/p^{\ominus})(p_B/p^{\ominus})}=\frac{(0.20/1.50)^2}{(0.90/1.50)\times(0.40/1.50)}=\frac{1}{9}=0.11$$

10. 化学平衡及热力学标准平衡常数 $K^{\ominus}(T)$

(1) 化学平衡的特征：化学平衡为指定温度下的动态平衡。达到平衡后，反应的正反应速率与逆反应速率相等，$\Delta G(T)=0$。每一个化学反应都有其特征常数 $K^{\ominus}(T)$。

(2) $K^{\ominus}(T)$ 仅与反应本性和温度有关，而与平衡时各物质的浓度、分压无关，是表示化学反应限度的一个特征值。

(3) $K^{\ominus}$ 表达式的规定：气体用相对平衡分压（$p_B/p^{\ominus}$）表示，溶液用溶质的相对平衡浓度（$c_B/c^{\ominus}$）表示，简写为[B]。固体和纯液体则不出现在平衡常数表达式中。例：

$$aA(aq)+bB(aq) \rightleftharpoons dD(aq)+eE(g)$$

$$K^{\ominus}=\frac{(c_D/c^{\ominus})^d(p_E/p^{\ominus})^e}{(c_A/c^{\ominus})^a(c_B/c^{\ominus})^b}=\frac{[D]^d(p_E/p^{\ominus})^e}{[A]^a[B]^b}$$

式中，$c^{\ominus}=1\text{mol}\cdot\text{dm}^{-3}$；$p^{\ominus}=100\text{kPa}$；热力学标准平衡常数 $K^{\ominus}(T)$ 无量纲。

注意：涉及 $K^{\ominus}(T)$ 的表达式或相关计算都是与反应方程式的写法有关的。

(4) 催化剂不能使化学平衡移动，但可缩短达到化学平衡的时间。

(5) 若 $K^{\ominus}(T)>10^7$，一般认为化学反应可自发，且较充分；若 $K^{\ominus}(T)<10^{-7}$，一般认为化学反应不自发，或不充分。

(6) $K^{\ominus}(T)$ 在不同类型的化学平衡中有不同的表达形式，例如 $K_{sp}^{\ominus}$、$K_{稳}$ 等（见第三章）

【例 1-1-11】 对某一化学反应，$K^{\ominus}(T)$ 的数值大小与下列哪些因素有关：

(A) 反应物的浓度和温度　　(B) 反应方程式的写法和温度

(C) 生成物的浓度和温度　　(D) 无法确定

【解】 答案为 B。

【分析】 对某一化学反应，不管反应物和生成物的起始浓度或平衡浓度如何，只要是在同一温度 T 时，该反应的 $K^{\ominus}(T)$ 保持不变，为一特征常数。但若反应方程式的写法不同，$K^{\ominus}$ 的表达式随之不同，$K^{\ominus}(T)$ 的数值也不同。

11. 定性判断和定量计算自发反应的方向（详见“重点及难点解析”）

用 $\Delta_rG_m(T)$ 的正负判断化学反应的方向。当 $\Delta_rG_m(T)<0$ 时，反应正向自发进行；也可用 $\Delta_rG_m^{\ominus}(T)<-40\text{kJ}\cdot\text{mol}^{-1}$ 近似判断；还可用 $J<K^{\ominus}(T)$ 来判断该反应正向自发进行（反应商判据）。

【例 1-1-12】 已知 298K 时下列反应中各物质的 $\Delta_fG_m^{\ominus}$ 数据如下，

	$4NH_3(g)$	$+5O_2(g)$ ═══	$4NO(g)$	$+6H_2O(l)$
$\Delta_fG_m^{\ominus}/(\text{kJ}\cdot\text{mol}^{-1})$	−16.5	0	86	−237

则该反应在 298K 时：

(A) 非自发　(B) 自发　(C) 处于平衡状态　(D) 难以判断

【解】 答案为 B。

【分析】 本题考查如何通过计算判断化学反应是否自发进行。根据题目所给数据，计算出 $\Delta_rG_m^{\ominus}(298\text{K})=-1012\text{kJ}\cdot\text{mol}^{-1}\ll-40\text{kJ}\cdot\text{mol}^{-1}$，可认为该反应在 298K 时 $\Delta_rG_m(298\text{K})<0$（详见“重点及难点解析”），则可推断该反应在 298K 时，正向自发。故 B 为正确答案。

值得注意的是，一般情况下，判断非标准状态下反应在温度 T 时的自发性时，不可以直接用 $\Delta_rG_m^{\ominus}(T)<0$ 作为判据，必须是 $\Delta_rG_m(T)<0$。

12. 定性判断平衡移动的方向（详见“重点及难点解析”）

勒夏特列原理：当体系达到平衡后，如果施加外力（即外部影响）使得平衡条件（浓度、温度、压力等）发生改变（即打破平衡），则平衡将沿着减小此外力造成的影响的方向移动。

【例 1-1-13】 已知反应 $CO(g)+H_2O(g) \rightleftharpoons CO_2(g)+H_2(g)$，$\Delta_rH_m^{\ominus}(298\text{K})>0$。达平衡后，升高温度，平衡将怎样移动？

【解】 平衡将向正反应方向移动。

【分析】 由 $\Delta_rH_m^{\ominus}(298\text{K})>0$，可知正反应为吸热反应。则根据勒夏特列原理，升高温度对吸热反应有利，故平衡正向移动。

（二）热力学常见计算

热力学计算题主要是通过定量计算判断反应的自发性，其中涉及：

(1) 焓变 ΔH、熵变 ΔS、吉布斯自由能变 ΔG（不同温度）的计算；

(2) 化学反应自发进行的温度范围；

(3) 不同温度下，化学反应标准平衡常数 $K^{\ominus}(T)$ 的计算。

$K^{\ominus}(T)$ 的计算通常有两种方法：热力学法和化学平衡法。前者利用给定的各种热力学函数计算，如 $\Delta_f H_m^{\ominus}$、$\Delta_f G_m^{\ominus}$、$S_m^{\ominus}$；后者根据给定体系达到平衡时的实际状态，求出各物质的平衡分压（气体分压定律）或平衡浓度，再根据方程式写法，求算 $K^{\ominus}(T)$。

(4) 反应达平衡后，改变反应条件，根据计算判断平衡移动的方向。

附：热力学中常用的计算公式

1. 化学等温方程式

$$\Delta_r G_m(T)=\Delta_r G_m^{\ominus}(T)+RT\ln J \text{ 或 } \Delta_r G_m(T)=\Delta_r G_m^{\ominus}(T)+2.303RT\lg J$$

使用条件：可以计算任意指定温度 T K 时非标准状态下某化学反应的 $\Delta_r G_m(T)$，从而判断在指定状态下化学反应自发进行的方向。其中，反应商 J 的表达式规定同 $K^{\ominus}$，但需以指定状态下（不一定是平衡状态）的相对分压商或相对浓度商表示［如果指定状态是平衡状态，则 $J=K^{\ominus}(T)$；如果指定状态是标准状态，则 $\Delta_r G_m(T)=\Delta_r G_m^{\ominus}(T)$］。

注意事项：等式中各项的单位要一致。$\Delta_r G_m(T)$ 的单位是 $kJ \cdot mol^{-1}$，而式中的标准气体常数 R 的单位为 $J \cdot mol^{-1} \cdot K^{-1}$。

2. 吉布斯-赫姆霍兹公式

$$\Delta_r G_m^{\ominus}(T)=\Delta_r H_m^{\ominus}(T)-T\Delta_r S_m^{\ominus}(T)=\Delta_r H_m^{\ominus}(298K)-T\Delta_r S_m^{\ominus}(298K)$$

使用条件：可以计算任意指定温度 T K 时标准状态下某化学反应的 $\Delta_r G_m^{\ominus}(T)$，从而判断标准状态下该化学反应自发进行的方向。

注意事项：等式中各项的单位要一致。通常 $\Delta_r S_m^{\ominus}$ 的单位为 $J \cdot mol^{-1} \cdot K^{-1}$，而 $\Delta_r G_m^{\ominus}(T)$ 的单位是 $kJ \cdot mol^{-1}$，应注意换算。

3. 标准平衡常数的计算

(1) $\lg\dfrac{K^{\ominus}(T_2)}{K^{\ominus}(T_1)}=\dfrac{\Delta_r H_m^{\ominus}}{2.303R}\left(\dfrac{T_2-T_1}{T_1T_2}\right)$ 或 $\ln\dfrac{K^{\ominus}(T_2)}{K^{\ominus}(T_1)}=\dfrac{\Delta_r H_m^{\ominus}}{R}\left(\dfrac{T_2-T_1}{T_1T_2}\right)$

(2) $\Delta_r G_m^{\ominus}(T)=-RT\ln K^{\ominus}(T)=-2.303RT\lg K^{\ominus}(T)$

(3) $\lg K^{\ominus}(298K)=\dfrac{nE_{电池}^{\ominus}}{0.0592V}$(参见第三章)

使用条件：(1) 式可根据已知反应的 $\Delta_r H_m^{\ominus}$ 和任一温度 T_1 时的 $K^{\ominus}(T_1)$，计算该反应在另一温度 T_2 时的 $K^{\ominus}(T_2)$；也可根据反应在两个不同温度下的 $K^{\ominus}(T_1)$ 和 $K^{\ominus}(T_2)$，计算反应的 $\Delta_r H_m^{\ominus}$，从而判定反应是吸热反应还是放热反应。

(2) 式可进行反应在任一指定温度 T 时 $\Delta_r G_m^{\ominus}(T)$ 和 $K^{\ominus}(T)$ 之间的换算。

(3) 式可进行指定氧化还原反应在 298K 时电池的标准电动势 $E_{电池}^{\ominus}$ 和 $K^{\ominus}(298K)$ 之间的换算。

注意事项：等式中各项的单位要一致。$E^{\ominus}$ 的单位为 V，$\Delta_r H_m^{\ominus}$ 和 $\Delta_r G_m^{\ominus}(T)$ 的单位为 $kJ \cdot mol^{-1}$，而 R 和 $\Delta_r S_m^{\ominus}$ 的单位为 $J \cdot mol^{-1} \cdot K^{-1}$。

4. 298K 时某反应的 $\Delta_r H_m^{\ominus}$、$\Delta_r S_m^{\ominus}$、$\Delta_r G_m^{\ominus}$ 的计算

$$\Delta_r H_m^{\ominus}(298K)=\sum\Delta_f H_m^{\ominus}(产物)-\sum\Delta_f H_m^{\ominus}(反应物)=\sum_B \nu_B\Delta_f H_m^{\ominus}(B)$$

$$\Delta_r S_m^{\ominus}(298K)=\sum S_m^{\ominus}(产物)-\sum S_m^{\ominus}(反应物)=\sum_B \nu_B S_m^{\ominus}(B)$$

$$\Delta_r G_m^{\ominus}(298K)=\sum\Delta_f G_m^{\ominus}(产物)-\sum\Delta_f G_m^{\ominus}(反应物)=\sum_B \nu_B\Delta_f G_m^{\ominus}(B)$$

使用条件：需根据给定的化学反应进行计算，因其与反应方程式的书写形式有关。

注意事项：应特别注意化学反应方程式中各物项的化学计量数 ν（包括正负号）及相应的聚集态。（同一物质不同聚集态时，热力学函数值不同。）

5. 任一温度 T 时某反应的 $\Delta_r H_m^\ominus$、$\Delta_r S_m^\ominus$、$\Delta_r G_m^\ominus$ 的计算

$$\Delta_r H_m^\ominus(T) \approx \Delta_r H_m^\ominus(298\text{K})$$

$$\Delta_r S_m^\ominus(T) \approx \Delta_r S_m^\ominus(298\text{K})$$

$$\Delta_r G_m^\ominus(T) = \Delta_r H_m^\ominus(298\text{K}) - T\Delta_r S_m^\ominus(298\text{K})$$

使用条件：某化学反应的 $\Delta_r H_m^\ominus$、$\Delta_r S_m^\ominus$ 与温度关系不大，可直接用 $\Delta_r H_m^\ominus(298\text{K})$、$\Delta_r S_m^\ominus(298\text{K})$ 代替；而 $\Delta_r G_m^\ominus(T)$ 是温度的函数，不能直接用 $\Delta_r G_m^\ominus(298\text{K})$ 代替，必须用吉-赫方程计算。

注意事项：等式中各项的单位要一致。

6. 非膨胀功不为零的化学反应，如氧化还原反应中吉布斯自由能变的计算（第三章中介绍）

$$\Delta_r G_m = -nFE_{\text{电池}}$$

$$\Delta_r G_m^\ominus(T) = -nFE_{\text{电池}}^\ominus(T) = -nF(E_+^\ominus - E_-^\ominus)$$

使用条件：某一氧化还原反应的标准摩尔吉布斯自由能变可利用该反应组成原电池的标准电池电动势进行计算。其温度一般指 298K。

注意事项：式中，F 是法拉第常数，即 $96485\text{C}\cdot\text{mol}^{-1}$，电动势 E 的单位为 V，则计算得到 $\Delta_r G_m^\ominus(T)$ 的单位为 $\text{J}\cdot\text{mol}^{-1}$，不是 $\text{kJ}\cdot\text{mol}^{-1}$。

7. 标准状态下，某化学反应自发进行的转化温度的计算：

$$T_{\text{转}} = \frac{\Delta_r H_m^\ominus}{\Delta_r S_m^\ominus}$$

使用条件：标准状态下，当某化学反应的 $\Delta_r H_m^\ominus < 0$，$\Delta_r S_m^\ominus < 0$ 时，$T < T_{\text{转}}$，反应可自发进行；标准状态下，当某化学反应的 $\Delta_r H_m^\ominus > 0$，$\Delta_r S_m^\ominus > 0$ 时，$T > T_{\text{转}}$，反应可自发进行。

注意事项：等式中各项的单位要一致。$\Delta_r H_m^\ominus$ 的单位为 $\text{kJ}\cdot\text{mol}^{-1}$，而 $\Delta_r S_m^\ominus$ 的单位为 $\text{J}\cdot\text{mol}^{-1}\cdot\text{K}^{-1}$。计算时应注意单位换算。

【例 1-1-14】 汽车尾气中含有 CO(g) 和 NO(g) 废气，有学者提出通过下列反应清除废气。

$$CO(g) + NO(g) \rightleftharpoons CO_2(g) + \frac{1}{2}N_2(g)$$

	CO(g)	NO(g)	CO_2(g)	N_2(g)
$\Delta_f H_m^\ominus/(\text{kJ}\cdot\text{mol}^{-1})$	−110.52	92.25	−393.51	
$S_m^\ominus/(\text{J}\cdot\text{mol}^{-1}\cdot\text{K}^{-1})$	197.67	210.76	213.7	191.6

求在 298K 时，该反应的 $\Delta_r H_m^\ominus$、$\Delta_r S_m^\ominus$、$\Delta_r G_m^\ominus$ 各为多少？此法在 298K 时能否清除汽车尾气中的 CO 废气？

【分析】 此题为热力学最基本的计算题型，即根据给定的热力学函数，利用公式计算出反应的焓变、熵变、吉布斯自由能变，再根据 $\Delta_r G_m^\ominus$ 的正负和数值，判断该反应在指定条件下是否自发。

【解】 将题中给定的各物质的 $\Delta_f H_m^\ominus$ 代入公式，求出反应的 $\Delta_r H_m^\ominus(298\text{K})$。

$$\Delta_r H_m^\ominus(298\text{K}) = \sum_B v_B \Delta_f H_m^\ominus(B) = -393.51\text{kJ}\cdot\text{mol}^{-1} + 110.52\text{kJ}\cdot\text{mol}^{-1} - 92.25\text{kJ}\cdot\text{mol}^{-1},$$

$$\Delta_r H_m^\ominus(298\text{K}) = -375.24\text{kJ}\cdot\text{mol}^{-1}$$

将题中给定的各物质的 $S_m^\ominus$ 代入公式，求出反应的 $\Delta_r S_m^\ominus(298\text{K})$。

$$\Delta_r S_m^{\ominus}(298K) = \sum_B v_B S_m^{\ominus}(B) = 213.7J\cdot mol^{-1}\cdot K^{-1} + \frac{1}{2}\times 191.6J\cdot mol^{-1}\cdot K^{-1} - 197.67J\cdot mol^{-1}\cdot K^{-1} - 210.76J\cdot mol^{-1}\cdot K^{-1} = -98.93J\cdot mol^{-1}\cdot K^{-1}$$

利用公式 $\Delta_r G_m^{\ominus}(T) = \Delta_r H_m^{\ominus} - T\Delta_r S_m^{\ominus}$，求出 $\Delta_r G_m^{\ominus}(298K)$。

$$\Delta_r G_m^{\ominus}(298K) = \Delta_r H_m^{\ominus}(298K) - 298\times\Delta_r S_m^{\ominus}(298K)$$
$$= -375.24kJ\cdot mol^{-1} - 298K\times(-98.93\times10^{-3})kJ\cdot mol^{-1}\cdot K^{-1}$$
$$= -345.76kJ\cdot mol^{-1}$$

计算该反应的转化温度。

由于 $\Delta_r H_m^{\ominus}<0$，$\Delta_r S_m^{\ominus}<0$，故 $T<T_{转}=\dfrac{\Delta_r H_m^{\ominus}}{\Delta_r S_m^{\ominus}}=3793K$ 时反应可自发。

判断该反应在 298K 时的自发性。

由于 $\Delta_r G_m^{\ominus}(298K)<-40kJ\cdot mol^{-1}$，所以可判定 $\Delta_r G_m(298K)<0$。因而从热力学上可以表明，此方法能在 298K 时清除 CO 废气。

【注】 尽管从热力学上表明该反应可以净化汽车尾气，但难以实际使用，主要原因是化学反应速率问题。因此，解决的方法是寻找高效低廉的催化剂，目前采用铂、钯等贵金属催化，去除汽车尾气中的 CO。

【例 1-1-15】 已知在 298K 时，反应 $H_2(g)+Cl_2(g) \rightleftharpoons 2HCl(g)$

	$H_2(g)$	$Cl_2(g)$	$2HCl(g)$
$\Delta_f H_m^{\ominus}/(kJ\cdot mol^{-1})$			-92.307
$S_m^{\ominus}/(J\cdot mol^{-1}\cdot K^{-1})$	130.68	223.07	186.91
$\Delta_f G_m^{\ominus}/(kJ\cdot mol^{-1})$			-95.299

试求该反应在 298K 及 1000K 时的标准平衡常数 $K^{\ominus}$。并指明升温是否有利于反应正向进行?

【分析】 此题是用热力学函数法求算 $K^{\ominus}$ 的基本题型。即先用“例 1-1-14”方法计算反应的 $\Delta_r G_m^{\ominus}(298K)$ 和 $\Delta_r G_m^{\ominus}(1000K)$，再根据公式 $\Delta_r G_m^{\ominus}(T) = -RT\ln K^{\ominus}(T)$，求出不同温度下的 $K^{\ominus}(T)$，最后根据 $K^{\ominus}(298K)$ 和 $K^{\ominus}(1000K)$ 的计算结果，判断升温是否有利于正向反应。

【解】 将题中给定的各物质的 $\Delta_f H_m^{\ominus}$ 代入公式，求出反应的 $\Delta_r H_m^{\ominus}(298K)$。

$$\Delta_r H_m^{\ominus}(298K) = \sum_B v_B \Delta_f H_m^{\ominus}(B) = 2\times(-92.307)kJ\cdot mol^{-1} = -184.614kJ\cdot mol^{-1}$$

将题中给定的各物质的 $S_m^{\ominus}$ 代入公式，求出反应的 $\Delta_r S_m^{\ominus}(298K)$。

$$\Delta_r S_m^{\ominus}(298K) = \sum_B v_B S_m^{\ominus}(B) = 2\times186.91J\cdot mol^{-1}\cdot K^{-1} - 130.68J\cdot mol^{-1}\cdot K^{-1} - 223.07J\cdot mol^{-1}\cdot K^{-1} = 20.07J\cdot mol^{-1}\cdot K^{-1}$$

将题中给定的各物质的 $\Delta_f G_m^{\ominus}$ 代入公式，求出反应的 $\Delta_r G_m^{\ominus}(298K)$。

$$\Delta_r G_m^{\ominus}(298K) = \sum_B v_B \Delta_f G_m^{\ominus}(B) = 2\times(-95.299)kJ\cdot mol^{-1} = -190.598kJ\cdot mol^{-1}$$

$\Delta_r G_m^{\ominus}(298K)$ 也可根据吉布斯-赫姆霍兹方程求算，请读者自行计算。

但是，$\Delta_r G_m^{\ominus}(1000K)$ 必须根据吉布斯-赫姆霍兹方程求算。

$$\Delta_r G_m^{\ominus}(1000K) = \Delta_r H_m^{\ominus}(298K) - T\Delta_r S_m^{\ominus}(298K)$$
$$= -184.614kJ\cdot mol^{-1} - 1000K\times20.07\times10^{-3}kJ\cdot mol^{-1}\cdot K^{-1}$$
$$= -204.684kJ\cdot mol^{-1}$$

利用公式 $\Delta_r G_m^{\ominus}(T) = -2.303RT\lg K^{\ominus}(T)$，经公式转化后，求出 $K^{\ominus}(T)$。

$$\lg K^{\ominus}(298\mathrm{K})=-\frac{\Delta_r G_m^{\ominus}(298\mathrm{K})}{2.303RT}=-\frac{-190.598\times10^3\mathrm{J\cdot mol^{-1}}}{2.303\times8.314\mathrm{J\cdot mol^{-1}\cdot K^{-1}}\times298\mathrm{K}}=33.4$$

$$K^{\ominus}(298\mathrm{K})=10^{33.4}=2.5\times10^{33}$$

$$\lg K^{\ominus}(1000\mathrm{K})=-\frac{\Delta_r G_m^{\ominus}(1000\mathrm{K})}{2.303RT}=-\frac{-204.684\times10^3\mathrm{J\cdot mol^{-1}}}{2.303\times8.314\mathrm{J\cdot mol^{-1}\cdot K^{-1}}\times1000\mathrm{K}}=10.69$$

$$K^{\ominus}(1000\mathrm{K})=10^{10.69}=4.9\times10^{10}$$

比较 $K^{\ominus}(298\mathrm{K})$ 和 $K^{\ominus}(1000\mathrm{K})$ 的数值，判断反应是吸热还是放热。

因 $K^{\ominus}(1000\mathrm{K})<K^{\ominus}(298\mathrm{K})$，所以，温度升高不利于反应正向进行，该反应为放热反应。

【例 1-1-16】 某温度下，在一密闭容器中，进行反应 $C_2H_6(g) \rightleftharpoons C_2H_4(g)+H_2(g)$。起始时，$C_2H_6$ 的压力为 100kPa。平衡时，体系总压力为 160kPa。求该温度时反应的 $K^{\ominus}$ 和 C_2H_6 的转化率。

【分析】 此题是利用化学平衡法，求算实际体系的 $K^{\ominus}$ 及物质转化率的基本题型。解题关键是利用方程式中各物质的转化量的比例关系和理想气体状态方程，求出反应式中各物质的平衡分压，从而计算反应的 $K^{\ominus}$ 和 C_2H_6 的转化率。

【解】 设平衡时 $H_2(g)$ 的分压为 xkPa。

写出反应的平衡列表。

	$C_2H_6(g)$	$\rightleftharpoons$ $C_2H_4(g)$	$+H_2(g)$
初始压力/kPa	100	0	0
平衡压力/kPa	$100-x$	x	x

根据平衡时 $p_{总}=160\mathrm{kPa}$，求出 x。

$$p_{总}=100-x+x+x=160\mathrm{kPa}，则\ x=60\mathrm{kPa}。$$

由于参与该反应的物质均为气体，根据理想气体状态方程 $pV=nRT$ 可知，恒容下，不论是体系初始压力还是平衡时体系总压，都与气体摩尔数成正比。因而可直接用物质压力变化代替摩尔数变化进行计算。

计算平衡时各物质的分压。

$$p_{乙烷}=100-x=100-60=40\mathrm{kPa}。p_{乙烯}=p_{氢气}=x=60\mathrm{kPa}。$$

根据平衡常数表达式，代入数据，计算此温度下的 $K^{\ominus}$。

$$K^{\ominus}(T)=\frac{(p_{C_2H_4}/p^{\ominus})(p_{H_2}/p^{\ominus})}{(p_{C_2H_6}/p^{\ominus})}=\frac{(60\mathrm{kPa}/100\mathrm{kPa})\times(60\mathrm{kPa}/100\mathrm{kPa})}{(40\mathrm{kPa}/100\mathrm{kPa})}=0.9$$

根据上述分析，物质转化量正比于物质分压变化，利用转化率 $\alpha=\frac{已转化的反应物的量}{反应物的起始量}\times100\%$，求算乙烷的转化率。

$$\alpha=\frac{x\mathrm{kPa}}{100\mathrm{kPa}}\times100\%=\frac{60\mathrm{kPa}}{100\mathrm{kPa}}\times100\%=60\%$$

四、重点、难点解析及综合例题分析

（一）重点、难点解析

热力学主要解决两大问题：一是定性判断和定量计算某一化学反应自发进行的方向，二是化学平衡常数的相关计算及平衡移动的判断。其核心在于两大基本公式：吉布斯-赫姆霍兹公式和化学反应等温方程式。前者常用于判断和计算标准状态下的自发反应，而后者不仅适用于判断和计算非标准状态下的自发反应，还可用于平衡移动的定性判断。

1. 判断自发反应的方向

（1）判据如下。

标准状态下，用 $\Delta_r G_m^\ominus(T)$ 判断。$\Delta_r G_m^\ominus(T)<0$，反应可向正反应方向自发进行。

任意状态下，用 $\Delta_r G_m(T)$ 判断。$\Delta_r G_m(T)<0$，反应可向正反应方向自发进行。

对于任意状态下的一些化学反应，可用 $\Delta_r G_m^\ominus(T)<-40\text{kJ}\cdot\text{mol}^{-1}$ 近似判断。[说明：可用 $\Delta_r G_m^\ominus(T)<-40\text{kJ}\cdot\text{mol}^{-1}$ 近似判断的依据在于，化学反应等温方程式 $\Delta_r G_m(T)=\Delta_r G_m^\ominus(T)+RT\ln J$ 中，$\Delta_r G_m(T)$ 的取值（或正、或负）主要由 $\Delta_r G_m^\ominus(T)$ 决定。当 $\Delta_r G_m^\ominus(T)<-40\text{kJ}\cdot\text{mol}^{-1}$ 时，$K^\ominus(T)>1\times10^7$，反应正向进行的趋势极大。此时，对这些化学反应来说，通过改变 J 的数值不能使其 $\Delta_r G_m(T)$ 的符号发生改变，即 $\Delta_r G_m(T)$ 仍小于 0，因而反应正向自发进行。]

（2）标准状态下，$\Delta_r G_m^\ominus(T)$ 的正负可利用吉布斯-赫姆霍兹公式 $\Delta_r G_m^\ominus(T)=\Delta_r H_m^\ominus(298\text{K})-T\Delta_r S_m^\ominus(298\text{K})$ 判断。两种方法：直接用公式计算 $\Delta_r G_m^\ominus(T)$，可知其正负；也可简单地通过 $\Delta_r H_m^\ominus(298\text{K})$、$\Delta_r S_m^\ominus(298\text{K})$ 的正负比较直接作出判断。后者分为以下几种情况。

① $\Delta_r H_m^\ominus$、$\Delta_r S_m^\ominus$ 异号时，反应或者自发或者不自发，与温度无关。

a. $\Delta_r H_m^\ominus<0$，$\Delta_r S_m^\ominus>0$，则 $\Delta_r G_m^\ominus(T)$ 恒小于 0，该化学反应在标准状态下任何温度都可自发进行。

b. $\Delta_r H_m^\ominus>0$，$\Delta_r S_m^\ominus<0$，则 $\Delta_r G_m^\ominus(T)$ 恒大于 0，该化学反应在标准状态下任何温度都不能自发进行。

② $\Delta_r H_m^\ominus$、$\Delta_r S_m^\ominus$ 同号时，反应的方向与温度有关，涉及转化温度。注意是高温有利于反应还是低温有利。

a. $\Delta_r H_m^\ominus<0$，$\Delta_r S_m^\ominus<0$ 时，该化学反应在标准状态下，低于某温度 $T<\dfrac{\Delta_r H_m^\ominus}{\Delta_r S_m^\ominus}$ 能自发进行。

b. $\Delta_r H_m^\ominus>0$，$\Delta_r S_m^\ominus>0$ 时，该化学反应在标准状态下，高于某温度 $T>\dfrac{\Delta_r H_m^\ominus}{\Delta_r S_m^\ominus}$ 能自发进行。

根据已知条件，例如反应是吸热还是放热，可判断 $\Delta_r H_m^\ominus$ 的正负。而 $\Delta_r S_m^\ominus$ 的正负，亦可根据反应方程式中反应物和生成物的聚集态及反应系数等条件进行定性判断。

（3）任意状态下，用化学反应等温方程式。

$\Delta_r G_m(T)=\Delta_r G_m^\ominus(T)+2.303RT\lg J=-2.303RT\lg K^\ominus(T)+2.303RT\lg J$ 判断。即可通过比较 J 与 $K^\ominus$ 的大小，作定性判断。

若 $J<K^\ominus(T)$，该反应向正反应方向进行（正反应自发）。

若 $J>K^\ominus(T)$，该反应向逆反应方向进行（正反应非自发）。

若 $J=K^\ominus(T)$，该反应处于平衡状态。

2. 定性判断化学平衡移动的方向

化学平衡的移动可用勒夏特列（Le Chatelier）原理定性判断，它的定量关系式就是化学反应等温方程式 $\Delta_r G_m(T)=\Delta_r G_m^\ominus(T)+2.303RT\lg J$。改变外界条件，化学平衡是否移动以及移动的方向，关键是分析等温方程式中 $\Delta_r G_m(T)$ 的大小是否改变。影响化学平衡的因素可通过考量 T、$K^\ominus$、J 三个函数的变化完成。

（1）可改变 T 的因素，只有温度。

可改变 $K^\ominus$ 的因素，只有温度。平衡移动方向与反应是吸热还是放热（即 $\Delta_r H_m^\ominus$ 正负）有关。

（2）可改变 J 的因素，有浓度和压力。

① 增加反应物浓度或反应物分压，使 J 变小（而 $K^{\ominus}$ 是不变的），平衡正向移动；增加生成物浓度或生成物分压，使 J 变大（而 $K^{\ominus}$ 是不变的），平衡逆向移动。

② 体系总压改变是否影响平衡，关键分析 J 是否改变。分为以下两种情况。

a. 压缩（或膨胀）体系体积，使体系总压增加（或减小），J 是否改变，取决于反应前后气态物质摩尔数的变化 Δn。当 $\Delta n>0$ 时，平衡逆向移动；当 $\Delta n<0$ 时，平衡正向移动；当 $\Delta n=0$ 时，平衡不移动。

b. 加入惰性气体，若体系体积不变，则 J 无变化，平衡不移动；加入惰性气体，若总压不变，则影响与 a. 中膨胀体系体积使体系总压减小相同。

（二）综合例题分析

【例 1-1-17】 如果体系经过一系列变化，又回到起始状态，则下列关系式均能成立的是：

（A）$Q=0$；$W=0$；$\Delta U=0$；$\Delta H=0$　（B）$Q\neq0$；$W\neq0$；$\Delta U=0$；$\Delta H=Q$

（C）$\Delta U=0$；$\Delta H=0$；$\Delta G=0$；$\Delta S=0$　（D）$Q\neq W$；$\Delta U=Q-W$；$\Delta H=0$

【解】 答案为 C。

【分析】 此题考查对状态函数的判断。题中，H、S、G、U 为状态函数，当体系周而复始变化，这些状态函数变化的值均为零。故选项 C 为正确答案。而热 Q、功 W 不是状态函数，其数值与变化的途径有关，因而 A 错误。选项 B 中，$\Delta H=Q$ 成立的前提条件是封闭体系发生一个恒压过程，且不做非体积功时，$\Delta H=Q_p$。选项 D 错误，热力学第一定律通常表示为 $\Delta U=Q+W$，且规定体系获得能量时 Q、W 均大于零。

【例 1-1-18】 已知下列反应的平衡常数：

$$H_2(g)+S(s)\rightleftharpoons H_2S(g) \qquad K_1^{\ominus}$$

$$S(s)+O_2(g)\rightleftharpoons SO_2(g) \qquad K_2^{\ominus}$$

则反应 $H_2(g)+SO_2(g)\rightleftharpoons O_2(g)+H_2S(g)$ 的 $K^{\ominus}$ 是：

（A）$K_1^{\ominus}-K_2^{\ominus}$　（B）$K_1^{\ominus}\times K_2^{\ominus}$　（C）$K_1^{\ominus}/K_2^{\ominus}$　（D）$K_2^{\ominus}/K_1^{\ominus}$

【解】 答案为 C。

【分析】 此题考查多重平衡原则。本质上，多重平衡原则也是盖斯定律的一种形式。目标反应可由反应 1 减去反应 2 求得。根据 $\Delta_r G_m^{\ominus}(T)=-RT\ln K^{\ominus}(T)$，则目标方程式的 $\Delta_r G_m^{\ominus}$ 的加减运算反映在其 $K^{\ominus}$ 的运算上，实为乘除运算。故 C 为正确答案。

【例 1-1-19】 下列过程或反应中，哪一个是熵增的过程或反应：

（A）$I_2(g)=I_2(l)$　（B）$H_2O(s)=H_2O(g)$

（C）$2H_2(g)+O_2(g)=2H_2O(l)$　（D）$2CO(g)+O_2(g)=2CO_2(g)$

【解】 答案为 B。

【分析】 此题考查体系熵变的定性判断。熵是体系混乱度的量度，与物质聚集状态有关。一般而言，气态物质的规定熵远远大于固态和液态，因而某一化学反应（或过程）的熵值变化，可根据始态与终态气态物质的量（mol）的改变作近似判断。本题选项中，只有过程 B 的气态物质的量（mol）是增加的，因而是个熵增过程，其余选项均为熵减过程或反应。

【例 1-1-20】 某化学反应 $A(g)+2B(s)\rightleftharpoons 2C(g)$ 的 $\Delta_r H_m^{\ominus}<0$。在标准状态下，该反应自发性的正确判定条件是：

（A）仅在低温下，反应可以自发进行　（B）仅在高温下，反应可以自发进行

(C) 任何温度下反应均可以自发进行　(D) 任何温度下反应均难以自发进行

【解】 答案为C。

【分析】 本题考查利用吉-赫方程判断化学反应是否能自发进行。依题意，$\Delta_r H_m^\ominus<0$，反应放热；另外，根据方程式反应前后气态物质摩尔数$\Delta n>0$，可推断此反应$\Delta_r S_m^\ominus>0$，因而可知该反应在任何温度下的$\Delta_r G_m^\ominus(T)$均小于0，故在标准状态下，此反应可自发进行。C为正确答案。

【例 1-1-21】 在标准状态下、298K时，已知反应$PCl_5(g) \rightleftharpoons PCl_3(g)+Cl_2(g)$不能自发进行，则可以断定：

(A) 该反应吸热　(B) 该反应放热

(C) 该反应在任何温度时都无法自发　(D) 无法确定该反应是吸热还是放热

【解】 答案为A。

【分析】 此题仍考查吉-赫方程。与例1-1-20不同，本题判断的是该反应$\Delta_r H_m^\ominus$的正负。据题意，$\Delta_r G_m^\ominus(298K)>0$。此外，由$PCl_5$分解反应的方程式可知，正反应是气态物质分子数增加的反应，隐含了熵增反应的条件，即$\Delta_r S_m^\ominus>0$。根据吉-赫方程，$\Delta_r G_m^\ominus(T)=\Delta_r H_m^\ominus(298K)-T\Delta_r S_m^\ominus(298K)$，可知满足$\Delta_r G_m^\ominus(T)>0$，$\Delta_r S_m^\ominus>0$时，其$\Delta_r H_m^\ominus$一定大于0，故可推断该反应吸热，A为正确答案。

【例 1-1-22】 欲使平衡反应$CO(g)+H_2O(g) \rightleftharpoons CO_2(g)+H_2(g)$向正反应方向移动，可采用：①增加反应物分压；②使用催化剂；③加入惰性气体；④压缩体系体积。

(A) ①可行　(B) ①、②可行

(C) ①、②、③可行　(D) 以上方法皆可行

【解】 答案为A。

【分析】 此题考查化学平衡的影响因素，可运用化学等温方程式判断。由$\Delta_r G_m(T)=\Delta_r G_m^\ominus(T)+2.303RT\lg J=-2.303RT\lg K^\ominus+2.303RT\lg J$可知，欲使平衡正向移动，必须$\Delta_r G_m(T)<0$，因此，需设法使$J<K^\ominus$。

增加反应物分压，可使J减少，从而$J<K^\ominus$，故①可行。使用催化剂，只能缩短到达平衡的时间，却不能改变平衡状态，反应的$\Delta_r G_m^\ominus$与$K^\ominus$不受影响，J仍然等于$K^\ominus$，平衡不移动。故②不可行。加入惰性气体和压缩体系体积，对于此类反应前后气态物质的量(mol)没有变化的反应，无论怎样改变反应体系的总压力和总体积，都不能使J的大小发生改变，J仍然等于$K^\ominus$，平衡不移动，故③、④也不可行。

【例 1-1-23】 已知反应$NO(g)+CO(g) \rightleftharpoons \frac{1}{2}N_2(g)+CO_2(g)$的$\Delta_r H_m^\ominus<0$。在下列措施中，有利于提高正反应产率的是：

(A) 降温降压　(B) 降温加压　(C) 加温加压　(D) 加温降压

【解】 答案为B。

【分析】 此题考查使平衡移动的方法。提高正反应产率意味着平衡正向移动。对于$\Delta_r H_m^\ominus<0$的放热反应，降温对正反应有利；对于反应前后气态物质的量(mol)减小的反应，加压有利于正向反应。故选项B正确。

【例 1-1-24】 某反应在973K时，$K^\ominus$为0.02；1173K时，$K^\ominus$为1.04。此反应为：

(A) 放热　(B) 吸热　(C) 熵减　(D) 熵增

【解】 答案为B。

【分析】 此题考查温度对热力学平衡常数$K^\ominus$的影响。由题目已知条件，此反应随温度

升高，$K^\ominus$增大，可知升高温度有利于反应进行，据此判断此反应必为吸热反应。也可以用公式 $\lg\dfrac{K_2^\ominus(T)}{K_1^\ominus(T)}=\dfrac{\Delta_r H_m^\ominus}{2.303R}\left(\dfrac{T_2-T_1}{T_1T_2}\right)$判断。若 $T_2>T_1$ 时，$K_2^\ominus>K_1^\ominus$，可知 $\Delta_r H_m^\ominus$ 必大于 0，则此反应吸热。故选项 B 为正确答案。

【例 1-1-25】 某一温度下，已知反应 $N_2(g)+3H_2(g) \rightleftharpoons 2NH_3(g)$ 的 $K^\ominus=0.63$。反应达到平衡时，若再通入一定量的 $N_2(g)$，则 $K^\ominus$、反应商 J、$\Delta_r G_m^\ominus$ 和 $\Delta_r G_m$ 的关系是：

(A) $J=K^\ominus$，$\Delta_r G_m^\ominus=0$，$\Delta_r G_m<0$　(B) $J>K^\ominus$，$\Delta_r G_m^\ominus>0$，$\Delta_r G_m>0$

(C) $J<K^\ominus$，$\Delta_r G_m^\ominus<0$，$\Delta_r G_m<0$　(D) $J<K^\ominus$，$\Delta_r G_m^\ominus>0$，$\Delta_r G_m<0$

【解】 答案为 D。

【分析】 此题考查化学等温方程式及平衡移动。由已知条件 $K^\ominus=0.63$，根据 $\Delta_r G_m^\ominus(T)=-RT\ln K^\ominus(T)$，可推得 $\Delta_r G_m^\ominus(T)>0$。当反应达平衡时，$\Delta_r G_m(T)=0$。若在平衡体系中通入一定量的反应物 $N_2(g)$，则 $J<K^\ominus$，$\Delta_r G_m(T)<0$，平衡正向移动。故选项 D 为正确答案。

【例 1-1-26】 已知：

	$Ag_2CO_3(s) \rightleftharpoons$	$Ag_2O(s)+$	$CO_2(g)$
$\Delta_f H_m^\ominus/(kJ\cdot mol^{-1})$	-501.7	-31.0	-393.5
$S_m^\ominus/(J\cdot mol^{-1}\cdot K^{-1})$	167.4	121.3	213.7

在 110℃下，潮湿的 Ag_2CO_3 用含有 CO_2 的空气流进行干燥，试计算空气流中 CO_2 的分压小于多少时，Ag_2CO_3 才能分解？

【分析】 此题的关键在于弄清题意，找出切入点，才能寻得解题思路。题目要求“空气流中 CO_2 分压小于多少时 Ag_2CO_3 可分解”，其实就是寻找该反应能自发进行的临界点。根据化学平衡的属性，可知空气流中 CO_2 分压的改变可使反应的 J 值发生变化。本题就是计算反应临界点的 J 值。

设反应能正向自发进行，则正反应的 $\Delta_r G_m(T)<0$。请读者注意，这并不意味 $\Delta_r G_m^\ominus(T)<0$。利用化学等温方程式 $\Delta_r G_m(T)=\Delta_r G_m^\ominus(T)+RT\ln J$，式中的 $\Delta_r G_m^\ominus(T)$ 可由题中给定的热力学函数求得，再利用 $\Delta_r G_m(T)<0$，可计算出临界点的 J 值。

【解】 根据已知条件，计算 $\Delta_r H_m^\ominus(298K)$。

$$\Delta_r H_m^\ominus(298K)=\sum_B \nu_B \Delta_f H_m^\ominus(B)=77.2kJ\cdot mol^{-1}$$

同理，计算 $\Delta_r S_m^\ominus(298K)$。

$$\Delta_r S_m^\ominus(298K)=\sum_B \nu_B S_m^\ominus(B)=167.6J\cdot mol^{-1}\cdot K^{-1}$$

利用吉-赫方程，求出 110℃下反应的 $\Delta_r G_m^\ominus(383K)$。

$$\begin{aligned}\Delta_r G_m^\ominus(383K)&=\Delta_r H_m^\ominus(298K)-T\Delta_r S_m^\ominus(298K)\\&=77.2kJ\cdot mol^{-1}-383K\times167.6\times10^{-3}kJ\cdot mol^{-1}\cdot K^{-1}=13.0kJ\cdot mol^{-1}\end{aligned}$$

根据 $Ag_2CO_3(s)$ 分解反应方程式，可知 $J=p_{CO_2}/p^\ominus$。若使 Ag_2CO_3 在 110℃分解，必须满足 $\Delta_r G_m(383K)<0$。代入化学等温方程式，有

$$\Delta_r G_m^\ominus(383K)+2.303RT\lg J<0kJ\cdot mol^{-1}$$

$$13.0kJ\cdot mol^{-1}+2.303\times8.314\times10^{-3}J\cdot mol^{-1}\cdot K^{-1}\times383K\times\lg J<0$$

解得，$\lg J<-1.77$。

计算 J 值。

$$J<0.017$$

计算空气流中 CO_2 分压。

$$J = p_{CO_2}/p^{\ominus} < 0.017$$

$$p_{CO_2} < 0.017 \times 100\text{kPa} = 1.7\text{kPa}$$

即 110℃时，空气流中 CO_2 的分压小于 1.7kPa 时可使 Ag_2CO_3 分解。

【例 1-1-27】 250℃时，五氯化磷按下式分解：$PCl_5(g) \rightleftharpoons PCl_3(g) + Cl_2(g)$。将 0.70mol 的 PCl_5 置于 2.00dm³ 的密闭容器中，达到平衡时有 0.20mol PCl_5 分解。试用两种方法计算该温度下的平衡常数 $K^{\ominus}$。已知各物质热力学函数值如下

	$PCl_5(g) \rightleftharpoons$	$PCl_3(g) +$	$Cl_2(g)$
$\Delta_f H_m^{\ominus}/(\text{kJ}\cdot\text{mol}^{-1})$	−375	−287.0	0
$S_m^{\ominus}/(\text{J}\cdot\text{mol}^{-1}\cdot\text{K}^{-1})$	364.6	311.8	223.07
$\Delta_f G_m^{\ominus}/(\text{kJ}\cdot\text{mol}^{-1})$	−305	−267.8	0

【分析】 一定温度下，体系的热力学平衡常数 $K^{\ominus}$ 为一定值。可利用热力学函数、吉-赫方程等公式求算；也可根据体系达平衡时的实际状态，由 $K^{\ominus}$ 平衡表达式求算。具体计算过程如下：

【解】 **解法一** 化学平衡法

写出平衡列表。

	$PCl_5(g) \rightleftharpoons$	$PCl_3(g) +$	$Cl_2(g)$
起始的物质的量/mol	0.70	0	0
反应的物质的量/mol	0.20	0.20	0.20
平衡时物质的量/mol	0.50	0.20	0.20

根据理想气体状态方程 $pV = nRT$，代入数据，求出平衡时各物质分压。

$$p_{PCl_5} = \frac{n_{PCl_5}RT}{V} = \frac{0.50\text{mol} \times 8.314\text{J}\cdot\text{mol}^{-1}\cdot\text{K}^{-1} \times 523\text{K}}{2.00 \times 10^{-3}\text{m}^3} = 1087\text{kPa},$$

同理求得 $p_{PCl_3} = p_{Cl_2} = 435\text{kPa}$

代入平衡常数表达式，计算 $K^{\ominus}(523\text{K})$。

$$K^{\ominus}(523\text{K}) = \frac{(p_{PCl_3}/p^{\ominus})(p_{Cl_2}/p^{\ominus})}{(p_{PCl_5}/p^{\ominus})} = \frac{(435\text{kPa}/100\text{kPa}) \times (435\text{kPa}/100\text{kPa})}{1087\text{kPa}/100\text{kPa}} = 1.74$$

解法二 热力学法

根据各物质 $\Delta_f H_m^{\ominus}$、$S_m^{\ominus}$ 和 $\Delta_f G_m^{\ominus}$，计算反应的 $\Delta_r H_m^{\ominus}(298\text{K})$、$\Delta_r S_m^{\ominus}(298\text{K})$ 和 $\Delta_r G_m^{\ominus}(298\text{K})$。

$$\Delta_r G_m^{\ominus}(298\text{K}) = \sum_B \nu_B \Delta_f G_m^{\ominus}(B) = -267.8\text{kJ}\cdot\text{mol}^{-1} + 305\text{kJ}\cdot\text{mol}^{-1} = 37.2\text{kJ}\cdot\text{mol}^{-1}$$

$$\Delta_r H_m^{\ominus}(298\text{K}) = \sum_B \nu_B \Delta_f H_m^{\ominus}(B) = -287.0\text{kJ}\cdot\text{mol}^{-1} + 375\text{kJ}\cdot\text{mol}^{-1} = 88\text{kJ}\cdot\text{mol}^{-1}$$

$$\Delta_r S_m^{\ominus}(298\text{K}) = \sum_B \nu_B S_m^{\ominus}(B) = 223.07\text{J}\cdot\text{mol}^{-1}\cdot\text{K}^{-1} + 311.8\text{J}\cdot\text{mol}^{-1}\cdot\text{K}^{-1} - 364.6\text{J}\cdot\text{mol}^{-1}\cdot\text{K}^{-1} = 170.27\text{J}\cdot\text{mol}^{-1}\cdot\text{K}^{-1}$$

利用公式 $\Delta_r G_m^{\ominus} = \Delta_r H_m^{\ominus} - T\Delta_r S_m^{\ominus}$，求出 $\Delta_r G_m^{\ominus}(523\text{K})$。

$$\begin{aligned}\Delta_r G_m^{\ominus}(523\text{K}) &= \Delta_r H_m^{\ominus}(298\text{K}) - T\Delta_r S_m^{\ominus}(298\text{K}) \\ &= 88\text{kJ}\cdot\text{mol}^{-1} - 523\text{K} \times 170.27 \times 10^{-3}\text{kJ}\cdot\text{mol}^{-1}\cdot\text{K}^{-1} \\ &= -1.05\text{kJ}\cdot\text{mol}^{-1}\end{aligned}$$

利用 $\Delta_r G_m^{\ominus} = -2.303RT\lg K^{\ominus}$，经公式转化后，求出 $K^{\ominus}$。

$$\lg K^\ominus(523K) = -\frac{\Delta_r G_m^\ominus(523K)}{2.303RT} = -\frac{-1.05\times10^3 J\cdot mol^{-1}}{2.303\times8.314J\cdot mol^{-1}\cdot K^{-1}\times523K} = 0.10$$

$$K^\ominus(523K) = 10^{0.10} = 1.26$$

热力学法和化学平衡法计算平衡常数的结果比较。

两种方法计算出的 $K^\ominus(523K)$，数值接近。而用热力学函数求得的 $K^\ominus(T)$ 值更可信。

特别注意：①$\Delta_r G_m^\ominus(523K)$ 不能直接用查表所得的 $\Delta_f G_m^\ominus(298K)$ 求算，必须用吉布斯-赫姆霍兹公式。$\Delta_r G_m^\ominus(523K) \neq \Delta_r G_m^\ominus(298K)$。

② 在用吉布斯-赫姆霍兹公式计算 $\Delta_r G_m^\ominus(523K)$ 时，$\Delta_r H_m^\ominus(T)$，$\Delta_r S_m^\ominus(T)$ 可分别用 $\Delta_r H_m^\ominus(298K)$，$\Delta_r S_m^\ominus(298K)$ 代替，但 $T\Delta S$ 中的 T 必须用 523K 而不是 298K 代入。

【例 1-1-28】 在 100kPa、298K 下，已知反应

	$CuS(s)$	$+H_2(g)$ ⇌	$Cu(s)$	$+H_2S(g)$
$\Delta_f H_m^\ominus/(kJ\cdot mol^{-1})$	−53.14			−20.5
$S_m^\ominus/(J\cdot mol^{-1}\cdot K^{-1})$	66.53	130.5	33.0	205.9

问：① 反应在标准状态下，298K 时能否正向自发进行？

② 反应在标准状态下，698K 时自发进行的方向如何？

③ 正反应在标准状态下能自发进行的温度范围？

④ 求 $K^\ominus(698K)$？

⑤ 写出该平衡反应的平衡常数表达式。

【分析】 欲知标准状态下，298K 时，上述反应能否自发进行，必须计算 $\Delta_r G_m^\ominus(298K)$。同理，若 $\Delta_r G_m^\ominus(698K) < 0$，则该反应在标准状态下，698K 时能自发进行。正反应在标准状态下自发进行的温度范围可由 $\Delta_r G_m^\ominus < 0$ 求得。利用公式 $\Delta_r G_m^\ominus(T) = -RT\ln K^\ominus(T)$，可求得 $K^\ominus(698K)$。

【解】 ① 计算 $\Delta_r H_m^\ominus(298K)$ 和 $\Delta_r S_m^\ominus(298K)$。

$$\Delta_r H_m^\ominus(298K) = \sum_B \nu_B \Delta_f H_m^\ominus(B) = [-20.5-(-53.14)]kJ\cdot mol^{-1} = 32.64kJ\cdot mol^{-1}$$

$$\Delta_r S_m^\ominus(298K) = \sum_B \nu_B S_m^\ominus(B) = [205.9+33.0-(66.53+130.5)]J\cdot mol^{-1}\cdot K^{-1} = 41.87J\cdot mol^{-1}\cdot K^{-1}$$

利用 $\Delta_r G_m^\ominus = \Delta_r H_m^\ominus - T\Delta_r S_m^\ominus$，计算 $\Delta_r G_m^\ominus(298K)$。

$$\Delta_r G_m^\ominus(298K) = \Delta_r H_m^\ominus(298K) - T\Delta_r S_m^\ominus(298K) = 32.64kJ\cdot mol^{-1} - 298K\times41.87\times10^{-3}kJ\cdot mol^{-1}\cdot K^{-1} = 20.16kJ\cdot mol^{-1} > 0$$

所以，298K 时，该反应在标准状态下不能自发进行。

② 忽略 $\Delta_r H_m^\ominus$ 和 $\Delta_r S_m^\ominus$ 随温度的变化，利用 $\Delta_r G_m^\ominus(T) = \Delta_r H_m^\ominus - T\Delta_r S_m^\ominus$，计算 $\Delta_r G_m^\ominus(698K)$。

$$\Delta_r G_m^\ominus(698K) = \Delta_r H_m^\ominus(298K) - T\Delta_r S_m^\ominus(298K) = 32.64kJ\cdot mol^{-1} - 698K\times41.87\times10^{-3}kJ\cdot mol^{-1}\cdot K^{-1} = 3.43kJ\cdot mol^{-1} > 0$$

所以，698K 时，该反应的逆反应在标准状态下能自发进行。

③ 利用 $\Delta_r G_m^\ominus(T) = \Delta_r H_m^\ominus - T\Delta_r S_m^\ominus < 0$，计算自发反应的温度范围及转变温度。

$$32.64kJ\cdot mol^{-1} - T\ K\times41.87\times10^{-3}\ kJ\cdot mol^{-1}\cdot K^{-1} < 0$$

改写上述不等式，有：

$$T > 32.64\text{kJ}\cdot\text{mol}^{-1}/(41.87\times10^{-3}\text{kJ}\cdot\text{mol}^{-1}\cdot\text{K}^{-1}) = 779.6\text{K}$$

④ 利用 $\Delta_r G_m^\ominus(698\text{K}) = -RT\ln K^\ominus(698\text{K})$，求算 $K^\ominus(698\text{K})$。

$$3.43\text{kJ}\cdot\text{mol}^{-1} = -8.314\times10^{-3}\text{kJ}\cdot\text{mol}^{-1}\cdot\text{K}^{-1}\times698\text{K}\times\ln K^\ominus$$

$$\ln K^\ominus(698\text{K}) = 0.59,\ 则\ K^\ominus(698\text{K}) = 0.55$$

⑤ 写出平衡常数表达式。

$$K^\ominus = \frac{(p_{H_2S}/p^\ominus)}{(p_{H_2}/p^\ominus)} = \frac{p_{H_2S}}{p_{H_2}}$$

【例 1-1-29】 反应 $Fe_2O_3(s) + 3H_2(g) \rightleftharpoons 2Fe(s) + 3H_2O(g)$ 相关的热力学数据（298K）如表所示：

化合物	$\Delta_f G_m^\ominus/(\text{kJ}\cdot\text{mol}^{-1})$	$\Delta_f H_m^\ominus/(\text{kJ}\cdot\text{mol}^{-1})$	$S_m^\ominus/(\text{J}\cdot\text{mol}^{-1}\cdot\text{K}^{-1})$
$Fe_2O_3(s)$	−741.0	−822.1	90.0
$H_2(g)$	0.0	0.0	130.59
Fe(s)	0.0	0.0	27.2
$H_2O(g)$	−228.59	−241.83	188.72

判断在 298K 下，用压力为 101.3kPa 含有饱和 $H_2O(g)$（$p_{H_2O} = 3.17\text{kPa}$）的 H_2 气通过 $Fe_2O_3(s)$ 能否将它还原为金属铁？

【分析】 题目考查在给定的实际状态下（非标准状态）该反应能否正向自发进行，需用 $\Delta_r G_m(T)$ 判断。但可不用求出 $\Delta_r G_m(T)$ 的具体数值，直接用化学反应的等温方程式（反应商判据）判断。先计算出 $\Delta_r G_m^\ominus(T)$，进而根据 $\Delta_r G_m^\ominus(T) = -RT\ln K^\ominus(T)$，求得 $K^\ominus(T)$。比较反应商 J 与 $K^\ominus(T)$ 值的大小，可判断反应进行的方向。

【解】 计算 $\Delta_r G_m^\ominus(298\text{K})$。

$$\Delta_r G_m^\ominus(298\text{K}) = \sum_B \nu_B \Delta_f G_m^\ominus(B) = (-228.59\text{kJ}\cdot\text{mol}^{-1}\times3) + 741.0\text{kJ}\cdot\text{mol}^{-1}$$
$$= 55.23\text{kJ}\cdot\text{mol}^{-1}$$

利用 $\Delta_r G_m^\ominus(T) = -RT\ln K^\ominus(T)$，求算 $K^\ominus(298\text{K})$。

$$55.23\text{kJ}\cdot\text{mol}^{-1} = -8.314\times10^{-3}\text{kJ}\cdot\text{mol}^{-1}\cdot\text{K}^{-1}\times298\text{K}\times\ln K^\ominus(298\text{K})$$

$$\ln K^\ominus(298\text{K}) = -22.29,\ 则\ K^\ominus(298\text{K}) = 2.08\times10^{-10}$$

计算混合气体中 p_{H_2O} 和 p_{H_2}。

$$p_{H_2O} = 3.17\text{kPa},\ p_{H_2} = 101.3\text{kPa} - p_{H_2O} = 101.3\text{kPa} - 3.17\text{kPa} = 98.13\text{kPa}$$

根据反应商表达式，计算 J。

$$J = \frac{(p_{H_2O}/p^\ominus)^3}{(p_{H_2}/p^\ominus)^3} = \left(\frac{p_{H_2O}}{p_{H_2}}\right)^3 = \left(\frac{3.17\text{kPa}}{98.13\text{kPa}}\right)^3 = 3.37\times10^{-5}$$

比较 J 与 $K^\ominus$ 的大小，判断反应的方向。

由于 $J > K^\ominus$，故正反应不能自发进行，即用含有饱和 $H_2O(g)$（$p_{H_2O} = 3.17\text{kPa}$）、压力为 101.3kPa 的 H_2 气通过 $Fe_2O_3(s)$ 时，没有金属铁生成。

【例 1-1-30】 在 300K 时，0.10mol N_2O_4 按 $N_2O_4(g) \rightleftharpoons 2NO_2(g)$ 分解。已知达到平衡时体系的总压力为 100kPa，体系体积为 2.95dm^3。

求：(1) 此时 N_2O_4 的转化率；

(2) 该反应在 300K 时的标准平衡常数；

(3) 若反应在 400K 时的 $\Delta_r G_m^\ominus(400\text{K}) = -13.6\text{kJ}\cdot\text{mol}^{-1}$，通过计算说明该反应是放热

反应还是吸热反应？

(4) 若反应在 300K 时，$p_{N_2O_4}=p_{NO_2}=50.7kPa$，则其反应方向如何？

【分析】 此题是关于热力学计算的一道综合题，涵盖了热力学中的许多基本知识点。

(1) 反应物的转化率 $\alpha=\dfrac{已转化的反应物的量}{反应物的起始量}\times100\%$。可利用理想气体状态方程 $pV=nRT$ 和反应物、产物转化量的比例关系，求出反应物的转化量和产物的生成量。

(2) 求 $K^{\ominus}(T)=\dfrac{(p_{NO_2}/p^{\ominus})^2}{p_{N_2O_4}/p^{\ominus}}$ 的关键是求出反应方程式中各物质的平衡分压，可利用理想气体分压定律 $p_i=p_{总}\,x_i$。

(3) 判断反应是吸热还是放热，可利用不同温度下 $K^{\ominus}(T)$ 的变化进行判断，或利用以下两个重要公式联立求出 $\Delta_r H_m^{\ominus}$(此法烦琐)。$\Delta_r G_m^{\ominus}(T)=-RT\ln K^{\ominus}(T)$ 和 $\Delta_r G_m^{\ominus}(T)=\Delta_r H_m^{\ominus}-T\Delta_r S_m^{\ominus}$。

(4) 反应达平衡后，改变各物质分压，判断平衡是否移动，可利用化学等温方程式 $\Delta_r G_m(T)=-RT\ln K^{\ominus}+RT\ln J$ 中 J 与 $K^{\ominus}$ 的大小比较得出结论。

【解】(1) 利用理想气体状态方程 $pV=nRT$，求出平衡时各物种总的物质的量。

$$n_{总}=\frac{p_{总}V_{总}}{RT}=\frac{100\times10^3\,Pa\times2.95\times10^{-3}\,m^3}{8.314J\cdot mol^{-1}\cdot K^{-1}\times300K}=0.118mol$$

设有 x mol N_2O_4 转化为 NO_2。

写出平衡列表。

	$N_2O_4(g) \rightleftharpoons$	$2NO_2(g)$
起始的物质的量/mol	0.10	0
转化的物质的量/mol	x	$2x$
平衡时物质的量/mol	$0.10-x$	$2x$

求得平衡时已转化的 N_2O_4 的量。

则 $0.10-x+2x=n_{总}=0.118mol$ 所以 $x=0.118mol-0.10mol=0.018mol$

根据转化率公式，代入数据，求得 N_2O_4 转化率。

$$N_2O_4\text{ 转化率 }\alpha=\frac{0.018}{0.10}\times100\%=18\%$$

(2) 写出平衡常数表达式，求得 $K^{\ominus}(300K)$。x_i 表示物质 i 的摩尔分数。

$$K^{\ominus}(300K)=\frac{(p_{NO_2}/p^{\ominus})^2}{P_{N_2O_4}/p^{\ominus}}=\frac{(p_{总}\,x_{NO_2}/p^{\ominus})^2}{p_{总}\,x_{N_2O_4}/p^{\ominus}}=\frac{(0.036mol/0.118mol)^2}{0.082mol/0.118mol}=0.134$$

(3) 利用公式 $\Delta_r G_m^{\ominus}(400K)=-2.303RT\lg K^{\ominus}(400K)$，代入数据，计算 $K^{\ominus}(400K)$。

$$\Delta_r G_m^{\ominus}(400K)=-13.6\times10^3J\cdot mol^{-1}=-2.303\times8.314J\cdot mol^{-1}\cdot K^{-1}\times400K\times\lg K^{\ominus}(400K)$$

$$\lg K^{\ominus}(400K)=\frac{-13.6\times10^3J\cdot mol^{-1}}{-2.303\times8.314J\cdot mol^{-1}\cdot K^{-1}\times400K}=1.755\text{，即 }K^{\ominus}(400K)=59.6$$

比较 $K^{\ominus}(400K)$ 与 $K^{\ominus}(300K)$ 的大小。

因为 $K^{\ominus}(400K)>K^{\ominus}(300K)$，所以正反应吸热。

(4) 由 J 表达式，求出反应商 J。

$$J=\frac{(p_{NO_2}/p^{\ominus})^2}{p_{N_2O_4}/p^{\ominus}}=\frac{(50.7kPa/100kPa)^2}{50.7kPa/100kPa}=0.507$$

比较 J 与 $K^{\ominus}$ 大小，判断反应进行的方向。

由于 $J > K^{\ominus}(300K) = 0.134$，所以 $\Delta_r G_m(300K) > 0$，反应向逆反应方向进行。

【例 1-1-31】 在 1280K，$6dm^3$ 容器中，进行反应 $CO_2(g) + H_2(g) \rightleftharpoons CO(g) + H_2O(g)$，平衡时混合物中各物质的分压分别为 $p_{CO_2} = 6.31 \times 10^6 Pa$，$p_{CO} = 8.42 \times 10^6 Pa$，$p_{H_2} = 2.11 \times 10^6 Pa$，$p_{H_2O} = 3.16 \times 10^6 Pa$。(1) 若温度、体积保持不变，因除去部分 CO_2，使 CO 平衡分压减小到 $p_{CO} = 6.30 \times 10^6 Pa$。试计算达到新平衡时 CO_2 的分压？新平衡时 $K^{\ominus}$ 是多少？(2) 若在新平衡中加压，使体系体积减小到 $3dm^3$，问平衡是否移动，且 CO_2 分压将变为多少？

【分析】 本题围绕化学平衡的两个要点展开。一是只要温度不变，$K^{\ominus}$ 保持不变，而不论各物质的分压如何变化，平衡如何移动。可根据实际体系下各物质的平衡分压求算 $K^{\ominus}$。二是体系体积减小，使体系总压增加。若 J 值改变，平衡发生移动。但对于反应前后气态物质的量的变化值 $\Delta n_g = 0$ 的反应，J 值不变，则平衡不会移动。

【解】 (1) 写出平衡列表。

	$CO_2(g)$ +	$H_2(g) \rightleftharpoons$	$CO(g)$ +	$H_2O(g)$
平衡时的分压/kPa	6310	2110	8420	3160

根据给定的平衡时各物质的分压，代入平衡常数表达式，计算 $K^{\ominus}(1280K)$。

$$K^{\ominus}(1280K) = \frac{(p_{CO}/p^{\ominus})(p_{H_2O}/p^{\ominus})}{(p_{CO_2}/p^{\ominus})(p_{H_2}/p^{\ominus})}$$

$$= \frac{(8.42 \times 10^3 kPa/100kPa) \times (3.16 \times 10^3 kPa/100kPa)}{(6.31 \times 10^3 kPa/100kPa) \times (2.11 \times 10^3 kPa/100kPa)}$$

$$= 2.00$$

因除去 CO_2，平衡逆向移动，使 CO、H_2O 分压减小，H_2 分压增大。根据方程式可知，CO、H_2O 分压减小值等于 H_2 分压增大值。计算达到新平衡后的 CO 分压的变化值 Δp。

$$\Delta p = 8420kPa - 6300kPa = 2120kPa$$

计算各物质在新平衡点的平衡分压。

$$p'_{H_2} = p_{H_2} + \Delta p = 2110kPa + 2120kPa = 4230kPa$$

$$p'_{H_2O} = p_{H_2O} - \Delta p = 3160kPa - 2120kPa = 1040kPa$$

$$p'_{CO} = 6300kPa$$

达到新平衡后，$K^{\ominus}$ 不变，$K^{\ominus}(1280K) = 2.00$

将同一温度下新平衡点各物质的平衡分压代入 $K^{\ominus}(1280K)$ 表达式，求出 p'_{CO_2}。

$$K^{\ominus}(1280K) = \frac{(p'_{CO}/p^{\ominus})(p'_{H_2O}/p^{\ominus})}{(p'_{CO_2}/p^{\ominus})(p'_{H_2}/p^{\ominus})} = \frac{(6300kPa/100kPa) \times (1040kPa/100kPa)}{(p'_{CO_2}/100kPa) \times (4230kPa/100kPa)} = 2.00$$

解得 $p'_{CO_2} = 774kPa$。

(2) 通过给体系加压，使体积从 $6dm^3$ 减小到 $3dm^3$，尽管 CO_2 分压因体系体积压缩而增大一倍，但由于反应前后气态分子数没有变化，其他物质的分压同时也增大一倍，因而平衡不移动。也可通过 J 与 $K^{\ominus}$ 比较得出结论。

计算新平衡态下各物质的平衡分压。

$$p''_{CO} = 2p'_{CO},\ p''_{H_2O} = 2p'_{H_2O},\ p''_{H_2} = 2p'_{H_2},\ p''_{CO_2} = 2p'_{CO_2}$$

计算 J 值，并与 $K^{\ominus}$ 进行比较。

$$J = \frac{(p''_{CO}/p^{\ominus})(p''_{H_2O}/p^{\ominus})}{(p''_{CO_2}/p^{\ominus})(p''_{H_2}/p^{\ominus})} = \frac{(2p'_{CO}/p^{\ominus})(2p'_{H_2O}/p^{\ominus})}{(2p'_{CO_2}/p^{\ominus})(2p'_{H_2}/p^{\ominus})} = 2.00$$

故 $J = K^{\ominus}$

利用化学等温方程式，计算 $\Delta_r G_m$(1280K)。

$$\Delta_r G_m(1280\text{K}) = -RT\ln K^{\ominus}(1280\text{K}) + RT\ln J = 0$$

说明平衡不移动。

计算新平衡态下的 p''_{CO_2}。

$$p''_{CO_2} = 774\text{kPa} \times 2 = 1548\text{kPa}$$

【例 1-1-32】 在 298K 标准状态下，化学反应 A(g)+B(g) ══2C(g) 可分别经由两个途径完成，途径（1）不做功，放热 41.8kJ；途径（2）做最大功，放热 1.64kJ。问两种途径变化过程的 Q、W、ΔU、ΔH、ΔS、ΔG 各为多少？

【分析】 本题的关键点在于，一是体系做最大功时，该过程为可逆过程，$Q_{可逆}$ = 1.64kJ，根据熵的热力学定义式 $\Delta S = \dfrac{Q_{可逆}}{T}$，计算 ΔS；二是求算 $\Delta H^{\ominus}$ 时，利用 $\Delta H = \Delta U + p\Delta V = \Delta U + \Delta nRT$，而由于反应前后气态物质的量（mol）没有改变，所以 $\Delta H = \Delta U$。

【解】（1）根据已知条件，有

$$Q = -41.8\text{kJ}, \ W = 0$$

利用热力学第一定律 $\Delta U = Q + W$，求出内能变化值 ΔU。

$$\Delta U = Q + W = -41.8\text{kJ}$$

利用 $\Delta H = \Delta U + \Delta nRT$，求出 ΔH。

$$\Delta H = \Delta U + \Delta nRT = -41.8\text{kJ}$$

根据 $\Delta S = \dfrac{Q_{可逆}}{T}$，求得 ΔS。

$$\Delta S = \frac{-1.64 \times 10^3\text{J}}{298\text{K}} = -5.50\text{J}\cdot\text{K}^{-1}$$

利用 $\Delta G = \Delta H - T\Delta S$，求出 ΔG。

$$\Delta G = -41.8\text{kJ} - 298\text{K} \times (-5.50 \times 10^{-3})\text{kJ}\cdot\text{K}^{-1} = -40.2\text{kJ}$$

（2）利用状态函数的性质

H、S、G 均为状态函数，故途径（2）的各值变化量与途径（1）相同。

$$\Delta H = -41.8\text{kJ}, \ \Delta U = -41.8\text{kJ}, \ \Delta S = -5.50\text{J}\cdot\text{K}^{-1}$$

由已知条件，有

$$Q = -1.64\text{kJ}$$

利用热力学第一定律 $\Delta U = Q + W$，求出 W。

$$W = \Delta U - Q = -41.8\text{kJ} - (-1.64)\text{kJ} = -40.2\text{kJ}$$

由以上计算过程可知 $\Delta G = -40.2$kJ，而途径（2）做最大功时，$W = -40.2$kJ。两者相同，验证了 $\Delta G = W'_{max}$ 的结论，即体系吉布斯自由能的减少等于它在恒温恒压下对外所做的最大有用功。

【例 1-1-33】 已知 $\Delta_f H_m^{\ominus}(H_2O, l) = -285.8\text{kJ}\cdot\text{mol}^{-1}$，$\Delta_f H_m^{\ominus}(H_2O, g) = -241.8\text{kJ}\cdot\text{mol}^{-1}$，$S_m^{\ominus}(H_2O, l) = 70.0\text{J}\cdot\text{mol}^{-1}\cdot\text{K}^{-1}$，$S_m^{\ominus}(H_2O, g) = 188.8\text{J}\cdot\text{mol}^{-1}\cdot\text{K}^{-1}$。求 25℃时水的饱和蒸气压。

【分析】 25℃时水的气液平衡 $H_2O(l) \rightleftharpoons H_2O(g)$ 的平衡常数 $K^{\ominus}$ 与该温度下的饱和蒸气压的关系式是：$K^{\ominus} = \dfrac{p_{H_2O}}{p^{\ominus}}$，式中 $p^{\ominus}$ 为标准大气压。根据已知条件，可求出气液平衡常数 $K^{\ominus}$，进而求算 p_{H_2O}。

【解】计算水的气液平衡的标准摩尔焓变和标准摩尔熵变。

$$H_2O(l) \rightleftharpoons H_2O(g)$$

$$\Delta_r H_m^\ominus = -241.8\text{kJ}\cdot\text{mol}^{-1} - (-285.8)\text{kJ}\cdot\text{mol}^{-1} = 44.0\text{kJ}\cdot\text{mol}^{-1}$$

$$\Delta_r S_m^\ominus = 188.8\text{J}\cdot\text{mol}^{-1}\cdot\text{K}^{-1} - 70.0\text{J}\cdot\text{mol}^{-1}\cdot\text{K}^{-1} = 118.8\text{J}\cdot\text{mol}^{-1}\cdot\text{K}^{-1}$$

计算 25℃时水的气液平衡的标准摩尔吉布斯自由能变。

$$\Delta_r G_m^\ominus(298\text{K}) = \Delta_r H_m^\ominus - T\Delta_r S_m^\ominus = 44.0\text{kJ}\cdot\text{mol}^{-1} - 298\times 118.8\times 10^{-3}\text{kJ}\cdot\text{mol}^{-1}\cdot\text{K}^{-1} = 8.6\text{kJ}\cdot\text{mol}^{-1}$$

利用吉-赫方程，计算水的气液平衡的平衡常数。

$$\Delta_r G_m^\ominus(298\text{K}) = -RT\ln K^\ominus(298\text{K})$$

$$8.6\times 10^3\text{J}\cdot\text{mol}^{-1} = -8.314\text{J}\cdot\text{mol}^{-1}\cdot\text{K}^{-1}\times 298\text{K}\times\ln K^\ominus$$

$$K^\ominus = 0.031$$

利用平衡常数表达式，求出水的饱和蒸气压。

$$K^\ominus = \frac{p_{H_2O}}{p^\ominus} = \frac{p_{H_2O}}{100\text{kPa}} = 0.031;\ p_{H_2O} = 3.10\text{kPa}$$

五、疑难问题解答

1. 问：乙烯加氢生成乙烷，丙烯加氢生成丙烷。这两个反应的标准摩尔焓变几乎相等。为什么？

答：此题需要理解的是键焓与 $\Delta_r H_m^\ominus$ 之间的关系。从本质上讲，反应热效应就是反应物旧键断裂所吸收的能量和产物新键形成所放出的能量之差。上述两个反应中，其热效应皆由 1 个 π 键断裂和 1 个 σ 键的生成所产生，因此其热效应相近。

2. 问：冰在室温下自动融化成水，这一自发过程的根本原因是熵增。这一解释是否合理？

答：这一解释较为片面。

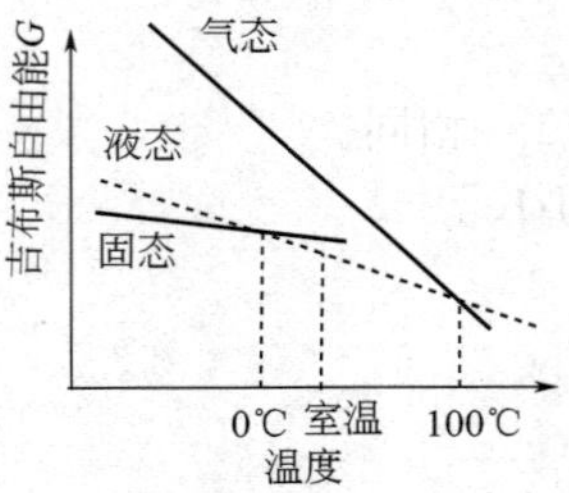

图 1-2 水的吉布斯自由能随温度的变化

冰在室温下融化成水，是一个熵增过程 [$S_m^\ominus(H_2O, s, 298K) < S_m^\ominus(H_2O, l, 298K)$，该过程的 $\Delta S > 0$]，但用熵增作为自发过程的判据，前提必须是孤立体系。而冰在室温下融化成水，不是在孤立体系中发生的。因此，判断该变化是自发过程，须用 $\Delta G < 0$ 作为判据。

冰在室温时自动融化成水，是吸热、熵增的过程。可由图 1-2 不同温度下水的吉布斯自由能变化，判断自发反应的方向。

由图 1-2 可见，在 0℃时，G(冰)$=G$(水)，水自发发生相变，冰开始融化，水也可以结冰。低于 0℃时，G(冰)$<G$(水)，所以，水自发凝结成冰，符合 $\Delta G < 0$；而在室温（例 298K）时，G(冰，298K)$>G$(水，298K)，所以，冰自发融化成水，也符合 $\Delta G < 0$。

因此，$\Delta G < 0$ 是判断反应或过程自发进行的判据。

3. 问：对于某一化学反应，存在吉-赫方程 $\Delta_r G_m^\ominus = \Delta_r H_m^\ominus - T\Delta_r S_m^\ominus$，可否认为对某一特定物质，也存在类似关系式“$\Delta_f G_m^\ominus = \Delta_f H_m^\ominus - TS_m^\ominus$”呢？

答：根据 G 函数的定义和热力学原理，体系在恒温恒压下经历某种变化后，即从一个始态变化到一个终态，关系式 $\Delta G = \Delta H - T\Delta S$ 成立。因而对于某一化学反应的标准摩尔焓变、标准摩尔熵变、标准摩尔吉布斯自由能变，有关系式 $\Delta_r G_m^\ominus = \Delta_r H_m^\ominus - T\Delta_r S_m^\ominus$。但对某一特定物质，关系式“$\Delta_f G_m^\ominus = \Delta_f H_m^\ominus - TS_m^\ominus$”不成立。

首先来看一个例子。在 298K 时，化学反应 $C(s)+O_2(g)=CO_2(g)$ 的相关热力学函数值为：

$\Delta_f H_m^\ominus/(kJ\cdot mol^{-1})$	0	0	−393.5
$S_m^\ominus/(J\cdot mol^{-1}\cdot K^{-1})$	5.74	205.1	213.7
$\Delta_f G_m^\ominus/(kJ\cdot mol^{-1})$	0	0	−394.3

根据公式，可求出该化学反应的 $\Delta_r H_m^\ominus$、$\Delta_r S_m^\ominus$ 和 $\Delta_r G_m^\ominus$，它们分别是：

$\Delta_r H_m^\ominus=-393.5kJ\cdot mol^{-1}$，

$\Delta_r S_m^\ominus=213.7J\cdot mol^{-1}\cdot K^{-1}-(5.74+205.1)J\cdot mol^{-1}\cdot K^{-1}=2.16J\cdot mol^{-1}\cdot K^{-1}$，

$\Delta_r G_m^\ominus=-394.3kJ\cdot mol^{-1}$。

验证关系式 $\Delta_r G_m^\ominus=\Delta_r H_m^\ominus-T\Delta_r S_m^\ominus$ 是否成立。

等式左边，$\Delta_r G_m^\ominus=-394.3kJ\cdot mol^{-1}$。

等式右边，$\Delta_r H_m^\ominus-T\Delta_r S_m^\ominus=-393.5kJ\cdot mol^{-1}-298K\times 2.16\times 10^{-3}kJ\cdot mol^{-1}\cdot K^{-1}=-394.1kJ\cdot mol^{-1}$。所以，等式成立。

接着，考查关系式“$\Delta_f G_m^\ominus=\Delta_f H_m^\ominus-TS_m^\ominus$”是否成立。以 CO_2 为例。

$\Delta_f H_m^\ominus(CO_2,g)-TS_m^\ominus(CO_2,g)=-393.5kJ\cdot mol^{-1}-298K\times 213.7\times 10^{-3}kJ\cdot mol^{-1}\cdot K^{-1}=-457.2kJ\cdot mol^{-1}$。而 $\Delta_f G_m^\ominus(CO_2,g)=-394.3kJ\cdot mol^{-1}$。显然，关系式 $\Delta_f G_m^\ominus=\Delta_f H_m^\ominus-TS_m^\ominus$ 不成立。

通过以上对 $CO_2(g)$ 的“$\Delta_f G_m^\ominus=\Delta_f H_m^\ominus-TS_m^\ominus$”关系式的计算验证，不难发现，出现错误原因在于 $S_m^\ominus(CO_2,g)$ 的函数定义与 $CO_2(g)$ 生成反应的 $\Delta_r S_m^\ominus$ 并不相同。

$\Delta_f G_m^\ominus(CO_2,g)$ 是指在标态下由参考态单质生成 1mol $CO_2(g)$ 所产生的吉布斯自由能变，即该变化的始态为 $C(s)+O_2(g)$，终态为 $CO_2(g)$。再看关系式右边的第 1 项 $\Delta_f H_m^\ominus(CO_2,g)$，它指示的过程是在标准状态下由参考态单质生成 1mol $CO_2(g)$ 所产生的焓变。但是，关系式右边的第 2 项 $S_m^\ominus(CO_2,g)$ 所指示的变化为 CO_2 完美晶体从 0K 变化到 T K 时所产生的熵变，并不是由参考态单质生成 1mol $CO_2(g)$ 所产生的熵变。关系式两边所指示的变化过程不相同，因此，上述定量关系不成立。

请读者仔细体会吉-赫方程所隐含的意义。

4. 问：为何有些反应 $\Delta G<0$，但实际上并不发生！例如：合成氨反应 $N_2(g)+3H_2(g)=2NH_3(g)$，$\Delta_r G_m(298K)=-33.2kJ\cdot mol^{-1}$，但在 298K、标准状态下，将 $N_2(g)$、$H_2(g)$、$NH_3(g)$ 混合气体放置数年，也察觉不到有新的 NH_3 气生成。为什么？

答：热力学只能预测一个反应在给定条件下自发进行的可能性，但无法回答该反应最终发生的可行性。反应的最终实现，必须考虑动力学，即反应速率问题。无法观察到合成氨反应的进行，是因为该反应速率太慢。

但一个 $\Delta G<0$ 且反应速率过慢的反应，与另一个 $\Delta G>0$ 的反应有着本质的不同。前者是有可能进行的，关键是想办法提高其反应速率，例如加入合适的催化剂。而在给定条件下 $\Delta G>0$ 的反应一定无法实现，加入任何催化剂都无济于事。

5. 问：为何温度对化学反应的 ΔG 影响很大，而对 ΔH、ΔS 影响很小？能否用 $\Delta_r H_m^\ominus(298K)$、$\Delta_r S_m^\ominus(298K)$ 替代任意温度下的 $\Delta_r H_m^\ominus(T)$、$\Delta_r S_m^\ominus(T)$？

答：从吉-赫方程 $\Delta G=\Delta H-T\Delta S$ 可以看出，ΔG 是温度的函数，因此，随温度的变化，ΔG 的值变化较大。

ΔH 是反应的热效应。根据物理化学的相关知识，化学反应的焓变随温度的变化可用 Kirchhoff 定律来表示，即 $\Delta_r H_m^\ominus(T_2)=\Delta_r H_m^\ominus(T_1)+(T_2-T_1)\Delta C_p$，式中，$\Delta C_p$ 为反应物与生

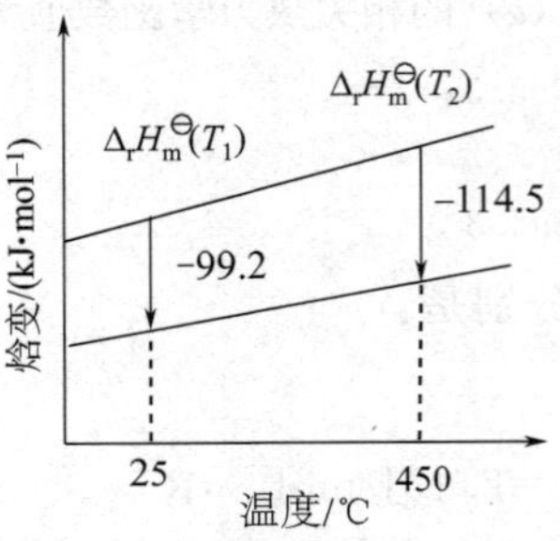

图 1-3 合成氨反应的焓变随温度的变化

成物的恒压热容之差。以合成氨反应 $N_2(g)+3H_2(g) = 2NH_3(g)$ 为例，$\Delta_r H_m^\ominus(298K)$ 的值为 $-99.2kJ\cdot mol^{-1}$，而 $\Delta_r H_m^\ominus(723K)$ 的值为 $-114.5kJ\cdot mol^{-1}$（参见图 1-3）。但在普通化学的近似计算中，为简便计算过程，常忽略 $\Delta_r H_m^\ominus$ 随温度的变化，将其视作不随温度而变的函数。

熵 S 是体系混乱度的描述，在物理化学课程中，熵 S 有 2 种表示：（1）热力学表示：$\Delta S=\frac{Q_{可逆}}{T}$，（2）统计学表示：$\Delta S=k\ln W$，式中，$k$ 为玻尔兹曼常数（其值为 1.381×10^{-23} $J\cdot K^{-1}$），W 为物质中原子或分子排列方式的总数。尽管温度升高，混乱度增加，物质的熵增大，但对一个化学反应来说，温度变化时，反应物、生成物的熵同时改变，$\Delta_r S_m^\ominus$ 的变化很小，为简便计算过程，常将 $\Delta_r S_m^\ominus$ 视作不随温度而变的函数。

因此，在普通化学课程中，常使用近似公式 $\Delta_r G_m^\ominus(T)=\Delta_r H_m^\ominus(298K)-T\Delta_r S_m^\ominus(298K)$。

6. 问：如何理解“可逆反应”与“可逆过程”？

答：可逆反应是指在同一条件下能同时向正逆两个方向进行的反应。从广义的角度而言，任何化学反应都具有可逆性，化学反应的可逆性常以 $K^\ominus$ 值的大小来衡量。例如，$K^\ominus$ 达到 10^{10} 数量级以上时，该化学反应较为彻底，几近完成。可逆反应的限度是达到平衡状态。但有时，由于反应条件（如在给定的压力和温度下）使得化学反应的正、逆反应速率不等，宏观上表现为该化学反应的净结果朝着某一个方向（$\Delta_r G_m<0$ 的方向）进行，此时，可逆反应处于非平衡态。

可逆过程是体系因某些物理量发生微小变化，但无能量损失情形下发生的一种可逆变化，在此变化过程中，体系始终处于平衡或“几近平衡”的状态，也许这种可逆过程需耗费无限长的时间才能实现。可逆过程是一种理想的过程。可逆过程经由始态变为终态后，能使体系和环境完全复原（即体系可以回到原来状态，同时消除了过程对环境产生的一切影响）。如水在沸点时蒸发，冰点时凝固等都是可逆过程。在热力学可逆膨胀过程中，体系对环境做最大功，同时 $\Delta S=\frac{Q_{可逆}}{T}$。

7. 对化学反应等温方程式 $\Delta_r G_m(T)=\Delta_r G_m^\ominus(T)+RT\ln J$ 的理解

化学反应等温方程式是关于在指定温度 T 时、非标准状态下化学反应的吉布斯自由能变与同一温度 T 时、标准状态下化学反应的吉布斯自由能变之间的定量关系。利用化学等温方程式，可根据给定的标准状态下化学反应的吉布斯自由能变，即 $\Delta_r G_m^\ominus(T)$，和非标准状态下化学反应所处的条件（如压力、浓度等），计算出非标准状态下化学反应的吉布斯自由能变，即 $\Delta_r G_m(T)$。

部分读者运用化学等温方程式时，错误理解为某一温度 T 时、标准状态下某化学反应的吉布斯自由能变与 298K 时、标准状态下此化学反应的吉布斯自由能变之间的定量关系，误认为 $\Delta_r G_m^\ominus(T)=\Delta_r G_m^\ominus(298K)+RT\ln J$，此式是错误的，根本不能成立。

8. 对平衡常数与标准摩尔吉布斯自由能变关系式 $\Delta_r G_m^\ominus(T)=-RT\ln K^\ominus(T)$ 的理解

$\Delta_r G_m^\ominus(T)$ 与 $K^\ominus(T)$ 均为温度的函数，它们的值随温度升高或降低会发生很大变化。上式运用时，等式右边和左边所涉及的温度必须相同。部分读者运用此式时，会将 $K^\ominus(298K)$ 或 $\Delta_r G_m^\ominus(298K)$ 与另一温度下的 $K^\ominus(T)$ 或 $\Delta_r G_m^\ominus(T)$ 画上等号，误认为 $\Delta_r G_m^\ominus(298K)=-RT\ln K^\ominus(T)$，此式是错误的，根本不能成立。

第二节　化学动力学

一、基本要求

（1）了解化学反应速率的概念及实验测定方法。

（2）理解基元反应、复杂反应、决速步骤、反应级数、活化分子数、活化能等基本概念。

（3）掌握质量作用定律与反应速率方程的关系，反应速率常数与反应级数的关系。

（4）利用阿仑尼乌斯公式计算反应速率常数及活化能。

（5）利用活化分子理论与过渡态理论解释浓度、温度、催化剂对反应速率的影响。

二、知识框架图

如图 1-4 所示。

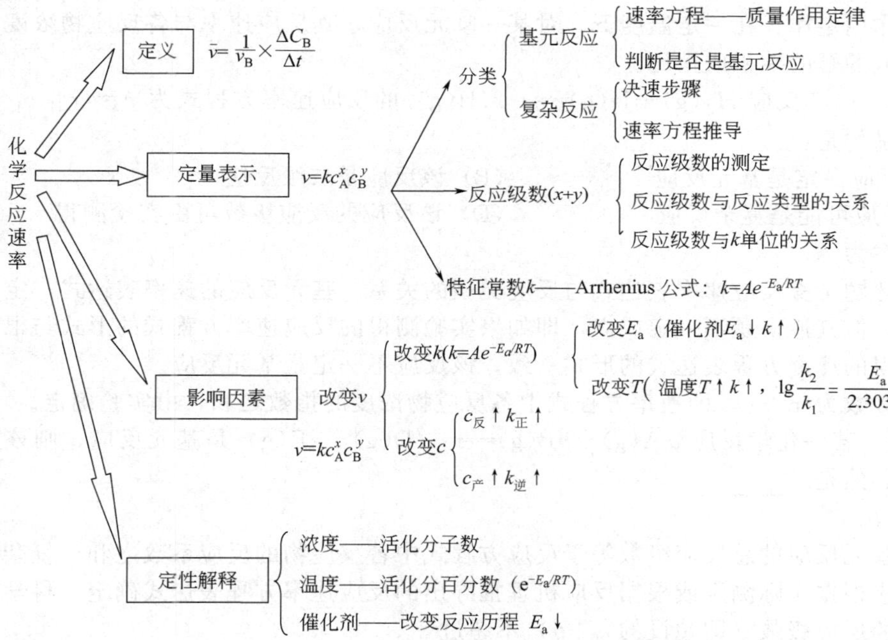

图 1-4　“化学反应速率”知识框架图

三、内容精要及基本例题分析

（一）动力学基本概念与定律

1. 化学反应速率的表示

（1）指某一化学反应的反应进度随时间的变化率，与选定物种无关，只与反应方程式写法有关，$v=\frac{d\xi}{dt}=\frac{1}{\nu_B}\times\frac{dn_B}{dt}$。式中 ξ 为反应进度。

（2）若用浓度变化表示，则化学反应速率可表示为某一种物质的浓度随时间的变化除以其相应的化学计量数，即 $v=\frac{1}{\nu_B}\times\frac{dc_B}{dt}$（瞬时反应速率），$v=\frac{1}{\nu_B}\times\frac{\Delta c_B}{\Delta t}$（平均反应速率）。

【例 1-2-1】　对反应 $CO(g)+NO(g) \xlongequal{\quad} CO_2(g)+\frac{1}{2}N_2(g)$ 而言，$\xi=2mol$ 表示什么含义？

【解】 ξ=2mol 表示 2mol CO(g) 与 2mol NO(g) 反应，生成 2mol CO_2(g) 和 1mol N_2(g)。

【分析】 ξ 为反应进度，单位为摩尔。反应前 $\xi=0$。若按反应方程式，完成一个单位反应进度后（即化学反应中所有物质，其物质的量改变量正好等于反应式中该物质的化学计量数时），ξ=1mol。对同一反应方程式而言，若指定反应进度 ξ，则反应速率确定，而不必指定用哪种物质表示。

2. 化学反应速率方程的建立

必须通过实验来建立。实验测定时，常固定某一反应物浓度，多次改变另一反应物浓度，测定出不同反应物的反应级数，反应的总级数 n，从而计算出该反应的反应速率常数 k，进而建立化学反应速率方程的实验表达式。详见“例 1-2-8”。

3. 化学反应速率方程表达式 $v=kc_A^xc_B^y$

(1) 基元反应与复杂反应的速率表达式：对基元反应，反应速率方程式符合质量作用定律；对复杂反应（若干个基元反应的总和），可根据反应机理中决速基元反应（决速步骤）和反应机理，推导其速率方程。

(2) 质量作用定律：在一定温度下，对某一基元反应，其反应速率与各反应物浓度以其反应系数为指数的幂的乘积成正比。

【例 1-2-2】 已知反应 $H_2(g)+I_2(g)=\!=\!=2HI(g)$ 的反应速率方程式为 $v=kc_{H_2}c_{I_2}$，下列推论中不正确的是：

(A) 该反应一定是基元反应　　(B) 该反应是二级反应

(C) 该反应可能是复杂反应　　(D) 该反应的反应级数可由实验测得

【解】 答案为 A。

【分析】 此题考查反应速率表达式与反应类型的关系。基元反应的速率表达式一定符合质量作用定律，但其逆命题不一定成立，即如果实验测得的反应速率方程式的形式与根据质量作用定律推得的速率方程表达式的形式一致，该反应不一定是基元反应。

(3) 反应级数为 $x+y$，即速率方程式中各反应物浓度的指数之和，由实验确定。

【例 1-2-3】 若一化学反应 $aA(g)+bB(g)=\!=\!=dD(g)+eE(g)$ 是基元反应，则该反应的总反应级数必然是________。

【解】 $a+b$。

【分析】 基元反应的总反应级数等于反应方程式中各反应物的反应系数之和。复杂反应的总反应级数应根据实际测定或根据反应机理推导出的反应速率方程表达式确定。科学理论证实基元反应的反应级数（即题设的 $a+b$）不超过 3。

4. 反应速率常数 k 的意义及影响因素

(1) k 的意义：各反应物均为单位浓度时的反应速率。k 是表示指定反应在反应速率方面本质特征的一个物理量。k 是温度的函数，与浓度无关。

(2) k 的单位与反应级数相关联，可由相应的速率表达式推导出反应速率常数的单位。

k 的单位——0 级：$mol\cdot dm^{-3}\cdot s^{-1}$

1 级：s^{-1}

2 级：$mol^{-1}\cdot dm^3\cdot s^{-1}$

3 级：$mol^{-2}\cdot dm^6\cdot s^{-1}$

(3) 影响 k 的因素：由阿仑尼乌斯公式 $k=Ae^{-E_a/RT}$ 可以看出，对一指定反应而言，E_a 与 T 的微小变化都可使 k 呈现指数级的变化，从而显著影响反应速率。其中温度直接影响 k 的大小，而正催化剂通过降低反应活化能 E_a，使 k 增加。

不同温度下 k 与 T 的关系：$\lg\frac{k_2}{k_1}=\frac{E_a}{2.303R}\left(\frac{T_2-T_1}{T_2T_1}\right)$

【例 1-2-4】 对于反应 $aA(g)+bB(g) \longrightarrow dD(g)+eE(g)$ 而言，其反应速率方程式为 $v=kc_A^x c_B^y$。其中，反应速率常数 k 的物理意义是：

(A) 代表反应速率与反应物浓度的关系。

(B) 表示反应在速率方面的本征特性，与反应物浓度无关。

(C) 表示反应速率常数是反应物浓度的函数。

【解】 答案为 B。

【分析】 此题考查对反应特征常数的理解。反应速率常数 k 与化学平衡常数 $K^{\ominus}$ 均是反应的特征常数，只与温度有关，而与反应物浓度无关。故 C 错误。选项 A 表达的是反应速率方程式的物理意义，故 A 错误。

5. 化学反应速率的影响因素

由 $v=kc_A^x c_B^y$ 可知，影响反应速率的因素有 k 与 c，而温度、催化剂可改变 k，故反应速率的影响因素包括了浓度、温度、催化剂。详见"重点与难点解析"。

【例 1-2-5】 判断对错（　）：提高反应温度，只对吸热反应起着加快反应速率的作用。

【解】 判断（×）

【分析】 根据阿仑尼乌斯公式 $k=Ae^{-E_a/RT}$，可知温度升高，k 值一定增加，而与反应吸、放热无关。这一点与热力学平衡常数 $K^{\ominus}$ 的变化有所不同。对 $K^{\ominus}$ 而言，升高温度，而使吸热反应 $K^{\ominus}$ 值增加，而使放热反应 $K^{\ominus}$ 值减小。

6. 反应速率理论

反应速率有两大理论：碰撞理论和过渡态理论。这两大理论在解释浓度、温度对反应速率的影响上基本一致，均从活化分子或活化分子百分数的角度进行解释。温度不变时，增加反应物浓度，活化分子百分数不变，但由于反应物分子总数增加，导致活化分子总数增加，从而加快化学反应速率。而浓度不变，升高温度时，反应物分子总数不变，但活化分子百分数增加，从而活化分子总数也增加，反应速率加快。而过渡态理论，则很好地解释了催化剂的影响，即正催化剂改变反应历程，降低正、逆反应活化能，从而同时增加正、逆反应速率。

不同的是，这两个理论中对于活化能的定义略有不同：碰撞理论认为 E_a 是活化分子具有的最低能量（或平均能量）与反应物分子的平均能量之差，而过渡态理论认为 E_a 是活化配合物具有的最低能量与反应物分子的平均能量之差。

【例 1-2-6】 下列关于活化能的叙述中，不正确的是：

(A) 一般情况下，不同的反应具有不同的活化能

(B) 同一反应的活化能愈大，其反应速率愈大

(C) 反应的活化能可以通过实验方法测得

(D) 一般认为，活化能不随温度变化

【解】 答案为 B。

【分析】 此题考查对活化能的理解。活化能可以理解为反应物分子在反应时必须克服的一个能垒，因而活化能越小，分子越易活化成为活化分子，则活化分子在全部分子中所占的百分数越大，反应速率就越快。故选项 B 不正确。一般情况下，温度变化引起活化能的改变较小，可视为 E_a 不随温度改变。详见"疑难问题解答"。

（二）动力学常见计算

主要涉及：

(1) 根据反应速率方程式计算反应速率。

(2) 用实验的方法确定某一化学反应的速率表达式及反应级数。

（3）利用阿仑尼乌斯公式进行相关计算，如计算 k 或 E_a。

附：动力学中常用的计算公式

1. 质量作用定律（反应速率表达式）

对反应 $aA+bB \longrightarrow cC+dD$ 而言，

$$v=kc_A^x c_B^y$$

使用条件：对基元反应而言，x、y 对应于方程式中反应物的反应系数 a、b，可直接根据反应方程式写出反应速率表达式；对复杂反应而言，x、y 的数值由实验确定，反应速率取决于反应机理中最慢一步的基元反应（即决速步骤）。

注意事项：反应速率常数 k 的单位由该反应的反应级数（$x+y$）决定。反之若知 k 的单位，也可推出反应级数的数值，两者相对应。

2. 阿仑尼乌斯公式（反应速率常数表达式）

$$k=Ae^{-E_a/RT}$$

通常将两个不同温度下的 k 表达式联立，推导出如下公式：

$$\lg\frac{k_2}{k_1}=\frac{E_a}{2.303R}\left(\frac{T_2-T_1}{T_2T_1}\right)$$

使用条件：（1）可利用不同温度下的反应速率常数 k_1、k_2，计算该反应的活化能 E_a；

（2）可利用反应的活化能 E_a 和某一温度下的反应速率常数 k_1，计算另一温度下的反应速率常数 k_2。

注意事项：注意单位换算，因为 E_a 单位为 $kJ\cdot mol^{-1}$，而标准气体常数 R 的单位为 $J\cdot mol^{-1}\cdot K^{-1}$。

【例 1-2-7】 反应 $2A+B \longrightarrow A_2B$ 为基元反应。某温度时，当两反应物浓度均为 $0.01mol\cdot dm^{-3}$ 时，起始反应速率为 $2.5\times10^{-3}mol\cdot dm^{-3}\cdot s^{-1}$。求当 $c_A=0.015mol\cdot dm^{-3}$，$c_B=0.030mol\cdot dm^{-3}$ 时，起始反应速率是多少？

【分析】 此题的关键是确立反应速率方程表达式。由已知条件，此反应为基元反应，可根据质量作用定律写出速率表达式；再由某一浓度条件下的反应速率，求出反应速率常数 k，则可计算任一浓度条件下的起始反应速率。

【解】 因反应 $2A+B \longrightarrow A_2B$ 为基元反应，则根据质量作用定律，有

$$v=kc_A^2c_B \quad ①$$

此反应为 3 级反应。

再由已知条件，$c_A=c_B=0.01mol\cdot dm^{-3}$ 时，$v=2.5\times10^{-3}mol\cdot dm^{-3}\cdot s^{-1}$。将数据代入①式，计算反应速率常数 k。

$$2.5\times10^{-3}mol\cdot dm^{-3}\cdot s^{-1}=k\times(0.01mol\cdot dm^{-3})^2\times(0.01mol\cdot dm^{-3})$$

则 $k=2.5\times10^3mol^{-2}\cdot dm^6\cdot s^{-1}$

利用速率方程，计算当 $c_A=0.015mol\cdot dm^{-3}$，$c_B=0.030mol\cdot dm^{-3}$ 时的起始反应速率。

$$v=2.5\times10^3mol^{-2}\cdot dm^6\cdot s^{-1}\times(0.015mol\cdot dm^{-3})^2\times(0.030mol\cdot dm^{-3})$$
$$=1.7\times10^{-2}mol\cdot dm^{-3}\cdot s^{-1}$$

【例 1-2-8】 298K 时，在某一容器中，A 与 B 反应，实验测得数据如下：

$c_A/(mol\cdot dm^{-3})$	$c_B/(mol\cdot dm^{-3})$	$v/(mol\cdot dm^{-3}\cdot s^{-1})$	$c_A/(mol\cdot dm^{-3})$	$c_B/(mol\cdot dm^{-3})$	$v/(mol\cdot dm^{-3}\cdot s^{-1})$
1.0	1.0	1.2×10^{-2}	1.0	1.0	1.2×10^{-2}
2.0	1.0	2.3×10^{-2}	1.0	2.0	4.8×10^{-2}
4.0	1.0	4.9×10^{-2}	1.0	4.0	1.9×10^{-1}
8.0	1.0	9.6×10^{-2}	1.0	8.0	7.6×10^{-1}

（1）写出 298K 时该反应的速率方程式，确定反应级数；

（2）计算 298K 时的反应速率常数 k。

【分析】 实验测定化学反应速率时，常固定某一反应物浓度，多次改变另一反应物浓度，测定出不同反应物的反应级数，从而计算出该反应的反应速率常数 k，进而建立化学反应速率方程的实验表达式。

【解】（1）假设该反应在 298K 时的反应速率方程为 $v=kc_A^x c_B^y$，式中的 x、y 可由题中表格提供的数据求得。

观察表格左栏数据，有：当 c_B 保持不变时，c_A 每增大 2 倍，v 增大 2 倍，说明 v 与 c_A 成正比。

观察表格右栏数据，有：当 c_A 保持不变时，c_B 每增大 2 倍，v 增大 4 倍，说明 v 与 c_B^2 成正比。

写出速率方程表达式，确定反应级数。

反应速率方程式为 $v=kc_A c_B^2$，该反应是 3 级反应。

（2）将表中的任一组数据代入求得的速率方程，可求出该反应在 298K 时的反应速率常数 k，其中以第一组最为简便。

$$k=\frac{v}{c_A c_B^2}=\frac{1.2\times10^{-2}\,\text{mol}\cdot\text{dm}^{-3}\cdot\text{s}^{-1}}{1.0\,\text{mol}\cdot\text{dm}^{-3}\times(1.0\,\text{mol}\cdot\text{dm}^{-3})^2}=1.2\times10^{-2}\,\text{mol}^{-2}\cdot\text{dm}^6\cdot\text{s}^{-1}$$

（按 k 的定义，不管反应为几级反应，当所有反应物的浓度皆为 $1\text{mol}\cdot\text{dm}^{-3}$ 时，$k=v$，所以由第一组数据，即可直接得出 $k=1.2\times10^{-2}\,\text{mol}^{-2}\cdot\text{dm}^6\cdot\text{s}^{-1}$。）

若要更精确求算 k，可将所有编号数据代入，求 k 的平均值。

【例 1-2-9】 某两反应的活化能分别为 $E_{a_1}=60\text{kJ}\cdot\text{mol}^{-1}$，$E_{a_2}=240\text{kJ}\cdot\text{mol}^{-1}$，若将这两反应的温度同时由 300K 升至 310K，问哪一个反应的反应速率增加更快？反应速率增加的倍数，较快反应是较慢反应的多少倍？

【分析】 活化能与反应速率（或反应速率常数）的关系通过阿仑尼乌斯公式建立。由不同温度下反应速率常数的表达式可推导出公式 $\lg\frac{k_2}{k_1}=\frac{E_a}{2.303R}\left(\frac{T_2-T_1}{T_2T_1}\right)$，从而分析温度对反应速率常数的影响。

【解】 设第 1 个反应在两个温度下的反应速率常数分别为 $k_1(T_1)$、$k_1(T_2)$；第 2 个反应的反应速率常数分别为 $k_2(T_1)$、$k_2(T_2)$。

对第 1 个反应，利用公式 $\lg\frac{k_2}{k_1}=\frac{E_a}{2.303R}\left(\frac{T_2-T_1}{T_2T_1}\right)$，代入数据。

$$\lg\frac{k_1(T_2)}{k_1(T_1)}=\frac{60\times10^3\,\text{J}\cdot\text{mol}^{-1}}{2.303\times8.314\,\text{J}\cdot\text{mol}^{-1}\cdot\text{K}^{-1}}\left(\frac{310\text{K}-300\text{K}}{310\text{K}\times300\text{K}}\right)$$

对第 2 个反应，利用公式 $\lg\frac{k_2}{k_1}=\frac{E_a}{2.303R}\left(\frac{T_2-T_1}{T_2T_1}\right)$，代入数据。

$$\lg\frac{k_2(T_2)}{k_2(T_1)}=\frac{240\times10^3\,\text{J}\cdot\text{mol}^{-1}}{2.303\times8.314\,\text{J}\cdot\text{mol}^{-1}\cdot\text{K}^{-1}}\left(\frac{310\text{K}-300\text{K}}{310\text{K}\times300\text{K}}\right)$$

比较 $\lg\frac{k_1(T_2)}{k_1(T_1)}$ 和 $\lg\frac{k_2(T_2)}{k_2(T_1)}$ 的大小。

由于 $E_{a_2}>E_{a_1}$，所以 $\lg\frac{k_2(T_2)}{k_2(T_1)}>\lg\frac{k_1(T_2)}{k_1(T_1)}$

又 k 与 v 成正比，所以，活化能大的反应 2 的反应速率增加更快。

比较两个反应的反应速率常数增大的倍数。

$$\lg\left[\frac{k_2(T_2)}{k_2(T_1)}\Big/\frac{k_1(T_2)}{k_1(T_1)}\right]=\lg\frac{k_2(T_2)}{k_2(T_1)}-\lg\frac{k_1(T_2)}{k_1(T_1)}=\left[\frac{240\times10^3\,\text{J}\cdot\text{mol}^{-1}}{2.303\times8.314\text{J}\cdot\text{mol}^{-1}\cdot\text{K}^{-1}}\left(\frac{310\text{K}-300\text{K}}{310\text{K}\times300\text{K}}\right)\right]$$

$$-\left[\frac{60\times10^3\,\text{J}\cdot\text{mol}^{-1}}{2.303\times8.314\text{J}\cdot\text{mol}^{-1}\cdot\text{K}^{-1}}\left(\frac{310\text{K}-300\text{K}}{310\text{K}\times300\text{K}}\right)\right]$$

$$=\frac{(240-60)\times10^3\,\text{J}\cdot\text{mol}^{-1}\times(310\text{K}-300\text{K})}{2.303\times8.314\text{J}\cdot\text{mol}^{-1}\cdot\text{K}^{-1}\times310\text{K}\times300\text{K}}=1.01$$

则$\frac{k_2(T_2)}{k_2(T_1)}\Big/\frac{k_1(T_2)}{k_1(T_1)}=10^{1.01}\approx10$ 倍

即反应速率增大的倍数，较快反应是较慢反应的 10 倍。

由计算结果可知，升高温度对活化能大的反应的反应速率增加更快。

【例 1-2-10】 已知反应 $2SO_2(g)+O_2(g) \xlongequal{} 2SO_3(g)$ 在使用 Pt 催化剂前后，反应的活化能分别为 $E_a=251\text{kJ}\cdot\text{mol}^{-1}$ 和 $E'_a=63\text{kJ}\cdot\text{mol}^{-1}$，试计算 500 K 时使用催化剂后反应速率增加多少倍?

【分析】 催化剂增加反应速率，是通过降低反应的活化能实现的。利用阿仑尼乌斯公式，可讨论催化剂对反应速率的影响。

【解】 设 500K 时，使用催化剂前后该反应的反应速率常数分别为 k、k'。

根据阿仑尼乌斯公式，列出未使用催化剂前反应的速率常数关系式。

$$k=A\text{e}^{-E_a/RT}，\lg k=\lg A-\frac{E_a}{2.303RT}$$

根据阿仑尼乌斯公式，列出使用催化剂后反应的速率常数关系式。

$$k'=A\text{e}^{-E'_a/RT}，\lg k'=\lg A-\frac{E'_a}{2.303RT}$$

计算 $\lg k'-\lg k$ 的值。

$$\lg k'-\lg k=-\frac{E'_a}{2.303RT}-\left(-\frac{E_a}{2.303RT}\right)$$

$$\lg\frac{k'}{k}=\frac{(E_a-E'_a)}{2.303RT}=\frac{(251-63)\times10^3\,\text{J}\cdot\text{mol}^{-1}}{2.303\times8.314\text{J}\cdot\text{mol}^{-1}\cdot\text{K}^{-1}\times500\text{K}}$$

$$\frac{k'}{k}=3.98\times10^{19}\ 倍$$

由计算结果可知，使用催化剂后反应速率常数呈现指数级的增加。因而，工业上常使用催化剂使反应速率大大加快。

四、重点、难点解析及综合例题分析

(一) 重点、难点解析

动力学的核心在于化学反应的反应速率的定量计算和定性解释，包含三部分内容：

(1) 反应速率的定量表达；

(2) 反应速率的影响因素（如何改变反应速率）；

(3) 反应速率的定性解释（即反应速率理论）。

全部内容围绕两个公式：$v=kc_A^xc_B^y$ 及 $k=A\text{e}^{-E_a/RT}$

1. 对反应 $a\text{A}+b\text{B} \xlongequal{} c\text{C}+d\text{D}$，速率方程表达式

$$v=kc_A^xc_B^y\begin{cases}\text{基元反应：}v=kc_A^ac_B^b\\ \text{复杂反应：取决于决速步骤}\end{cases}$$

反应速率表达式最终由实验测得。而如何确定反应是基元反应还是复杂反应，必须根据反应机理。即使实验测得速率方程的形式与由质量作用定律推得的速率方程的形式完全一致，该反应也不一定是基元反应。同样，实验测定的反应级数恰好等于方程式中反应物系数之和，该反应也不一定是基元反应。

2.改变反应速率的方法

影响化学反应速率的三大因素为：浓度、温度、催化剂。

根据速率表达式：$v=kc_A^x c_B^y$，可知

改变 v 可通过
- 改变 k（$k=Ae^{-Ea/RT}$）
  - 改变 E_a，$E_a\downarrow$ 则 $k\uparrow$（使用催化剂可改变反应活化能 E_a）
  - 改变 T，$T\uparrow$ 则 $k\uparrow$（$k_正$、$k_逆$ 同时增加）
- 改变 c（$c_{反应物}\uparrow$ 则 $v_正\uparrow$；$c_{产物}\uparrow$ 则 $v_逆\uparrow$）

通过以上分析可知，利用反应速率方程和阿仑尼乌斯公式可推断影响化学反应速率的因素。请读者自行分析。

3.根据反应速率理论，定性解释浓度、温度、催化剂对反应速率的影响。

（二）综合例题分析

【例 1-2-11】 对于一个确定的化学反应，下列说法中，正确的是：

（A）$\Delta_r G_m$ 越负，反应速率越快　（B）$\Delta_r S_m$ 越正，反应速率越快

（C）$\Delta_r H_m$ 越负，反应速率越快　（D）E_a 越小，反应速率越快

【解】 答案为 D。

【分析】 此题考查化学热力学与化学动力学之间的关系。反应速率属于化学动力学范畴，与 $\Delta_r G_m$、$\Delta_r S_m$、$\Delta_r H_m$ 等热力学函数无关，故 A、B、C 选项错误。根据阿仑尼乌斯公式，$k=Ae^{-E_a/RT}$，一个反应活化能越小，反应速率常数越大，则反应速率越快，故 D 为正确答案。

【例 1-2-12】 化学反应的速率方程式 $v=kc_A^x c_B^y$ 中，并无温度项出现，说明：

（A）化学反应速率与温度无关

（B）化学反应速率随温度变化较小，可忽略

（C）反应速率常数是随温度而变化的，因而化学反应速率也是随温度变化的

【解】 答案为 C。

【分析】 此题考查反应速率的影响因素。尽管反应速率方程式 $v=kc_A^x c_B^y$，表观上看 v 只与 k、c 有关，但实际 k 又包含了两个影响因素，（$k=Ae^{-E_a/RT}$），k 与 T、E_a 有关，故 k 与 v 都是与温度 T 密切相关的，选项 C 为正确答案。

【例 1-2-13】 某化学反应的速率常数 k 的单位是 $mol·dm^{-3}·s^{-1}$，则该化学反应的级数为：

（A）$\frac{1}{2}$级　（B）2 级　（C）0 级　（D）1 级

【解】 答案为 C。

【分析】 此题考查 k 的单位与反应级数的关系。反应速率可表示为 $v=kc_A^x c_B^y$，v 的单位是 $mol·dm^{-3}·s^{-1}$，依题意 k 的单位也是 $mol·dm^{-3}·s^{-1}$，则 $x+y=0$，为零级反应。选项 C 为正确答案。

【例 1-2-14】 反应 A+B══C+D 的 $\Delta_r H_m^\ominus<0$，当升高温度时，将导致：

（A）$k_正$ 和 $k_逆$ 都增加　（B）$k_正$ 和 $k_逆$ 都减小　（C）$k_正$ 减小，$k_逆$ 增加

（D）$k_正$ 增加，$k_逆$ 减小　（E）$k_正$ 和 $k_逆$ 的变化无法确定

【解】 答案为 A。

【分析】 此题考查温度对反应速率常数 k 的影响，由阿仑尼乌斯公式 $k=Ae^{-E_a/RT}$，可知温度 T 升高，k 一定增加，而且 $k_{正}$、$k_{逆}$ 与 T 皆成正比。题目中给出的 $\Delta_r H_m^{\ominus}<0$（放热反应）条件，对正、逆反应速率常数并无影响，请读者注意区分 T 对热力学平衡常数 $K^{\ominus}$ 与速率常数 k 的不同影响。

应明确，反应是吸热还是放热，只影响热力学的特征常数 $K^{\ominus}$。具体说来，对放热反应，T 增加，$K^{\ominus}(T)$ 减小，但不影响动力学常数 k。

【例 1-2-15】 对于大多数化学反应而言，下列说法中不正确的是：

（A）升温可以增加体系中活化分子的百分数，故能加快反应速率

（B）升温可以同时增加正反应和逆反应的反应速率

（C）升温可以降低反应的活化能

（D）加入催化剂可以降低正、逆反应的活化能

【解】 答案为 C。

【分析】温度与催化剂对反应速率的影响都是通过改变 k 实现的。由 $k=Ae^{-E_a/RT}$ 可知，k 可通过 E_a 和 T 改变。其中 $e^{-E_a/RT}$ 的意义即是指活化分子的百分数。故 A、B、D 均正确，只有选项 C 错误。可改变活化能的因素只有催化剂。

【例 1-2-16】 $A+B \rightleftharpoons C$ 是吸热的可逆基元反应，正反应的活化能为 $E_{a,正}$，逆反应的活化能为 $E_{a,逆}$，则：

（A）$E_{a,正}<E_{a,逆}$　　（B）$E_{a,正}>E_{a,逆}$

（C）$E_{a,正}=E_{a,逆}$　　（D）$E_{a,正}$ 和 $E_{a,逆}$ 的大小无法比较

【解】 答案为 B。

【分析】 此题考查过渡态理论对反应热效应 ΔH 的解释。过渡态理论不仅成功地解释了催化剂对反应速率的影响，也能简便地判断出反应是吸热还是放热。反应的热效应 $\Delta H=E_{a,正}-E_{a,逆}$。由题意知该反应吸热，则 $\Delta H>0$，因此 $E_{a,正}>E_{a,逆}$。选项 B 为正确答案。

【例 1-2-17】 对大多数化学反应而言，改变下列条件，肯定能增加正向化学反应速率的是：

（a）升高温度　（b）加大压力　（c）增大反应物浓度　（d）降低生成物浓度

（A）只有 a　（B）只有 a、b、c　（C）只有 a、c　（D）a、b、c、d

【解】 答案为 A。

【分析】 此题考查化学反应速率的影响因素。零级反应与反应物浓度无关，故方法 c 增大反应物浓度不一定可行。方法 d 中降低生成物浓度，会使 $v_{逆}$ 减小，对 $v_{正}$ 的影响不确定，故方法 d 不可行。而方法 b 加大压力，不一定能改变 $v_{正}$。若反应物是气体，则等同于反应物浓度增加，可使 $v_{正}$ 增加；但若是溶液或固体反应，则对 $v_{正}$ 不产生影响。故方法 b 不可行。升高温度，通过 k 增大使反应速率加快，故方法 a 可行。因此选项 C 正确。

五、反应条件对热力学和动力学的不同影响

一个化学反应达到平衡后，改变反应条件，对热力学（化学平衡）及动力学（化学反应速率）会产生不同的影响。在进行化工生产条件选择时，既要考虑反应速率的问题，使反应速率尽可能快；又要考虑化学平衡的问题，使反应物的转化率尽可能高。这是两个不同范畴的问题，需综合考虑。表 1-1 列出各种反应条件改变对热力学与动力学带来的不同影响。

表 1-1 影响化学反应速率与平衡移动的因素

影响因素	条件改变		对动力学影响	对热力学的影响	
				平衡常数 $K^{\ominus}$	平衡移动方向
浓度	①反应物浓度↑		k 不变，$v_{正}$↑，E_a 不变	不变	正向移动
	②生成物浓度↑		k 不变，$v_{逆}$↑，E_a 不变	不变	逆向移动
气体压力	③反应物压力↑		k 不变，$v_{正}$↑，E_a 不变	不变	正向移动
	④生成物压力↑		k 不变，$v_{逆}$↑，E_a 不变	不变	逆向移动
	⑤体系总压力↑	压缩总体积	k 不变，$v_{正}$↑ $v_{逆}$↑，E_a 不变	不变	向气态物质分子数减少的一方移动
		加入惰性气体，总体积不变	k 不变，$v_{正}$ $v_{逆}$ 不变，E_a 不变	不变	不移动
	⑥体系总压力↓		k 不变，$v_{正}$↓ $v_{逆}$↓，E_a 不变	不变	向气态物质分子数增加的一方移动
温度	⑦T↑		k↑，$v_{正}$↑，$v_{逆}$↑， E_a 基本不变	$\Delta_r H_m^{\ominus}>0$，$K^{\ominus}$↑ $\Delta_r H_m^{\ominus}<0$，$K^{\ominus}$↓	向吸热反应方向移动
	⑧T↓		k↓，$v_{正}$↓，$v_{逆}$↓， E_a 基本不变	$\Delta_r H_m^{\ominus}>0$，$K^{\ominus}$↓ $\Delta_r H_m^{\ominus}<0$，$K^{\ominus}$↑	向放热反应方向移动
催化剂	正催化剂		k↑，$v_{正}$↑，$v_{逆}$↑，E_a↓	不变	不移动
	负催化剂		k↓，$v_{正}$↓，$v_{逆}$↓，E_a↑	不变	不移动

【例 1-2-18】 改变反应物浓度，可以改变反应的：

（A）速率　（B）平衡常数　（C）速率常数　（D）活化能

【解】 答案为 A。

【分析】 平衡常数 $K^{\ominus}$、速率常数 k、活化能 E_a 都属于反应的特征常数，当温度确定时，其数值一定，都与反应物浓度无关。只有反应速率与浓度有关。

【例 1-2-19】 反应 $A+B \rightleftharpoons C+D$ 为放热反应，若温度升高 10℃，其结果是：

（A）对反应没有影响　（B）使平衡常数增大一倍

（C）不改变反应速率　（D）使平衡常数减小

【解】 答案为 D。

【分析】 此题考查温度对化学平衡及化学反应速率的双重影响。对热力学的影响，升高温度，不利于放热反应，故平衡常数 $K^{\ominus}$ 将减小。选项 D 正确。而对动力学的影响，升高温度，使 k 增大，故反应速率增加。因而选项 A、B、C 均错误。

【例 1-2-20】 对于反应：$3H_2(g)+N_2(g) \rightleftharpoons 2NH_3(g)$，$\Delta_r H_m^{\ominus}(298K)=-92.2kJ \cdot mol^{-1}$，若升高温度（约升高 100K），则下列各项将如何变化：（填写：不变/基本不变/增大或减小）

$\Delta_r H_m^{\ominus}$ ________；　$\Delta_r S_m^{\ominus}$ ________；　$\Delta_r G_m^{\ominus}$ ________；

$K^{\ominus}$ ________；　$v_{正}$ ________；　$v_{逆}$ ________。

【解】 $\Delta_r H_m^{\ominus}$ 基本不变；　$\Delta_r S_m^{\ominus}$ 基本不变；　$\Delta_r G_m^{\ominus}$ 增加；

$K^{\ominus}$ 减小；　$v_{正}$ 增加；　$v_{逆}$ 增加。

【分析】 此题是对热力学和动力学基本概念的综合考查。$\Delta_r H_m^{\ominus}$、$\Delta_r S_m^{\ominus}$ 可近似认为不随温度改变（详见“热力学疑难问题解答”）。而 $\Delta_r G_m^{\ominus}(T)$ 是温度的函数，温度对 $\Delta_r G_m^{\ominus}(T)$ 的影响可以由吉-赫方程 [$\Delta_r G_m^{\ominus}(T)=\Delta_r H_m^{\ominus}-T\Delta_r S_m^{\ominus}$] 判断。由题意知 $\Delta_r H_m^{\ominus}<0$，又由反应

方程式，知此反应是一个气态物质分子数减少的反应，故 $\Delta_r S_m^{\ominus}<0$，属于放热熵减的反应，则温度升高，将使 $\Delta_r G_m^{\ominus}(T)$ 增大。又 $\Delta_r G_m^{\ominus}(T)=-RT\ln K^{\ominus}(T)$，故 $K^{\ominus}(T)$ 将减小。而对化学反应速率而言，不管放热反应还是吸热反应，升温均可使 $v_{正}$、$v_{逆}$ 同时增加。

六、疑难问题解答

1. 问：为何有些反应的反应速率与反应物浓度无关呢？

答：化学反应速率与反应物浓度无关的反应称为零级反应，即反应级数为 0。例如氨在铁催化剂表面上的分解就是零级反应。$NH_3(g) \xlongequal{催化} \frac{1}{2}N_2(g)+\frac{3}{2}H_2(g)$，$v=kc_{NH_3}^0=k$。这是因为 NH_3 的分解只能在催化剂表面的活性中心上进行，而活性中心的数目有限，因而 NH_3 分解速率受控于活性中心数目，NH_3 浓度增大不会引起反应速率增加。

许多光化学反应也是零级反应。反应物分子必须经过有限的高能光子激发才能反应，因此反应速率也与反应物浓度无关。

2. 问：为何说绝大多数化学反应的速率是随温度升高而加快的？是否有少数反应随温度升高反应速率反而下降？

答：对基元反应而言，反应速率随温度升高而加快；但对复杂反应而言，可能由几个基元反应组成，其中有些反应处于平衡状态。按反应机理推导出的反应速率表达式中 k 是若干常数的组合，其中涉及快反应的化学平衡常数 $K^{\ominus}$。如果快反应是一个强烈放热反应，则随着 $T\uparrow$，$K^{\ominus}$ 值 $\downarrow$，其减小值超过了慢反应的 k 的增加值，就会使得总反应的 k 呈现随温度升高、反应速率反而减小的情况。

3. 问：活化能的大小是否与温度有关？

答：E_a 的大小与 T 有关。升高温度就是提高了反应物分子的平均动能，因而降低了反应的活化能 E_a。但在一般情况下，温度变化引起 E_a 的变化幅度较小，对某一反应，当温度变化区间不大时，可视为 E_a 不随温度变化而变化。

4. 问：催化剂不能改变反应的 $\Delta_r G_m^{\ominus}$，即不能改变平衡状态，那为何工业生产上通常采用选择合适的催化剂，使某一产物的转化率提高呢？

答：使用催化剂尽管不能改变化学反应的始、终态（即原料与产品），但能同时加快正、逆反应的速率，缩短到达平衡的时间。有时，实际生产中，一个化工生产体系中可能涉及许多平行反应，如①A→B 和②A→C，为了提高 B 的产率，降低 C 的产率，最理想的方法是使用高选择性催化剂，它能在加速反应①的同时起到抑制反应②的作用，实现产品 B 的转化率大幅提升。

5. 问：为什么不能根据反应方程式直接写出反应速率表达式，但可根据反应式直接写出平衡常数表达式？

答：化学反应速率与化学平衡是两个不同范畴的概念。前者属于化学动力学范畴，后者属于化学热力学范畴。动力学一定要考虑变化途径。在复杂反应（绝大多数化学反应）中，对反应速率起决定性作用的是其决速步骤，但复杂反应的化学方程式只表明始、终态，没有指明始态通过什么途径变成终态，所以从反应式不能给出速率方程式。但基元反应不同。基元反应是反应物分子在碰撞中一步直接转化为产物分子，因而其反应式既表明了始、终态又表明了反应的途径，因而从反应式可直接写出速率方程。化学平衡的 $K^{\ominus}$ 直接与热力学状态函数 G 相联系（$\Delta_r G_m^{\ominus}=-RT\ln K^{\ominus}$），因此 $K^{\ominus}$ 只与体系的始、终态有关，而与达到平衡的途径无关，所以 $K^{\ominus}$ 的表达式可直接由反应式写出。

6. * 问：**如何建立反应** $2NO(g)+Br_2(g)═══2NOBr(g)$ **的反应速率方程**。

答：一般而言，化学反应通常是复杂反应，即由若干个基元反应构成。绝大多数复杂反应的速率方程都难以由构成它的基元反应精确导出。对一些较简单的复杂反应通常有两种近似方法推导出其速率方程。①决速近似法，也称平衡近似法，它适用于这样一些反应历程：先由一个或几个处于平衡状态的可逆平衡构成，随后发生一个相对慢的基元反应，整个反应的速率由该决速基元反应所控制。②* 稳态近似法，也称静态法，该法假设中间产物的生成总速率等于所有生成基元反应速率之和减去所有分解基元反应速率之和，并且总速率保持不变。

根据实验发现，反应 $2NO(g)+Br_2(g)═══2NOBr(g)$ 机理如下：

$$NO(g)+Br_2(g)═══NOBr_2(g) \quad (步骤1)$$

$$NOBr_2(g)+NO(g)═══2NOBr(g) \quad (步骤2)$$

若：① 步骤 1 是慢反应，步骤 2 是一个快速动态平衡，推导其反应速率表达式。

② 步骤 2 是慢反应，而步骤 1 是一个快速动态平衡，则速率表达式又如何？

③ 由实验测得该反应的反应速率方程为 $v=kc_{NO}^2c_{Br_2}$，能否得出该反应是基元反应？

下面，根据题目给定的不同条件，分别建立反应 $2NO(g)+Br_2(g)═══2NOBr(g)$ 的速率方程式。

该反应是一个复杂反应，可根据反应机理的决速步骤和质量作用定律，推导出该反应的速率方程表达式。解题过程如下。

① 根据已知条件，注明反应历程的性质。

$$NO(g)+Br_2(g)═══NOBr_2(g) \quad (决速基元反应)$$

$$NOBr_2(g)+NO(g)\rightleftharpoons 2NOBr(g) \quad (快速平衡)$$

由质量作用定律和决速基元反应的性质，写出速率方程表达式。

$v=kc_{NO}c_{Br_2}$，由此可知，若按第一种反应机理，该反应的反应级数为 2。

② **解法一**　化学反应速率方程可由平衡近似法获得。

根据已知条件，注明反应历程的性质。

$$NO(g)+Br_2(g)\rightleftharpoons NOBr_2(g) \quad (快速平衡)$$

$$NOBr_2(g)+NO(g)═══2NOBr(g) \quad (决速基元反应)$$

由质量作用定律和决速基元反应的性质，写出速率方程表达式。

$$v=k_2c_{NO}c_{NOBr_2} \qquad ①$$

其中，k_2 是决速基元反应的速率常数。

利用快平衡的平衡常数，以反应物的浓度替换中间物 $NOBr_2$ 的浓度。

$$K^{\ominus}=\frac{c_{NOBr_2}/c^{\ominus}}{(c_{NO}/c^{\ominus})(c_{Br_2}/c^{\ominus})}$$

改写上式，有：

$$c_{NOBr_2}=K^{\ominus}c_{NO}c_{Br_2}/c^{\ominus}$$

将上式代入①式，有：

$$v=k_2c_{NO}K^{\ominus}c_{NO}c_{Br_2}/c^{\ominus}$$

整理上式，得：

$v=k_2K^{\ominus}c_{NO}^2c_{Br_2}/c^{\ominus}$，由此可知，若按第二种反应机理，该反应的反应级数为 3。

解法二 *　第二种机理的化学反应速率方程还可由稳态近似法获得。具体解题过程如下：

写出中间产物 $NOBr_2(g)$ 的生成速率。

$$\frac{dc_{NOBr_2}}{dt}=k_1c_{NO}c_{Br_2}$$，式中，k_1 是快平衡正反应的速率常数。

写出中间产物 $NOBr_2$(g) 的分解速率。

$$\frac{dc_{NOBr_2}}{dt}=k_{-1}c_{NOBr_2}+k_2c_{NO}c_{NOBr_2}$$，式中 k_{-1} 为快平衡中逆反应的速率常数。

根据稳态近似理论，中间产物的生成速率等于分解速率，有：

$$k_1c_{NO}c_{Br_2}=k_{-1}c_{NOBr_2}+k_2c_{NO}c_{NOBr_2}$$

整理上式，得：

$$c_{NOBr_2}=\frac{k_1c_{NO}c_{Br_2}}{k_{-1}+k_2c_{NO}} \qquad ①$$

由质量作用定律和决速基元反应的性质，写出速率方程表达式。

$$v=k_2c_{NO}c_{NOBr_2} \qquad ②$$

将①式代入②式，整理后得：

$$v=k_2c_{NO}\times\frac{k_1c_{NO}c_{Br_2}}{k_{-1}+k_2c_{NO}}=\frac{k_1k_2c^2_{NO}c_{Br_2}}{k_{-1}+k_2c_{NO}}$$

因为 $NOBr_2(g)+NO(g) = 2NOBr(g)$ 是慢反应，所以 $k_2c_{NO} \ll k_{-1}$，即 $k_{-1}+k_2c_{NO}\approx k_{-1}$，代入上式。

$$v=\frac{k_1k_2c^2_{NO}c_{Br_2}}{k_{-1}}$$

根据标准平衡常数的规定，结合 $NO(g)+Br_2(g) \rightleftharpoons NOBr_2(g)$ 的写法，有关系式

$$K^{\ominus}=\frac{k_1}{k_{-1}}c^{\ominus}$$

代入上式，得：

$v=k_2K^{\ominus}c^{\ominus}c^2_{NO}c_{Br_2}$，由此可知，若按第二种反应机理，该反应的反应级数为3。

由以上的解题过程可知，同一个化学反应，不同的反应历程推导的速率方程表达式不相同，但用平衡法和用稳态法推得的速率方程近乎相同。

另外，《普通化学》（同济大学普通化学及无机化学教研室编）第一章28题（第52页）的解题方法与本解题过程一致，请读者参考。

② 式不能认为该反应 $2NO(g)+Br_2(g) = 2NOBr(g)$ 为基元反应，即使该反应的速率方程的形式与直接用质量作用定律写出的速率方程的形式完全相同，也不能推得该反应是基元反应。

由①式可知，根据反应机理（2），由平衡近似法推导的反应速率方程是 $v=k_2K^{\ominus}c^{\ominus}c^2_{NO}c_{Br_2}$。若令 $k'=k_2K^{\ominus}c^{\ominus}$，该反应的速率方程表达式可改写为 $v=k'c^2_{NO}c_{Br_2}$。虽然这个形式与由质量作用定律推导得到的速率方程表达式恰好一致，但请读者注意的是，$v=k'c^2_{NO}c_{Br_2}$ 是按复杂反应的机理（2）推导出来的，而质量作用定律则是基元反应固有的性质，两者的含义有很大的不同。

自测题及答案

自 测 题

一、判断题

1.（ ）体系的焓及吉布斯自由能均为体系的广度性质。

2.( ) 纯氧气的标准摩尔规定熵为零。

3.( ) 某反应的 $\Delta_r G_m^{\ominus}>0$，无论怎样改变反应条件，该反应都不能自发进行。

4.( ) 在封闭体系中，自发反应总是朝着熵增大的方向进行。

5.( ) 对于化学反应 $aA+bB=cC+dD$，其反应速率表达式为 $v=kc_A^x c_B^y$。

6.( ) $Q_p=\Delta H$，H 是状态函数，但 Q_p 不是状态函数。

7.( ) 对于热力学不可能发生的反应，可通过选择合适的催化剂使反应得以发生。

8.( ) 复杂反应一定不符合质量作用定律。

9.( ) 对于活化能较大的反应而言，升高温度，能使反应速率提高更显著。

10.( ) 某化学反应的 $E_{a,正}<E_{a,逆}$，则该反应的焓变小于0，是放热反应。

二、选择题

1.气体反应 $A(g)+B(g) \rightleftharpoons C(g)$ 在密闭容器中建立了化学平衡，若温度不变，但容器的体积缩小到原来的 $\frac{1}{3}$，则该反应的平衡常数应为原来的：

(A) 3倍　(B) 不变　(C) 6倍　(D) 9倍

2.下列符号所代表的物理量中，不属于状态函数的是：

(A) T　(B) H　(C) m　(D) U　(E) Q

3.在298K时，已知反应 $A=2B$ 的标准摩尔焓变为 $\Delta_r H_{m_1}^{\ominus}$，反应 $2A=C$ 的标准摩尔焓变为 $\Delta_r H_{m_2}^{\ominus}$，则反应 $C=4B$ 的标准摩尔焓变 $\Delta_r H_{m_3}^{\ominus}$ 为：

(A) $2\Delta_r H_{m_1}^{\ominus}+\Delta_r H_{m_2}^{\ominus}$　(B) $\Delta_r H_{m_1}^{\ominus}-2\Delta_r H_{m_2}^{\ominus}$

(C) $\Delta_r H_{m_1}^{\ominus}+\Delta_r H_{m_2}^{\ominus}$　(D) $2\Delta_r H_{m_1}^{\ominus}-\Delta_r H_{m_2}^{\ominus}$

4.二级反应的速率常数 k 的单位是：

(A) s^{-1}　(B) $mol\cdot dm^{-3}\cdot s^{-1}$　(C) $mol^{-1}\cdot dm^{-3}\cdot s^{-1}$　(D) $mol^{-1}\cdot dm^{3}\cdot s^{-1}$

5. 298K时，反应 $3H_2(g)+N_2(g) \rightleftharpoons 2NH_3(g)$，$\Delta_r H_m^{\ominus}<0$，达到平衡后，若向容器中加入He气，并保持体系总体积不变，则下列判断正确的是：

(A) 平衡状态不变　(B) NH_3 产量减少

(C) NH_3 产量增加　(D) 正反应速率加快

6. 110℃下，密闭容器中水气共存时，饱和水蒸气压为143kPa。则对于 $H_2O(l) \rightleftharpoons H_2O(g)$，下列表述中，正确的是：

(A) $p_{H_2O}=143kPa$ 时，不能达到平衡

(B) $p_{H_2O}=143kPa$ 时，$\Delta_r G_m^{\ominus}=0$

(C) 水蒸气压达到 $p^{\ominus}$ 时，平衡向生成 $H_2O(g)$ 的方向移动

(D) $p_{H_2O}=143kPa$ 时，$\Delta_r G_m>0$

7. 298K时，下列反应中，$\Delta_r G_m^{\ominus}\approx\Delta_r H_m^{\ominus}$ 的是：

(A) $C(s)+\frac{1}{2}O_2(g)=CO(g)$　(B) $C(s)+O_2(g)=CO_2(g)$

(C) $CO_2(g)+C(s)=2CO(g)$　(D) $C(s)+H_2O(g)=CO(g)+H_2(g)$

8.若反应 $A+B=C$ 的反应速率分别与A和B的浓度成正比，下列叙述中正确的是：

(A) 此反应为一级反应

(B) 当其中任何一种反应物的浓度增大2倍，都将使反应速率增大2倍

(C) 两种反应物的浓度同时减半，则反应速率也将减半

(D) 该反应速率常数的单位为 s^{-1}

9.下列物质中，标准摩尔生成焓为零的是：

(A) $N_2(l)$　(B) $Na(g)$　(C) 红磷(s)　(D) $Hg(l)$

10.下列说法中，正确的是：

(A) Q 是过程量，因此，只要过程发生，Q 一定不为零

(B) 体系经过一循环过程吸热 Q，做功为零

(C) 电池放电过程中吸热5kJ，该过程 $\Delta H=5kJ\cdot mol^{-1}$

(D) 理想气体定温膨胀后，过程有：$Q=-W$

11.下列关于 $\Delta_r H_m^{\ominus}$ 的说法，错误的是：

(A) $\Delta_r H_m^\ominus$ 与反应物状态相关　　(B) $\Delta_r H_m^\ominus$ 与反应方程式的写法相关

(C) $\Delta_r H_m^\ominus$ 受温度的影响不大　　(D) 温度升高，$\Delta_r H_m^\ominus$ 增大

12. 下列过程属于熵增的是：

(A) 蒸汽凝结成水　　(B) $CaCO_3(s) = CaO(s) + CO_2(g)$

(C) 乙烯聚合成聚乙烯　　(D) 气体在固相催化剂表面吸附

13. 已知某反应为放热反应，若使用催化剂后，下列说法正确的是：

(A) 放热量增多　　(B) 平衡常数增大

(C) $v_正$ 增大，$v_逆$ 减小　　(D) 平衡状态不变

14. 某温度下，反应 a 的 $\Delta_r G_m^\ominus = -5.8 kJ \cdot mol^{-1}$，反应 b 的 $\Delta_r G_m^\ominus = -11.6 kJ \cdot mol^{-1}$，相同条件下，两反应速率的关系是：

(A) $v_a > v_b$　　(B) $v_a < v_b$　　(C) $v_a = v_b$　　(D) 无法判断

15. $PCl_5(g)$ 的分解反应：$PCl_5(g) \rightleftharpoons PCl_3(g) + Cl_2(g)$。在 200℃ 时 PCl_5 解离度是 48.5%，在 300℃时解离度是 97.0%。下列说法中，肯定正确的是：

(A) 反应为吸热反应　　(B) 反应为放热反应

(C) $\Delta_r S_m^\ominus$ 小于零　　(D) $\Delta_r G_m^\ominus$ 增大

16. 反应 $2A + 2B \rightleftharpoons D$ 的机理为：　　$A + 2B \rightleftharpoons C$　（慢）

$C + A \rightleftharpoons D$　（快）

则反应的总级数为：(A) 3 级　　(B) 2 级　　(C) 4 级　　(D) 无法判断

17. 下列叙述中正确的是：

(A) 恒压下，$\Delta_r H_m^\ominus = Q_p$。$H$ 为状态函数，那么 Q_p 也是状态函数

(B) 反应放出的热量不一定是该反应的焓变

(C) 反应的焓变愈大，反应速率也愈大

(D) 反应 $H_2(g) + S(g) \rightleftharpoons H_2S(g)$ 的 $\Delta_r H_m^\ominus$ 数值上等于 $H_2S(g)$ 的标准摩尔生成焓

三、填空题

1. 判断化学反应正向自发进行，可用________<0 或________<$-40 kJ \cdot mol^{-1}$ 来判断，还可用 J ________ $K^\ominus(T)$ 来判断该反应正向自发进行。

2. 一般来说，升高温度及使用催化剂均能加快化学反应速率。温度升高，________的百分数增加，分子间有效碰撞频率________，反应速率加快；正催化剂可________反应的活化能，改变________，________达到化学平衡的时间，________使平衡移动。

3. 在指定温度下，对于某一给定的化学反应，随着反应的进行，$v_正$________，$k_正$________，$K^\ominus$ ________，生成物浓度________。（填写：增加/减少/不变）

4. 某温度，100kPa 条件下，将 1.00mol A 和 1.00mol B 混合，按下式反应 $A(g) + B(g) \rightleftharpoons 2C(g)$。达到平衡时，B 消耗了 20%，则此温度下的 $K^\ominus$ 为________。

5. 在一个复杂反应中，决定整个反应速率快慢的是其中反应速率________的一步，这一步被称为________。

6. 已知反应 $N_2(g) + O_2(g) = 2NO(g)$ 的 $\Delta_r G_m^\ominus(298K) = 175.2 kJ \cdot mol^{-1}$，则 $NO(g)$ 的 $\Delta_f G_m^\ominus(298K) =$ ________。

7. 化学反应的标准摩尔焓变 $\Delta_r H_m^\ominus$ 的单位是________，其中“摩尔”是指________为 1mol；某物质的标准摩尔生成焓 $\Delta_f H_m^\ominus$ 的单位是________，其中“摩尔”是指________为 1mol。

8. 将下列物质按标准摩尔规定熵增加的顺序排列：

$NaCl(s)$，$Cl_2(g)$，$Na(s)$，$F_2(g)$ ________________。

9. 描述体系热力学能的变化 ΔU 与功、热的关系式是________。体系从环境吸热时，规定 Q ________ 0，体系对环境做功时，规定 W ________ 0。

10. 某气相反应：$2A(g) + B(g) = C(g)$ 为基元反应。实验测得当 A、B 的起始浓度分别为 $0.010 mol \cdot dm^{-3}$ 和 $0.0010 mol \cdot dm^{-3}$ 时，反应速率为 $5.0 \times 10^{-9} mol \cdot dm^{-3} \cdot s^{-1}$，则该反应的速率方程式为____________，反应速率系数 $k =$ ____________。

11. 根据阿仑尼乌斯公式，可以通过________和使用________使化学反应速率常数 k 增大，前者增加了反应的________，后者降低了反应的________。

12.* 在标准态下，灰锡、白锡的转变温度为 18℃：Sn(白) $\rightleftharpoons$ Sn(灰)，$\Delta_r S_m^\ominus = -72 J \cdot mol^{-1} \cdot K^{-1}$，

此过程的 $\Delta_r H_m^\ominus$ 为__________ $kJ\cdot mol^{-1}$。30℃时，金属锡以__________形式稳定存在。

四、计算题

1.为减缓大气污染，常用CaO除去燃煤锅炉气体中的 $SO_3(g)$，已知

	$CaO(s)$	$+SO_3(g)$	$\rightleftharpoons CaSO_4(s)$
$\Delta_f H_m^\ominus/(kJ\cdot mol^{-1})$	−634.9	−395.7	−1432.6
$\Delta_f G_m^\ominus/(kJ\cdot mol^{-1})$	−603.3	−371.1	−1321.8

试求：(1) 该反应在298K的平衡常数 $K^\ominus(298K)$。

(2) 该反应的转化温度，并判断1000℃时反应能否自发进行。

2.光气（$COCl_2$）是一种有毒气体，它遇热按式 $COCl_2(g) \rightleftharpoons CO(g)+Cl_2(g)$ 分解。$K^\ominus(668K)=4.44\times10^{-2}$。向某密闭容器中引入1mol光气，当混合气体总压力为300kPa时，反应达到平衡。计算该混合气体的平均分子量。

3.金属银可由反应 $AgNO_3(s) \rightleftharpoons Ag(s)+NO_2(g)+\frac{1}{2}O_2(g)$ 获得。试从理论上估算 $AgNO_3$ 分解成金属银所需的最低温度。[已知：$\Delta_f H_m^\ominus(AgNO_3,s)=-123.14kJ\cdot mol^{-1}$，$S_m^\ominus(AgNO_3,s)=140J\cdot mol^{-1}\cdot K^{-1}$，$\Delta_f H_m^\ominus(NO_2,g)=35.15kJ\cdot mol^{-1}$，$S_m^\ominus(NO_2,g)=240.6J\cdot mol^{-1}\cdot K^{-1}$，$S_m^\ominus(Ag,s)=42.68J\cdot mol^{-1}\cdot K^{-1}$，$S_m^\ominus(O_2,g)=205J\cdot mol^{-1}\cdot K^{-1}$]

4.已知下列反应在1123K时的标准平衡常数 $K^\ominus$：

$$C(s)+CO_2(g) \rightleftharpoons 2CO(g) \qquad K_1^\ominus=1.3\times10^9$$

$$CO(g)+Cl_2(g) \rightleftharpoons COCl_2(g) \qquad K_2^\ominus=6.0\times10^2$$

计算反应 $2COCl_2(g) \rightleftharpoons C(s)+CO_2(g)+2Cl_2(g)$ 在同一温度下的 $K^\ominus$。

5.反应 $N_2O_4(g) \rightleftharpoons 2NO_2(g)$。在318K时，向 $0.5dm^3$ 的真空容器中充入 0.003mol $N_2O_4(g)$，达到平衡时，体系总压为0.26atm。计算①在318K时 $N_2O_4(g)$ 的分解百分率和平衡常数 $K^\ominus$。②已知上述反应的 $\Delta_r H_m^\ominus=4.16kJ\cdot mol^{-1}$，求 $K^\ominus(298K)$。③求出反应的 $\Delta_r S_m^\ominus$ 以及 $\Delta_r G_m^\ominus$ 与温度的关系式。

6.在693K时，反应 $2HgO(s) \rightleftharpoons 2Hg(g)+O_2(g)$ 在某密闭容器内发生，所生成的两种气体总压力为 5.16×10^4Pa。已知该反应的 $\Delta_r H_m^\ominus$ 为 $304.3kJ\cdot mol^{-1}$，求反应在723K时的标准平衡常数。

7.已知反应 $2SO_2(g)+O_2(g) \rightleftharpoons 2SO_3(g)$ 在1062K时的标准平衡常数为0.955。若在该温度下某容器同时充入 SO_2、O_2、SO_3 三种气体，而且使它们的分压分别达到30.0kPa、60.0kPa、25.0kPa，试判断该反应的方向。

8.已知在298K时 N_2O_5 分解反应的速率常数 k 为 $3.33\times10^{-5}s^{-1}$，338K时的反应速率常数 k 为 $5.00\times10^{-3}s^{-1}$，试求 N_2O_5 分解反应的活化能。该反应为几级反应？

9.对化学反应 $2A+B \rightleftharpoons D$，通过实验测得在某温度下，若B浓度保持不变，A浓度增加到原来的2倍，则该反应的反应速率增大为原来的4倍；若A浓度保持不变，B浓度减小到原来浓度的 $\frac{1}{4}$，则该反应的反应速率减小为原来的 $\frac{1}{2}$。试判断该反应是否为基元反应，反应级数是多少？

答　案

一、判断

1.√　2.×　3.×　4.×　5.√　6.√　7.×　8.×　9.√　10.√

二、选择

1.B　2.E　3.D　4.D　5.A　6.C　7.B　8.B　9.D　10.D　11.D　12.B　13.D
14.D　15.A　16.A　17.B

三、填空

1. $\Delta_r G_m$　$\Delta_r G_m^\ominus$　<

2.活化分子　加快　降低　反应历程　缩短　不能

3.减小　不变　不变　增加

4. 0.25

5.最慢　化学反应的决速步骤（速率控制步骤）

6. $87.6kJ\cdot mol^{-1}$

7. $kJ\cdot mol^{-1}$　　反应进度　　$kJ\cdot mol^{-1}$　　生成物的物质的量

8. $Na(s)<NaCl(s)<F_2(g)<Cl_2(g)$

9. $\Delta U=Q+W$　　$>$　　$<$

10. $v=kc_A^2c_B$　　$5.0\times10^{-2}mol^{-2}\cdot dm^6\cdot s^{-1}$

11. 升高温度　　正催化剂　　活化分子百分数（活化分子数）　　活化能

12. * -20.95　　白锡

四、计算

1. (1) $\Delta_rG_m^{\ominus}(298K)=-347.4kJ\cdot mol^{-1}$

$\Delta_rG_m^{\ominus}(298K)=-RT\ln K^{\ominus}(298K)$　　$K^{\ominus}(298K)=7.87\times10^{60}$

(2) $\Delta_rH_m^{\ominus}(298K)=-402kJ\cdot mol^{-1}$

由 $\Delta_rG_m^{\ominus}=\Delta_rH_m^{\ominus}-T\Delta_rS_m^{\ominus}$，得 $\Delta_rS_m^{\ominus}=-0.183kJ\cdot mol^{-1}\cdot K^{-1}$

$T_{转}=\dfrac{\Delta_rH_m^{\ominus}}{\Delta_rS_m^{\ominus}}=2196K$　　$T<T_{转}$ 反应可自发进行，所以1000℃时反应能自发。

2. 设平衡时混合气体中含 CO(g) x mol，则混合气体总摩尔数为 $(1+x)$ mol。

$K^{\ominus}(668K)=\dfrac{\left[\left(p_{总}\dfrac{x}{1+x}\right)\Big/p^{\ominus}\right]^2}{p_{总}\dfrac{1-x}{1+x}\Big/p^{\ominus}}$，解得 $x=0.121mol$。

则剩余 $COCl_2(g)$ 0.879mol，生成 CO(g) 和 $Cl_2(g)$ 均为 0.121mol。

混合气体相对平均分子量为 $M_{COCl_2}x_{COCl_2}+M_{CO}x_{CO}+M_{Cl_2}x_{Cl_2}=88.3$

3. $\Delta_rH_m^{\ominus}=158.29kJ\cdot mol^{-1}$，$\Delta_rS_m^{\ominus}=245.78J\cdot mol^{-1}\cdot K^{-1}$

$T_{转}=\dfrac{\Delta_rH_m^{\ominus}}{\Delta_rS_m^{\ominus}}=644K$　　$T>T_{转}$ 可分解

4. $K^{\ominus}=\dfrac{1}{k_1^{\ominus}(k_2^{\ominus})^2}=2.1\times10^{-15}$

5. ① 根据 $pV=nRT$，求出 $n_{总}=0.005mol$，$n(N_2O_4)=0.001mol$，$n(NO_2)=0.004mol$

则 $\alpha(N_2O_4)=66.7\%$，$K^{\ominus}(318K)=0.832$

② 根据 $\lg\dfrac{K^{\ominus}(318K)}{K^{\ominus}(298K)}=\dfrac{\Delta_rH_m^{\ominus}}{2.303R}\times\dfrac{318-298}{298\times318}=0.046$，得 $K^{\ominus}(298K)=0.748$

③ 由 $\Delta_rG_m^{\ominus}(T)=-2.303RT\lg K^{\ominus}(T)$，可得 $\Delta_rG_m^{\ominus}(298K)=0.719kJ\cdot mol^{-1}$

又 $\Delta_rG_m^{\ominus}(298K)=\Delta_rH_m^{\ominus}-298K\Delta_rS_m^{\ominus}$，得 $\Delta_rS_m^{\ominus}=11.5J\cdot mol^{-1}\cdot K^{-1}$

所以 $\Delta_rG_m^{\ominus}(T)=4.16-0.0115T$

6. 由 $p_{总}$ 可推得 $p(Hg)=\dfrac{2}{3}p_{总}$，$p(O_2)=\dfrac{1}{3}p_{总}$

$K^{\ominus}(693K)=(p_{Hg}/p^{\ominus})^2(p_{O_2}/p^{\ominus})=2.04\times10^{-2}$

又 $\lg\dfrac{K^{\ominus}(723K)}{K^{\ominus}(693K)}=\dfrac{\Delta_rH_m^{\ominus}(T_2-T_1)}{2.303RT_1T_2}$　得 $K^{\ominus}(723K)=0.18$

7. $J=\dfrac{(p_{SO_3}/p^{\ominus})^2}{(p_{SO_2}/p^{\ominus})^2\ (p_{O_2}/p^{\ominus})}=1.16$

$J>K^{\ominus}(1062K)$，反应逆向进行

8. $\lg\dfrac{k(T_2)}{k(T_1)}=\dfrac{E_a(T_2-T_1)}{2.303RT_1T_2}$ 解得 $E_a=104.9kJ\cdot mol^{-1}$

由反应速率常数 k 的单位 s^{-1}，可推断该反应为1级反应。

9. $v=kc_A^xc_B^y$ 由实验数据求得 $x=2$，$y=\dfrac{1}{2}$　　反应级数2.5　　非基元反应

第二章　水基分散系

一、基本要求

（1）掌握分散体系的组成及分类。

（2）理解相似相溶原理，掌握溶液质量摩尔浓度的计算。

（3）掌握稀溶液四种依数性规律的定性判断、定量计算及应用。

（4）了解溶胶的特性；掌握胶粒的吸附作用、电性及胶团结构；学习溶胶的聚沉方法及应用。

二、知识框架图

如图 2-1 所示。

三、内容精要及基本例题分析

（一）分散体系

1. 分散体系的组成及分类

分散体系由分散质（又称分散相）和分散剂（又称分散介质）两部分组成，通常按分散质粒子直径大小分为三类：粗分散体系，分子或离子分散体系（溶液）和胶体分散体系。

【例 2-1】 下列选项中，哪一个属于胶体分散体系？

（A）泥浆　　（B）豆浆　　（C）盐水　　（D）蛋清

【解】 答案为 D。

【分析】 此题考查分散体系类型的归属。分散体系的划分依据是分散质粒子直径的大小。泥浆与豆浆的分散质粒子直径大于 10^{-6}m，均属于粗分散体系。泥浆是多相体系，不稳定，不久细土会沉降。豆浆尽管在外观上非常像均相体系，但其粒径大于 10^{-6}m，归属粗分散体系。盐水溶液中 Na^{+}、Cl^{-} 均小于 10^{-9}m，属于均相的离子分散体系。蛋清的分散质粒径处在 10^{-9}～10^{-6}m 之间，尽管外观上与均相体系没有差别，但属多相的胶体分散体系。

2. 溶液

溶解规律：相似相溶原理（请结合第四章中的“分子间作用力”学习）。

【例 2-2】 下列事实可用__________原理解释：（1）沾满机油的手用汽油洗而不用水洗；（2）氨气在水中溶解度极大；（3）酒精与水互溶；（4）洗洁精可以去除碗筷上的油污。

【解】 相似相溶原理。

【分析】 相似相溶原理是指分子极性、结构相似的物质易于互相溶解。根本原因与溶质与溶剂之间的分子间作用力有关。选项 1 中，机油是高沸点的烷烃，汽油也是烷烃，它们属同系物，分子结构相似，故两者相溶。选项 2 中，氨分子与水分子之间能形成氢键，两者同属极性分子，分子间力的性质相似，故氨气在水中溶解度极大，1 体积水可溶解 700 体积氨气。选项 3 中，乙醇与水的分子间力情况与选项 2 相似，故两者互溶。选项 4 中，洗洁精分子中含长烷链的亲油端，油污分子中也含有长烷链，它们分子的部分结构有很大的相似性，故两者相溶。有关分子间力的详情参见第四章。

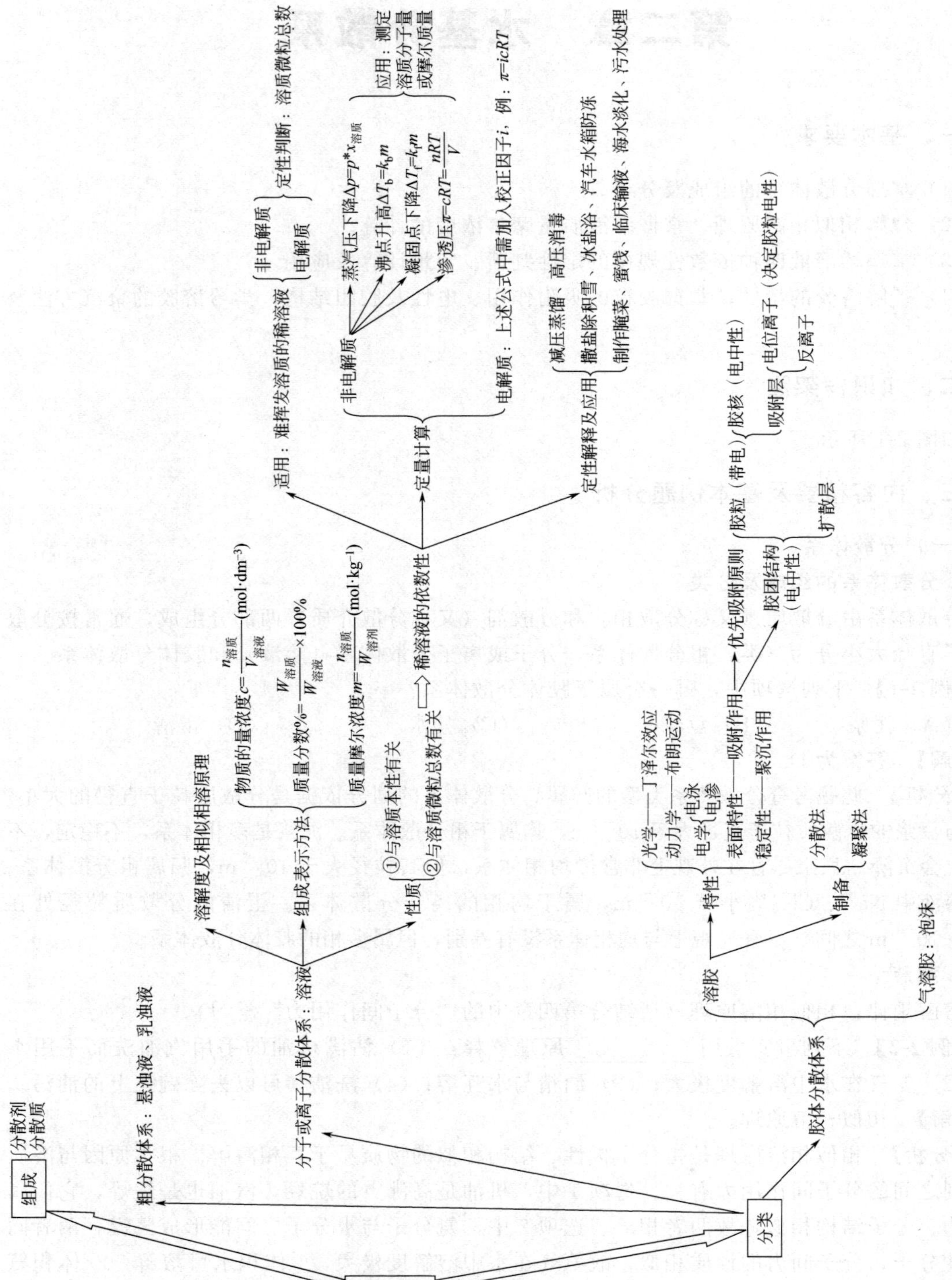

图 2-1 "水基分散系"知识框架图

（二）稀溶液的依数性

1. 溶液的性质

溶液的性质可分为两类：一类取决于溶质的本性，如溶液的颜色、密度和化学特性等。另一类只取决于溶液中溶质粒子的数量（或浓度），如溶液的蒸气压下降、沸点升高、凝固点下降和渗透压。后一类特性称为溶液的依数性，亦称为稀溶液的通性。

2. 依数性的适用条件

难挥发非电解质稀溶液具有简单的依数性定量关系。通常，在普通化学近似计算中，可以将 $m \leqslant 0.1 \mathrm{mol \cdot kg^{-1}}$ 的溶液（电解质或非电解质）视为稀溶液。

【例 2-3】 判断对错（　）：任何溶液均符合依数性的定量关系。

【解】 判断（×）。

【分析】 溶质溶于溶剂形成溶液后，相对于纯溶剂而言，溶液具有以下通性：即蒸气压下降、沸点升高、凝固点下降，以及具有渗透压。但只有难挥发非电解质的稀溶液显示出明显的依数性定量关系。而对于难挥发的电解质稀溶液，上述四类依数性质依然存在，但各项依数性的变化量应考虑 van't Hoff 因子，即按溶液中实际溶解的溶质微粒的总数（包括各种离子、分子）来计算，而不是按溶液的表观的物质的量浓度计算。例如 $0.10 \mathrm{mol \cdot dm^{-3}}$ NaCl 溶液中溶质粒子的总浓度不是 $0.10 \mathrm{mol \cdot dm^{-3}}$，而是 $0.10 \mathrm{mol \cdot dm^{-3}}$ Na^{+} 与 $0.10 \mathrm{mol \cdot dm^{-3}}$ Cl^{-} 之和，即为 $0.20 \mathrm{mol \cdot dm^{-3}}$ 的粒子。若溶质也具有挥发性，则必须考虑溶质的蒸气压，依数性不存在定量关系。对于浓溶液，也不存在定量关系。因为浓度增大将导致溶质粒子间的相互作用加强，使实测的依数性数值与公式计算的理论值发生了偏差。而在溶液浓度较低时，这种偏差较小，可忽略不计，所以一般只讲稀溶液的依数性。

3. 熔点、沸点与渗透

（1）溶液（液体）的沸点

沸点指液体的蒸气压等于外界压力时的温度，因而外界压力不同时水的沸点也不同。例如：100℃（373K）时，$p_{饱和}(H_2O, l) = 100 \mathrm{kPa}$。

（2）物质的凝固点（熔点）

凝固点指在一定外界压力下物质的固、液两相平衡时的温度，即液相与固相蒸气压相等时的温度。例如：0℃（273K）时，$p(H_2O, l) = p(H_2O, s) = 610.6 \mathrm{Pa}$。

（3）等渗溶液、高渗溶液、低渗溶液、渗透浓度

在相同温度下，如果两溶液的渗透压相等，则两溶液互为等渗溶液；如果溶液的渗透压不相等，则渗透压高的称为高渗溶液，渗透压低的称为低渗溶液。

对人体而言，在正常情况下，人体各处的渗透压是相对稳定的，如 37℃（310K）时血浆渗透压为 770kPa。通常用溶液中各种溶质微粒的总浓度（即渗透浓度）来表示渗透压，如血浆的渗透浓度约为 $303.7 \mathrm{mmol \cdot dm^{-3}}$。因而人体静脉输液或注射用液必须输入人体等渗溶液，才能使人体内各种组织细胞形态正常，内环境稳定，保证人体健康。例如 5% 葡萄糖溶液或 0.9% 氯化钠溶液就是人体的等渗溶液。

【例 2-4】 下列溶液中，其溶液上方蒸气压最低的是：

（A）$0.10 \mathrm{mol \cdot dm^{-3}}$ HAc　　（B）$0.10 \mathrm{mol \cdot dm^{-3}}$ NaOH

（C）$0.10 \mathrm{mol \cdot dm^{-3}}$ 蔗糖溶液　　（D）$0.10 \mathrm{mol \cdot dm^{-3}}$ $Ba(OH)_2$

【解】 答案为 D。

【分析】 溶液的蒸气压比纯溶剂降低。因而蒸气压最低的是其中溶质微粒总数最多的溶液。选项中既有非电解质蔗糖，又有弱电解质 HAc 和强电解质 NaOH、$Ba(OH)_2$。各选项

中溶质微粒总浓度依次为（0.10～0.20mol·dm^{-3}），0.20mol·dm^{-3}，0.10mol·dm^{-3}，0.30mol·dm^{-3}。故答案为D。

4. 溶液依数性在日常生活中的应用（请读者自行解释）

（1）沸点上升的应用：a. 高原地区煮饭需用高压锅
b. 减压蒸馏
c. 高压消毒

（2）凝固点下降的应用：a. 撒盐除积雪
b. 汽车水箱中加入乙二醇等防冻剂
c. 用冰盐浴获得低温
d. 测定小分子物质的相对分子质量
e. 制备低熔点合金

（3）渗透压应用：a. 植物水分的运送，例如鲜花插在水中保鲜
b. 海鱼不能在淡水中生活
c. 蜜饯、腌菜防腐的原理
d. 人体补液需用等渗溶液
e. 应用反渗透进行海水淡化、工业废水处理及溶液浓缩
f. 测定高分子量物质的相对分子质量

5. 常见的依数性定量计算（依数性中运用的计算公式）

以下公式适用条件：难挥发非电解质稀溶液。

（注：电解质稀溶液应乘以相应校正系数 i。浓溶液不存在以下定量关系。）

i 为van't Hoff因子，对非电解质，$i=1$。对MX（如NaCl）型强电解质，$i=2$；对 MX_2（如 $MgCl_2$、Na_2S）型强电解质，$i=3$；对 M_2X_3［如 $Al_2(SO_4)_3$］型强电解质，$i=5$。

（1）蒸气压：$\begin{cases}\Delta p=p^* x_{溶质}，式中\ p^*：纯溶剂蒸气压。\\ p=p^* x_{溶剂}，式中\ p：溶液的蒸气压。\\ \Delta p=km_{溶质}，式中\ k\approx\dfrac{p^*}{55.5}\end{cases}$

注意事项：根据求算的是溶液的蒸气压还是溶液与纯溶剂的蒸气压之差选择公式。

（2）沸点升高、凝固点降低

$$\begin{cases}\Delta T_b=k_b m\\ \Delta T_f=k_f m\end{cases}$$

注意事项：

① k_b、k_f 为溶剂的沸点升高常数、凝固点下降常数。当溶液中溶质、溶剂皆为液体情况下，分清哪个作为溶剂，哪个作为溶质。（通常量多一方为溶剂，量少一方为溶质）

② m 是指溶质的质量摩尔浓度，即1000g溶剂（注意：不是溶液）中所含溶质摩尔数。单位mol·kg^{-1}。

（3）渗透压（与理想气体状态方程相似）

$\Pi V=nRT$，或 $\Pi=cRT$

注意事项：保持 Π、V、R 单位的一致。

V 取 m^3，R 取 8.314Pa·m^3·mol^{-1}·K^{-1}，Π 取Pa。

c 取 mol·dm^{-3}，R 取 8.314kPa·dm^3·mol^{-1}·K^{-1}，Π 取kPa。

（4）测定物质的相对分子质量

对低分子量难挥发非电解质，常用凝固点下降法来测其相对分子质量。而测量大分子物质（例如血红蛋白），往往选用渗透压法。详见“疑难问题解答”。

【例 2-5】 3.24g 硫溶于 40.0g 苯中，测其凝固点为 3.77℃，求单质硫由几个硫原子组成？已知纯苯的凝固点为 5.40℃，苯的 k_f 为 $5.12K\cdot kg\cdot mol^{-1}$。

【分析】 利用凝固点下降公式 $\Delta T_f = ik_f m$，因硫为非电解质，van't Hoff 因子 i 取 1，计算单质硫的摩尔质量。再根据硫的相对原子量，计算单质硫所含硫原子数。

【解】 设溶液中硫单质的摩尔质量为 $M\ kg\cdot mol^{-1}$。

利用凝固点下降公式 $\Delta T_f = ik_f m$，计算硫的摩尔质量。硫为非电解质，i 取 1。

$$\Delta T_f = [(5.40+273)-(3.77+273)]K = ik_f m = 5.12K\cdot kg\cdot mol^{-1} \times \frac{\frac{3.24\times10^{-3}kg}{M}}{0.040kg}$$

$$M = 0.254kg\cdot mol^{-1} = 254g\cdot mol^{-1}$$

根据硫单质的摩尔质量，计算硫原子数。

硫的相对原子质量为 32，硫原子数 $n=\frac{254}{32}=8$。单质硫由 8 个硫原子组成，分子式为 S_8。

【例 2-6】 25℃时 1.00g 血红蛋白溶于 100g 水中，测其渗透压为 360Pa。求血红蛋白的摩尔质量。

【分析】 利用渗透压公式 $\Pi = icRT$，因血红蛋白为非电解质，i 取 1，计算其摩尔质量。

【解】 根据已知条件，计算血红蛋白的摩尔浓度。

题目条件下，血红蛋白的浓度极低，可视该溶液的密度为水的密度，取 $1.0kg\cdot dm^{-3}$，因此，101g 溶液体积近似为 $0.101dm^3$。设血红蛋白的摩尔质量为 $M\ g\cdot mol^{-1}$。

$$c = \frac{m}{MV} = \frac{1.00g}{M\ g\cdot mol^{-1}\times 0.101dm^3} = \frac{9.90}{M} mol\cdot dm^{-3}$$

代入渗透压公式 $\Pi = icRT$，求血红蛋白的摩尔质量 M。

$$\Pi = 360\times10^{-3}kPa = icRT = 1\times\frac{9.90}{M}mol\cdot dm^{-3}\times 8.314kPa\cdot dm^3\cdot mol^{-1}\cdot K^{-1}\times 298K$$

$$M = 6.81\times10^4 g\cdot mol^{-1} = 68.1kg\cdot mol^{-1}$$

（三）胶体

1. 胶体的吸附作用

由于胶体粒子颗粒度小，具有巨大的表面积和表面能，对存在于同一分散介质中的其他微粒，表现出强烈的吸附作用。吸附有选择性：优先吸附与它组成相关，且在周围环境中大量存在的离子。

【例 2-7】 将盐酸滴加到过量的 Na_2SiO_3 溶液中，可制得 H_2SiO_3 胶体，请问胶体优先吸附哪种离子：

（A）H^+　（B）Cl^-　（C）SiO_3^{2-}　（D）Na^+

【解】 答案为 C。

【分析】 此题考查胶体吸附的选择性。根据胶体的性质，胶核优先吸附体系中大量存在、且与其组成相同（或相近）的离子。体系中大量存在的是 SiO_3^{2-} 与 Na^+，其中与 H_2SiO_3 胶体组成相关的是 SiO_3^{2-}。A、B 不满足优先吸附中大量存在的条件；D 不满足与胶体组成相关条件，只有 C 同时满足两点。

2. 正溶胶、负溶胶

胶体整体（胶团）呈电中性，胶粒带电。所带电性与吸附的电位离子相同。一般来说，大多数金属硫化物、非金属氧化物、硅胶、土壤、淀粉及金、银等胶粒带负电（称为负溶胶）；大多数金属氧化物、金属氢氧化物的胶粒带正电（称为正溶胶）。自然界中负溶胶较常见，如泥浆水、豆浆等（若环境中没有与溶胶组成相关的离子，胶粒常吸附水化能力较弱的负离子，因而带负电）。

【例 2-8】 在电泳试验中，$Fe(OH)_3$ 溶胶将向__________一端移动。

【解】 答案为阴极。

【分析】 此题考查溶胶的电泳性质。$Fe(OH)_3$ 的胶核中富含 OH^-，电位离子是 Fe^{3+}，故胶粒带正电，归属正溶胶。通电后，$Fe(OH)_3$ 胶体微粒在电场作用下将向阴极一端迁移。同理，若换成 As_2S_3、S、Au 等负溶胶，电泳时，将向阳极一端移动。

3. 胶团的结构

同一胶体，由于制备条件改变，有时可制得不同胶团结构的溶胶。

【例 2-9】 写出在两种不同制备条件下 AgI 胶团的结构。

(1) 在稍过量的稀 KI 溶液中，慢慢加入不过量的稀 $AgNO_3$ 溶液。 (2) 在稍过量 $AgNO_3$ 溶液中，慢慢加入不过量的稀 KI 溶液。

【解】(1) 制得 AgI 负溶胶，胶团结构为

$$\underbrace{\underbrace{[\underbrace{(AgI)_m}_{\text{胶核}}\cdot\overbrace{\underbrace{nI^-}_{\text{电位离子}}\cdot\underbrace{(n-x)K^+}_{\text{反离子}}}^{\text{吸附层}}]^{x-}}_{\text{胶粒}}\cdot\overbrace{\underbrace{xK^+}_{\text{反离子}}}^{\text{扩散层}}}_{\text{胶团}}$$

(2) 制得 AgI 正溶胶，胶团结构为$[(AgI)_m\cdot nAg^+\cdot(n-x)NO_3^-]^{x+}\cdot xNO_3^-$。

4. 溶胶的稳定性及聚沉

胶体是多相、高分散性体系，具有热力学的不稳定性，但又具有动力学的稳定性。在生产实践和科学实验中，溶胶的形成有时会带来不利的影响，如吸附严重、难以过滤，造成杂质多，难以纯化等。使溶胶破坏从介质中沉积的过程称为聚沉。

使胶体聚沉的方法主要有以下几种。

(1) 加热：加热可以使胶体粒子热运动加快，相互碰撞聚集成大颗粒而沉淀。例如蒸鸡蛋糕。

(2) 加入强电解质。例如用卤水点豆腐。

聚沉能力大小为：$F^- > Cl^- > Br^- > NO_3^- > I^-$

$H^+ > Cs^+ > Rb^+ > NH_4^+ > K^+ > Na^+ > Li^+$（阳离子指水合离子，请读者参阅“疑难问题解答”）。

(3) 加入带相反电荷的溶胶，可中和胶粒的电荷，使胶粒聚集成大颗粒而沉淀。例如：用明矾净水。

【例 2-10】 欲使 $Fe(OH)_3$ 溶胶聚沉，下列电解质中聚沉作用最好的是：

(A) $K_3[Fe(CN)_6]$ (B) $MgSO_4$

(C) $K_4[Fe(CN)_6]$ (D) $AlCl_3$

【解】 答案为 C。

【分析】 判断电解质对溶胶的聚沉能力，首先应明确溶胶的电性（是正溶胶还是负溶胶），再比较电解质中与胶粒电荷相反的离子的电荷、半径大小。相反离子的电荷越高，聚沉能力越强；若相反离子所带电荷数相同，则离子（阳离子看水合离子）半径越小，聚沉能

力越强。在本题中，因 $Fe(OH)_3$ 为正溶胶，对其起聚沉作用的是所加电解质中的负离子，因此首先比较给定电解质中负离子的电荷。选项中负离子电荷依次为−3、−2、−4、−1，因此4种负离子聚沉作用依次为$[Fe(CN)_6]^{4-}>[Fe(CN)_6]^{3-}>SO_4^{2-}>Cl^-$。C为正确答案。

四、重点、难点解析及综合例题分析

(一) 重点、难点解析

稀溶液依数性的定性判断与定量计算、胶体的吸附作用与聚沉是本章的重点。

(二) 综合例题分析

【例 2-11】 对 As_2S_3 溶胶而言，(a) 下列3种电解质 $AlCl_3$、$MgCl_2$、NaCl 聚沉作用从大到小依次为__________。(b) CsCl、KCl、NaCl 聚沉作用从大到小依次为__________。

【解】 答案为 (a) $AlCl_3>MgCl_2>NaCl$。(b) CsCl>KCl>NaCl。

【分析】 此题考查电解质聚沉作用。首先明确 As_2S_3 为负溶胶，因而应比较给定电解质中阳离子的价态、半径。先比较价态，故 (a) 中聚沉作用为 $Al^{3+}>Mg^{2+}>Na^+$。若价态相同时，例如 (b)，则比较阳离子水合离子的半径大小。对 Cs^+、K^+、Na^+ 水合离子而言，半径顺序为 $Cs^+<K^+<Na^+$（详见“疑难问题解答”），故 (b) 中聚沉作用为 CsCl>KCl>NaCl。

【例 2-12】 相同浓度下，下列化合物的水溶液中沸点最高的是：

(A) Na_3PO_4　　(B) $Al_2(SO_4)_3$

(C) $C_6H_{12}O_6$ 葡萄糖　　(D) $CaCl_2$

【解】 答案为 B。

【分析】 溶液的沸点比纯溶剂升高，因而沸点最高的溶液是其中溶质微粒总数最多的溶液。对于强电解质的盐而言，只需考虑电离，而水解可忽略不计，因而各选项中溶质微粒总浓度之比为4∶5∶1∶3，故B为正确答案。

【例 2-13】 下列同浓度的溶液在同步降温过程中，最先结冰的是：

(A) NaAc 溶液　　(B) 蔗糖溶液

(C) HAc 溶液　　(D) $MgCl_2$ 溶液

【解】 答案为 B。

【分析】 部分读者会误选选项D。溶液的凝固点比纯溶剂要低，因而最先结冰的是凝固点最高的溶液，即溶液中溶质微粒总数最少的溶液。故选项B正确。而选项D中的 $MgCl_2$ 溶液是凝固点最低的溶液，最后结冰。

【例 2-14】 下列哪些效应是由于溶液的渗透压而引起的：

① 用食盐腌制酸菜，用于储存蔬菜

② 用淡水饲养海鱼，易使海鱼死亡

③ 施肥时兑水过少，会“烧死”农作物

④ 用与人类血液渗透压相等的生理盐水对人体输液，可补充病人的血容量

(A) ①、②　　(B) ②　　(C) ①、②、③　　(D) ①、②、③、④

【解】 答案为 C。

【分析】 此题考查渗透现象。当半透膜两侧存在两种不同浓度的溶液时，会导致溶剂从浓度低的一方向浓度高的一方扩散，产生渗透现象。因此选项中①、②、③、④都与渗透现象有关，但需要注意的是，④中临床输液必须用与人体血液渗透压相等的等渗溶液，不是为了补充病人血容量，而是为了维持人体内渗透平衡，故④不正确。选项C为正确答案。

【例 2-15】 下列现象中，可用凝固点下降原理解释的是：

（A）植物具有耐旱性　　　　　　　　（B）植物具有耐寒性

（C）淡水鱼不能在海水中生存　　　　（D）植物在盐碱地上难生长

【解】 答案为 B。

【分析】 选项 B 与凝固点下降有关。植物的耐寒性是指当环境温度降低的时候，植物具有防止自身细胞因低温而结冰（被冻伤、冻死）的能力。细胞液可以看做是一种稀溶液。在温度降低的时候，植物体通过一定的机制，选择性吸收环境中的无机盐，使细胞液的浓度增加，从而降低了细胞液的凝固点，就不容易结冰(被冻伤)了，故增加了耐寒性。

选项 A、C、D 均与渗透作用有关。选项 A，植物的抗旱性，是指在环境缺水的情况下能存活的能力。在缺水的情况下，植物体通过一定的机制，选择性吸收环境中的无机盐，增加自身细胞液的浓度，从而调节细胞的渗透压，使植物可以从环境中吸水或防止植物失水，达到抗旱的目的。选项 C，淡水鱼体中细胞液的渗透压与淡水相同，但海水的渗透压大于淡水，若将淡水鱼放入海水中，会由于渗透作用，导致细胞失水，所以，淡水鱼不能存活于海水中。选项 D 的原因请读者自行分析。

【例 2-16】 稀溶液依数性的核心性质是：

（A）溶液的蒸气压下降　　　　　　（B）溶液的沸点上升

（C）溶液的凝固点下降　　　　　　（D）溶液具有渗透压

【解】 答案为 A。

【分析】 此题考查稀溶液依数性的本质。选项 B、C、D 所指的 3 类性质皆是由于溶液的饱和蒸气压比纯溶剂降低。由于 $p_{溶液}<p_{溶剂}$，而饱和蒸气压仅与温度有关。因此当外界压力一定时，必须提高温度来增大溶液的饱和蒸气压，使之等于外压，此时溶液沸腾，因此溶液的沸点比纯溶剂上升。同理，凝固点下降也是因为蒸气压下降所致。溶液具有渗透压现象，其本质原因也在于不同浓度的溶液上方饱和蒸气压不相等，造成化学势不等，从而使溶剂分子产生定向流动。

【例 2-17】 科研中分离出一种蛋白质分子，估计其分子量在 $15000\text{g}\cdot\text{mol}^{-1}$ 左右。通过测定这种蛋白质稀溶液的依数性可以测得其相对分子量。实验中，20℃（293K）时，取 1.00g 样品溶于 100g 水中（假设体积不变），配成待测蛋白质稀溶液。试通过计算说明应该用凝固点下降法、沸点上升法还是渗透压的方法来测定其相对分子量？［已知：k_b(水)＝$0.512\text{K}\cdot\text{kg}\cdot\text{mol}^{-1}$，$k_f$(水)＝$1.853\text{K}\cdot\text{kg}\cdot\text{mol}^{-1}$］

【分析】 稀溶液的依数性包括凝固点下降、沸点上升及渗透压，这三种方法均能测定化合物的相对分子量。但是，不同实验方法的系统误差大不相同。待测物理量的值越大，实验的系统误差就越小。实验中应率先采用系统误差最小的方法。在这 3 种方法中，待测物理量分别是凝固点下降值 ΔT_f、沸点上升值 ΔT_b 和渗透压值 Π，可以通过理论计算来判断 3 种方法的系统误差的大小。因此，先根据 $\Delta T_f=ik_fm$、$\Delta T_b=ik_bm$ 和 $\Pi=icRT$ 计算出待测物理量的值，然后确定蛋白质相对分子量的测定方法。

【解】 因蛋白质属非电解质，其 van't Hoff 因子 i 取 1。

根据题设，计算蛋白质溶液的 m 和 c。

$$m=\frac{1.00\text{g}/(15000\text{g}\cdot\text{mol}^{-1})}{0.10\text{kg}}=6.67\times10^{-4}\ \text{mol}\cdot\text{kg}^{-1}$$

取水的密度为 $1\text{kg}\cdot\text{dm}^{-3}$，100g 水的体积近似为 0.10dm^3。

$$c=\frac{1.00\text{g}/(15000\text{g}\cdot\text{mol}^{-1})}{0.10\text{dm}^3}=6.67\times10^{-4}\ \text{mol}\cdot\text{dm}^{-3}$$

根据 $\Delta T_f = ik_f m$，计算蛋白质溶液的凝固点下降值 ΔT_f。

$\Delta T_f = ik_f m = 1 \times 1.853 K \cdot kg \cdot mol^{-1} \times (6.67 \times 10^{-4}) mol \cdot kg^{-1} = 1.24 \times 10^{-3} K = 0.00124℃$。因此，该蛋白质溶液的凝固点是−0.00124℃。一般选用水银温度计测定温度，其中高精度的贝克曼温度计被广泛用于物理化学实验，但其最小分度仅为0.01℃，难以测出0.00124℃的变化量，所以，不能用凝固点降低法测量该蛋白质的相对分子质量。

根据 $\Delta T_b = ik_b m$，计算蛋白质溶液的沸点上升值 ΔT_b。

$\Delta T_b = ik_b m = 1 \times 0.512 K \cdot kg \cdot mol^{-1} \times (6.67 \times 10^{-4}) mol \cdot kg^{-1} = 3.42 \times 10^{-4} K = 0.000342℃$

因此，该蛋白质溶液的沸点是100.000342℃。同理，也不能用沸点上升法测量该蛋白质的相对分子质量。

根据 $\Pi = icRT$，计算蛋白质溶液的渗透压 Π。

$\Pi = icRT = 1 \times (6.67 \times 10^{-4}) mol \cdot dm^{-3} \times 8.314 kPa \cdot dm^3 \cdot mol^{-1} \cdot K^{-1} \times 293 K = 1.62 kPa$。该物理量较大，便于测量。

因此，应选用渗透压法测定蛋白质的相对分子质量。进一步的分析，请读者参阅“疑难问题解答”。

【例 2-18】 浓度为 $0.124 mol \cdot kg^{-1}$ 三氯乙酸（CCl_3COOH）溶液的凝固点为−0.423℃，求三氯乙酸的解离度？[已知 k_f(水)$=1.85 K \cdot kg \cdot mol^{-1}$]

【分析】 根据 $\Delta T_f = k_f m$，计算三氯乙酸溶液的质点浓度，再根据三氯乙酸的质点浓度与标称浓度之差，求出三氯乙酸的解离度。

【解】 设三氯乙酸溶液的质点浓度为 $m_t mol \cdot kg^{-1}$。

根据 $\Delta T_f = k_f m$，计算三氯乙酸溶液的 m_t。

$$0-(-0.423) K = 1.85 K \cdot kg \cdot mol^{-1} \times m_t$$

$$m_t = 0.229 mol \cdot kg^{-1}$$

设三氯乙酸的解离度为 α。

列出三氯乙酸的平衡列表。

	$CCl_3COOH(aq) \rightleftharpoons$	$H^+(aq) +$	$CCl_3COO^-(aq)$
初始浓度/($mol \cdot kg^{-1}$)	0.124	0	0
平衡浓度/($mol \cdot kg^{-1}$)	$0.124 \times (1-\alpha)$	$0.124 \times \alpha$	$0.124 \times \alpha$

三氯乙酸溶液中的质点浓度 m_t＝平衡时三氯乙酸的浓度（m_{CCl_3COOH}）$+m_{H^+}+m_{CCl_3COO^-}$，因此有：

$$0.124 \times (1-\alpha) + 0.124 \times \alpha + 0.124 \times \alpha (mol \cdot kg^{-1}) = 0.229 mol \cdot kg^{-1}$$

$$\alpha = 84.6\%$$

五、疑难问题解答

1. 问：在讨论稀溶液依数性规律时，为何要把溶质限定为难挥发？

答：在讨论稀溶液依数性时，为了使依数性与溶质微粒数之间的关系简单化，将溶质限定为难挥发物质，否则溶质对依数性的影响就变得复杂了。以蒸气压为例说明。

溶质若是易挥发的物质，那么溶液的蒸气压就不只是其中溶剂的蒸气压，而是溶质与溶剂的蒸气压之和。比如在水中加入一些乙醇，由于乙醇的挥发性大于水，那么在一定温度下，乙醇水溶液的蒸气压就会大于该温度下纯水蒸气压，所以溶液的蒸气压不是降低反而升高了。

2. *问：上面计算电解质稀溶液依数性时，在非电解质定量关系的基础上，通常乘以van't Hoff 因子 i 作近似计算，如 $0.01 mol \cdot dm^{-3}$ KCl 溶液的渗透压为 $\Pi = icRT \approx 2cRT$，

那么不同浓度的 KCl 溶液 i 值相同吗?

答：电解质的极稀溶液接近理想溶液，此时才完全符合凝固点下降、沸点升高和渗透压的定量关系式。一般而言，当电解质稀溶液的浓度低于 $1\times10^{-3}\,mol\cdot kg^{-1}$ 时，只要考虑 van't Hoff 因子，计算得到的依数性值与实际值基本一致。但当电解质的浓度高于 $1\times10^{-3}\,mol\cdot kg^{-1}$ 时，不同浓度的同一盐溶液 i 值有所不同，相同浓度的同一类型的盐溶液 i 值也会不同。如表 2-1 所示：

表 2-1 常见电解质的 van't Hoff 因子实际值

电解质 \ 浓度/($mol\cdot kg^{-1}$)	0.001	0.005	0.01	0.05	0.1
HCl	1.99	1.98	1.97	1.94	1.92
KCl	1.98	1.96	1.94	1.89	1.86
K_2SO_4	2.90	2.80	2.74	2.54	2.44

原因在于：即使是强电解质，在水中由于微粒间的相互牵制作用，并不能百分之百地电离，因而实际 i 值小于理想值，如 KCl 溶液，$i<2$（其理想值取 2）；K_2SO_4 溶液，$i<3$（其理想值取 3）。即使是同一类型，如 HCl 和 KCl，溶质粒子间的相互作用也会有所不同，使 i 值有微小差异。但在普通化学的近似计算中，常取 van't Hoff 因子的理想值，而忽略其随电解质浓度的变化。

3. 问：冬天海水结冰的过程与制作冰糕的过程有何不同?

答：海水结冰时，析出的是纯冰，即纯的溶剂。而制作冰糕时，相当于溶质与溶剂一起析出，是一种固溶体。之所以不同，在于海水结冰是在固、液平衡或接近平衡的条件下发生的，则只有溶剂析出。而制作冰糕时，是将溶液温度迅速降至冰点甚至冰点以下，是一种非平衡态下骤冷的过程，因而溶质与溶剂同时析出。

4. 问：为何在实验室中，常用食盐和冰的混合物作制冷剂呢?

答：其原理与溶液的凝固点下降有关。在冰-盐浴体系中，冰吸收环境中的热量，表面开始慢慢溶化，食盐溶于冰表面的液态水中，形成盐溶液，其凝固点低于纯水，导致冰的溶化加剧。在冰进一步溶化过程中，大量吸热，致使环境温度低于冰点。当 NaCl 与水混合物的质量百分浓度为 28.9%时，可获得－21.2℃（251.8K）低温；当 $CaCl_2$ 与水混合物的质量百分浓度为 29.9%时，可达－55.0℃（218K）低温。不同电解质与水的混合物所能达到的最低温度在理论上是一定的。

5. 利用稀溶液的依数性可以测定溶质的相对分子质量。为何对于低分子量物质常用凝固点下降法而不用沸点升高法？为何对于高分子量物质，常用渗透压法而不选用凝固点下降法?

答：利用凝固点下降法可测定溶质的分子量，其公式为：

$$\Delta T_f = ik_f m = ik_f\,\frac{m_B}{M_B m_A}$$

式中，m_B 为溶质的质量；M_B 为溶质的相对分子量；m_A 为溶剂的质量；i 为 van't Hoff 因子。上式经变换后，得：

$$M_B = \frac{ik_f m_B}{m_A \Delta T_f}(kg\cdot mol^{-1})$$

通常不选用沸点上升法。原因有三点。①对同一种溶剂而言，一般 $k_f>k_b$，所以 $\Delta T_f>\Delta T_b$，测凝固点下降可减少测量误差。②加热时，生物样品、有机物容易被破坏。③加热时因挥发等原因可引起浓度变化，不能重复测定。

同样，凝固点下降法测定大分子量物质时，误差也较大，由公式 $\Delta T_f = ik_f \frac{m_B}{M_B m_A}$ 可以看出，当 M_B 很大时，ΔT_f 变化值很小，不易测准。而用渗透压法，$\Pi V = inRT = \frac{im_B}{M_B}RT$，即 $M_B = \frac{im_B}{\Pi V}RT$ 更为简便且易测准。

6. 问：生病输液或注射用液时通常将药物溶入 0.9% 生理盐水或 5% 葡萄糖溶液中，即输入人体等渗溶液。临床上的等渗溶液有什么规定？如何计算渗透浓度 c_{OS}？

答：血浆的渗透浓度为 $303.7 mmol \cdot dm^{-3}$。临床上规定渗透浓度在 $280 \sim 320 mmol \cdot dm^{-3}$ 的溶液称为人体等渗溶液。若输入低渗溶液，则使细胞胀破；若输入高渗溶液，则使细胞皱缩，均导致不良后果。

以 0.9% 生理盐水（即 $9g \cdot dm^{-3}$ NaCl 溶液）为例，有

$c_{OS} = \frac{im_B}{M_B V} = \frac{2 \times 9g}{58.5g \cdot mol^{-1} \times 1dm^3} = 0.306 mol \cdot dm^{-3} = 306 mmol \cdot dm^{-3}$，为人体等渗溶液。

注意：计算渗透浓度时，应考虑 NaCl 电解质电离后溶质全部微粒的总浓度，即 van't Hoff 因子取 2。

7. 问：加入电解质可以使溶胶聚沉，为何对负溶胶而言，聚沉能力有如下 $Cs^+ > Rb^+ > K^+ > Na^+ > Li^+$ 顺序呢？

答：所有金属离子在水溶液中均以水合离子的形式存在，水合离子由中心离子（金属离子）与周围一定量的 H_2O 分子配合而成。中心离子半径大的，则正电场较弱，吸引的水分子少，而水合离子半径主要由吸引的水分子决定（水分子比简单的金属阳离子大得多）。例如：水合 K^+ 离子半径为 300pm，水合 Na^+ 离子半径为 400pm。对碱金属而言，水合离子大小为 $Li^+ > Na^+ > K^+ > Rb^+ > Cs^+$，因而聚沉作用逐渐增强 $Li^+ < Na^+ < K^+ < Rb^+ < Cs^+$。

8. 问：溶胶的电学性质有电泳和电渗现象，两者有何区别？分别在什么情况下发生？

答：在外加直流电源的作用下，胶体微粒在分散介质中向阴极或阳极做定向移动的现象叫做“电泳”。胶体有电泳现象，说明胶体的微粒带有电荷。向阳极移动的胶粒带负电荷，向阴极移动的胶粒带正电荷。利用电泳可以分离带不同电荷的溶胶。例如：陶瓷工业中用的黏土，往往带有氧化铁。要除去氧化铁，可以把黏土和水一起搅拌成悬浮液。由于黏土离子带负电荷，氧化铁离子带正电荷，通电后分别向不同电极移动，最终在阳极附近会聚集出很纯净的黏土。

与电泳现象相反，固体胶粒（分散相）不动而液体介质（分散介质）在电场中发生定向移动的现象称为“电渗”。把溶胶填充在多孔性物质如棉花或凝胶中，使溶胶粒子被吸附而固定。在多孔性物质两侧施加电压后，如胶粒带正电而分散介质带负电，则观察到液体介质向阳极一侧移动，反之亦然。也就是说，当胶粒被固定后，就可观察到电渗现象。利用电渗过程可以驱除水分，如泥土脱水、水的净化等。

自测题及答案

自　测　题

一、判断题

1.（　）单相体系中可存在多种物质。

2.（　）乳浊液为多相不均匀体系，属于胶体分散体系。

3.（ ）只有非挥发性的可溶性非电解质稀溶液，才具有依数性规律。

4.（ ）淡水鱼的体液比海水鱼的体液具有更低的渗透压，因而淡水鱼无法生存在海水中。

5.（ ）只要将高分子物质加入溶胶中，就可增加胶体的稳定性。

6.（ ）对负溶胶而言，加入 $LiNO_3$ 比加入 KNO_3 更易使溶胶聚沉。

7.（ ）相同温度下，两种不同的非挥发性可溶性非电解质溶液，只要浓度相同就具有相同的渗透压。

8.（ ）雾是以液体为分散质、气体为分散介质的胶体分散体系。

9.（ ）通常有机化合物难溶于水，而易溶于非极性有机溶剂，是因为有机化合物大多为非极性或极性较小的分子。

10.（ ）向 H_3AsO_3 溶液中通入过量 H_2S 制得 As_2S_3 溶胶，其电位离子为 S^{2-}。

二、选择题

1.下列溶液的凝固点最高的是：

（A）0.01mol·dm^{-3} HAc 溶液　（B）0.02mol·dm^{-3} NaCl 溶液

（C）0.01mol·dm^{-3} Na_2SO_4 溶液　（D）0.01mol·dm^{-3} 蔗糖溶液

2.造成溶液渗透压的根本原因是：

（A）溶液的蒸气压下降　（B）溶液的总质量增加

（C）溶液中微粒的距离减小

3.海水结冰时，首先析出的是：

（A）带盐的冰，浓度等于海水中盐的浓度　（B）盐

（C）含少量盐和冰，浓度低于海水中盐的浓度　（D）纯冰

4.施肥过多会引起作物凋萎，其主要原因是：

（A）土壤溶液的蒸气压小于水的蒸气压

（B）土壤溶液的渗透压小于植物细胞液的渗透压

（C）土壤溶液的渗透压等于植物细胞液的渗透压

（D）土壤溶液的渗透压大于植物细胞液的渗透压

5.在相同体积的冰水混合物中加入下列物质组成冰盐浴，哪个体系的温度最低：

（A）1mol $MgSO_4$　（B）1mol NaCl　（C）1mol $CaCl_2$　（D）1mol NH_4Cl

6.下列选项中不正确的是：

（A）泥浆为多相不均匀的悬浊液，属于粗分散体系

（B）油与水混合形成一种乳浊液

（C）溶液是一种均相体系，溶液中的溶质必然以离子状态均匀分散于溶剂中

（D）蛋清是一种高度分散的多相不均匀体系，属于胶体

7.加入电解质使 As_2S_3 溶胶聚沉，聚沉效果最好的是：

（A）$MgCl_2$　（B）$AlCl_3$　（C）K_3PO_4　（D）Na_2SO_4

（E）$K_4[Fe(CN)_6]$

8.（1）有3种非电解质的稀溶液，它们的浓度大小是 A＞B＞C，则它们的蒸气压曲线图为：

（2）若它们的凝固点降低顺序为 C＞B＞A，则它们的蒸气压曲线为：

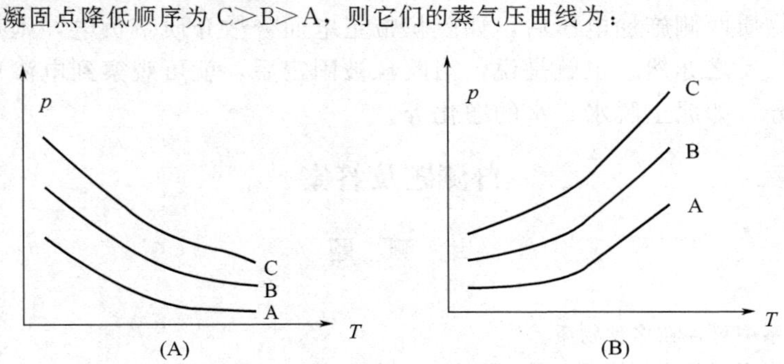

(A)　(B)

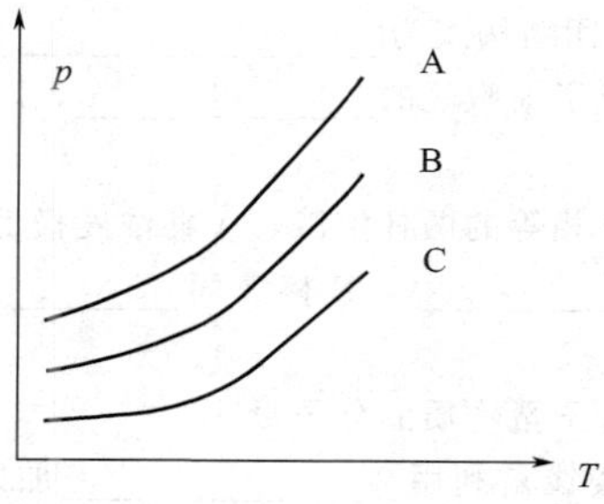

(C)

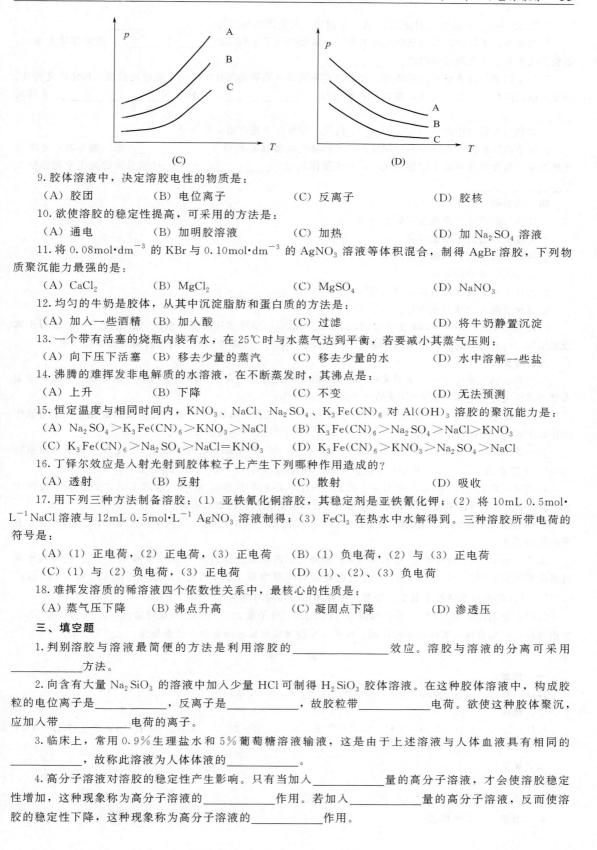

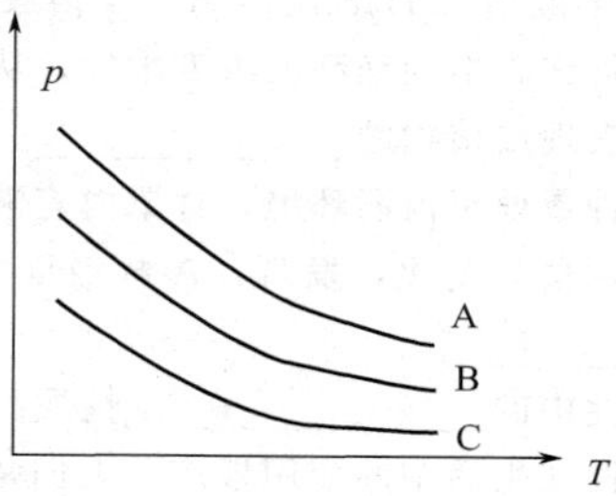

(D)

9. 胶体溶液中，决定溶胶电性的物质是：

（A）胶团　（B）电位离子　（C）反离子　（D）胶核

10. 欲使溶胶的稳定性提高，可采用的方法是：

（A）通电　（B）加明胶溶液　（C）加热　（D）加 Na_2SO_4 溶液

11. 将 $0.08mol \cdot dm^{-3}$ 的 KBr 与 $0.10mol \cdot dm^{-3}$ 的 $AgNO_3$ 溶液等体积混合，制得 AgBr 溶胶，下列物质聚沉能力最强的是：

（A）$CaCl_2$　（B）$MgCl_2$　（C）$MgSO_4$　（D）$NaNO_3$

12. 均匀的牛奶是胶体，从其中沉淀脂肪和蛋白质的方法是：

（A）加入一些酒精　（B）加入酸　（C）过滤　（D）将牛奶静置沉淀

13. 一个带有活塞的烧瓶内装有水，在25℃时与水蒸气达到平衡，若要减小其蒸气压则：

（A）向下压下活塞　（B）移去少量的蒸汽　（C）移去少量的水　（D）水中溶解一些盐

14. 沸腾的难挥发非电解质的水溶液，在不断蒸发时，其沸点是：

（A）上升　（B）下降　（C）不变　（D）无法预测

15. 恒定温度与相同时间内，KNO_3、NaCl、Na_2SO_4、$K_3Fe(CN)_6$ 对 $Al(OH)_3$ 溶胶的聚沉能力是：

（A）$Na_2SO_4 > K_3Fe(CN)_6 > KNO_3 > NaCl$　（B）$K_3Fe(CN)_6 > Na_2SO_4 > NaCl > KNO_3$

（C）$K_3Fe(CN)_6 > Na_2SO_4 > NaCl = KNO_3$　（D）$K_3Fe(CN)_6 > KNO_3 > Na_2SO_4 > NaCl$

16. 丁铎尔效应是入射光射到胶体粒子上产生下列哪种作用造成的？

（A）透射　（B）反射　（C）散射　（D）吸收

17. 用下列三种方法制备溶胶：(1) 亚铁氰化铜溶胶，其稳定剂是亚铁氰化钾；(2) 将 10mL $0.5mol \cdot L^{-1}$ NaCl 溶液与 12mL $0.5mol \cdot L^{-1}$ $AgNO_3$ 溶液制得；(3) $FeCl_3$ 在热水中水解得到。三种溶胶所带电荷的符号是：

（A）(1) 正电荷，(2) 正电荷，(3) 正电荷　（B）(1) 负电荷，(2) 与 (3) 正电荷

（C）(1) 与 (2) 负电荷，(3) 正电荷　（D）(1)、(2)、(3) 负电荷

18. 难挥发溶质的稀溶液四个依数性关系中，最核心的性质是：

（A）蒸气压下降　（B）沸点升高　（C）凝固点下降　（D）渗透压

三、填空题

1. 判别溶胶与溶液最简便的方法是利用溶胶的________效应。溶胶与溶液的分离可采用________方法。

2. 向含有大量 Na_2SiO_3 的溶液中加入少量 HCl 可制得 H_2SiO_3 胶体溶液。在这种胶体溶液中，构成胶粒的电位离子是________，反离子是________，故胶粒带________电荷。欲使这种胶体聚沉，应加入带________电荷的离子。

3. 临床上，常用0.9%生理盐水和5%葡萄糖溶液输液，这是由于上述溶液与人体血液具有相同的________，故称此溶液为人体体液的________。

4. 高分子溶液对溶胶的稳定性产生影响。只有当加入________量的高分子溶液，才会使溶胶稳定性增加，这种现象称为高分子溶液的________作用。若加入________量的高分子溶液，反而使溶胶的稳定性下降，这种现象称为高分子溶液的________作用。

5. 在 H_3AsO_3 溶液通入 H_2S 制得 As_2S_3 溶胶，其胶团结构式为____________________。

6. 在寒冬，植物细胞中的细胞液浓度增大，从而降低了细胞液的____________，以致细胞液不结冰，植物仍能生长，这表现出植物的____________。

7. 一个封闭的钟罩处于恒温环境，钟罩内有液面高度相等的两杯溶液，A 杯浓度极低，B 杯浓度稍高。静置足够时间后，观察其变化，发现：A 杯液面____________，B 杯液面____________，原因是____________________。

8. 常利用依数性中的____________性质测定低分子量物质的分子量。

9. 溶液的依数性在生活中的应用极广。人们常吃的蜜饯是利用____________加以制作的；冬季建筑施工中，常在浇注混凝土时加入盐类，其主要作用是______________，这也易使混凝土中的钢筋发生______________。

四、简答题

1. 提高和降低水的沸点各有哪些方法？
2. 简述反渗透的原理及应用。
3. 为什么海水比河水难结冰？
4. 简述明矾净水的原理。
5. 为什么施肥过多会将作物"烧死"？
6. 海水鱼能生活在淡水中吗？为什么？
7. 将 $0.001mol\cdot dm^{-3}$ KI 溶液与 $0.01mol\cdot dm^{-3}$ $AgNO_3$ 溶液等体积混合制成 AgI 溶胶。(1) 试写出其胶团结构。(2) 若在此溶胶中加入 $MgCl_2$ 和 $K_3[Fe(CN)_6]$，问哪种电解质对 AgI 溶胶的聚沉作用大？

五、计算题

1. 为防止汽车水箱在寒冷季节冻裂，需使水箱中水的冰点下降到－20℃(253K)，求在每千克水中应加入甘油多少克才能达此目的？(甘油的分子式为 $C_3H_8O_3$)

2. 1.84g 氯化汞溶于 100g 水，测得该水溶液的凝固点为－0.126℃，通过计算说明氯化汞在水溶液中的存在形式。[氯化汞摩尔质量为 $272g\cdot mol^{-1}$，$k_f(H_2O)=1.86K\cdot kg\cdot mol^{-1}$]

3. 一种烟草中的有害成分尼古丁的实验式为 C_5H_7N。将 536mg 尼古丁溶于 10.0g 水中，所得溶液在 100kPa 下沸点为 100.17℃，求尼古丁的分子式？[已知 $k_b(H_2O)=0.512K\cdot kg\cdot mol^{-1}$]

4. 现有两种溶液，溶液 1 为 1.50g 尿素 $(NH_2)_2CO$ 溶于 200g 水中，溶液 2 为 42.8g 未知物溶于 1000g 水中，这两种溶液在同一温度下开始结冰，计算此未知物的摩尔质量。

5. 相对分子质量为 120 的弱酸 HA 3.00g 溶于 100g 水中，在 100kPa 下测得其沸点为 100.180℃。求此弱酸的解离度。

6. 1.00g HAc 分别溶于 100g 水和苯中，测得它们的凝固点分别为－0.314℃和 4.972℃。已知纯水和纯苯的凝固点分别为 0℃和 5.400℃，它们的凝固点下降常数 K_f 分别为 $1.86K\cdot kg\cdot mol^{-1}$ 和 $5.12K\cdot kg\cdot mol^{-1}$，计算此两种溶液的质量摩尔浓度。并解释它们之间的差别。

7. (1) 分别计算 37℃时 5%葡萄糖溶液（$C_6H_{12}O_6$ 分子量 180）和 0.9%生理盐水（NaCl 分子量 58.5）的渗透压；(2) 通过两者渗透压的比较，说明人体静脉输液输入等渗溶液的重要性。

答　案

一、判断

1. √　2. ×　3. ×　4. √　5. ×　6. ×　7. √　8. √　9. √　10. ×

二、选择

1. D　2. A　3. D　4. D　5. C　6. C　7. B　8. (1) B (2) C　9. B　10. B　11. C　12. B　13. D　14. A　15. B　16. C　17. B　18. A

三、填空

1. 丁达尔　渗析
2. SiO_3^{2-}　Na^+　负　正
3. 渗透压　等渗溶液

4.大　　保护　　少　　敏化

5. $[(As_2S_3)_m \cdot n(HS^-) \cdot (n-x)H^+]^{x-} \cdot xH^+$

6.凝固点　　抗寒性

7.下降　　上升　　$\Pi_A < \Pi_B$

8.凝固点下降

9.渗透压原理　　降低水的凝固点　　电化学腐蚀

四、简答题

1.提高水的沸点：加压、加入难挥发性非电解质或电解质。

降低水的沸点：去海拔高（空气稀薄）的地方、减压蒸馏。

2.相同体积、不同浓度的两种溶液分别置于容器两侧，中间用半透膜隔开，溶剂分子将从稀溶液一方向浓溶液扩散，两边液面产生渗透压。若在浓溶液一方施加大于渗透压的静压力，溶剂分子就会反向流动，这种现象称为反渗透。

反渗透的应用有：海水淡化、工业废水处理及用于食品、饮料、纯净水生产工艺等。

3.海水与河水相比，海水是一种浓度较高的溶液，根据拉乌尔定律，它的凝固点比河水要低，所以难结冰。

4.明矾净水是因为它水解的产物 $Al(OH)_3$ 粒子带正电，而水中悬浮物（黏土等）带负电，两种电性相反的胶体相互吸引发生聚沉，从而达到净水的效果。

5.可用渗透压来说明部分原因。当土壤中施肥过多，土壤中溶液的浓度大于作物细胞浓度时，细胞将向土壤渗透失水，则细胞达不到所需的水分，因此，过多的肥料使细胞严重失水，导致细胞“烧死”。

6.海水鱼体细胞中的细胞液盐的浓度高于淡水浓度，若将海水鱼放在淡水中，则由于渗透作用，水进入鱼体细胞，以至于鱼的体细胞内液体过多，细胞壁胀破而死亡。所以海水鱼不能生活在淡水中。

7.据题意 $AgNO_3$ 过量，形成 AgI 正溶胶。

胶团结构为 $[(AgI)_m \cdot nAg^+ \cdot (n-x)NO_3^-]^{x+} \cdot xNO_3^-$

起聚沉作用的是负离子，电荷越高，聚沉能力越强。故 $K_3[Fe(CN)_6]$ 的聚沉能力大。

五、计算

1. 利用 $\Delta T_f = k_f m$ [其中 $k_f(H_2O) = 1.86 K \cdot kg \cdot mol^{-1}$，$\Delta T_f = 20K$]，解得 $m = 10.75 mol \cdot kg^{-1}$，加入甘油为 $10.75 mol \cdot kg^{-1} \times 92 g \cdot mol^{-1} \times 1 kg = 989 g$。

2.利用 $\Delta T_f = k_f m$，解得 $m = 0.068 mol \cdot kg^{-1}$，则 $M = 272 g \cdot mol^{-1}$，与氯化汞摩尔质量相等。故氯化汞在水溶液中以分子形式存在。

3. 利用 $\Delta T_b = k_b m$，解得 $m = 0.332 mol \cdot kg^{-1}$，则 $M = 161.45 g \cdot mol^{-1}$，尼古丁分子式为 $(C_5H_7N)_2$，即 $C_{10}H_{14}N_2$。

4. 利用 $\Delta T_f = k_f m$，根据尿素水溶液和未知物水溶液的冰点下降值相同，k_f 相同，则 m 相同。列式求得未知物摩尔质量 $M = 342 g \cdot mol^{-1}$。

5. HA 在解离前的质量摩尔浓度为 $0.250 mol \cdot kg^{-1}$。根据 $\Delta T_b = k_b m$，求得解离后“粒子”的总质量摩尔浓度为 $0.352 mol \cdot kg^{-1}$。根据 HA 解离平衡，求得有 $0.102 mol \cdot kg^{-1}$ HA 解离。故解离度为 40.8%。

6.根据 $\Delta T_f = k_f m$，分别求得 HAc 水溶液的质量摩尔浓度为 $0.169 mol \cdot kg^{-1}$，HAc 苯溶液为 $0.0836 mol \cdot kg^{-1}$。M 不同的原因在于，HAc 在水中是单体，解离度很小，而在苯中为二聚体。

7.计算时注意非电解质与电解质溶液的区别。利用 $\Pi = cRT$，求得 5%葡萄糖溶液的渗透压为 716kPa；利用 $\Pi = icRT$，求得 0.9%生理盐水的渗透压为 794kPa。两者均为人体等渗溶液。

第三章　溶液中的化学平衡

第一节　溶液中的酸碱平衡

一、基本要求

（1）掌握一元弱酸、弱碱的解离平衡及有关计算；稀释定律。

（2）掌握水的离子积常数和溶液 pH 值计算。

（3）掌握多元弱酸的分步解离平衡及其计算。

（4）掌握电离平衡的影响因素：同离子效应。

（5）学习缓冲溶液作用原理及缓冲溶液的组成和性质，掌握缓冲溶液 pH 值计算及配制方法。

（6）判断盐溶液的酸碱性，了解水解平衡的影响因素及应用。

（7）掌握酸碱质子理论的基本概念，判断共轭酸碱对的组成及物质酸碱性相对强弱。

二、内容精要及基本例题分析

（一）基本概念

1. 一元弱酸、弱碱解离平衡

（1）$K_i^\ominus$ 及稀释定律

$$K_i^\ominus = c\,\frac{\alpha^2}{1-\alpha} \approx c\alpha^2（\alpha \text{ 为电离度，一般 } \alpha < 5\% \text{ 可近似}）$$

温度一定时，稀释某弱酸或弱碱溶液时，溶液的电离度 α 增大，而解离平衡常数 $K_i^\ominus$ 保持不变。同样，盐类水解时，也存在类似稀释定律，即 $K_i^\ominus \approx ch^2$（h 为水解度）

【例 3-1-1】 稀释 $0.10\text{mol}\cdot\text{dm}^{-3}$ 醋酸溶液时，溶液的电离度、电离出的 H^+ 浓度及 pH 值将发生怎样的变化？

【解】 溶液的电离度增大，电离出的 H^+ 浓度减少，pH 值增大。

【分析】 此题考查稀释定律的运用。对 HAc 溶液，因 $\alpha < 5\%$，存在 $K_a^\ominus \approx c\alpha^2$。醋酸的酸解离常数 $K_a^\ominus$ 是温度的函数，温度一定时，$K_a^\ominus$ 保持不变。稀释 HAc 溶液时（即［HAc］减小），电离度 α 增大 $\left(\alpha \approx \sqrt{\dfrac{K_a^\ominus}{[\text{HAc}]}}\right)$。HAc 溶液电离出的 H^+ 相对浓度，即 $[H^+] \approx \sqrt{K_a^\ominus \times [\text{HAc}]}$。当［HAc］降低时，$[H^+]$ 减小。因 $\text{pH} = -\lg[H^+]$，其值增大，溶液的酸性减弱。

【思考】 若 HAc 溶液浓度为 $1.0\times10^{-4}\text{mol}\cdot\text{dm}^{-3}$ 时，求 HAc 溶液中 $[H^+]$ 及电离度。（详见“例 3-1-18”）

（2）弱酸弱碱的酸碱性强弱比较及判断

① 弱酸的解离常数 $K_a^\ominus$ 可表示其酸性强弱，$K_a^\ominus$ 越大，弱酸的解离度越大，溶液的酸性越强。一些常见酸的解离常数 $K_a^\ominus$ 及其酸性强弱：

$$K_a^\ominus \begin{cases} >10^3 & \text{强酸，例如 } HNO_3 \\ 10^{-2}\sim10^{-3} & \text{中强酸，例如 } H_3PO_4 \\ 10^{-3}\sim10^{-7} & \text{弱酸，例如 } HAc \\ <10^{-7} & \text{极弱酸，例如 } HCN \end{cases}$$

同理，弱碱按 $K_b^\ominus$ 大小划分。

② 对多元弱酸（或碱）而言，只需比较其 $K_{a_1}^\ominus$（或 $K_{b_1}^\ominus$）即可［因为多元弱酸（或碱）溶液中的 H^+（或 OH^-）浓度，主要取决于第一级解离平衡］。

【例 3-1-2】 将浓度相同的各溶液按酸性排序：HAc、H_2CO_3、H_2S、H_3PO_4、$H_2C_2O_4$、HCN。

【解】 酸性由强到弱顺序为 $H_2C_2O_4$、H_3PO_4、HAc、H_2CO_3、H_2S、HCN。
（中强）（中强）（弱）（弱）（弱）（极弱）

【分析】 此题考查通过比较弱酸 $K_a^\ominus$（$K_{a_1}^\ominus$）的大小，判断其酸性强弱。

查表得，25℃时各弱酸的解离常数：

	$K_{a_1}^\ominus$	$K_{a_2}^\ominus$	$K_{a_3}^\ominus$
HAc	1.76×10^{-5}		
H_2CO_3	4.30×10^{-7}	5.61×10^{-11}	
H_2S	9.1×10^{-8}	1.1×10^{-12}	
H_3PO_4	7.52×10^{-3}	6.23×10^{-8}	2.2×10^{-13}
$H_2C_2O_4$	5.90×10^{-2}	6.40×10^{-5}	
HCN	4.93×10^{-10}		

比较各酸 $K_{a_1}^\ominus$，得酸性强弱顺序为 $H_2C_2O_4>H_3PO_4>HAc>H_2CO_3>H_2S>HCN$。

2. 二元弱酸 H_2S 的解离平衡

（1）室温下及 1atm 时，饱和 H_2S 水溶液浓度约为 $0.10mol\cdot dm^{-3}$。

（2）因 $K_{a_1}^\ominus \gg K_{a_2}^\ominus$，溶液中的 H^+ 主要由第一级解离贡献，在计算［H^+］时可忽略第二级解离。

（3）在饱和 H_2S 水溶液中，平衡时，$[S^{2-}]\approx K_{a_2}^\ominus$。

（4）总解离方程式 $K_a^\ominus = K_{a_1}^\ominus K_{a_2}^\ominus = \dfrac{[H^+]^2[S^{2-}]}{[H_2S]}$，其中 $[H^+]\neq2[S^{2-}]$。（详见“疑难问题解答”）

通过控制饱和 H_2S 溶液的酸度，改变溶液中的［S^{2-}］，可使不同金属硫化物沉淀或溶解，以达到分离、鉴定金属离子的目的。

【例 3-1-3】 在饱和 H_2S 水溶液中，除 H_2O 分子外，存在最多的粒子是：

（A）H_2S 分子　（B）HS^-　（C）H^+　（D）S^{2-}

【解】 答案为 A。

【分析】 H_2S 的 $K_{a_1}^\ominus=9.1\times10^{-8}$，该数值表明 H_2S 的第一级解离的程度极其微小，仅有极微量的 H_2S 分子发生解离。根据 $K_{a_1}^\ominus\approx c\alpha^2$ 估算，$\alpha\approx9.5\times10^{-4}<0.1\%$，即不足千分之一的 H_2S 分子解离，因而体系中存在最多的粒子是 H_2S 分子。若题目提问“存在最多的离子”，则应为 H^+。

3. 弱酸（或碱）解离平衡的影响因素

（1）温度　$K_i^{\ominus}$ 是一种平衡常数，其值与温度有关。但解离平衡在水溶液中发生，温度变化的区间很窄，最多在室温到水的沸点以下的区间内变化。在此温度区间内，弱酸（或碱）解离产生的热效应微不足道。在近似计算时，可以忽略温度对 $K_i^{\ominus}$ 的影响。

（2）盐效应（不做要求，了解）　在弱酸（或碱）溶液中加入其他强电解质时，该弱电解质的电离度将增大，这种影响称为盐效应。例如，含有 $0.10\text{mol}\cdot\text{dm}^{-3}$ NaCl 与不含 NaCl 的 HAc 溶液（$0.10\text{mol}\cdot\text{dm}^{-3}$）相比，HAc 的电离度分别为 1.7%和 1.3%，但这种影响一般不会改变数量级，近似计算时可忽略。

（3）同离子效应　指在弱酸（或碱）溶液中，加入与其具有相同离子的强电解质，使其电离度降低的现象。例如在 $0.10\text{mol}\cdot\text{dm}^{-3}$ HAc 溶液中加入 NaAc，使 NaAc 浓度为 $0.10\text{mol}\cdot\text{dm}^{-3}$，则 HAc 电离度由 1.3%减小到 0.017%。

所以，同离子效应远远大于盐效应。加入 NaAc，同离子效应与盐效应同时发生，可略去盐效应。

【例 3-1-4】 在 HAc 溶液中加入下列物质，

（1）使 HAc 电离度减小的是：

（2）使 HAc 电离度增大的是：

（A）NaAc　　（B）HCl　　（C）$NH_3\cdot H_2O$　　（D）H_2O

【解】（1）（A、B）　（2）（C、D）

【分析】 此题考查弱酸或弱碱解离平衡的影响因素。体系中存在平衡 $HAc \rightleftharpoons H^+ + Ac^-$。加入 A、B，引起的是同离子效应，则 HAc 的解离平衡向左移动，使电离度 α 减小。加入 C，$NH_3\cdot H_2O$ 与 HAc 发生中和反应，$NH_3\cdot H_2O + HAc \rightleftharpoons NH_4^+ + Ac^- + H_2O$，使 HAc 的解离平衡右移，电离度 α 略微增大。加入 D，根据稀释定律，浓度 c 减小时电离度 α 将增大。

4. 缓冲溶液

（1）缓冲溶液的组成　常见 3 种类型：①弱酸及其对应的盐，例 HAc—NaAc，H_3PO_4—NaH_2PO_4，H_2CO_3—$NaHCO_3$；②弱碱及其对应的盐，例 NH_3—NH_4Cl；③多元弱酸的酸式盐及其对应的次级盐，例 $NaHCO_3$—Na_2CO_3、NaH_2PO_4—Na_2HPO_4。

一般规律：缓冲溶液组成中必有一抗酸组分和一抗碱组分，组成了一对共轭酸碱，两者之间存在平衡关系。

【例 3-1-5】 以下等浓度混合溶液中，哪些不是缓冲溶液？

（A）NaH_2PO_4—Na_2HPO_4　　（B）Na_2HPO_4—Na_3PO_4

（C）NaH_2PO_4—H_3PO_4　　（D）NaH_2PO_4—Na_3PO_4

【解】 答案为 D。

【分析】 选项 A、B、C 均可组成缓冲溶液，是因为各选项中两个组分互为共轭酸碱，它们之间存在解离平衡，通过平衡移动起到抵抗外加少量酸碱的目的。以选项 A 为例，在 NaH_2PO_4—Na_2HPO_4 溶液中存在如下解离平衡：

$$\underset{\text{（足量共轭酸）}}{H_2PO_4^-} \rightleftharpoons H^+ + \underset{\text{（足量共轭碱）}}{HPO_4^{2-}}$$

当外加少量强酸时，HPO_4^{2-} 就会与 H^+ 结合，使平衡向左移动，而保持体系中 H^+ 浓度变化很小；当外加少量强碱而消耗掉体系中部分 H^+ 时，平衡会向右移动，$H_2PO_4^-$ 将电离出更多的 H^+ 以补充消耗掉的 H^+，从而维持体系中 H^+ 浓度变化很小。选项 D 中，两溶液混合后，发生中和反应 $H_2PO_4^- + PO_4^{3-} \rightleftharpoons 2HPO_4^{2-}$，混合体系相当于 Na_2HPO_4 溶液，因而无缓冲作用。

（2）缓冲溶液的 pH 计算（表 3-1）

表 3-1　缓冲溶液的组成及计算公式

常见类型	表示形式	范例	计算公式
弱酸及共轭碱	$HA-A^-$	HAc—NaAc	$pH = pK_a^{\ominus} - \lg \frac{[HA]}{[A^-]}$
弱碱及共轭酸	$B-HB^+$	$NH_3 \cdot H_2O$—NH_4Cl	$pH = 14 - pK_b^{\ominus} + \lg \frac{[B]}{[HB^+]}$
多元弱酸的酸式盐及共轭碱	$HA^- - A^{2-}$	$NaHCO_3$—Na_2CO_3	$pH = pK_{a_i}^{\ominus} - \lg \frac{[HA^-]}{[A^{2-}]}$。对 $NaHCO_3$-Na_2CO_3 体系，$K_{a_i}^{\ominus}$ 为第二级解离常数

（详见“酸碱平衡常见计算”）

（3）缓冲溶液的缓冲范围

酸性缓冲溶液 $pH = pK_a^{\ominus} \pm 1$

碱性缓冲溶液 $pH = 14 - pK_b^{\ominus} \pm 1$（$pOH = pK_b^{\ominus} \pm 1$）

（4）缓冲溶液的缓冲能力

① 缓冲组分浓度较大时，缓冲能力强。

② 缓冲对组成接近 1∶1 时，缓冲能力强。

（5）缓冲溶液的配制：配制一定 pH 值的缓冲溶液时，首先要根据所需缓冲的 pH 范围是酸性还是碱性，选择酸性缓冲对或碱性缓冲对，选择的缓冲对中 $pK_a^{\ominus}$ 或 $14 - pK_b^{\ominus}$ 应尽可能地接近所要配制的 pH 值，然后再确定缓冲对的浓度比。

【例 3-1-6】 用 EDTA 配位滴定 Zn^{2+} 时，需保持溶液在 $pH = 10 \pm 0.1$ 范围内。参考以下解离常数，应选择何种缓冲对？

	HAc	HCO_3^-	H_2CO_3	H_2S	HS^-	H_2PO_4	HPO_4^{2-}	$NH_3 \cdot H_2O$
$pK_i^{\ominus}$	4.75	10.25	6.37	7.04	11.96	7.21	12.67	4.75

【解】 选择 NH_3—NH_4Cl 缓冲对。

【分析】 当缓冲溶液的缓冲对浓度比在（1∶10）～（10∶1）范围内变化时，该缓冲溶液具有缓冲能力。因此，欲配制 $pH = 10$ 的碱性缓冲溶液，应选择 $pK_a^{\ominus} = 10 \pm 1$ 的弱酸或 $pK_b^{\ominus} = 14 - 10 \pm 1$ 的弱碱组分，即弱酸的 $pK_a^{\ominus}$ 应在 9～11 之间或弱碱的 $pK_b^{\ominus}$ 应在 3～5 之间。据题意，HCO_3^-、NH_3 可满足以上条件。故待配缓冲溶液组成可分别用 $NaHCO_3$—Na_2CO_3 或 NH_3—NH_4Cl 混合溶液。但若使用 $NaHCO_3 - Na_2CO_3$ 缓冲溶液，Zn^{2+} 会与之反应，生成 $ZnCO_3$ 沉淀，使 EDTA 对 Zn^{2+} 的配位滴定难以进行。选择 $NH_3 - NH_4Cl$ 缓冲对后，溶液中形成 $Zn(NH_3)_4^{2+}$，用 EDTA 滴定不受影响，请读者分析其中的缘由。

5. 酸碱质子理论

（1）酸碱的定义：酸 $\rightleftharpoons H^+ +$ 碱

（2）酸碱的范围：
- 传统的分子酸碱 HAc、$NH_3 \cdot H_2O$ 等
- 正、负离子 NH_4^+、Ac^- 等
- 两性物质 H_2O、HPO_4^{2-}、HS^- 等

传统概念的盐也划归酸、碱范畴。

(3) 酸碱反应：凡是有质子传递过程的反应均划归酸碱反应范畴。包括：酸碱中和、弱酸弱碱的解离、水的解离、盐的水解等。

实质是两对共轭酸碱对争夺质子的过程，反应方向是较强的酸和碱生成较弱的酸和碱的方向。

(4) 酸碱的强弱

① 有 $K_a^{\ominus}K_b^{\ominus}=K_w^{\ominus}$，因而一种酸的酸性越强，其共轭碱的碱性越弱，反之亦然。

② 酸碱强弱与溶剂有关。通常仅在水溶液范畴划分酸、碱的强弱，但溶剂效应还涉及“拉平效应”和“区分效应”。详见“疑难问题解答”。

【例 3-1-7】 按酸碱共轭关系，HCO_3^- 的共轭碱是：

(A) CO_3^{2-}　(B) CO_2　(C) $C_2O_4^{2-}$　(D) H_2CO_3

【解】 答案为 A。

【分析】 此题考查共轭酸碱的概念。按酸碱质子理论，HCO_3^- 属于两性物质，既可作为酸，给出质子，解离平衡为 $HCO_3^- \rightleftharpoons H^+ + CO_3^{2-}$，此时，其共轭碱为 CO_3^{2-}。HCO_3^- 也可作为碱，接受质子，解离平衡为 $HCO_3^- + H^+ \rightleftharpoons H_2CO_3$，$H_2CO_3$ 是其共轭酸。故答案为 A。

【例 3-1-8】 现有下列浓度相同的各溶液：Na_2S、HCN、H_2S、NaAc，其溶液的 pH 值由小到大顺序为__________。[已知 $K_a^{\ominus}(HAc)=1.75\times10^{-5}$，$K_a^{\ominus}(HCN)=6.2\times10^{-10}$，$K_{a_1}^{\ominus}(H_2S)=9.1\times10^{-8}$，$K_{a_2}^{\ominus}(H_2S)=1.1\times10^{-12}$]

【解】 $H_2S<HCN<NaAc<Na_2S$

【分析】 此题考查弱电解质酸碱性的强弱。题中四种弱电解质可分为两组，弱酸 HCN 和 H_2S，弱碱 Na_2S 和 NaAc。据题意，弱酸 HCN、H_2S（二元弱酸取 $K_{a_1}^{\ominus}$）的解离常数分别为 6.2×10^{-10}、9.1×10^{-8}。因此，H_2S 溶液的 pH 值小于 HCN。弱碱 Na_2S、NaAc 的解离常数可由 $K_a^{\ominus}K_b^{\ominus}=K_w^{\ominus}$ 求得。对 Na_2S，其共轭酸 HS^- 的解离常数为 $K_{a_2}^{\ominus}(H_2S)=1.1\times10^{-12}$；对 NaAc，其共轭酸 HAc 的解离常数为 $K_a^{\ominus}(HAc)=1.75\times10^{-5}$。因此，两种碱的解离常数 $K_b^{\ominus}(Na_2S) > K_b^{\ominus}(NaAc)$，故 Na_2S 溶液的碱性高于 NaAc。所以，4 种溶液的 pH 值高低顺序为：$H_2S<HCN<NaAc<Na_2S$。

6. 盐的水解

(1) 各类盐溶液的酸碱性

① 强酸强碱盐（例 NaCl）不水解，中性。

② 强酸弱碱盐（例 NH_4Cl）水解，酸性。也可视作弱酸的解离。

③ 强碱弱酸盐（例 NaAc）水解，碱性。也可视作弱碱的解离。

④ 弱酸弱碱盐水解
- 弱酸强于弱碱（例 NH_4F），酸性。
- 弱碱强于弱酸（例 NH_4CN），碱性。
- 弱酸弱碱强度相当（例 NH_4Ac），中性。

用水解度 h 表示盐的水解程度。

* 两性物质的解离平衡及溶液酸碱性，详见“疑难问题解答”。

(2) 影响盐类水解的因素及应用

① 盐的本性：形成盐的酸（或碱）越弱，盐的水解度 h 越大。

② 盐的浓度：除弱酸弱碱外，盐溶液越稀，h 越大（类似稀释定律）。

③ 温度：盐的水解一般吸热 $\Delta H>0$，因此温度升高，水解度增大。

④ 溶液的 pH：控制溶液的酸碱性，可促进或抑制水解反应。

应用：实验室配制易水解的盐溶液时，要先用少量酸（或碱）溶解，以防止水解。

【例 3-1-9】 在混合溶液中，某弱酸 HX 与其共轭碱 X^- 的浓度相等，已知反应 $X^- + H_2O \rightleftharpoons HX + OH^-$ 的标准水解常数 $K_h^\ominus = 1.0 \times 10^{-10}$，则此溶液的 pH 值为：

(A) 10.0　　(B) 5.0　　(C) 4.0　　(D) 1.0

【解】 答案为 C。

【分析】 此题考查两点，一是缓冲溶液 pH 值计算，二是水解平衡常数与其共轭酸（碱）之间的关系。此混合溶液为 $HX-X^-$ 组成的缓冲溶液，组分浓度相等，则 $pH = pK_a^\ominus$。根据题意，$K_h^\ominus$ 已知，$K_h^\ominus = \dfrac{K_w^\ominus}{K_a^\ominus}$，求得 $K_a^\ominus = 1.0 \times 10^{-4}$，pH=4，故 C 为正确答案。

（二）酸碱平衡常见计算

1. 一元弱酸弱碱的解离平衡（包括盐的水解平衡）

$$c(H^+) \approx \sqrt{K_a^\ominus c_{酸}} \qquad c(OH^-) \approx \sqrt{K_b^\ominus c_{碱}} \qquad (需满足\ K_i^\ominus / c < 10^{-4})$$

【例 3-1-10】 计算 $0.10 mol \cdot dm^{-3}$ NaAc 溶液的 pH 值。[已知 $K_a^\ominus(HAc) = 1.8 \times 10^{-5}$]

【分析】 NaAc 是强电解质，在水溶液中全部解离。按照酸碱质子理论，Ac^- 是碱，其 $K_b^\ominus(Ac^-) = K_h^\ominus(NaAc) = \dfrac{K_w^\ominus}{K_a^\ominus(HAc)}$。故可按一元弱碱的解离平衡，求得 NaAc 溶液的 pH 值。此题也可用牛顿迭代法求解（参见“例 3-1-11”），请读者自行计算。

【解】 设平衡时，$[OH^-] = x$。

写出 Ac^- 解离平衡的列表。

	$Ac^- + H_2O \rightleftharpoons$	HAc	$+OH^-$
初始相对浓度	0.10	0	0
平衡相对浓度	$0.10-x$	x	x

写出平衡常数表达式，并代入相关数据。

$$K_b^\ominus(Ac^-) = K_h^\ominus(NaAc) = \frac{K_w^\ominus}{K_a^\ominus(HAc)} = \frac{1.0 \times 10^{-14}}{1.8 \times 10^{-5}} = 5.6 \times 10^{-10} = \frac{xx}{0.10 - x}$$

计算 $K_b^\ominus / c$ 值，判断采用近似公式 $c(OH^-) \approx \sqrt{K_b^\ominus c}$ 的合理性。

$$\frac{K_b^\ominus}{c} = \frac{5.6 \times 10^{-10}}{0.10} = 5.6 \times 10^{-9} < 10^{-4}$$

利用 $c(OH^-) \approx \sqrt{K_b^\ominus c}$ 进行计算。

$$x = \frac{c(OH^-)}{c^\ominus} \approx \frac{\sqrt{K_b^\ominus c}}{c^\ominus} = \sqrt{5.6 \times 10^{-10} \times 0.10} = 7.5 \times 10^{-6}$$

计算 NaAc 溶液的 pH 值。

$$pH = 14 - pOH = 14 + \lg x = 8.88$$

2. 多元弱酸弱碱的解离平衡（包括盐的水解平衡）

【例 3-1-11】 计算 $0.10 mol \cdot dm^{-3}$ $H_2C_2O_4$ 溶液中各离子浓度。（已知 $H_2C_2O_4$ 的 $K_{a_1}^\ominus = 5.9 \times 10^{-2}$，$K_{a_2}^\ominus = 6.4 \times 10^{-5}$）

【分析】 通常多元弱酸的 $K_{a_1}^\ominus \gg K_{a_2}^\ominus$，因此，对多元弱酸溶液中 $[H^+]$ 进行近似计算时，只需考虑第一级解离平衡，即按一元弱酸处理。至于能否使用一元弱酸近似公式，还需满足 $K_{a_1}^\ominus / c < 10^{-4}$，否则需求解一元二次方程。

【解】 **解法一**　一元二次方程法

设平衡时，$[H^+] = x$。

写出草酸 $H_2C_2O_4$ 解离平衡的列表。

$$H_2C_2O_4 + H_2O \rightleftharpoons H^+ + HC_2O_4^-$$

初始相对浓度	0.10	0	0
平衡相对浓度	$0.10-x$	x	x

写出平衡常数表达式，并代入相关数据。

$$K^{\ominus}_{a_1} = 5.9\times10^{-2} = \frac{xx}{0.10-x}$$

整理上式，有：

$$x^2 + 5.9\times10^{-2}x - 5.9\times10^{-3} = 0 \quad ①$$

计算 $K^{\ominus}_{a_1}/c$ 值，判断采用近似公式 $c(H^+)\approx\sqrt{K^{\ominus}_{a_1}c}$ 的合理性。

$$\frac{K^{\ominus}_{a_1}}{c} = \frac{5.9\times10^{-2}}{0.10} = 5.9\times10^{-3} > 10^{-4}$$

利用一元二次方程求根公式求解方程①。

$$x = \frac{-K^{\ominus}_{a_1} + \sqrt{(K^{\ominus}_{a_1})^2 + 4K^{\ominus}_{a_1}c}}{2} = \frac{-0.059 + \sqrt{0.059^2 + 4\times0.059\times0.1}}{2} = 0.053$$

故$[HC_2O_4^-]=[H^+]=0.053$。$[C_2O_4^{2-}]\approx K^{\ominus}_{a_2}=6.4\times10^{-5}$（解题过程略）

解法二 牛顿迭代法

在解法一中，求解一元二次方程需进行平方根的计算，较为烦琐。现按牛顿迭代法（又称牛顿近似法）计算。

设平衡时，$[H^+]=x$。

写出草酸 $H_2C_2O_4$ 解离平衡的列表。

$$H_2C_2O_4 + H_2O \rightleftharpoons H^+ + HC_2O_4^-$$

初始相对浓度	0.10	0	0
平衡相对浓度	$0.10-x$	x	x

写出平衡常数表达式，并代入相关数据。

$$K^{\ominus}_{a_1} = 5.9\times10^{-2} = \frac{xx}{0.10-x} \quad ②$$

令 $0.10-x=0.10$ 代入②式，进行近似计算。计算结果取 2 位有效数字。

$$x^2 = K^{\ominus}_{a_1}c$$

$$即\ x = \sqrt{K^{\ominus}_{a_1}c} \quad ③$$

$$x = \sqrt{5.9\times10^{-2}\times0.10} = 0.077$$

由计算结果可知，平衡时 $H_2C_2O_4$ 浓度为 $0.10-0.077=0.023$，比 0.10 更接近真实值，故令 $c_1=0.10-x=0.023$，代入③式，进行第一次迭代计算。

$$x_1 = \sqrt{K^{\ominus}_{a_1}c_1} = \sqrt{5.9\times10^{-2}\times0.023} = 0.037\text{（下标“1”代表迭代 1 次）}$$

令 $c_2=0.10-x_1=0.10-0.037=0.063$，代入③式，进行第二次迭代计算。

$$x_2 = \sqrt{K^{\ominus}_{a_1}c_2} = \sqrt{5.9\times10^{-2}\times0.063} = 0.061$$

令 $c_3=0.10-x_2=0.10-0.061=0.039$，代入③式，进行第三次迭代计算。

$$x_3 = \sqrt{K^{\ominus}_{a_1}c_3} = \sqrt{5.9\times10^{-2}\times0.039} = 0.048$$

令 $c_4=0.10-x_3=0.10-0.048=0.052$，代入③式，进行第四次迭代计算。

$$x_4 = \sqrt{K^{\ominus}_{a_1}c_4} = \sqrt{5.9\times10^{-2}\times0.052} = 0.055$$

令 $c_5=0.10-x_4=0.10-0.055=0.045$，代入③式，进行第五次迭代计算。

$$x_5=\sqrt{K^{\ominus}_{a_1}c_5}=\sqrt{5.9\times10^{-2}\times0.045}=0.052$$

令 $c_6=0.10-x_5=0.10-0.052=0.048$，代入③式，进行第六次迭代计算。

$$x_6=\sqrt{K^{\ominus}_{a_1}c_6}=\sqrt{5.9\times10^{-2}\times0.048}=0.053$$

令 $c_7=0.10-x_6=0.10-0.053=0.047$，代入式③，进行第七次迭代计算。

$$x_7=\sqrt{K^{\ominus}_{a_1}c_7}=\sqrt{5.9\times10^{-2}\times0.047}=0.053$$

经过 7 次迭代后，发现 $x_6=x_7=0.053$，表明 x 已收敛，故 $[H^+]$ 精确值为 0.053。所以，$[HC_2O_4^-]=[H^+]=0.053$。$[C_2O_4^{2-}]\approx K^{\ominus}_{a_2}=6.4\times10^{-5}$

3. 缓冲溶液的相关计算

【例 3-1-12】 用 $1.0mol\cdot dm^{-3}$ 的 $NH_3\cdot H_2O$ 0.20 dm^3，配制 pH=9.36 的 $NH_3\cdot H_2O$-$(NH_4)_2SO_4$ 缓冲溶液，需加入固体 $(NH_4)_2SO_4$ 多少克？[已知 $(NH_4)_2SO_4$ 摩尔质量为 $132g\cdot mol^{-1}$，$pK^{\ominus}_b(NH_3\cdot H_2O)=4.74$，假设加入 $(NH_4)_2SO_4$ 后溶液体积不变]

【分析】 配制缓冲溶液时，首先确定其中的共轭酸碱对，再根据缓冲溶液 pH 计算公式，计算其组分浓度比，从而求得待加入 $(NH_4)_2SO_4$ 的摩尔数及质量。值得注意的是，$(NH_4)_2SO_4$ 的浓度与其中 NH_4^+ 浓度是 1∶2 的关系。

【解】 写出该缓冲溶液的平衡方程式，确定其中共轭酸碱对是 $NH_3\cdot H_2O$ 和 NH_4^+。

$$NH_3\cdot H_2O \rightleftharpoons NH_4^+ + OH^-$$

列出缓冲溶液的 pH 值计算公式，代入相关数据。

$$pH=14-pK^{\ominus}_b+\lg\frac{[NH_3\cdot H_2O]}{[NH_4^+]}，即\ 9.36=14-4.74+\lg\frac{[NH_3\cdot H_2O]}{[NH_4^+]}$$

解得 $NH_3\cdot H_2O$ 与 NH_4^+ 的相对浓度比。

$$\lg\frac{[NH_3\cdot H_2O]}{[NH_4^+]}=9.36-9.26=0.10，得\frac{[NH_3\cdot H_2O]}{[NH_4^+]}=10^{0.10}=1.26$$

假设 $(NH_4)_2SO_4$ 加入后溶液体积不变。据题意，$[NH_3\cdot H_2O]=1.0$，代入上式，得

$$[NH_4^+]=0.79。$$

计算待加入 $(NH_4)_2SO_4$ 的质量。

$$m_{(NH_4)_2SO_4}=\frac{1}{2}c_{NH_4^+}VM_{(NH_4)_2SO_4}=\frac{1}{2}\times0.79mol\cdot dm^{-3}\times0.20dm^3\times132g\cdot mol^{-1}=10.4g$$

因此，称取 10.4g $(NH_4)_2SO_4$，溶入 $0.20dm^3$ 浓度为 $1.0mol\cdot dm^{-3}$ 的 NH_3 水中，即可配制成 pH=9.36 的氨性缓冲溶液。

【例 3-1-13】 若在 $50.0cm^3$ $NH_3\cdot H_2O$-NH_4Cl 缓冲溶液（$NH_3\cdot H_2O$、NH_4Cl 浓度均为 $0.10mol\cdot dm^{-3}$）中加入 $1.0cm^3$ 浓度为 $0.10mol\cdot dm^{-3}$ 的 HCl，求溶液 pH 值变化。

【分析】 不同溶液混合后，首先假定其未反应，先计算混合溶液中各组分浓度。再根据方程式，确定反应后各组分浓度，并代入缓冲溶液计算公式或根据缓冲体系的解离平衡计算。

【解】

加入 $1.0cm^3$ HCl 溶液后，可认为溶液体积为 $51.0cm^3$。计算各组分在混合溶液中未反应前的浓度。

$$c_{HCl}=\frac{0.10\times1.0}{51.0}=0.0020mol\cdot dm^{-3}$$

$$c_{NH_3}=c_{NH_4^+}=\frac{0.10\times50.0}{51.0}=0.098mol\cdot dm^{-3}$$

HCl 为强电解质，进入缓冲溶液后，解离产生的 H^+ 与缓冲溶液中的 $NH_3\cdot H_2O$ 反应生成

NH_4^+。结果使 $c_{NH_3 \cdot H_2O}$ 降低，$c_{NH_4^+}$ 升高。按反应方程式计算与 HCl 作用后的 $c_{NH_3 \cdot H_2O}$ 和 $c_{NH_4^+}$。

$c_{NH_3 \cdot H_2O}=0.098-0.0020=0.096 mol \cdot dm^{-3}$，$c_{NH_4^+}=0.098+0.0020=0.10 mol \cdot dm^{-3}$。

代入缓冲溶液 pH 计算公式，得

$$pH=14-pK_b^\ominus+\lg\frac{[NH_3 \cdot H_2O]}{[NH_4^+]}=14-4.74+\lg\frac{0.096}{0.10}=9.24$$

利用缓冲溶液 pH 值计算公式，计算未加入 HCl 前缓冲溶液的 pH 值。

$$pH=14-pK_b^\ominus+\lg\frac{[NH_3 \cdot H_2O]}{[NH_4^+]}=14-4.74=9.26$$

对比加入 HCl 前后 NH_3—NH_4Cl 缓冲溶液 pH 值的变化。

$\Delta pH=9.26-9.24=0.02$。故 pH 值只改变了 0.02。

计算结果充分说明了缓冲溶液的性质。

三、重点、难点解析及综合例题分析

（一）酸碱平衡的重点及难点涉及酸碱平衡与沉淀溶解平衡的多重平衡体系

详见本章第二节“沉淀溶解平衡”。

（二）计算饱和 H_2S 水溶液体系中各组分浓度

请读者细细体会以下两个例题的解题理念的异同。

【例 3-1-14】 计算室温下饱和 H_2S 水溶液中各离子浓度。

【例 3-1-15】 向浓度为 $0.30 mol \cdot dm^{-3}$ 的 HCl 溶液中，通入 H_2S 达饱和，求此溶液的 pH 及 S^{2-} 浓度。

【分析】 二元弱酸 H_2S 体系，是一个多重平衡体系。若忽略水的解离平衡，则存在以下两个分步解离平衡：

$$H_2S \rightleftharpoons H^+ + HS^- \quad K_{a_1}^\ominus=\frac{[H^+][HS^-]}{[H_2S]} \qquad ①$$

$$HS^- \rightleftharpoons H^+ + S^{2-} \quad K_{a_2}^\ominus=\frac{[H^+][S^{2-}]}{[HS^-]} \qquad ②$$

总解离平衡关系式：

$$H_2S \rightleftharpoons 2H^+ + S^{2-} \quad K_a^\ominus=K_{a_1}^\ominus K_{a_2}^\ominus=\frac{[H^+]^2[S^{2-}]}{[H_2S]} \qquad ③$$

式①、②、③同时成立，所以既可以采用分步平衡计算，也可以用总解离方程式计算。问题的关键在于采用总解离平衡式 $K_a^\ominus=\frac{[H^+]^2[S^{2-}]}{[H_2S]}$ 计算时，若 $[H^+]$ 与 $[S^{2-}]$ 都未知，则无法计算。例 3-1-14 与例 3-1-15 的区别在于例 3-1-14 是一个单纯的 H_2S 体系，尽管总解离平衡式成立，但 H_2S 的解离平衡是分二步进行的，而且 $K_{a_1}^\ominus \gg K_{a_2}^\ominus$，而溶液中 $[H^+]$ 主要取决于第一步解离，$[S^{2-}]$ 则由第二步解离决定，故 $[H^+] \neq 2[S^{2-}]$，所以 $[H^+]$、$[S^{2-}]$ 都是未知浓度，只能采用分步计算法。而例 3-1-15 中，由于有外加强酸，按同离子效应，外加 H^+ 抑制了 H_2S 的解离，所以 H_2S 自身解离出的 $[H^+]$ 可忽略不计，体系中 $[H^+]$ 浓度取决于外加 HCl 中 $[H^+]$，因此 $[H^+]=0.30$，可直接通过总解离平衡方程式求得 $[S^{2-}]$。

【例 3-1-14】

【解】 设 H_2S 第一级解离产生的 $[H^+]=x$，第二级解离产生的 $[H^+]=y$。

写出 H_2S 各级解离平衡的平衡列表。

	$H_2S \rightleftharpoons$	H^+ +	HS^-	$K_{a_1}^\ominus$
初始相对浓度	0.10	0	0	
平衡相对浓度	$0.10-x$	$x+y$	$x-y$	

$$HS^- \rightleftharpoons H^+ + S^{2-} \qquad K_{a_2}^{\ominus}$$

初始相对浓度	x	x	0
平衡相对浓度	$x-y$	$x+y$	y

写出平衡常数表达式，并代入相关数据。

$$K_{a_1}^{\ominus}=\frac{[H^+][HS^-]}{[H_2S]}=\frac{(x+y)(x-y)}{0.10-x}$$

$$K_{a_2}^{\ominus}=\frac{[H^+][S^{2-}]}{[HS^-]}=\frac{(x+y)y}{x-y}$$

由于 $K_{a_1}^{\ominus}$ 很小，$x \ll 0.10$。由于 $K_{a_2}^{\ominus} \ll K_{a_1}^{\ominus}$，$y \ll x$。简化上式，有：

$$K_{a_1}^{\ominus}=\frac{xx}{0.10-x}$$

$$K_{a_2}^{\ominus}=\frac{(x+y)y}{x-y}=\frac{xy}{x}=y$$

代入数据，求解 x，y。

$$x=9.5\times10^{-5}，y=1.1\times10^{-12}$$

计算溶液中各离子浓度。

$$c(H^+)=x+y=9.5\times10^{-5}\,mol\cdot dm^{-3}$$

$$c(HS^-)=x-y=9.5\times10^{-5}\,mol\cdot dm^{-3}$$

$$c(S^{2-})=y=1.1\times10^{-12}\,mol\cdot dm^{-3}$$

$$c(OH^-)=\frac{K_w^{\ominus}}{c(H^+)}=1.1\times10^{-10}\,mol\cdot dm^{-3}$$

【例 3-1-15】

【解】 设 H_2S 自解离产生 $[S^{2-}]=x$。忽略 HCl 的浓度变化，$[H^+]=0.30$。

写出 H_2S 总解离平衡的平衡列表。

$$H_2S \rightleftharpoons 2H^+ + S^{2-}$$

初始相对浓度	0.10	0.30	0
平衡相对浓度	约 0.10	约 0.30	x

将各组分平衡浓度代入 H_2S 总解离平衡表达式中。

$$K^{\ominus}=K_{a_1}^{\ominus}K_{a_2}^{\ominus}=\frac{[H^+]^2[S^{2-}]}{[H_2S]}=9.1\times10^{-8}\times1.1\times10^{-12}=\frac{0.30^2x}{0.10}$$

解得 $x=1.12\times10^{-19}$，即 $c(S^{2-})=1.12\times10^{-19}\,mol\cdot dm^{-3}$

$$pH=-\lg 0.30=0.52$$

(三) 缓冲溶液的计算

【例 3-1-16】 硼砂溶于水，发生如下反应：

$$Na_2B_4O_7\cdot10H_2O(s) = 2Na^+ + 2B(OH)_3 + 2B(OH)_4^- + 3H_2O$$

水溶液中，硼酸的解离平衡为：

$$B(OH)_3 + H_2O \rightleftharpoons B(OH)_4^- + H^+$$

计算 $0.050mol\cdot dm^{-3}$ 硼砂溶液的 pH 值。已知 $K_a^{\ominus}(H_3BO_3)=5.8\times10^{-10}$。

【分析】 尽管硼砂是一种化合物，但硼砂溶液由一对共轭酸碱 $B(OH)_3$—$B(OH)_4^-$ 组成，其 pH 值可利用缓冲溶液 pH 计算公式求得。请读者注意，硼酸为一元弱酸。

【解】 设 $[H^+]=x$。

写出硼砂缓冲溶液的解离平衡列表。

$$B(OH)_3 + H_2O \rightleftharpoons B(OH)_4^- + H^+$$

初始相对浓度	0.10	0.10	0
平衡相对浓度	0.10－x	0.10＋x	x

将各组分的相对平衡浓度代入缓冲溶液 pH 计算公式，得

$$pH = pK_a^{\ominus} - \lg\frac{[B(OH)_3]}{[B(OH)_4^-]} = -\lg(5.8\times10^{-10}) - \lg\frac{0.10}{0.10} = 9.24$$

故硼砂缓冲溶液的 pH 值为 9.24。

四、疑难问题解答

1. 问：计算弱酸或弱碱溶液 pH 值时，是否均可用 $[H^+]=\sqrt{K_a^{\ominus}\times[酸]}$ 或 $[OH^-]=\sqrt{K_b^{\ominus}\times[碱]}$ 来计算？上述公式适用于什么条件？

答：以一元弱酸 HA 为例，只有当 $K_a^{\ominus}/[HA] < 10^{-4}$ 时，才可用 $[H^+]=\sqrt{K_a^{\ominus}\times[HA]}$ 进行近似计算。有两种情况不能用此公式近似计算。一是酸的浓度极稀（参见“例 3-1-18”）；二是弱酸的 $K_a^{\ominus}$ 较大（例如草酸 $H_2C_2O_4$，参见“例 3-1-11”）。具体分析如下：

弱酸 HA 的水溶液中存在如下两个解离平衡：

$$HA \rightleftharpoons H^+ + A^-$$
$$H_2O \rightleftharpoons H^+ + OH^-$$

设 HA 解离出的 $[H^+]=x$，H_2O 解离出的 $[H^+]=y$。列出解离平衡列表。

	$HA \rightleftharpoons$	H^+	$+A^-$	$H_2O \rightleftharpoons$	H^+	$+OH^-$
平衡相对浓度	$[HA]-x$	$x+y$	x		$x+y$	y

将各离子平衡浓度代入 HA 平衡常数表达式和 H_2O 自解离平衡常数表达式，有：

$$K_a^{\ominus} = \frac{(x+y)x}{[HA]-x} \quad ①$$

$$K_w^{\ominus} = (x+y)y \quad ②$$

在纯水中，由 H_2O 解离出的 H^+ 和 OH^- 浓度相当，$[H^+]=[OH^-]=10^{-7}$；但在酸性溶液中，H_2O 的解离平衡受到抑制（同离子效应），此时水溶液中 $[OH^-]$ 远远小于 $[H^+]$，即 $y \ll x$。

$$则①式为\ K_a^{\ominus} = \frac{xx}{[HA]-x} \quad ③$$

而若 HA 的 $K_a^{\ominus}$ 较小，则 $x \ll [HA]$，③式可近似为 $K_a^{\ominus}=\frac{x^2}{[HA]}$

故 $[H^+]=\sqrt{K_a^{\ominus}\times[HA]}$ 成立。以下通过两个例题计算说明。

【例 3-1-17】 求 0.10mol·dm^{-3} 氯乙酸的 pH 值。(已知氯乙酸的 $K_a^{\ominus}=1.4\times10^{-3}$)

【分析】 氯乙酸的分子式为 $ClCH_2COOH$，计算时可用通式 HA 代替，根据题意可知，氯乙酸是一元弱酸。

由于氯乙酸 $K_a^{\ominus}$ 相对较大，$K_a^{\ominus}/[HA]=1.4\times10^{-4}$ 与 10^{-4} 相当，解离出的 $[H^+]$ 较大，如果直接用近似公式 $[H^+]=\sqrt{K_a^{\ominus}\times[HA]}$ 计算，计算结果为 $[H^+]=1.18\times10^{-2}$，其 pH 值为 1.93。若精确计算，计算过程如下，读者可将两者的结果作一对照。

【解】 设氯乙酸解离出的 $[H^+]=x$。

写出 $ClCH_2COOH$ 的解离平衡列表。

	$HA \rightleftharpoons$	H^+	$+A^-$
初始相对浓度	0.10	0	0
平衡相对浓度	0.10－x	x	x

将平衡浓度代入平衡常数表达式，得：

$$K_a^\ominus=\frac{x^2}{0.10-x}=1.4\times10^{-3}$$

整理上式，有：

$$x^2+K_a^\ominus x-0.10K_a^\ominus=0$$

解法一 公式法 求解一元二次方程，计算 [H^+]。

$$x=\frac{-K_a^\ominus+\sqrt{(K_a^\ominus)^2+4\times0.10\times K_a^\ominus}}{2}=\frac{-0.0014+\sqrt{0.0014^2+4\times0.10\times0.0014}}{2}$$

$$x=1.1\times10^{-2}$$

将 [H^+] 换算为 pH 值。

$$pH=-\lg1.1\times10^{-2}=1.96$$

解法二 直接采用近似计算公式 [H^+]$=\sqrt{K_a^\ominus\times[HA]}$，再利用“牛顿迭代法”计算。首先取 [HA]=0.10。[H^+] 的计算值取 3 位有效数字进行第一次计算。

$$x_1=\sqrt{K_a^\ominus\times[HA]}=\sqrt{1.4\times10^{-3}\times0.10}=1.18\times10^{-2}$$

取 [HA]=0.10−0.0118=0.0882，进行第二次迭代，求出 x_2。

$$x_2=\sqrt{K_a^\ominus\times[HA]}=\sqrt{1.4\times10^{-3}\times0.0882}=1.11\times10^{-2}$$

取 [HA]=0.10−0.0111=0.0889，进行第三次迭代，求出 x_3。

$$x_3=\sqrt{K_a^\ominus\times[HA]}=\sqrt{1.4\times10^{-3}\times0.0889}=1.11\times10^{-2}$$

因 x_3 与 x_2 数值一致，表明 [H^+] 值已收敛，其值为方程的精确解。

[H^+]$=1.11\times10^{-2}$。故 pH=1.96。

【例 3-1-18】 计算 1.0×10^{-4} mol·dm^{-3} HAc 溶液的 [H^+] 及 α。[已知 $K_a^\ominus$(HAc)$=1.8\times10^{-5}$]

【分析】 尽管 HAc 的 $K_a^\ominus$ 较小，但由于 HAc 浓度极稀，电离度较大，$K_a^\ominus$/[HAc]$=0.18\gg1.0\times10^{-4}$，因而不可直接用近似公式简化计算，可采用求解一元二次方程法或牛顿迭代法。

【解】 具体计算过程可参照“例 3-1-17”（此处略）。

计算结果为 [H^+]$=3.4\times10^{-5}$，$\alpha=34\%$。若直接用近似公式，计算结果为 [H^+]$=4.2\times10^{-5}$，$\alpha=42\%$，误差高达 23.5%。

2. 问：怎样衡量缓冲溶液缓冲能力的大小？在外加少量酸或碱时缓冲溶液的 pH 值基本保持不变，如何理解“少量”？

答：缓冲溶液具有对外加少量酸碱的缓冲能力，但具有一定限度。超过这个限度，缓冲溶液将失去缓冲能力。缓冲能力可以用缓冲容量 β 来衡量。缓冲容量 β 定义为：使缓冲溶液 pH 改变 1.0 所需强酸或强碱的量。显然，β 越大，溶液的缓冲能力越强。

根据数学推导可以得出：缓冲溶液总组分浓度越大，其缓冲容量越大；当缓冲组分比为 1∶1 时，有最大的缓冲容量。

当外加酸或碱使缓冲溶液的 pH 值改变一个单位时，以 HA−A^- 型缓冲溶液为例，$pH=pK_a^\ominus-\lg\frac{[HA]}{[A^-]}$。若缓冲剂组分为 1∶1 时，$pH=pK_a^\ominus$。当 pH 改变一个单位时，$pH=pK_a^\ominus\pm1$，即 $\lg\frac{[HA]}{[A^-]}=1$ 或 $\lg\frac{[HA]}{[A^-]}=-1$，则 $\frac{[HA]}{[A^-]}=10:1$ 或 $1:10$。换言之，当外加少量的酸或碱使缓冲溶液中组分比介于 (1∶10)～(10∶1) 之间时，缓冲溶液仍具有缓

冲作用。

3. 问：为何水溶液中 HNO_3、H_2SO_4、$HClO_4$、HCl 均为强酸，而以 HAc 为溶剂时这 4 种酸的酸性显示出差异？为何 HCl 和 HAc 在液氨中均为强酸，而以水为溶剂时前者为强酸，后者为弱酸？

答：酸碱在不同的溶剂中表现出不同的酸碱性。分为溶剂的拉平效应和区分效应。

酸碱的强弱可以依据其解离常数的大小加以衡量。但以水为溶剂时，固有酸度本来不可能完全一样的强酸（如 HCl、HNO_3、H_2SO_4、$HClO_4$）都完全解离，全部转化为强酸 H_3O^+。例：

$$HClO_4 + H_2O \longrightarrow ClO_4^- + H_3O^+ \quad K^\ominus(HClO_4)$$
$$HNO_3 + H_2O \longrightarrow NO_3^- + H_3O^+ \quad K^\ominus(HNO_3)$$

此时，$HClO_4$、HNO_3 等强酸中的质子以同等程度转移至水分子，形成 H_3O^+，溶液中只有同一种强酸 H_3O^+。所以，水分子将上述强酸之间固有的酸性差别都扯平了，这些强酸的解离常数完全一样，都接近于无穷大。这就是溶剂的拉平效应。同理，在液氨溶剂中，HCl 与 HAc 酸性的差别也消失了，这是液氨的拉平效应。

而将上述强酸置于比 H_2O 更难于接受质子的溶剂 HAc 中，这 4 种酸就显示出差别。

	$K_a^\ominus$
$HClO_4 + HAc \rightleftharpoons ClO_4^- + H_2Ac^+$	$10^{-5.8}$
$H_2SO_4 + HAc \rightleftharpoons HSO_4^- + H_2Ac^+$	$10^{-8.2}$
$HCl + HAc \rightleftharpoons Cl^- + H_2Ac^+$	$10^{-9.4}$
$HNO_3 + HAc \rightleftharpoons NO_3^- + H_2Ac^+$	$10^{-8.8}$

HAc 就成为这 4 种酸的区分溶剂。这种与拉平效应相反的，能将不同强度的酸（或碱）予以区分的效应，称为区分效应。同理，水是 HCl 和 HAc 的区分溶剂。

4. 问：如何理解"酸碱质子理论中，酸越强，其对应的共轭碱碱性越弱，且 $K_a^\ominus K_b^\ominus = K_w^\ominus$"？

答：按酸碱质子理论，弱酸　$HA \rightleftharpoons A^- + H^+$

$$K_a^\ominus = \frac{[A^-][H^+]}{[HA]} \qquad ①$$

其共轭碱的电离为　$A^- + H_2O \rightleftharpoons HA + OH^-$

$$K_b^\ominus = \frac{[HA][OH^-]}{[A^-]} \qquad ②$$

①、②两式相乘，得 $K_a^\ominus K_b^\ominus = \dfrac{[A^-][H^+]}{[HA]} \times \dfrac{[HA][OH^-]}{[A^-]} = [H^+][OH^-] = K_w^\ominus$

即 $K_a^\ominus$ 与 $K_b^\ominus$ 成反比关系。因此，一对共轭酸碱的强度互成反比。

5. 问：如何判断酸式盐（如 $NaHCO_3$、NaH_2PO_4、Na_2HPO_4 等）的酸碱性？

答：HCO_3^- 是两性物质，在溶液中存在如下平衡：

解离平衡为　$HCO_3^- \rightleftharpoons H^+ + CO_3^{2-}$　　$K_{a_2}^\ominus(H_2CO_3) = 4.7 \times 10^{-11}$

水解平衡为　$HCO_3^- + H_2O \rightleftharpoons OH^- + H_2CO_3$

$$K_h^\ominus(HCO_3^-) = \frac{K_w^\ominus}{K_{a_1}^\ominus(H_2CO_3)} = \frac{1.0 \times 10^{-14}}{4.2 \times 10^{-7}} = 2.38 \times 10^{-8}$$

$NaHCO_3$ 溶液显酸性还是碱性，取决于解离平衡与水解平衡的平衡常数的相对大小。由以上计算可知，$K_h^\ominus(HCO_3^-) > K_{a_2}^\ominus(H_2CO_3)$，因此 $NaHCO_3$ 溶液以水解为主，溶液显碱性。

同理，其他酸式盐的酸碱性也体现了解离与水解的竞争，看哪一种倾向占优势。对

Na_2HPO_4 而言，水解大于解离，故溶液显弱碱性。对 NaH_2PO_4 而言，解离大于水解，故溶液显弱酸性。请读者自行分析并比较这两种倾向的 $K^{\ominus}$ 大小。$NaHCO_3$ 溶液的 pH 值计算可使用近似公式 $[H^+]=\sqrt{K_{a_1}^{\ominus}K_{a_2}^{\ominus}}$。其他酸式盐的 pH 值计算，请读者查阅相关无机化学教材。

6. 问：人体正常血液的 pH 值为何能稳定在 pH＝7.40±0.05 范围内？

答：人体正常血液的 pH 值为 7.35～7.45。人体通过完善的调节机制，将体液中 H^+ 的浓度恒定在一定范围内，称为人体内的酸碱平衡。人体内调节 H^+ 浓度的三大系统为血液缓冲系统；肺对 H^+ 排出的调节系统；肾对 H^+ 排出的调节系统。其中血液的主要缓冲系统有：①血浆中的 H_2CO_3—$NaHCO_3$、NaH_2PO_4—Na_2HPO_4 缓冲系统。②红细胞中 HHb—KHb（血红蛋白缓冲系统）和 $HHbO_2$—$KHbO_2$（氧合血红蛋白缓冲系统）。其中 H_2CO_3—$NaHCO_3$ 缓冲体系是血液缓冲系统中最为重要的，存在如下平衡：

$$CO_2(\text{溶解})+H_2O \rightleftharpoons H_2CO_3 \rightleftharpoons H^+ + HCO_3^-$$

其中，HCO_3^- 是抗酸组分，H_2CO_3 是抗碱组分。通过此系统能缓冲人体代谢所产生的酸、碱或大量饮水所造成体液的稀释状态，使血液 pH 值得以维持在上述正常范围内。

7. 问：弱酸、弱碱的解离平衡常数 $K_i^{\ominus}$ 与电离度 α 都可衡量弱电解质的解离程度，两者有什么区别和联系？

答：尽管 $K_i^{\ominus}$ 与 α 均可衡量弱电解质的解离程度，但 $K_i^{\ominus}$ 不受浓度影响，一定温度下视为常数；而 α 是转化率的一种形式，与浓度有关，通常浓度越稀，α 越大。但对于相同浓度的不同弱电解质，则 $K_i^{\ominus}$ 越大，α 越大。

第二节　沉淀溶解平衡

一、基本要求

（1）理解沉淀溶解平衡的特点。

（2）掌握溶度积规则，溶度积常数 $K_{sp}^{\ominus}$ 与溶解度 S 之间的关系。

（3）理解沉淀溶解平衡的同离子效应。

（4）运用溶度积规则判断沉淀的生成、溶解及分步沉淀等，掌握有关沉淀溶解平衡的移动及相关计算，掌握使沉淀溶解和转化的方法。

二、内容精要及基本例题分析

（一）基本概念

1. 溶度积常数及溶度积规则

一定温度下，难溶强电解质 A_mB_n 在水中存在如下沉淀溶解平衡

$$A_mB_n(s) \rightleftharpoons mA^{n+}(aq)+nB^{m-}(aq)$$

其标准平衡常数用 $K_{sp}^{\ominus}(A_mB_n)$ 表示，即 $K_{sp}^{\ominus}(A_mB_n)=\left(\frac{c_{A^{n+}}}{c^{\ominus}}\right)^m\left(\frac{c_{B^{m-}}}{c^{\ominus}}\right)^n=[A^{n+}]^m[B^{m-}]^n$。溶度积规则可判断难溶强电解质在水溶液中是以沉淀形式还是以溶解状态存在。

若 $Q=[A^{n+}]^m[B^{m-}]^n>K_{sp}^{\ominus}$，过饱和溶液，有沉淀析出至溶液饱和为止；

若 $Q=[A^{n+}]^m[B^{m-}]^n=K_{sp}^{\ominus}$，饱和溶液，沉淀溶解达到平衡；

若 $Q=[A^{n+}]^m[B^{m-}]^n<K_{sp}^{\ominus}$，不饱和溶液，若有沉淀则沉淀溶解至饱和溶液为止。

式中，Q 称为离子积。

2. $K_{sp}^{\ominus}$ 与 S 之间的关系

(1) $K_{sp}^{\ominus}$ 的大小反映了该难溶强电解质在水中溶解的程度，它与溶解度 S 密切相关，两者可相互换算。溶解度 S 常用物质的量浓度（$mol \cdot dm^{-3}$）表示，指在指定温度下某物质溶于一定量水中所形成饱和溶液的浓度。

(2) 对相同类型难溶强电解质（即 A_mB_n 中 m、n 均相同），可直接根据 $K_{sp}^{\ominus}$ 大小比较溶解度，即 $K_{sp}^{\ominus}$ 越小，S 越小；而对不同类型难溶强电解质，需进行换算。

S 与 $K_{sp}^{\ominus}$ 换算：(1) AB 型 $K_{sp}^{\ominus}=\left(\frac{S}{c^{\ominus}}\right)^2$

(2) AB_2 型或 A_2B 型 $K_{sp}^{\ominus}=4\left(\frac{S}{c^{\ominus}}\right)^3$

⋮

【例 3-2-1】 AgSCN 与 Ag_2CrO_4 的 $K_{sp}^{\ominus}$ 几乎相等（约 1.0×10^{-12}），它们的溶解度 S 之间的大小满足：

(A) $S_{AgSCN}=S_{Ag_2CrO_4}$ (B) $S_{AgSCN}>S_{Ag_2CrO_4}$
(C) $S_{AgSCN}<S_{Ag_2CrO_4}$ (D) $2S_{AgSCN}=S_{Ag_2CrO_4}$

【解】 答案为 C。

【分析】 此题考查溶度积常数与溶解度之间的关系。AgSCN 属 AB 型难溶强电解质，其溶解度 S_1 可用 $c_{A^{n+}}$ 或 $c_{B^{n-}}$ 表示，因 $S_1=c_{A^{n+}}=c_{B^{n-}}$，有 $K_{sp}^{\ominus}(AgSCN)=\left(\frac{S_1}{c^{\ominus}}\right)^2$ 或 $S_1=c^{\ominus}\sqrt{K_{sp}^{\ominus}(AgSCN)}$。$Ag_2CrO_4$ 属 A_2B 型难溶强电解质，其溶解度 $S_2=c_{B^{2-}}=\frac{1}{2}c_{A^+}$，有 $K_{sp}^{\ominus}(Ag_2CrO_4)=(c_{A^+})^2c_{B^{2-}}=\left(\frac{2S_2}{c^{\ominus}}\right)^2\left(\frac{S_2}{c^{\ominus}}\right)=4\left(\frac{S_2}{c^{\ominus}}\right)^3$ 或 $S_2=c^{\ominus}\sqrt[3]{K_{sp}^{\ominus}(Ag_2CrO_4)/4}$。又因为 $K_{sp}^{\ominus}(AgSCN)=K_{sp}^{\ominus}(Ag_2CrO_4)$，且 $K_{sp}^{\ominus}$ 都是小于 1 的数，所以 $S_1<S_2$，故选项 C 为正确答案。

3. 沉淀溶解平衡的移动

(1) 同离子效应 在难溶强电解质饱和溶液中，加入与其具有相同离子的强电解质，则沉淀溶解平衡将向沉淀方向移动，会有更多的沉淀生成。

【例 3-2-2】 判断对错（ ）：在含有固体 Ag_2CrO_4 的饱和溶液中加入 K_2CrO_4，则溶液中沉淀的量增加。

【解】 判断（√）

【分析】 在含有固体 Ag_2CrO_4 的饱和溶液中存在如下平衡：

$$Ag_2CrO_4(s) \rightleftharpoons 2Ag^+(aq)+CrO_4^{2-}(aq)$$

若在平衡体系中加入 CrO_4^{2-}，则平衡逆向移动，生成更多的 Ag_2CrO_4 固体，此即为 Ag_2CrO_4 的同离子效应。

(2) 沉淀的生成

① 利用溶度积规则判断沉淀是否生成，即离子积 $Q>K_{sp}^{\ominus}$ 时，生成沉淀。

② 沉淀完全的标准：残留离子浓度$\leqslant10^{-5}\,mol \cdot dm^{-3}$，表明该离子沉淀完全。

【例 3-2-3】 将等体积的 $0.0010mol \cdot dm^{-3}$ $AgNO_3$ 与 $0.0010mol \cdot dm^{-3}$ K_2CrO_4 溶液混合，是否能析出 Ag_2CrO_4 沉淀？[已知 $K_{sp}^{\ominus}(Ag_2CrO_4)=5.40\times10^{-12}$]

【解】 有 Ag_2CrO_4 沉淀析出。

【分析】 计算溶液等体积混合后，各离子的相对浓度。

$$[Ag^+]=[CrO_4^{2-}]=5.0\times10^{-4}$$

计算离子积 Q。

$Q=[Ag^+]^2[CrO_4^{2-}]=(5.0\times10^{-4})^2\times(5.0\times10^{-4})=1.25\times10^{-10}>K_{sp}^{\ominus}(Ag_2CrO_4)=5.40\times10^{-12}$。有 Ag_2CrO_4 沉淀析出。

(3) 沉淀的溶解

① 对 A_mB_n 难溶电解质体系，欲改变平衡，促使平衡向溶解方向移动，必须向体系施加影响，使 $[A^{n+}]$ 或 $[B^{m-}]$ 减小，当 $Q<K_{sp}^{\ominus}$ 时，沉淀溶解。

降低某沉淀中组分离子浓度的常用方法有以下几种。

a. 生成弱电解质（水、弱酸或弱碱）。例如 $Mg(OH)_2$ 溶于 NH_4Cl。

b. 发生氧化还原反应。例如 CuS 溶于 HNO_3。

c. 生成配离子。例如 AgCl 溶于氨水。

d. 将该沉淀转化为更难溶的物质。例如 AgCl 溶于 KI。

② 金属硫化物沉淀的生成和溶解：金属硫化物除ⅠA、ⅡA 族金属的硫化物和 $(NH_4)_2S$ 外，其余均难溶于水。根据 $K_{sp}^{\ominus}$ 大小，通常将其分为四类：溶于稀酸类，例如 $K_{sp}^{\ominus}(FeS)=1.59\times10^{-19}$；溶于浓酸类，例如 $K_{sp}^{\ominus}(CdS)=1.40\times10^{-29}$；溶于氧化性酸类，例如 $K_{sp}^{\ominus}(CuS)=1.27\times10^{-36}$；只溶于王水类，例如 $K_{sp}^{\ominus}(HgS)=6.44\times10^{-53}$。

可溶于非氧化性酸的 FeS、CdS 等，通过生成弱酸 H_2S，使难溶电解质中的 $[S^{2-}]$ 降低，从而 $Q<K_{sp}^{\ominus}$，促使此类硫化物沉淀溶解；

可溶于氧化性酸的 CuS 等，由于其 $K_{sp}^{\ominus}$ 较小，必须通过氧化还原反应使 S^{2-} 价态改变，从而使溶液中 $[S^{2-}]$ 大大降低，最终 $Q<K_{sp}^{\ominus}$，促使此类沉淀溶解。

而 $K_{sp}^{\ominus}$ 最小的 HgS，必须同时降低 $[Hg^{2+}]$ 和 $[S^{2-}]$，才有可能使 $Q<K_{sp}^{\ominus}$。在王水中，浓 HCl 可与 Hg^{2+} 生成配离子 $HgCl_4^{2-}$，使 $[Hg^{2+}]$ 降低；王水中的 HNO_3 氧化 S^{2-}，使 $[S^{2-}]$ 降低，最终使得 $Q=[Hg^{2+}][S^{2-}]<K_{sp}^{\ominus}$，促使 HgS 沉淀溶解。

金属硫化物的生成和溶解，往往涉及多重平衡，是本节中的重点和难点，详见“重点及难点解析”。

【例 3-2-4】 从定性角度分析，难溶电解质 $Mg(OH)_2$ 能溶解于下列哪种溶液中：

(A) $NH_3\cdot H_2O$ 溶液　　(B) NH_4Cl 溶液

(C) $Mg(Ac)_2$ 溶液　　(D) NaAc 溶液

【解】 答案为 B。

【分析】 此题考查难溶电解质的溶解方法。$Mg(OH)_2$ 溶于 NH_4Cl，是利用 OH^- 与 NH_4^+ 生成弱电解质 $NH_3\cdot H_2O$，从而使溶液中 $[OH^-]$ 降低，$Q<K_{sp}^{\ominus}$，达到溶解目的，故选项 B 为正确答案。而 A、C、D 三个选项中溶液皆为碱性溶液，与 $Mg(OH)_2$ 不发生作用。选项 C 中 $Mg(Ac)_2$ 溶液，还会发生同离子效应，使溶液中 Mg^{2+} 浓度增加，生成更多 $Mg(OH)_2$ 沉淀。

(4) 分步沉淀

① 在含有几种离子的混合溶液中加入沉淀剂，控制沉淀剂的量，使这些离子根据溶度积规则，先后从溶液中沉淀的现象。

② 利用分步沉淀原理，有时可将混合离子分离。离子分离的标准为：后一种离子开始沉淀时，前一种离子已沉淀完全（即其残留浓度 $c\leqslant10^{-5}\,mol\cdot dm^{-3}$）。

③ 分步沉淀的顺序取决于两个因素：溶度积常数和离子实际浓度。同类型的沉淀且离子浓度相同时可直接根据 $K_{sp}^{\ominus}$ 大小判断沉淀顺序，$K_{sp}^{\ominus}$ 小者先沉淀；不同类型的沉淀需通过计算确定。详见本节“常见计算”。

【例 3-2-5】 已知 AgCl、AgBr、$Ag_2C_2O_4$ 的溶度积常数分别为 1.8×10^{-10}，5.4×10^{-13}，5.4×10^{-12}。某溶液中含有 Cl^-、Br^-、$C_2O_4^{2-}$，其浓度均为 0.010mol·dm^{-3}，向该溶液逐渐滴加 0.01mol·dm^{-3} $AgNO_3$ 时，最先和最后产生的沉淀分别是：

(A) AgBr 和 $Ag_2C_2O_4$　　(B) AgBr 和 AgCl

(C) $Ag_2C_2O_4$ 和 AgCl　　(D) $Ag_2C_2O_4$ 和 AgBr

【解】 答案为 A。

【分析】 此题考查沉淀先后顺序的计算和判断。AgCl 和 AgBr 为相同类型难溶电解质，因 $[Cl^-]=[Br^-]$，可直接根据两者 $K_{sp}^{\ominus}$ 大小，推断出 AgBr 先沉淀。而 $Ag_2C_2O_4$ 与 AgBr、AgCl 属不同类型，必须分别计算生成沉淀所需的最小 $[Ag^+]$，再根据计算结果进行判断。生成 3 种沉淀所需的最小 $[Ag^+]$ 分别为 $\dfrac{K_{sp}^{\ominus}(AgCl)}{[Cl^-]}$，$\dfrac{K_{sp}^{\ominus}(AgBr)}{[Br^-]}$，$\sqrt{\dfrac{K_{sp}^{\ominus}(Ag_2CrO_4)}{[C_2O_4^{2-}]}}$，计算值分别为 1.8×10^{-8}，5.4×10^{-11}，2.3×10^{-5}。故分步沉淀的先后顺序为 AgBr＞AgCl＞$Ag_2C_2O_4$。选项 A 为正确答案。

(二) 常见计算

1. $K_{sp}^{\ominus}$ 与 S 的换算

【例 3-2-6】 试比较 Ag_2CrO_4 固体在纯水中和在 0.10mol·dm^{-3} K_2CrO_4 溶液中溶解的量。

【分析】 溶液中存在平衡 $Ag_2CrO_4(s) \rightleftharpoons 2Ag^+(aq)+CrO_4^{2-}(aq)$。从定性角度分析，$Ag_2CrO_4(s)$ 在 K_2CrO_4 溶液中存在同离子效应，平衡逆向移动，使 $Ag_2CrO_4(s)$ 溶解的量减少，因而 Ag_2CrO_4 在 0.10mol·dm^{-3} K_2CrO_4 溶液中溶解的量小于其在纯水中溶解的量。下面通过计算得出定量结果。

【解】 查表得 $K_{sp}^{\ominus}(Ag_2CrO_4)=1.12\times10^{-12}$。设 $Ag_2CrO_4(s)$ 在纯水中溶解的量为 S_1 mol·dm^{-3}；$Ag_2CrO_4(s)$ 在 0.10mol·dm^{-3} K_2CrO_4 溶液中溶解的量为 S_2 mol·dm^{-3}。

写出 Ag_2CrO_4 在纯水中、在 0.10mol·dm^{-3} K_2CrO_4 溶液中的沉淀溶解平衡列表。

	$Ag_2CrO_4(s) \rightleftharpoons$	$2Ag^+(aq)+$	$CrO_4^{2-}(aq)$	
初始浓度/(mol·dm^{-3})		0	0	
平衡浓度/(mol·dm^{-3})		$2S_1$	S_1	(纯水中)
初始浓度/(mol·dm^{-3})		0	0.10	
平衡浓度/(mol·dm^{-3})		$2S_2$	$0.10+S_2$	(0.10mol·dm^{-3} K_2CrO_4 溶液中)

列出在纯水中 Ag_2CrO_4 的 $K_{sp}^{\ominus}$ 表达式，代入数据。因 $c^{\ominus}=1$mol·dm^{-3}，有

$$K_{sp}^{\ominus}(Ag_2CrO_4)=[Ag^+]^2[CrO_4^{2-}]=(2S_1/c^{\ominus})^2(S_1/c^{\ominus})=1.12\times10^{-12}$$

计算纯水中 $Ag_2CrO_4(s)$ 溶解的量。

$$S_1=6.54\times10^{-5}\,\text{mol·dm}^{-3}$$

列出在 0.10mol·dm^{-3} K_2CrO_4 溶液中 Ag_2CrO_4 的 $K_{sp}^{\ominus}$ 表达式，代入数据。

$$K_{sp}^{\ominus}(Ag_2CrO_4)=[Ag^+]^2[CrO_4^{2-}]=(2S_2/c^{\ominus})^2(S_2+0.10/c^{\ominus})=1.12\times10^{-12}$$

计算在 0.10mol·dm^{-3} K_2CrO_4 溶液中 $Ag_2CrO_4(s)$ 溶解的量。

$$S_2=1.67\times10^{-6}\,\text{mol·dm}^{-3}。$$

计算结果表明 Ag_2CrO_4 在 K_2CrO_4 溶液中溶解的量小于其在纯水中溶解的量。

2. 沉淀生成

【例 3-2-7】 计算 0.010mol·dm^{-3} Fe^{3+} 溶液中 $Fe(OH)_3$ 开始沉淀及沉淀完全时的 pH

值。[已知 $K_{sp}^{\ominus}(Fe(OH)_3)=4.0\times10^{-38}$]

【分析】 当 $Q \geqslant K_{sp}^{\ominus}$ 时，Fe^{3+} 转化为 $Fe(OH)_3$ 沉淀，可计算 Fe^{3+} 开始沉淀时溶液中的 $[OH^-]$。当溶液中残留 $[Fe^{3+}] \leqslant 1.0\times10^{-5}$ 时，Fe^{3+} 沉淀完全，可计算 Fe^{3+} 完全沉淀时溶液中的 $[OH^-]$。

【解】 (1) 设 $Fe(OH)_3$ 开始沉淀时 $[OH^-]=x$。

列出 $Fe(OH)_3$ 沉淀出现时的 $K_{sp}^{\ominus}$ 表达式，代入数据。

$$[Fe^{3+}][OH^-]^3=0.01\,x^3=K_{sp}^{\ominus}(Fe(OH)_3)$$

计算 $Fe(OH)_3$ 开始沉淀时的 $[OH^-]$。

$$x=\sqrt[3]{\frac{K_{sp}^{\ominus}(Fe(OH)_3)}{[Fe^{3+}]}}=\sqrt[3]{\frac{4.0\times10^{-38}}{0.01}}=1.59\times10^{-12}$$

因此，当 $[OH^-]\geqslant1.59\times10^{-12}$ 时，Fe^{3+} 开始沉淀。

根据公式 pH=14－pOH，计算此时溶液的 pH 值。

$$pH=14-pOH=14+\lg(1.59\times10^{-12})=2.20$$

即 pH≥2.20 时，$Fe(OH)_3$ 开始沉淀。

(2) 沉淀完全时，溶液中的 $[Fe^{3+}]\leqslant1.0\times10^{-5}$。设 $Fe(OH)_3$ 沉淀完全时 $[OH^-]=y$。

计算 $Fe(OH)_3$ 沉淀完全时的 $[OH^-]$。

$$y\geqslant\sqrt[3]{\frac{K_{sp}^{\ominus}(Fe(OH)_3)}{[Fe^{3+}]}}=\sqrt[3]{\frac{4.0\times10^{-38}}{1.0\times10^{-5}}}=1.59\times10^{-11}$$

因此，当 $[OH^-]\geqslant1.59\times10^{-11}$ 时，Fe^{3+} 完全沉淀。

根据公式 pH=14－pOH，计算此时溶液的 pH 值。

$$pH=14-pOH=14+\lg(1.59\times10^{-11})=3.20$$

即 pH≥3.20 时，$Fe(OH)_3$ 沉淀完全。

3. 沉淀溶解

沉淀溶解的计算，基本方法有两种：一种是直接写出溶解反应的方程式，推导出反应的 $K^{\ominus}$ 进行相关计算（推荐此方法，简便直观）；另一种是利用溶度积规则，当 $Q<K_{sp}^{\ominus}$ 时，沉淀将溶解（溶度积规则在判断沉淀生成的相关计算时更简便，而在有关沉淀溶解计算时稍显烦琐）。请读者比较这两种解法。

【例 3-2-8】 欲使 0.10mol ZnS 溶于 $1dm^3$ 的 HCl 溶液中，所需 HCl 溶液的最低浓度是多少？[已知 $K_{sp}^{\ominus}(ZnS)=2.5\times10^{-22}$，$K_{a_1}^{\ominus}(H_2S)=9.1\times10^{-8}$，$K_{a_2}^{\ominus}(H_2S)=1.1\times10^{-12}$]

【解】 **解法一** 写出 ZnS 溶解反应的方程式及平衡常数表达式。

$$ZnS(s)+2H^+(aq)\rightleftharpoons Zn^{2+}(aq)+H_2S(aq) \qquad K_{ZnS溶解}^{\ominus}$$

$$K_{ZnS溶解}^{\ominus}=\frac{[Zn^{2+}][H_2S]}{[H^+]^2}$$

根据 ZnS 的 $K_{sp}^{\ominus}$ 及 H_2S 的 $K_{a_1}^{\ominus}$、$K_{a_2}^{\ominus}$，利用化学平衡的多重原则，求出上述 ZnS 溶解反应的平衡常数。

求解此常数的方法较多，现给出一种解决方案。

在 ZnS 的溶解平衡常数表达式中，分子分母同乘以 $[S^{2-}]$、$[HS^-]$，进行恒等变换，有：

$$K_{ZnS溶解}^{\ominus}=\frac{[Zn^{2+}][H_2S]}{[H^+]^2}\times\frac{[S^{2-}]}{[S^{2-}]}\times\frac{[HS^-]}{[HS^-]}$$

改写上式，有：

$$K^{\ominus}_{ZnS溶解}=([Zn^{2+}][S^{2-}])\times\left(\frac{[H_2S]}{[H^+][HS^-]}\right)\times\left(\frac{[HS^-]}{[H^+][S^{2-}]}\right)$$

由于在 ZnS 的溶解平衡中，同时存在以下 3 个化学平衡：

$$ZnS(s)\rightleftharpoons Zn^{2+}(aq)+S^{2-}(aq)$$
$$H_2S(aq)\rightleftharpoons H^+(aq)+HS^-(aq)$$
$$HS^-(aq)\rightleftharpoons H^+(aq)+S^{2-}(aq)$$

根据化学平衡原理，进一步改写 $K^{\ominus}_{ZnS溶解}$ 的表达式。有：

$$K^{\ominus}_{ZnS溶解}=\frac{K^{\ominus}_{sp}(ZnS)}{K^{\ominus}_{a_1}(H_2S)K^{\ominus}_{a_2}(H_2S)}$$

代入相关的平衡常数的值，计算 $K^{\ominus}_{ZnS溶解}$ 的值。

$$K^{\ominus}_{ZnS溶解}=\frac{2.5\times10^{-22}}{9.1\times10^{-8}\times1.1\times10^{-12}}=2.5\times10^{-3}$$

设 0.10mol ZnS 完全溶解所需 HCl 溶液的最低浓度 $[H^+]=x$。

列出 ZnS 完全溶解时的平衡列表。由于 ZnS 不断溶解，生成了饱和 H_2S 溶液。

	$ZnS(s)+2H^+(aq)\rightleftharpoons$	$Zn^{2+}(aq)+$	$H_2S(aq)$
初始相对浓度	x	0	0
平衡相对浓度	$x-0.10\times2$	0.10	0.10

写出 $K^{\ominus}_{ZnS溶解}$ 的表达式，代入各组分的平衡浓度。

$$K^{\ominus}_{ZnS溶解}=2.5\times10^{-3}=\frac{[Zn^{2+}][H_2S]}{[H^+]^2}=\frac{0.10\times0.10}{(x-0.10\times2)^2}$$

求解 x 的值，有：

$$x=2.2$$

即 $1dm^3$ 溶液中 HCl 的初始浓度至少为 $2.2mol\cdot dm^{-3}$ 才能将 0.10mol ZnS 完全溶解。

解法二

分析　若 ZnS 沉淀溶解，则体系中存在以下两大平衡关系：

一是 ZnS(s) 沉淀的溶解平衡 $ZnS(s)\rightleftharpoons Zn^{2+}(aq)+S^{2-}(aq)$，因此关系式 $K^{\ominus}_{sp}(ZnS)=[Zn^{2+}][S^{2-}]$ 成立。

二是生成 H_2S 的解离平衡，其总解离方程式为 $H_2S(aq)\rightleftharpoons 2H^+(aq)+S^{2-}(aq)$，存在 $K^{\ominus}_{a}(H_2S)\ K^{\ominus}_{a_1}(H_2S)\ K^{\ominus}_{a_2}(H_2S)=\frac{[H^+]^2[S^{2-}]}{[H_2S]}$ 关系式。通过联立上述两关系式，可求得 ZnS 完全溶解时所需的 HCl 浓度。

解　设 ZnS 完全溶解时，$[S^{2-}]=y$。

写出 ZnS 完全溶解时的平衡列表。

	$ZnS(s)\rightleftharpoons Zn^{2+}(aq)+$	$S^{2-}(aq)$
初始相对浓度	0	0
平衡相对浓度	0.10	y

列出 ZnS 完全溶解时的离子积 Q 与 $K^{\ominus}_{sp}(ZnS)$ 关系式，代入相关数据。

$$Q=[Zn^{2+}][S^{2-}]=0.10\ y\leqslant K^{\ominus}_{sp}(ZnS)=2.5\times10^{-22}$$

求出 ZnS 完全溶解时最高的 $[S^{2-}]$。

$$y\leqslant\frac{K^{\ominus}_{sp}(ZnS)}{[Zn^{2+}]}=\frac{2.5\times10^{-22}}{0.10}=2.5\times10^{-21}$$

将 ZnS 完全溶解时 S^{2-} 的最高浓度 y 代入 H_2S 总解离平衡表达式，有：

$$K^{\ominus}_{a_1}(H_2S)\ K^{\ominus}_{a_2}(H_2S)=9.1\times10^{-8}\times1.1\times10^{-12}=\frac{[H^+]^2[S^{2-}]}{[H_2S]}=\frac{[H^+]^2\times2.5\times10^{-21}}{0.10}$$

求解方程，得到最低 $[H^+]$。

$$[H^+] \geqslant \sqrt{\frac{K^{\ominus}_{a_1}(H_2S)K^{\ominus}_{a_2}(H_2S)[H_2S]}{[S^{2-}]}} = \sqrt{\frac{9.1\times10^{-8}\times1.1\times10^{-12}\times0.10}{2.5\times10^{-21}}} = 2.0$$

此为 H^+ 平衡浓度，而溶解 0.10mol ZnS，还需消耗 0.20mol H^+，故 $1dm^3$ 溶液中 HCl 初始浓度为 $2.2mol\cdot dm^{-3}$。

注：从上述求解过程可以看出，两种解法均是从体系中存在的平衡关系入手。不同之处在于解法一是将解法二中的两重平衡合并为一个总平衡关系式求解，更为直观简便。

4. 分步沉淀及离子分离

【例 3-2-9】 通过计算说明，向浓度均为 $0.010mol\cdot dm^{-3}$ Ag^+ 和 Pb^{2+} 的混合溶液中加入 NaI，能否使 Ag^+、Pb^{2+} 分离？[已知 $K^{\ominus}_{sp}(AgI)=8.51\times10^{-17}$，$K^{\ominus}_{sp}(PbI_2)=8.49\times10^{-9}$]

【分析】 Ag^+、Pb^{2+} 均可与 I^- 生成沉淀。计算生成两种沉淀各自所需的最小 $[I^-]$，则可以判断沉淀的先后顺序。如要达到 Ag^+、Pb^{2+} 分离的目的，必须满足后一种离子开始沉淀时，前一种离子已经沉淀完全。这时，用过滤的方法便可将两种离子分离。

【解】 尽管两种沉淀 $K^{\ominus}_{sp}$ 相差很大，但由于 AgI 与 PbI_2 属于不同类型沉淀，不可直接根据 $K^{\ominus}_{sp}$ 大小判断沉淀顺序。

设 AgI 开始沉淀时的 $[I^-]=x_1$。

列出 AgI 的 $K^{\ominus}_{sp}$ 表达式，计算 x_1。

$$x_1=\frac{K^{\ominus}_{sp}(AgI)}{[Ag^+]}=\frac{8.51\times10^{-17}}{0.010}=8.51\times10^{-15}$$

设 PbI_2 开始沉淀时的 $[I^-]=x_2$。

列出 PbI_2 的 $K^{\ominus}_{sp}$ 表达式，计算 x_2。

$$x_2=\sqrt{\frac{K^{\ominus}_{sp}(PbI_2)}{[Pb^{2+}]}}=\sqrt{\frac{8.49\times10^{-9}}{0.010}}=9.21\times10^{-4}$$

比较 x_1 和 x_2 的大小，有：

$x_1<x_2$，故 AgI 优先沉淀。

第二种离子 Pb^{2+} 开始沉淀时，溶液中 $[I^-]=x_2=9.21\times10^{-4}$，计算溶液中残留的 $[Ag^+]$。

$$[Ag^+]=\frac{K^{\ominus}_{sp}(AgI)}{[I^-]}=\frac{8.51\times10^{-17}}{9.21\times10^{-4}}=9.24\times10^{-14}\ll1.0\times10^{-5}。$$

可认为此时 Ag^+ 已沉淀完全，故两种离子可以分离。

5. 沉淀转化

【例 3-2-10】 (1) 用 $1.0dm^3$ Na_2CO_3 溶液处理 0.10mol $BaSO_4$ 沉淀，使其全部转化为 $BaCO_3$ 沉淀，所需 Na_2CO_3 溶液的最初浓度是多少？(2) 若每次用 $1.60mol\cdot dm^{-3}$ Na_2CO_3 溶液处理，可否将 0.10mol $BaSO_4$ 全部转化为 $BaCO_3$？[已知 $K^{\ominus}_{sp}(BaSO_4)=1.1\times10^{-10}$，$K^{\ominus}_{sp}(BaCO_3)=8.1\times10^{-9}$]

【分析】 沉淀转化问题，用总平衡方程式求解更为简便。解题关键是推导出总平衡方程式的平衡常数 $K^{\ominus}$。

【解】 (1) 设 $BaSO_4$ 完全转化为 $BaCO_3$ 时所需 Na_2CO_3 溶液的初始相对浓度为 x。

列出 $BaSO_4$ 转化为 $BaCO_3$ 的平衡列表。

	$BaSO_4(s)+CO_3^{2-}(aq)\rightleftharpoons BaCO_3(s)+SO_4^{2-}(aq)$		$K^{\ominus}$
初始相对浓度	x	0	
平衡相对浓度	$x-0.10$	0.10	

根据多重平衡原则，求出 $BaSO_4$ 转化为 $BaCO_3$ 的 $K^{\ominus}$ 值。

$$K^{\ominus}=\frac{K_{sp}^{\ominus}(BaSO_4)}{K_{sp}^{\ominus}(BaCO_3)}=\frac{1.1\times10^{-10}}{8.1\times10^{-9}}=0.014$$

列出转化平衡常数表达式，将 $BaSO_4$ 完全转化为 $BaCO_3$ 时各离子的平衡浓度代入表达式中。

$$K^{\ominus}=\frac{[SO_4^{2-}]}{[CO_3^{2-}]}=\frac{0.10}{x-0.10}=0.014$$

求出 x。

$$x=7.15$$

由计算结果可知，若想转化一次完成，所需 Na_2CO_3 溶液的浓度至少为 $7.15mol\cdot dm^{-3}$。已知 20℃时，Na_2CO_3 的溶解度为 $215g\cdot dm^{-3}$，Na_2CO_3 的相对分子量为 106，因此 Na_2CO_3 饱和溶液物质的量浓度为 $2.03mol\cdot dm^{-3}$。因而，实际上无法用 Na_2CO_3 饱和溶液将 $BaSO_4$ 沉淀一次转化为 Ba_2CO_3。必须用 Na_2CO_3 浓溶液反复多次处理 $BaSO_4$ 沉淀，才有可能将 $BaSO_4$ 转化为 $BaCO_3$。

（2）假设每次用 $1.60mol\cdot dm^{-3}$ Na_2CO_3 溶液处理 $BaSO_4$ 沉淀后，溶液中的 $[SO_4^{2-}]=y$。

列出 $BaSO_4$ 转化为 $BaCO_3$ 的平衡列表。

	$BaSO_4(s)+CO_3^{2-}(aq)\rightleftharpoons BaCO_3(s)+SO_4^{2-}(aq)$		$K^{\ominus}$
初始相对浓度	1.60	0	
平衡相对浓度	$1.60-y$	y	

列出转化平衡常数表达式，将每次用 $1.60mol\cdot dm^{-3}$ Na_2CO_3 溶液处理 $BaSO_4$ 沉淀后，各离子的平衡浓度代入表达式中。

$$K^{\ominus}=\frac{[SO_4^{2-}]}{[CO_3^{2-}]}=\frac{y}{1.60-y}=0.014$$

求出 y。

$$y=0.022$$

计算每次用 $1.60mol\cdot dm^{-3}$ Na_2CO_3 溶液处理 $BaSO_4$ 沉淀后，已溶解的 $BaSO_4$ 的物质的量 n。

$$n=0.022mol\cdot dm^{-3}\times1dm^3=0.022mol$$

计算用 $1.60mol\cdot dm^{-3}$ Na_2CO_3 溶液处理 $BaSO_4$ 沉淀所需的次数。

$$所需次数=\frac{0.10}{0.022}=4.5\approx5\ 次$$

即，用 $1.60mol\cdot dm^{-3}$ Na_2CO_3 溶液反复处理 $BaSO_4$ 沉淀 5 次后，可实现此转化。

【讨论】 若两种沉淀中含有同一种离子，则两种沉淀之间可以进行转化。转化方向取决于两种沉淀的溶解度。若两沉淀的溶解度相差较大时，例如 AgCl 与 Ag_2S，则转化方向一般是溶解度大的 AgCl 转化为溶解度小的 Ag_2S。但若两种沉淀的溶解度相近，如本例中的 $BaCO_3$ 与 $BaSO_4$，则可以通过调节离子浓度实现反向转化。反向转化取决于 CO_3^{2-} 与 SO_4^{2-} 的相对离子浓度。

三、重点、难点解析及综合例题分析

前面已分别介绍了溶液中的两类平衡：酸碱解离平衡与沉淀溶解平衡。在复杂的多重平衡体系中，如何分析求解是本节的重点及难点。

求解多重平衡的基本原则如下。

（1）体系中若同时存在几类不同且相互关联的平衡，则每个平衡都达到各自平衡时，总的平衡关系才成立。

(2) 在多重平衡达到总体平衡后，每一种平衡组分只有一个平衡浓度，其浓度必须同时满足该组分所涉及的所有平衡。这是求解多重平衡共存问题的一条重要原则。

解题技巧：找到同时涉及几种平衡的关键物质，通过这类物质，将不同平衡关系联系起来，是求解的关键所在。不管体系多么复杂，解题思路不变。通过下面的例题分析，请读者自行体会。

(一) 多重平衡体系解题方法

【例 3-2-11】 (1) $0.20\text{mol}\cdot\text{dm}^{-3}$ $NH_3 \cdot H_2O$ 与 $0.20\text{mol}\cdot\text{dm}^{-3}$ $MgSO_4$ 溶液等体积混合，使混合溶液的总体积为 1dm^3，问能否生成 $Mg(OH)_2$ 沉淀？

(2) 若 (1) 中能生成沉淀，那么需加入多少克 $(NH_4)_2SO_4$，可使沉淀恰好溶解？(假设溶液体积不变)[已知 $K_b^{\ominus}(NH_3 \cdot H_2O)=1.77\times10^{-5}$，$K_{sp}^{\ominus}(Mg(OH)_2)=5.61\times10^{-12}$]

【分析】 $NH_3 \cdot H_2O$ 与 $MgSO_4$ 溶液混合后，发生如下反应：

$$2NH_3 \cdot H_2O(aq)+Mg^{2+}(aq) \rightleftharpoons 2NH_4^+(aq)+Mg(OH)_2(s)$$

体系中，除原有的 $NH_3 \cdot H_2O$ 解离平衡外，还存在 $Mg(OH)_2$ 沉淀溶解平衡，并有 NH_4^+ 生成，它与 $NH_3 \cdot H_2O$ 可形成缓冲体系。提醒读者注意的是：不同溶液混合后，应特别关注溶液浓度的改变，先计算混合后未反应前的各物项浓度。

【注】《普通化学》教材 P84 例 3-7 介绍了一种解法，即按照分步平衡求解。此处给出两种解法，供读者自行选择。

【解】(1) **解法一**　生成沉淀的题目按溶度积规则求解更为简便。

计算等体积的两溶液混合后，$Mg(OH)_2$ 沉淀未出现时各物项浓度。

$$[NH_3 \cdot H_2O]=\frac{1}{2}\times0.20=0.10$$

$$[Mg^{2+}]=\frac{1}{2}\times0.20=0.10$$

设溶液刚混合时 $[OH^-]=x$。

体系中 $[OH^-]$ 由 $NH_3 \cdot H_2O$ 的解离平衡贡献。列出 $NH_3 \cdot H_2O$ 解离的平衡列表。

	$NH_3 \cdot H_2O(aq) \rightleftharpoons$	$NH_4^+(aq)+$	$OH^-(aq)$
初始相对浓度	0.10	0	0
平衡相对浓度	$0.10-x$	x	x

写出弱碱 $NH_3 \cdot H_2O$ 中 $[OH^-]$ 的近似计算公式，代入相应数值，计算 x。

$$x=\sqrt{K_b^{\ominus}(NH_3 \cdot H_2O)\times[NH_3 \cdot H_2O]}=\sqrt{1.77\times10^{-5}\times0.10}=1.33\times10^{-3}$$

计算溶液刚混合时的 Q 值，并与 $K_{sp}^{\ominus}(Mg(OH)_2)$ 比较，判断 $Mg(OH)_2$ 沉淀是否生成。

$$Q=[Mg^{2+}][OH^-]^2=0.10\times(1.33\times10^{-3})^2=1.77\times10^{-7}>K_{sp}^{\ominus}(Mg(OH)_2)$$

根据溶度积规则判断，有 $Mg(OH)_2$ 沉淀生成。

解法二　若生成 $Mg(OH)_2$ 沉淀，则会发生如下反应：

$$Mg^{2+}(aq)+2NH_3 \cdot H_2O(aq) \rightleftharpoons Mg(OH)_2(s)+2NH_4^+(aq) \qquad K^{\ominus}$$

根据第一章的化学反应商判据，若 $J<K^{\ominus}$，则反应 $\Delta_r G_m<0$，反应正向进行，将有 $Mg(OH)_2$ 沉淀生成。

将总反应拆分为两个分步平衡关系。

$$NH_3 \cdot H_2O(aq) \rightleftharpoons NH_4^+(aq)+OH^-(aq) \qquad K_b^{\ominus} \qquad ①$$

$$Mg(OH)_2(s) \rightleftharpoons Mg^{2+}(aq)+2OH^-(aq) \qquad K_{sp}^{\ominus} \qquad ②$$

①式乘以 2，再减去②式，得 $Mg(OH)_2$ 沉淀生成的反应方程式。根据多重平衡原则，有：

$$K^{\ominus}=\frac{(K_b^{\ominus}(NH_3\cdot H_2O))^2}{K_{sp}^{\ominus}(Mg(OH)_2)}$$

代入相应的平衡常数值，求出上述反应的平衡常数 $K^{\ominus}$ 值。

$$K^{\ominus}=\frac{(1.77\times10^{-5})^2}{5.61\times10^{-12}}=55.8$$

列出 $Mg(OH)_2$ 沉淀生成反应的反应商 J 表达式。

$$J=\frac{[NH_4^+]^2}{[Mg^{2+}][NH_3\cdot H_2O]^2}$$

设溶液刚混合后，$Mg(OH)_2$ 沉淀未出现时的 $[NH_4^+]=y$。

体系中的 $[NH_4^+]$ 由 $NH_3\cdot H_2O$ 的解离平衡贡献。列出 $NH_3\cdot H_2O$ 解离的平衡列表。

	$NH_3\cdot H_2O(aq) \rightleftharpoons NH_4^+(aq)+OH^-(aq)$		
初始相对浓度	0.10	0	0
平衡相对浓度	$0.10-y$	y	y

由于 $[OH^-]=[NH_4^+]$，写出弱碱 $NH_3\cdot H_2O$ 中 $[OH^-]$ 的计算公式，代入相应数值，计算 y。

$$y=\sqrt{K_b^{\ominus}(NH_3\cdot H_2O)\times[NH_3\cdot H_2O]}=\sqrt{1.77\times10^{-5}\times0.10}=1.33\times10^{-3}$$

代入相关浓度值，计算 J 值，并与 $K^{\ominus}$ 比较。

$$J=\frac{(1.33\times10^{-3})^2}{0.10\times(0.10)^2}=1.77\times10^{-3}<K^{\ominus}=55.8$$

所以，有 $Mg(OH)_2$ 沉淀生成。

【小结】 比较以上两种解法，发现解法二在第（1）题解答中并不简便，关键在于此总平衡体系中 NH_4^+ 浓度是 $NH_3\cdot H_2O$ 电离产生的，还必须通过分步的电离平衡求得，反而烦琐。但若将解法二用于第（2）题解答，则非常简便。

（2）**分析一** 欲使 $Mg(OH)_2$ 沉淀溶解，必须设法降低体系中 $[Mg^{2+}]$ 或 $[OH^-]$。加入弱酸 NH_4^+，可抑制 $NH_3\cdot H_2O$ 解离，起到降低 $[OH^-]$ 的作用，从而使得体系中 $[Mg^{2+}][OH^-]^2$ 的值小于 $K_{sp}^{\ominus}(Mg(OH)_2)$，使 $Mg(OH)_2$ 沉淀无法生成。

解法一 根据 $Mg(OH)_2$ 的 $K_{sp}^{\ominus}$，计算 $Mg(OH)_2$ 沉淀溶解时的 $[OH^-]$。

$$[OH^-]<\sqrt{\frac{K_{sp}^{\ominus}(Mg(OH)_2)}{[Mg^{2+}]}}=\sqrt{\frac{5.61\times10^{-12}}{0.10}}=7.49\times10^{-6}$$

$(NH_4)_2SO_4$ 加入到 $NH_3\cdot H_2O$ 中，实质形成了 $NH_3\cdot H_2O—NH_4^+$ 缓冲溶液，可直接按公式计算缓冲溶液中 $[OH^-]$。

写出此缓冲溶液 $[OH^-]$ 的计算公式。

$$[OH^-]=K_b^{\ominus}(NH_3\cdot H_2O)\frac{[NH_3\cdot H_2O]}{[NH_4^+]}$$

代入相应的数据。

$$7.49\times10^{-6}=1.77\times10^{-5}\times\frac{0.10}{[NH_4^+]}$$

求出 $[NH_4^+]$。

$$[NH_4^+]=0.24$$

即若加入 NH_4 浓度大于 $0.24mol\cdot dm^{-3}$ 可防止 $Mg(OH)_2$ 沉淀生成。

计算加入固体 $(NH_4)_2SO_4$ 的质量 m。注意 $(NH_4)_2SO_4$ 中 NH_4^+ 浓度。

$$m=\frac{1}{2}c_{(NH_4)_2SO_4}VM_{(NH_4)_2SO_4}=\frac{1}{2}\times 0.24\text{mol}\cdot\text{dm}^{-3}\times 1.0\ \text{dm}^3\times 132\text{g}\cdot\text{mol}^{-1}$$
$$=15.84\text{g}$$

分析二　加入 NH_4^+ 后，若恰好不生成 $Mg(OH)_2$ 沉淀，则 Mg^{2+}、$NH_3\cdot H_2O$ 及 NH_4^+ 浓度各保持在原有起始浓度，三者处于一个平衡状态。可利用总反应式计算出此平衡体系中的 NH_4^+ 平衡浓度，即为应加入的 $[NH_4^+]$。

解法二　设混合体系中 $[NH_4^+]=z$。

写出 $Mg(OH)_2$ 沉淀溶于 NH_4^+ 时的平衡列表。

	$Mg(OH)_2(s)+2NH_4^+(aq)$	$\rightleftharpoons Mg^{2+}(aq)$	$+2NH_3\cdot H_2O(aq)$	$K^\ominus$
初始相对浓度	0	0.10	0.10	
平衡相对浓度	z	0.10	0.10	

根据多重平衡原则，求出 $K^\ominus$。参见第（1）题。

$$K^\ominus=\frac{K_{sp}^\ominus(Mg(OH)_2)}{(K_b^\ominus(NH_3\cdot H_2O))^2}=1.79\times10^{-2}$$

写出上述平衡的表达式，代入相应数据。

$$K^\ominus=1.79\times10^{-2}=\frac{[Mg^{2+}][NH_3\cdot H_2O]^2}{[NH_4^+]^2}=\frac{0.10\times0.10^2}{z^2}$$

求出 z。

$$z=0.24$$

计算加入固体 $(NH_4)_2SO_4$ 的质量 m。

$$m=\frac{1}{2}c_{(NH_4)_2SO_4}VM_{(NH_4)_2SO_4}=\frac{1}{2}\times 0.24\text{mol}\cdot\text{dm}^{-3}\times 1.0\text{dm}^3\times 132\text{g}\cdot\text{mol}^{-1}=15.84\ \text{g}$$

（二）涉及硫化物的多重平衡体系

在实际应用中，常通过控制溶液酸度，使不同金属离子以硫化物形式分别沉淀下来，达到分离、鉴定金属离子的目的。这一体系涉及硫化物的沉淀溶解平衡及 H_2S 的解离平衡，题目变化很多。下面通过几个例题，帮助读者明晰解题之道。

【例 3-2-12】　已知 $K_{sp}^\ominus(CuS)=1.27\times10^{-36}$，$K_{sp}^\ominus(FeS)=1.59\times10^{-19}$，$K_{a_1}^\ominus(H_2S)=9.1\times10^{-8}$，$K_{a_2}^\ominus(H_2S)=1.1\times10^{-12}$。

（1）在 0.10mol·dm^{-3} $FeCl_2$ 溶液中，通入 H_2S 气体达饱和。问 pH 值为多少时，才能阻止 FeS 沉淀下来？

（2）在 0.10mol·dm^{-3} $CuCl_2$ 溶液中，通入 H_2S 气体达饱和，计算溶液中 Cu^{2+} 浓度。

（3）在 0.10mol·dm^{-3} $FeCl_2$ 和 0.10mol·dm^{-3} $CuCl_2$ 混合溶液中，通入 H_2S 气体达饱和，问溶液中有何现象，Cu^{2+}、Fe^{2+} 浓度各为多少？

（4）在 0.10mol·dm^{-3} $FeCl_2$ 和 0.10mol·dm^{-3} $CuCl_2$ 混合溶液中，含有 1.0mol·dm^{-3} HCl 溶液，若通入 H_2S 气体达饱和，问溶液中有何现象，试计算此时溶液中的 H^+、S^{2-}、Fe^{2+}、Cu^{2+} 浓度各为多少？

【分析】　此处将 4 道题目列在一起，目的是请读者在解题前首先思考这几道题有何不同，这些不同之处是否会影响到解题的处理方法。例如（1）题与（2）题虽然只是金属离子不同，但由于两者硫化物的 $K_{sp}^\ominus$ 相差极大 $[K_{sp}^\ominus(CuS)=1.27\times10^{-36}$，$K_{sp}^\ominus(FeS)=1.59\times10^{-19}]$，导致体系环境不同。对 FeS 而言，不同的 pH 条件可使沉淀生成或不生成；而对 CuS 而言，由于其 $K_{sp}^\ominus$ 极小，溶液中一定生成沉淀。沉淀的生成又会带来溶液酸度的变化。具体求解如下。

【解】 (1) 若不析出 FeS 沉淀，则 $[Fe^{2+}][S^{2-}]<K^{\ominus}_{sp}(FeS)$

代入数据，求出 FeS 未析出时 S^{2-} 浓度最大值。

$$[S^{2-}]_{max}=\frac{K^{\ominus}_{sp}(FeS)}{[Fe^{2+}]}=\frac{1.59\times10^{-19}}{0.10}=1.59\times10^{-18}$$

Fe^{2+} 的沉淀离子 S^{2-} 存在于 H_2S 的解离平衡之中。写出 H_2S 解离平衡的表达式。计算 $K^{\ominus}_{a}$ 值。

$$H_2S(aq)\rightleftharpoons 2H^+(aq)+S^{2-}(aq) \qquad K^{\ominus}_{a}$$

$$K^{\ominus}_{a}=K^{\ominus}_{a_1}K^{\ominus}_{a_2}=\frac{[H^+]^2[S^{2-}]}{[H_2S]}=9.1\times10^{-8}\times 1.1\times10^{-12}=1.0\times10^{-19}$$

饱和 H_2S 溶液中，$[H_2S]=0.10$，$[S^{2-}]=1.59\times10^{-18}$，代入 $K^{\ominus}_{a}$ 表达式中，求得阻止 FeS 沉淀生成所需最低的 $[H^+]$。

$$1.0\times10^{-19}=\frac{[H^+]^2_{min}[S^{2-}]}{[H_2S]}=\frac{[H^+]^2_{min}\times1.59\times10^{-18}}{0.10}$$

$$[H^+]_{min}=\sqrt{\frac{1.0\times10^{-19}\times0.10}{1.59\times10^{-18}}}=0.079$$

阻止 FeS 沉淀析出的最低 $[H^+]$ 为 0.079。

利用 $pH=-\lg[H^+]$ 公式，代入数据，求出 pH 值。

$$pH=-\lg0.079=1.1$$

故，$pH<1.1$ 时方可阻止 FeS 沉淀析出。

(2) 首先判断是否有 CuS 沉淀出现。可计算饱和 H_2S 溶液中因解离产生的 $[S^{2-}]$。由溶度积规则判断。

饱和 H_2S 溶液中 $[S^{2-}]\approx K^{\ominus}_{a_2}(H_2S)=1.1\times10^{-12}$，

则 $[Cu^{2+}][S^{2-}]=0.10\times1.1\times10^{-12}=1.1\times10^{-13}\gg K^{\ominus}_{sp}(CuS)$

所以 Cu^{2+} 可沉淀完全。

写出 Cu^{2+} 被沉淀的化学反应方程式。

$$Cu^{2+}(aq)+H_2S(aq)\rightleftharpoons CuS(s)+2H^+(aq)$$

根据反应式的计量比，计算因 Cu^{2+} 被沉淀所生成的 $[H^+]$。

$$[H^+]=2\times0.10=0.20$$

解法一 设溶液中残留 $[Cu^{2+}]=x$。

写出形成 CuS 沉淀体系的平衡列表。

	$Cu^{2+}(aq)$	$+H_2S(aq)\rightleftharpoons$	$CuS(s)+$	$2H^+(aq)$	$K^{\ominus}$
初始相对浓度	0.10	0.10			
平衡相对浓度	x	0.10		0.20	

写出 $K^{\ominus}$ 表达式，推出 $K^{\ominus}$ 与其他平衡常数之间的关系式。

$$K^{\ominus}=\frac{[H^+]^2}{[Cu^{2+}][H_2S]}$$

$$K^{\ominus}=\frac{[H^+]^2}{[Cu^{2+}][H_2S]}\times\frac{[S^{2-}]}{[S^{2-}]}\times\frac{[HS^-]}{[HS^-]}=\frac{[H^+][HS^-]}{[H_2S]}\times\frac{[H^+][S^{2-}]}{[HS^-]}\times\frac{1}{[Cu^{2+}][S^{2-}]}$$

根据化学平衡原理，因 CuS 沉淀体系中，同时存在 CuS 的沉淀溶解平衡与 H_2S 的解离平衡，所以存在如下关系式。

$$K^{\ominus}_{a_1}(H_2S)=\frac{[H^+][HS^-]}{[H_2S]},\ K^{\ominus}_{a_2}(H_2S)=\frac{[H^+][S^{2-}]}{[HS^-]},\ K^{\ominus}_{sp}(CuS)=[Cu^{2+}][S^{2-}]$$

将上述各关系式代入 $K^{\ominus}$ 的表达式，并计算 $K^{\ominus}$ 值。

$$K^{\ominus}=\frac{K_{a_1}^{\ominus}(H_2S)K_{a_2}^{\ominus}(H_2S)}{K_{sp}^{\ominus}(CuS)}=\frac{9.1\times10^{-8}\times1.1\times10^{-12}}{1.27\times10^{-36}}=7.88\times10^{16}$$

$K^{\ominus}$的数值也表明Cu^{2+}已完全转化为CuS。

利用$K^{\ominus}$表达式，代入平衡列表中的各组分平衡浓度，计算x。

$$K^{\ominus}=7.88\times10^{16}=\frac{[H^+]^2}{[Cu^{2+}][H_2S]}=\frac{0.20^2}{x\times0.10}$$

$$x=5.08\times10^{-18}$$

残留于溶液中的 $[Cu^{2+}]=5.08\times10^{-18}$，表明$Cu^{2+}$已完全沉淀。

解法二　首先根据Q与$K_{sp}^{\ominus}(CuS)$的比较，判断Cu^{2+}沉淀完全。同解法一。

$$Cu^{2+}(aq)+H_2S(aq)\rightleftharpoons CuS(s)+2H^+(aq)$$

由此，生成 $[H^+]=2\times0.10=0.20$

设CuS完全沉淀时，体系中 $[S^{2-}]=y$。

写出H_2S总解离平衡的平衡列表。

	$H_2S(aq)\rightleftharpoons$	$2H^+(aq)+$	$S^{2-}(aq)$	$K_a^{\ominus}$
平衡相对浓度	0.10	0.20	y	

写出$K_a^{\ominus}$的表达式，代入数据，计算y。

$$K_a^{\ominus}(H_2S)=K_{a_1}^{\ominus}(H_2S)K_{a_2}^{\ominus}(H_2S)=9.1\times10^{-8}\times1.1\times10^{-12}=1.0\times10^{-19}$$

$$=\frac{[H^+]^2[S^{2-}]}{[H_2S]}=\frac{0.20^2y}{0.10}$$

$$y=2.50\times10^{-19}$$

利用CuS的$K_{sp}^{\ominus}$关系式，代入数据，求出残留于溶液中的 $[Cu^{2+}]$。

$$[Cu^{2+}]=\frac{K_{sp}^{\ominus}(CuS)}{[S^{2-}]}=\frac{1.27\times10^{-36}}{2.50\times10^{-19}}=5.08\times10^{-18}$$

残留于溶液中的 $[Cu^{2+}]=5.08\times10^{-18}$，表明$Cu^{2+}$已完全沉淀。

(3) 比较$K_{sp}^{\ominus}(CuS)$和$K_{sp}^{\ominus}(FeS)$的大小，判断哪一种离子先沉淀。

因为$K_{sp}^{\ominus}(CuS)=1.27\times10^{-36}\ll K_{sp}^{\ominus}(FeS)=1.59\times10^{-19}$

所以Cu^{2+}优先沉淀，体系中，有CuS黑色沉淀生成。

计算残留于溶液中的 $[Cu^{2+}]$，过程同 (2)，此处略。

$$溶液中的[S^{2-}]=2.50\times10^{-19}，[Cu^{2+}]=5.08\times10^{-18}$$

计算结果表明，Cu^{2+}已完全沉淀。

利用$Q=[Fe^{2+}][S^{2-}]$，代入数据，计算Q值，并与$K_{sp}^{\ominus}(FeS)$比较，判断Cu^{2+}完全沉淀时，FeS沉淀是否生成。

$$Q=[Fe^{2+}][S^{2-}]=0.10\times2.50\times10^{-19}=2.50\times10^{-20}<K_{sp}^{\ominus}(FeS)=1.59\times10^{-19}$$

因此，当Cu^{2+}完全沉淀时，Fe^{2+}未被沉淀，溶液中的 $[Fe^{2+}]=0.10$。

(4) Cu^{2+}完全沉淀时，溶液中的H^+浓度由两部分组成，一是溶液中原有HCl电离产生的$1.0mol\cdot dm^{-3}$，二是由于CuS完全沉淀所产生的$0.20mol\cdot dm^{-3}$。计算 $[H^+]$。

$$[H^+]=1.00+0.20=1.20$$

设CuS完全沉淀时，体系中 $[S^{2-}]=z$。

写出H_2S总解离平衡的平衡列表。

$$H_2S(aq) \rightleftharpoons 2H^+(aq) + S^{2-}(aq) \qquad K_a^\ominus$$

平衡相对浓度 0.10 1.2 z

写出 $K_a^\ominus$ 表达式，代入数据，计算 z。

$$K_a^\ominus(H_2S) = K_{a_1}^\ominus(H_2S)K_{a_2}^\ominus(H_2S) = 9.1\times10^{-8}\times1.1\times10^{-12} = 1.0\times10^{-19}$$

$$= \frac{[H^+]^2[S^{2-}]}{[H_2S]} = \frac{1.20^2 z}{0.10}$$

$$z = 6.95\times10^{-21}$$

利用 CuS 的 $K_{sp}^\ominus$ 关系式，代入数据，求出残留于溶液中的 $[Cu^{2+}]$。

$$[Cu^{2+}] = \frac{K_{sp}^\ominus(CuS)}{[S^{2-}]} = \frac{1.27\times10^{-36}}{6.95\times10^{-21}} = 1.83\times10^{-16}$$

残留于溶液中的 $[Cu^{2+}] = 1.83\times10^{-16}$，表明 Cu^{2+} 已完全沉淀。

利用 $Q = [Fe^{2+}][S^{2-}]$，代入数据，计算 Q 值，并与 $K_{sp}^\ominus(FeS)$ 比较，判断 Cu^{2+} 完全沉淀时，FeS 沉淀是否生成。

$$Q = [Fe^{2+}][S^{2-}] = 0.10\times6.95\times10^{-21} = 6.95\times10^{-22} < K_{sp}^\ominus(FeS) = 1.59\times10^{-19}$$

因此，当 Cu^{2+} 完全沉淀时，Fe^{2+} 未被沉淀，溶液中的 $[Fe^{2+}] = 0.10$。

【例 3-2-13】 在含有 $0.010 mol\cdot dm^{-3}$ Zn^{2+}、$0.10 mol\cdot dm^{-3}$ HAc 和 $0.050 mol\cdot dm^{-3}$ NaAc 的混合溶液中，不断通入 H_2S 气体使之饱和，问析出 ZnS 后，溶液中残留的 Zn^{2+} 浓度是多少？[已知 $K_{a_1}^\ominus(H_2S) = 9.1\times10^{-8}$，$K_{a_2}^\ominus(H_2S) = 1.1\times10^{-12}$，$K_a^\ominus(HAc) = 1.8\times10^{-5}$，$K_{sp}^\ominus(ZnS) = 2.5\times10^{-22}$]

【分析】 此混合溶液是一个由 HAc—NaAc 缓冲溶液平衡、H_2S 解离平衡和 ZnS 沉淀溶解平衡构成的多重平衡体系。前两个平衡通过 H^+ 建立联系，后两个平衡通过 S^{2-} 建立联系。先判断 ZnS 沉淀是否生成。当 Zn^{2+} 被完全沉淀后，产生的 H^+ 绝大部分被缓冲溶液中的抗酸组分 Ac^- 吸收，生成 HAc，致使体系的 pH 值基本保持不变，而溶液的 pH 值又制约了残留 $[Zn^{2+}]$ 的高低。

判断 ZnS 沉淀是否生成，具体步骤略，只给出分步结果。

首先计算 HAc—NaAc 缓冲溶液中 $[H^+] = 3.6\times10^{-5}$，再计算 H_2S 的解离平衡中的 $[S^{2-}] = 7.7\times10^{-12}$，利用溶度积规则，计算 $[Zn^{2+}][S^{2-}] = 7.7\times10^{-14} > K_{sp}^\ominus(ZnS) = 2.5\times10^{-22}$，说明 Zn^{2+} 可以沉淀。

【解】 **解法一** 分步法

写出 Zn^{2+} 被沉淀的化学反应方程式。

$$Zn^{2+}(aq) + H_2S(aq) \rightleftharpoons ZnS(s) + 2H^+(aq)$$

根据反应式的计量比，计算因 Zn^{2+} 被沉淀而生成的 $[H^+]$。

$$[H^+] = 2\times0.010 = 0.020$$

ZnS 沉淀产生的 H^+ 与 Ac^- 作用，生成 HAc。设体系中最终 $[H^+] = x$。

写出 HAc—NaAc 缓冲溶液的平衡列表。

	$HAc(aq) \rightleftharpoons$	$H^+(aq) +$	$Ac^-(aq)$	$K_a^\ominus$
初始相对浓度	0.10	0.020	0.050	
平衡相对浓度	$0.10+0.020-x$	x	$0.050-0.020+x$	

写出 $K_a^\ominus$ 的表达式，代入数据。

$$K_a^\ominus = \frac{[H^+][Ac^-]}{[HAc]} = \frac{x(0.030+x)}{0.120-x} = 1.8\times10^{-5}$$

因 $x \ll 0.030$，上式可简化为：

$$\frac{x(0.030)}{0.120}=1.8\times10^{-5}$$

求解 x。

$$x=7.2\times10^{-5}$$

设 ZnS 完全沉淀时，体系中 $[S^{2-}]=y$。

写出 H_2S 总解离平衡的平衡列表。

	$H_2S(aq) \rightleftharpoons$	$2H^+(aq)+$	$S^{2-}(aq)$	$K_a^\ominus$
平衡相对浓度	0.10	7.2×10^{-5}	y	

写出 $K_a^\ominus(H_2S)$ 的表达式，代入数据，计算 y。

$$K_a^\ominus(H_2S)=K_{a_1}^\ominus(H_2S)K_{a_2}^\ominus(H_2S)=9.1\times10^{-8}\times1.1\times10^{-12}=1.0\times10^{-19}$$

$$=\frac{[H^+]^2[S^{2-}]}{[H_2S]}=\frac{(7.2\times10^{-5})^2\times y}{0.10}$$

$$y=2.1\times10^{-12}$$

利用 ZnS 的 $K_{sp}^\ominus$ 关系式，代入数据，求出残留于溶液中的 $[Zn^{2+}]$。

$$[Zn^{2+}]=\frac{K_{sp}^\ominus(ZnS)}{[S^{2-}]}=\frac{2.5\times10^{-22}}{2.1\times10^{-12}}=1.2\times10^{-10}$$

残留于溶液中的 $[Zn^{2+}]=1.2\times10^{-10}$，表明 Zn^{2+} 已完全沉淀。

解法二 一步法

设 ZnS 完全沉淀后，体系中残留的 $[Zn^{2+}]=z$。

写出 ZnS 沉淀在体系中的平衡方程式。

$$ZnS(s)+2HAc(aq)\rightleftharpoons Zn^{2+}(aq)+H_2S(aq)+2Ac^-(aq) \qquad K^\ominus$$

该化学平衡方程式由以下平衡关系构成。

$$ZnS(s)\rightleftharpoons Zn^{2+}(aq)+S^{2-}(aq) \qquad K_{sp}^\ominus(ZnS) \qquad ①$$

$$HAc(aq)\rightleftharpoons H^+(aq)+Ac^-(aq) \qquad K_a^\ominus(HAc) \qquad ②$$

$$H_2S(aq)\rightleftharpoons H^+(aq)+HS^-(aq) \qquad K_{a_1}^\ominus(H_2S) \qquad ③$$

$$HS^-(aq)\rightleftharpoons H^+(aq)+S^{2-}(aq) \qquad K_{a_2}^\ominus(H_2S) \qquad ④$$

①式+2×②式−③式−④式，即得 ZnS 沉淀的平衡方程式。根据多重平衡原则，列出 $K^\ominus$ 与其他平衡常数的关系式。

$$K_1^\ominus=\frac{K_{sp}^\ominus(ZnS)(K_a^\ominus(HAc))^2}{K_{a_1}^\ominus(H_2S)K_{a_2}^\ominus(H_2S)}=\frac{2.5\times10^{-22}\times(1.8\times10^{-5})^2}{9.1\times10^{-8}\times1.1\times10^{-12}}=8.09\times10^{-13}$$

写出总反应的平衡列表。请读者注意由于 ZnS 沉淀所带来的溶液组分浓度的变化。

	$ZnS(s)+2HAc(aq) \rightleftharpoons$	$Zn^{2+}(aq)+$	$H_2S(aq)+$	$2Ac^-(aq)$	$K^\ominus$
初始相对浓度	0.10	0.01	0.10	0.050	
平衡相对浓度	$0.10+0.020-2z$	z	0.10	$0.050-0.020+2z$	

写出 $K^\ominus$ 的表达式。

$$K^\ominus=\frac{[Zn^{2+}][H_2S][Ac^-]^2}{[HAc]^2}$$

代入数据，得到 z 的关系式。

$$K^\ominus=\frac{[Zn^{2+}][H_2S][Ac^-]^2}{[HAc]^2}=\frac{z\times0.10\times(0.030+2z)^2}{(0.120-2z)^2}=8.09\times10^{-13}$$

因 $z\ll0.030$，上式简化为：

$$K^\ominus=\frac{z\times0.10\times(0.030)^2}{(0.12)^2}=8.09\times10^{-13}$$

求解 z。

$$z=1.3\times10^{-10}$$

残留于溶液中的 $[Zn^{2+}]=1.3\times10^{-10}$，表明 Zn^{2+} 已完全沉淀。

四、疑难问题解答

1. 问：如何根据化学反应的自发性判据理解溶度积规则？两者之间有何关系？

答：化学反应的自发性判据适用于所有化学反应方向的判断，而溶度积规则只用于判断一类特定反应（沉淀溶解反应）进行的方向。因而溶度积规则遵循化学反应的自发性判据，两者是特殊与一般的关系。

对任一化学反应而言，当 $\Delta_r G_m=-RT\ln K^\ominus+RT\ln J<0$ 时，即 $J<K^\ominus$ 时，反应将向正反应方向进行。而对沉淀溶解反应 $A_mB_n(s) \rightleftharpoons mA^{n+}(aq)+nB^{m-}(aq)$ 而言，J 即为任一状态时的离子积，而 $K^\ominus$ 即为 $K_{sp}^\ominus(A_mB_n)$，故有 $[A^{n+}]^m\ [B^{m-}]^n<K_{sp}^\ominus(A_mB_n)$ 时，反应将向正方向（即沉淀溶解方向）进行。同理 $J>K^\ominus$，即 $[A^{n+}]^m[B^{m-}]^n>K_{sp}^\ominus(A_mB_n)$ 时，反应将向逆反应方向（即沉淀析出方向）进行。而 $J=K^\ominus$ 时，即 $[A^{n+}]^m[B^{m-}]^n=K_{sp}^\ominus(A_mB_n)$ 时，反应处于平衡状态，即 A_mB_n 在水溶液中的溶解与沉淀达到平衡，溶液处于饱和状态。

2. 问：如何理解 AgCl 与 Ag_2CrO_4 的分步沉淀及沉淀转化问题？［已知 $K_{sp}^\ominus(AgCl)=1.8\times10^{-10}$，$K_{sp}^\ominus(Ag_2CrO_4)=5.4\times10^{-12}$］

答：根据前面的知识及例题（参见“例 3-2-5”）计算，读者已经从理论上知道，向相同浓度的 Cl^- 和 CrO_4^{2-} 混合溶液中，缓慢滴加 $AgNO_3$ 溶液，首先析出的应该是 AgCl 的白色沉淀，然后是 Ag_2CrO_4 的砖红色沉淀。但进行实验时，往往先观察到砖红色 Ag_2CrO_4 沉淀，似乎与理论计算相矛盾。原因在于滴加 $AgNO_3$ 溶液后，若试管未经振荡，滴加的局部 Ag^+ 浓度过高，同时达到了 AgCl 与 Ag_2CrO_4 的 $K_{sp}^\ominus$，故两者均会沉淀出来。又由于 Ag_2CrO_4 的砖红色遮盖了 AgCl 的白色，观察者往往以为生成的只有 Ag_2CrO_4。其实是错误的。振荡试管后，砖红色沉淀消失，看到的是白色 AgCl 沉淀。所以从沉淀转化角度，可以判断由 Ag_2CrO_4 转化为 AgCl 容易，此转化的平衡常数为 $K^\ominus=1.72\times10^8$，请读者自行计算。

3. 问：在 $K_2Cr_2O_7$ 溶液中，逐滴加入 $AgNO_3$ 溶液，则有 Ag_2CrO_4 砖红色沉淀生成。为什么？

答：这其实是一个平衡移动问题。在 $K_2Cr_2O_7$ 溶液中有 CrO_4^{2-} 存在，两者有如下平衡关系：$Cr_2O_7^{2-}(aq)+H_2O \rightleftharpoons 2HCrO_4^-(aq) \rightleftharpoons 2CrO_4^{2-}(aq)+2H^+(aq)$。又由于银的铬酸盐比相应的重铬酸盐难溶于水［$K_{sp}^\ominus(Ag_2Cr_2O_7)=2.0\times10^{-7}$，$K_{sp}^\ominus(Ag_2CrO_4)=1.1\times10^{-12}$］，在 $K_2Cr_2O_7$ 溶液中加入 Ag^+，平衡将向右移动，即 $4Ag^+(aq)+Cr_2O_7^{2-}(aq)+H_2O \rightleftharpoons 2Ag_2CrO_4(s)\downarrow+2H^+(aq)$。滴加 Pb^{2+}、Ba^{2+} 溶液时也有类似现象，生成的分别是 $PbCrO_4$ 和 $BaCrO_4$ 沉淀，而非重铬酸盐沉淀。

4. * 问：已知 $K_{sp}^\ominus(CaF_2)=2.7\times10^{-11}$，$K_a^\ominus(HF)=6.3\times10^{-4}$，试推导溶解的 CaF_2 的浓度与溶液中 H^+ 浓度之间的关系式。

【分析】 该体系涉及难溶电解质 CaF_2 的沉淀溶解平衡和弱酸 HF 的解离平衡，属于多重平衡构成的体系。两者关系通过同一个 F^- 平衡浓度构建。

【解】 写出该体系涉及的分步平衡关系式。

$$CaF_2(s) \rightleftharpoons Ca^{2+}(aq)+2F^-(aq) \qquad K_{sp}^\ominus(CaF_2) \qquad ①$$

$$HF(aq) \rightleftharpoons H^+(aq)+F^-(aq) \qquad K_a^\ominus(HF) \qquad ②$$

写出 CaF_2 在酸性溶液中的总反应方程式。

$$CaF_2(s)+2H^+(aq) \rightleftharpoons Ca^{2+}(aq)+2HF(aq) \qquad K^{\ominus} \qquad ③$$

①式−2×②式，即得③式。根据多重平衡原则，写出 $K^{\ominus}$ 与其他平衡常数之间关系的表达式。

$$K^{\ominus}=\frac{K_{sp}^{\ominus}(CaF_2)}{(K_a^{\ominus}(HF))^2}$$

设 CaF_2 在 HF 溶液中溶解的相对浓度为 S。则 $[Ca^{2+}]=S$，$[HF]=2S$。

写出 CaF_2 在酸性溶液中沉淀-溶解的平衡列表。

	$CaF_2(s)+2H^+(aq)$	$\rightleftharpoons Ca^{2+}(aq)$	$+2HF(aq)$
初始相对浓度	$[H^+]$	0	0
平衡相对浓度	$[H^+]-2S$	S	$2S$

写出 $K^{\ominus}$ 的表达式。

$$K^{\ominus}=\frac{[Ca^{2+}][HF]^2}{[H^+]^2}$$

将数据代入 $K^{\ominus}$ 表达式中，有：

$$K^{\ominus}=\frac{S\times(2S)^2}{([H^+]-2S)^2}=\frac{K_{sp}^{\ominus}(CaF_2)}{(K_a^{\ominus}(HF))^2}$$

因 $S\ll[H^+]$，上式可简写为：

$$K^{\ominus}=\frac{S\times(2S)^2}{[H^+]^2}=\frac{K_{sp}^{\ominus}(CaF_2)}{(K_a^{\ominus}(HF))^2}$$

整理上式，得：

$$[H^+]=2K_a^{\ominus}(HF)\times\sqrt{\frac{S^3}{K_{sp}^{\ominus}(CaF_2)}}$$

$$或\ S=\sqrt[3]{\frac{K_{sp}^{\ominus}(CaF_2)[H^+]^2}{4(K_a^{\ominus}(HF))^2}}$$

第三节　配位化合物及水溶液中的配位平衡

一、基本要求

(1) 掌握配合物的基本组成（中心形成体、配体、配位原子、配位数、中心离子电荷）及配合物结构特点。

(2) 掌握配合物的系统命名法。

(3) 掌握水溶液中配位平衡的特点、平衡常数及相关计算，包括配位平衡与其他平衡共存时的计算。

二、内容精要及基本例题分析

（一）配合物的基本概念

1. 组成

(1) 配合物的内界和外界

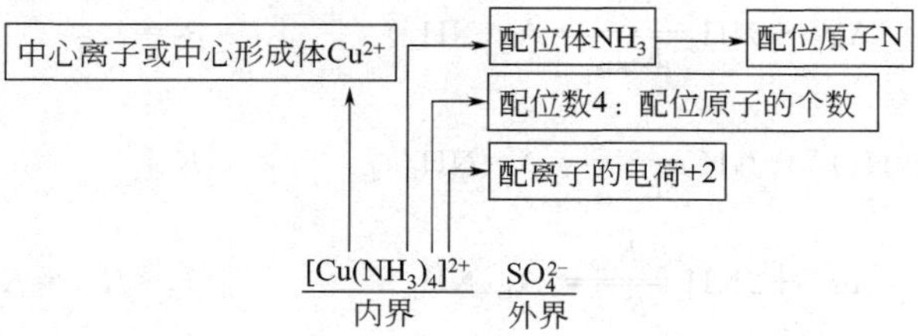

（2）配体分类：

单啮配体——只含有一个配位原子的配体，如 NH_3、F^- 等。

多啮配体——含有二个或二个以上配位原子的配体，如双啮配体 $H_2NCH_2CH_2NH_2$（乙二胺，简写为 en）和 $C_2O_4^{2-}$（草酸根，简写为 ox）、多啮配体 EDTA 等。

【例 3-3-1】 在配离子 $[Co(en)(C_2O_4)_2]^-$ 中，中心离子的配位数是________，中心离子的电荷是________。

【解】 答案为 6；+3.

【分析】配离子的配位数是指配位体中所有配位原子的总数，而不是配位体的个数。配位体乙二胺 en 和草酸根 $C_2O_4^{2-}$ 都是多啮配体，其中一个 en 中含有 2 个配位原子 N，一个 $C_2O_4^{2-}$ 中含有 2 个配位原子 O，故配离子 $[Co(en)(C_2O_4)_2]^-$ 配位原子总数为 $2+2\times2=6$，配位数为 6。配离子的中心离子电荷＝配离子电荷－配位体电荷总数。注意 en 是中性分子，而 $C_2O_4^{2-}$ 带 2 个负电荷，故 $-1-(-2)\times2=+3$，中心离子是 Co^{3+}。

2. 配合物的系统命名法

（1）对整个配盐，先命名阴离子，再命名阳离子，中间用“化”或“酸”连接（简单阴离子用“化”，复杂阴离子用“酸”）。

（2）内界命名顺序：

配位数 →配位体→“合”→中心形成体（标出氧化数）

（配位数用一、二、三、…表示） （氧化数用Ⅰ、Ⅱ、Ⅲ、…表示）

（3）配体顺序：先命名无机配体后命名有机配体；多种无机或有机配体时先命名阴离子配体后命名中性配体；多种阴离子配体或中性配体时，一般按配位体的英文首字母顺序。总体原则由简单到复杂。

【例 3-3-2】 下列配合物命名中正确的是：

（A）$K_2[Zn(OH)_4]$——四氢氧化锌酸钾

（B）$H_2[PtCl_6]$——六氯合铂（Ⅳ）酸

（C）$[Co(NH_3)_3(H_2O)Cl_2]Cl$——氯化二氯一水三氨合钴（Ⅱ）

（D）$[Fe(CO)_5]$——五一氧化碳合铁

【解】 答案为 B。

【分析】 选项 A 中存在两处错误，配体 OH^- 应命名为羟基，不能命名为氢氧根；还需标明锌离子的氧化数，A 正确命名为“四羟基合锌（Ⅱ）酸钾”。选项 B 正确，注意若配合物外界是 H^+，则命名为“某酸”。选项 C 中各配体命名顺序正确，符合“先阴离子后中性分子，先水后氨”的原则，但中心离子氧化数错误，应为+3。选项 D 中配体 CO 应命名为羰基，因中心形成体的氧化态为 0，可以不作说明。选项 D 正确名称为五羰基合铁。

3. 配位平衡

（1）平衡常数 $K_{稳}$ 表示配合物或配离子生成常数，$K_{不稳}$ 表示配合物或配离子解离常数，存在 $K_{稳}K_{不稳}=1$ 的关系。同时，配离子的配合与解离都是分级进行的，因而有逐级平衡常数与累积平衡常数 β 之分。例如，

分级平衡 $Ag^+ + NH_3 \underset{K_{不稳_2}}{\overset{K_{稳_1}}{\rightleftharpoons}} Ag(NH_3)^+$ $\beta_1=K_{稳_1}$

$Ag(NH_3)^+ + NH_3 \underset{K_{不稳_1}}{\overset{K_{稳_2}}{\rightleftharpoons}} Ag(NH_3)_2^+$ $K_{稳_2}$

总平衡 $Ag^+ + 2NH_3 \underset{K_{不稳}}{\overset{K_{稳}}{\rightleftharpoons}} Ag(NH_3)_2^+$ $\beta_2=K_{稳}=K_{稳_1}K_{稳_2}$

（2）配位平衡的计算原则　严格说配离子是逐级生成的，溶液中存在多种平衡组分，应测出各组分平衡浓度才能进行精确计算，但在满足某些条件时，可作近似简化处理。

由于一般配离子的稳定常数都较大，当配体大大过量（即配体量大大超过配位比）时，中心离子倾向于生成最高配位数的配离子，因而各级低配位数配离子存在的平衡浓度可忽略不计，最后一级配离子的平衡浓度即可看作金属离子的起始浓度，用 β 或 $K_{稳}$ 计算即可。

【例 3-3-3】 将 0.010mol $AgNO_3$(s) 溶于 1 dm^3 0.050$mol \cdot dm^{-3}$ $NH_3 \cdot H_2O$ 中，则生成 $Ag(NH_3)_2^+$ 浓度为__________。

【解】 答案为 0.010$mol \cdot dm^{-3}$。

【分析】 由于配体氨水浓度（0.050$mol \cdot dm^{-3}$）大于 Ag^+ 浓度（0.010$mol \cdot dm^{-3}$）的 2 倍，可认为 Ag^+ 与 $NH_3 \cdot H_2O$ 全部生成二配位的 $Ag(NH_3)_2^+$ 配离子，可忽略体系中 $Ag(NH_3)^+$ 配离子及游离的 Ag^+ 浓度，故 $Ag(NH_3)_2^+$ 浓度近似等于 Ag^+ 起始浓度，即 0.010$mol \cdot dm^{-3}$。

（3）配合物平衡常数的应用　比较同类型配离子的 $K_{稳}$ 或 $K_{不稳}$，可以判断这些配离子的相对稳定程度。

【例 3-3-4】 试比较 $Ag(NH_3)_2^+$、$Ag(CN)_2^-$、$Ag(S_2O_3)_2^{3-}$ 的相对稳定性大小。

【解】 稳定性顺序为 $Ag(CN)_2^- > Ag(S_2O_3)_2^{3-} > Ag(NH_3)_2^+$。

【分析】 查表得，$K_{稳}(Ag(CN)_2^-) = 1.26 \times 10^{21}$，$K_{稳}(Ag(S_2O_3)_2^{3-}) = 2.89 \times 10^{13}$，$K_{稳}(Ag(NH_3)_2^+) = 1.12 \times 10^7$。$K_{稳}$ 越大，表明由相应的中心离子与配体生成配离子的倾向越大，配离子也越稳定。

（4）配位平衡的移动　在配位平衡体系中，若加入某些试剂，使溶液中同时存在沉淀平衡、酸碱平衡、其他配位平衡或氧化还原平衡，则平衡将移动。详见本节重点与难点解析。

（二）配合物的基本计算

1. 单一配离子体系中游离金属离子的计算

【例 3-3-5】 将 0.010$mol \cdot dm^{-3}$ 的 $AgNO_3$ 溶液与 0.050$mol \cdot dm^{-3}$ 的氨水等体积混合，试计算该溶液中游离 Ag^+、NH_3 及 $Ag(NH_3)_2^+$ 的平衡浓度各为多少？［已知 $K_{稳}(Ag(NH_3)_2^+) = 1.12 \times 10^7$］

【分析】 由于配体起始浓度为金属离子浓度的 5 倍，故体系中 Ag^+ 全部转化为 $Ag(NH_3)_2^+$，平衡时各离子的相对浓度存在这样的关系式：$[Ag(NH_3)_2^+]_{平衡} = [Ag^+]_{起始}$，$[NH_3 \cdot H_2O]_{平衡} = [NH_3 \cdot H_2O]_{起始} - 2[Ag^+]_{起始}$，再根据 $K_{稳}$ 的值。求出 $[Ag^+]_{游离}$。

请读者注意两点：一、两溶液混合后，因稀释造成溶液起始浓度改变；二、游离 Ag^+ 的浓度（即 Ag^+ 的平衡浓度）极小，但不等于零，不过与配离子浓度相比可忽略不计，$[Ag^+]_{平衡} \ll [Ag(NH_3)_2^+]$。特别提醒，解题中必须设浓度很小的离子浓度为未知数，本题设 $[Ag^+]_{游离} = x$。

【解】

计算 $AgNO_3$ 溶液与氨水溶液混合时，但未发生配合前 Ag^+ 与 $NH_3 \cdot H_2O$ 的浓度。

$$[Ag^+]_{起始} = 0.005，[NH_3 \cdot H_2O]_{起始} = 0.025。$$

设 $[Ag^+]_{游离} = x$。

写出 $Ag(NH_3)_2^+$ 生成的平衡列表。

	$Ag^+(aq)$	$+2NH_3 \cdot H_2O(aq) \rightleftharpoons$	$Ag(NH_3)_2^+(aq) + 2H_2O(l)$
初始相对浓度	0.005	0.025	0
平衡相对浓度	x	$0.025 - 2 \times 0.005 + 2x$	$0.005 - x$

写出 $Ag(NH_3)_2^+$ 的 $K_{稳}$ 表达式，代入数据。

$$K_{稳} = 1.12 \times 10^7 = \frac{[Ag(NH_3)_2^+]}{[Ag^+][NH_3 \cdot H_2O]^2} = \frac{(0.005 - x)}{x(0.015 + 2x)^2}$$

因 $x \ll 0.005$，$2x \ll 0.015$，上式可改写为：

$$1.12\times10^{7}=\frac{0.005}{x(0.015)^{2}}$$

求解 x。

$$x=1.98\times10^{-6}$$

故溶液中游离 Ag^{+} 浓度为 $1.98\times10^{-6}mol\cdot dm^{-3}$，游离 $NH_3\cdot H_2O$ 浓度为 $0.015mol\cdot dm^{-3}$，配离子 $Ag(NH_3)_2^{+}$ 浓度为 $0.005mol\cdot dm^{-3}$。

本题也可从配合物的解离平衡入手。

写出 $Ag(NH_3)_2^{+}$ 解离的平衡列表。

	$Ag(NH_3)_2^{+}(aq)+2H_2O(l)\rightleftharpoons$	$Ag^{+}(aq)+$	$2NH_3\cdot H_2O(aq)$
初始相对浓度	0.005	0	$0.025-2\times0.005$
平衡相对浓度	$0.005-x$	x	$0.015+2x$

计算过程和结果同上。

2. 多重平衡体系的计算

详见“综合例题分析”。

三、重点、难点解析及综合例题分析

（一）配位平衡的重点、难点与前述酸碱平衡、沉淀溶解平衡相同，均涉及溶液中四大平衡之间的多重平衡体系，包括以下几部分。

（1）配离子之间的平衡移动问题，即不同配离子的相互转化。

（2）配位平衡与沉淀溶解平衡，即配位剂与沉淀剂对金属离子的争夺，从而判断体系是否生成沉淀或者沉淀是否溶解。

（3）配位平衡与酸碱平衡，即酸度对配位平衡的影响（或配位剂的酸效应）。

（4）配位平衡与氧化还原平衡，即配位平衡对氧化还原反应的影响，生成配离子对物质氧化还原能力的改变。详见本章第四部分“溶液中的电化学平衡”。

求解此类多重平衡问题的常用方法是利用已知常数求出转化反应的平衡常数 $K^{\ominus}$。下面通过综合例题逐一分析。

（二）综合例题分析

1. 配位平衡之间的竞争

配离子之间的转化反应，可根据 $K_{稳}$ 或 $K_{不稳}$，求出转化反应的 $K^{\ominus}$，再判断反应方向。

【例 3-3-6】 已知 $K_{稳}(Ag(NH_3)_2^{+})=1.12\times10^{7}$，$K_{稳}(Ag(CN)_2^{-})=1.26\times10^{21}$，$K_{稳}(CdCl_4^{2-})=3.1\times10^{2}$，$K_{稳}(Cd(SCN)_4^{2-})=3.8\times10^{2}$。判断下述反应自发进行的方向：

(1) $Ag(NH_3)_2^{+}(aq)+2CN^{-}(aq)\rightleftharpoons Ag(CN)_2^{-}(aq)+2NH_3(aq)$

(2) $CdCl_4^{2-}(aq)+4SCN^{-}(aq)\rightleftharpoons Cd(SCN)_4^{2-}(aq)+4Cl^{-}(aq)$

【分析】 任何化学反应的自发进行方向，均可根据 $\Delta_r G_m$ 的正负判断，而当 $\Delta_r G_m^{\ominus}$ 特别大（大于 $40kJ\cdot mol^{-1}$）或特别小（小于 $-40kJ\cdot mol^{-1}$）时，可直接用 $\Delta_r G_m^{\ominus}$ 加以判断（即可利用 $K^{\ominus}$ 大小判断）。否则必须同时考虑体系中离子浓度的相对大小，即反应商 J 的影响。

【解】（1）将配合物竞争平衡 $Ag(NH_3)_2^{+}(aq)+2CN^{-}(aq)\rightleftharpoons Ag(CN)_2^{-}(aq)+2NH_3(aq)$ 的平衡常数记为 $K_1^{\ominus}$，并将其拆分为：

$$Ag^{+}(aq)+2NH_3(aq)\rightleftharpoons Ag(NH_3)_2^{+}(aq) \qquad K_{稳}(Ag(NH_3)_2^{+})$$

$$Ag^{+}(aq)+2CN^{-}(aq)\rightleftharpoons Ag(CN)_2^{-}(aq) \qquad K_{稳}(Ag(CN)_2^{-})$$

第二式减去第一式，即为目标方程式。按多重平衡原则，有：

$$K_1^{\ominus}=\frac{K_{稳}(Ag(CN)_2^-)}{K_{稳}(Ag(NH_3)_2^+)}=\frac{1.26\times10^{21}}{1.12\times10^{7}}=1.13\times10^{14}$$

由于 $K_1^{\ominus}=1.13\times10^{14}\gg10^7$，$\Delta_rG_m^{\ominus}\ll-40kJ\cdot mol^{-1}$，$\Delta_rG_m<0$，表明 $Ag(NH_3)_2^+$ 转化为 $Ag(CN)_2^-$ 的倾向非常大，此类转化反应无需考虑配体 CN^-、NH_3 浓度的相对大小，直接根据 $K^{\ominus}$ 即可判断，转化方向为从左向右自发进行。

(2) 对于反应 (2) 的转化方向，同样先求出转化反应的 $K^{\ominus}$。

将配合物竞争平衡 $CdCl_4^{2-}(aq)+4SCN^-(aq) \rightleftharpoons Cd(SCN)_4^-(aq)+4Cl^-(aq)$ 的平衡常数记为 $K_2^{\ominus}$，并将其拆分为：

$$Cd^{2+}(aq)+4Cl^-(aq)\rightleftharpoons CdCl_4^{2-}(aq) \qquad K_{稳}(CdCl_4^{2-})$$

$$Cd^{2+}(aq)+4SCN^-(aq)\rightleftharpoons Cd(SCN)_4^{2-}(aq) \qquad K_{稳}(Cd(SCN)_4^{2-})$$

第二式减去第一式，即为目标方程式。按多重平衡原则，有：

$$K_2^{\ominus}=\frac{K_{稳}(Cd(SCN)_4^{2-})}{K_{稳}(CdCl_4^{2-})}=\frac{3.8\times10^{2}}{3.1\times10^{2}}=1.22$$

由于 $K_2^{\ominus}$ 接近 1，表明此反应的可逆性很大。对于此类反应，平衡移动方向或配离子转化方向取决于离子浓度的相对大小，即反应商 J 的大小可影响到反应 Δ_rG_m 的正负，从而影响转化方向。

2. 配位平衡与沉淀溶解平衡之间的竞争

当溶液中同时存在某金属离子的配位剂与沉淀剂时，两者对金属离子的争夺取决于配离子的 $K_{不稳}$ 和沉淀的 $K_{sp}^{\ominus}$ 大小。通常涉及两大类题目：一是判断沉淀是否生成，二是判断沉淀能否溶解。这两类题目解题思路也有所不同，在前面学习沉淀溶解平衡时，曾经讲过，凡是判断沉淀生成的题目，通常利用溶度积规则，因而可计算体系配离子中解离出的金属离子浓度，再加以判断。而判断沉淀溶解的题目则通过计算平衡转化方程式的平衡常数的方法，更为简便。下面通过练习分别加以分析。

(1) 沉淀生成

【例 3-3-7】 (1) 在 $0.10mol\cdot dm^{-3}$ $Ag(NH_3)_2^+$ 溶液中加入固体 NaCl，使溶液中 NaCl 浓度达到 $0.001mol\cdot dm^{-3}$，问有无 AgCl 沉淀析出？

(2) 在含有 $2.0mol\cdot dm^{-3}$ $NH_3\cdot H_2O$ 的 $Ag(NH_3)_2^+$ 溶液 [$Ag(NH_3)_2^+$ 浓度为 $0.10mol\cdot dm^{-3}$] 中加入固体 NaCl，使溶液中 NaCl 浓度达到 $0.001mol\cdot dm^{-3}$，问有无 AgCl 沉淀析出？[已知 $K_{稳}(Ag(NH_3)_2^+)=1.12\times10^7$，$K_{sp}^{\ominus}(AgCl)=1.8\times10^{-10}$]

【分析】 此题考查体系中配合平衡与沉淀溶解平衡之间的竞争。两题区别在于题 (1) 中 NH_3 的浓度仅由配离子 $Ag(NH_3)_2^+$ 解离所产生，而题 (2) 中，体系原本有过量配体 $NH_3\cdot H_2O$ 存在。由于过量配位剂存在，有利于 $Ag(NH_3)_2^+$ 生成，使体系中游离 Ag^+ 浓度更低，进而影响 AgCl 沉淀的生成。

题目是判断 AgCl 沉淀是否生成，所以均可采用溶度积规则，即比较 $Q=[Ag^+][Cl^-]$ 值与 $K_{sp}^{\ominus}(AgCl)$ 值的相对大小。题 (2) 还可从配离子与沉淀转化的平衡关系入手，比较 J 与 $K^{\ominus}$ 大小加以判断。

【解】 (1) 分步平衡法。

设溶液中 $Ag(NH_3)_2^+$ 解离出的 $[Ag^+]_{游离}=x$。

写出 $Ag(NH_3)_2^+$ 的解离平衡列表。

$$Ag(NH_3)_2^+(aq) \rightleftharpoons Ag^+(aq) + 2NH_3(aq) \quad K_{不稳}$$

初始相对浓度	0.10	0	0
平衡相对浓度	$0.10-x$	x	$2x$

列出 $K_{稳}$ 或 $K_{不稳}$ 表达式，代入相关数据。

$$K_{稳}=1.12\times10^{7}=\frac{[Ag(NH_3)_2^+]}{[Ag^+][NH_3]^2}=\frac{0.10-x}{x(2x)^2}$$

检验近似计算的条件。因 $x\ll0.10$，故 $0.10-x\approx0.10$，简化上式。

$$\frac{0.10}{4x^3}=1.12\times10^{7}$$

求解 x。

$$x=1.31\times10^{-3}，即\ c_{Ag^+}=1.31\times10^{-3}\,mol\cdot dm^{-3}$$

代入数据，计算离子积 $[Ag^+][Cl^-]$ 的值。

因 $[Cl^-]=0.001$，$[Ag^+][Cl^-]=1.31\times10^{-3}\times0.001=1.31\times10^{-6}$

比较 $[Ag^+][Cl^-]$ 与 $K_{sp}^{\ominus}(AgCl)$ 的大小。

$[Ag^+][Cl^-]=1.31\times10^{-6}>K_{sp}^{\ominus}(AgCl)=1.8\times10^{-10}$，故有 AgCl 沉淀析出。

(2) **解法一** 分步平衡法

采用题 (1) 方法。据题意，$[NH_3]_{起始}=2.0$。设溶液中 $Ag(NH_3)_2^+$ 解离出的 $[Ag^+]=y$。

写出 $Ag(NH_3)_2^+$ 的配合平衡列表。

$$Ag(NH_3)_2^+(aq) \rightleftharpoons Ag^+(aq) + 2NH_3(aq) \quad K_{不稳}$$

初始相对浓度	0.10	0	2.0
平衡相对浓度	$0.10-y$	y	$2.0+2y$

列出 $K_{稳}$ 或 $K_{不稳}$ 表达式，代入相关数据。

$$K_{稳}=1.12\times10^{7}=\frac{[Ag(NH_3)_2^+]}{[Ag^+][NH_3]^2}=\frac{0.10-y}{y(2.0+2y)^2}$$

检验近似计算的条件。因 $y\ll0.10$，故 $0.10-y\approx0.10$，$2.0+2y\approx2.0$。简化上式。

$$\frac{0.10}{4.0y}=1.12\times10^{7}$$

求解 y。

$$y=2.23\times10^{-9}，即\ c_{Ag^+}=2.23\times10^{-9}\,mol\cdot dm^{-3}$$

代入数据，计算离子积 $[Ag^+][Cl^-]$ 的值。

因 $[Cl^-]=0.001$，$[Ag^+][Cl^-]=2.23\times10^{-9}\times0.001=2.23\times10^{-12}$

比较 $[Ag^+][Cl^-]$ 与 $K_{sp}^{\ominus}(AgCl)$ 的大小。

$[Ag^+][Cl^-]=2.23\times10^{-12}<K_{sp}^{\ominus}(AgCl)=1.8\times10^{-10}$，故无 AgCl 沉淀析出。

解法二 一步平衡法

假设 AgCl 沉淀生成。写出配离子 $Ag(NH_3)_2^+$ 与 AgCl 形成的竞争反应方程式

$$Ag(NH_3)_2^+(aq) + Cl^-(aq) \rightleftharpoons AgCl(s) + 2NH_3(aq) \qquad K^{\ominus}$$

写出组成该竞争平衡的解离平衡和沉淀溶解平衡关系式。

$$Ag(NH_3)_2^+(aq) \rightleftharpoons Ag^+(aq) + 2NH_3(aq) \qquad K_{不稳}(Ag(NH_3)_2^+)$$

$$AgCl(s) \rightleftharpoons Ag^+(aq) + Cl^-(aq) \qquad K_{sp}^{\ominus}(AgCl)$$

第一式减去第二式，即为目标竞争反应方程式。根据多重平衡原则，写出 3 个平衡常数之间的关系式。

$$K^{\ominus}=\frac{K_{不稳}(Ag(NH_3)_2^+)}{K_{sp}^{\ominus}(AgCl)}=\frac{1}{K_{稳}(Ag(NH_3)_2^+)K_{sp}^{\ominus}(AgCl)}$$

代入相关数据，计算 $K^{\ominus}$ 的值。

$$K^{\ominus}=\frac{1}{1.12\times10^7\times1.8\times10^{-10}}=4.96\times10^2$$

据题意，$[Ag(NH_3)_2^+]=0.10$，$[Cl^-]=0.001$，$[NH_3]=2.0$。

代入相关数据，计算配合-沉淀竞争反应的反应商 J。

$$J=\frac{[NH_3]^2}{[Ag(NH_3)_2^+][Cl^-]}=\frac{2.0^2}{0.10\times0.001}=4.0\times10^4$$

比较反应商 J 与 $K^{\ominus}$ 值大小。

$$J=4.0\times10^4>K^{\ominus}=4.96\times10^2$$

$J>K^{\ominus}$ 所以 $\Delta G>0$，说明此时体系未处于平衡状态，平衡将逆向移动，即向着生成更多 $Ag(NH_3)_2^+$ 的方向移动，故 AgCl 沉淀无法生成。

比较（1）题和（2）题的结果可知：当竞争平衡的平衡常数不存在关系式 $K^{\ominus}\gg1$ 时，改变实验条件，可使竞争平衡或向沉淀方向移动，或向生成配离子的方向移动。

(2) 沉淀溶解

【例 3-3-8】（1）在 $1.0dm^3$ $6.0mol\cdot dm^{-3}$ 的 $NH_3\cdot H_2O$ 溶液中，加入 0.50mol AgCl 固体，问 AgCl 能否全部溶解？（假设溶液体积不变）

（2）若将 0.50mol AgCl 固体全部溶于 $1.0dm^3$ $NH_3\cdot H_2O$ 溶液中，问所用氨水的起始浓度最低是多少？（假设溶液体积不变）[已知 $K_{稳}(Ag(NH_3)_2^+)=1.12\times10^7$，$K_{sp}^{\ominus}(AgCl)=1.8\times10^{-10}$]

【分析】 此两小题虽然题目的已知条件和目标不同，但全都涉及配合-沉淀溶解平衡，故解题思路相同，均可从配离子与沉淀转化的方程式入手，利用 $K^{\ominus}$ 求解。

部分读者求解第（1）小题时，往往感到无从下手。若将本小题换一种方式表述，便可迎刃而解。题（1）可转述为：计算 $1.0dm^3$ $6.0mol\cdot dm^{-3}$ 的 $NH_3\cdot H_2O$ 溶液，最多能溶解多少摩尔 AgCl 固体？还可转述为：假设 0.50mol AgCl 全部溶解，此时体系是否处于平衡状态？若不平衡，移动方向如何？

由此第（1）小题可有两种解题方法。解题方案同“例 3-3-7”。但合理设置待求解 x 是关键。

【解】（1）**解法一** 一步平衡法。

按例 3-3-7 的方法，求解竞争反应 $AgCl(s)+2NH_3(aq)\rightleftharpoons Ag(NH_3)_2^+(aq)+Cl^-(aq)$ 的平衡常数 $K^{\ominus}$。

$$K^{\ominus}=K_{稳}(Ag(NH_3)_2^+)K_{sp}^{\ominus}(AgCl)=1.12\times10^7\times1.8\times10^{-10}=2.02\times10^{-3}$$

设 $NH_3\cdot H_2O$ 溶液最多可溶解 x mol AgCl 固体。由于 $NH_3\cdot H_2O$ 过量，溶解的 AgCl 固体全部转化为 $Ag(NH_3)_2^+$。

写出竞争反应的平衡列表。

	$AgCl(s)+2NH_3(aq)\rightleftharpoons$	$Ag(NH_3)_2^+(aq)$	$+Cl^-(aq)$	$K^{\ominus}$
初始相对浓度	6.0	0	0	
平衡相对浓度	$6.0-2x$	x	x	

列出 $K^{\ominus}$ 表达式，代入相关数据。

$$K^{\ominus}=\frac{[Ag(NH_3)_2^+][Cl^-]}{[NH_3]^2}=\frac{xx}{(6.0-2x)^2}=2.02\times10^{-3}$$

求解 x。

$$x=0.25$$

计算溶解的固体 AgCl 的物质的量。

$$n_{AgCl}=0.25mol\cdot dm^{-3}\times 1.0dm^3=0.25mol$$

因溶解固体 AgCl 的物质的量小于 0.50mol，所以，0.50mol AgCl 不能全部溶解。

解法二 反应商 J 与 $K^\ominus$ 比较法。

假设 0.50mol AgCl 可全部溶解，则溶解的 Ag^+ 全部生成 $Ag(NH_3)_2^+$。

计算此时溶液中各物项的浓度。

$$[Cl^-]=0.50,\ [Ag(NH_3)_2^+]=0.50,\ [NH_3]=6.0-2\times 0.50=5.0。$$

计算此条件下竞争平衡的反应商 J。

$$AgCl(s)+2NH_3(aq) \rightleftharpoons Ag(NH_3)_2^+(aq)+Cl^-(aq)$$

$$J=\frac{[Ag(NH_3)_2^+][Cl^-]}{[NH_3]^2}=\frac{0.50\times 0.50}{5.0^2}=0.010$$

比较 J 与 $K^\ominus$ 的大小。（$K^\ominus$ 求法同解法一）

$$J=0.01>K^\ominus=2.02\times 10^{-3}$$

因 $\Delta_r G_m=-RT\ln K^\ominus+RT\ln J>0$，表明此时体系未达平衡状态，故竞争反应左移，有 AgCl 沉淀生成。因而假设不成立，即 0.50mol AgCl 不能全部溶解。

(2) 假设体积为 $1.0dm^3$ 的 $y\,mol\cdot dm^{-3}$ $NH_3\cdot H_2O$ 溶液能够溶解 0.50mol AgCl。

写出竞争反应的平衡列表。

	$AgCl(s)+2NH_3(aq)$	$\rightleftharpoons Ag(NH_3)_2^+(aq)$	$+Cl^-(aq)$	$K^\ominus$
初始相对浓度	y	0	0	
平衡相对浓度	$y-1.0$	0.50	0.50	

列出 $K^\ominus$ 表达式，代入相关数据。

$$K^\ominus=\frac{[Ag(NH_3)_2^+][Cl^-]}{[NH_3]^2}=\frac{0.50\times 0.50}{(y-1.0)^2}=2.02\times 10^{-3}$$

求解 y。

$$y=12.12$$

若使 0.50mol 固体 AgCl 全部溶解，$NH_3\cdot H_2O$ 溶液的最低浓度应为 $12.12mol\cdot dm^{-3}$，故 $6.0mol\cdot dm^{-3}$ $NH_3\cdot H_2O$ 溶液无法使其全部溶解。与第 (1) 题的结论一致。

3. 酸碱平衡对配合平衡的影响

pH 改变对配离子稳定性产生影响。根据 Lewis 酸碱的概念，配体都是碱。当溶液中 H^+ 浓度增加，配体会与 H^+ 结合生成弱酸分子，使配体浓度下降，从而影响配离子的配合解离平衡，使配合物稳定性下降，这也称为“配位剂的酸效应”。

例如，$Ag(NH_3)_2^+$ 在 HCl 溶液中的解离度远远大于在 NaCl 溶液中。

$$\begin{array}{ccc} Ag(NH_3)_2^+(aq) \rightleftharpoons & Ag^+(aq) & +\ 2NH_3(aq) \\ & + & + \\ 2HCl(aq)=Cl^-(aq)+2H^+(aq)+ & Cl^-(aq) & \\ & \Downarrow & \Downarrow \\ & AgCl(s) & 2NH_4^+(aq) \end{array}$$

由上述平衡关系可以看出，在 HCl 溶液中，促使 $Ag(NH_3)_2^+$ 解离的因素有两个：一是配体的酸效应，二是金属离子的沉淀反应，因而 $Ag(NH_3)_2^+$ 的稳定性较之在 NaCl 中大为下降。

【例 3-3-9】 试求溶液酸度 pH=2.0 时，$0.10mol\cdot dm^{-3}$ FeF_6^{3-} 溶液中游离 Fe^{3+} 浓度。[已知 $K_{稳}(FeF_6^{3-})=2.04\times 10^{14}$，$K_a^\ominus(HF)=2.53\times 10^{-4}$]

【分析】 此题与单纯 FeF_6^{3-} 体系不同之处在于溶液中既存在 FeF_6^{3-} 的配位平衡，又存在弱酸 HF 的解离平衡，是一个多重平衡体系。可通过总平衡关系式，利用 $K^\ominus$ 求解。

【解】 写出配离子 FeF_6^{3-} 在酸性溶液中的解离平衡方程式。

$$FeF_6^{3-}(aq)+6H^+(aq) \rightleftharpoons Fe^{3+}(aq)+6HF(aq) \qquad K^\ominus$$

写出组成该竞争反应的配位平衡和解离平衡关系式。

$$Fe^{3+}(aq)+6F^-(aq) \rightleftharpoons FeF_6^{3-}(aq) \qquad K_{稳}$$

$$HF(aq) \rightleftharpoons H^+(aq)+F^-(aq) \qquad K_a^\ominus(HF)$$

根据多重平衡原则，写出 3 个平衡常数之间的关系式。

$$K^\ominus=\frac{1}{K_{稳}(K_a^\ominus)^6}$$

代入相关数据，计算 $K^\ominus$ 的值。

$$K^\ominus=\frac{1}{2.04\times10^{14}\times(2.53\times10^{-4})^6}=1.87\times10^7$$

从 $K^\ominus$ 的数值可以看出，该平衡向右进行的趋势相当大，故酸效应可使配离子 FeF_6^{3-} 稳定性大大下降。

设溶液中游离 $[Fe^{3+}]=x$。

写出配离子 FeF_6^{3-} 在酸性溶液中的解离平衡方程式。

	$FeF_6^{3-}(aq)$	$+6H^+(aq) \rightleftharpoons$	$Fe^{3+}(aq)$	$+6HF(aq)$	$K^\ominus$
初始相对浓度	0.10	0.010	0	0	
平衡相对浓度	$0.10-x$	0.010	x	$6x$	

写出 FeF_6^{3-} 在酸性溶液中解离平衡常数 $K^\ominus$ 的表达式，代入数据。

$$K^\ominus=\frac{[Fe^{3+}][HF]^6}{[FeF_6{}^{3-}][H^+]^6}=\frac{x(6x)^6}{(0.10-x)(0.010)^6}=1.87\times10^7$$

用牛顿迭代法计算（参照例 3-1-11）。假设 $0.10-x\approx0.10$，解

$$K^\ominus=\frac{x_1(6x_1)^6}{(0.10)(0.010)^6}=1.87\times10^7$$

得

$$x_1=3.27\times10^{-2},\ x_2=3.10\times10^{-2},\ x_3=3.10\times10^{-2}$$

表明 x 已收敛，则 $x=3.10\times10^{-2}$

溶液中游离 $c_{Fe^{3+}}$ 为 $3.10\times10^{-2}\,mol\cdot dm^{-3}$。

请读者计算 $0.10mol\cdot dm^{-3}$ FeF_6^{3-} 溶液中游离 Fe^{3+} 的浓度。（答案：游离 $c_{Fe^{3+}}=1.40\times10^{-3}\,mol\cdot dm^{-3}$。）

对比两个计算值，可充分说明溶液酸碱性对配位平衡的影响。

四、疑难问题解答

1. 问：多啮配体如何与金属离子形成螯合物？为何螯合物具有特殊稳定性？

答：含有两个或多个配位原子的配体称为多啮配体。例如以下几种。

乙二胺，简写为 en，分子式为 $H_2\ddot{N}—CH_2—CH_2—\ddot{N}H_2$。式中，配位原子为 2 个 N 原子。

草酸根，$C_2O_4^{2-}$，结构式为 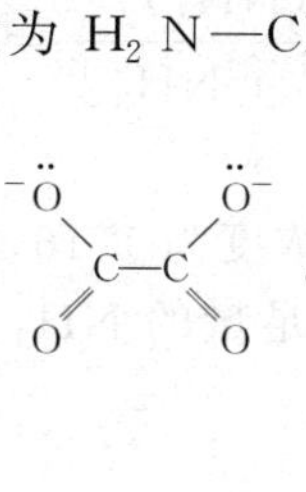 。式中，配位原子为 2 个 O 原子。

乙二胺四乙酸根离子，简写为 EDTA，结构式为 $\begin{smallmatrix}^-OOCCH_2\\^-OOCCH_2\end{smallmatrix}\!\!>\!\!N\!-\!CH_2\!-\!CH_2\!-\!N\!<\!\!\begin{smallmatrix}CH_2COO^-\\CH_2COO^-\end{smallmatrix}$。

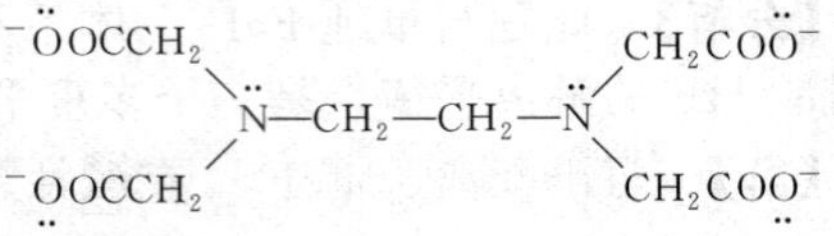

式中，配位原子为 2 个 N 原子和 4 个 O 原子，共 6 个配位原子。

多齿配体与同一中心离子成键形成环状结构，称为螯合物。同一金属离子的螯合物往往比具有相同配位原子和相同配位数的一般配合物稳定常数大得多（见表 3-2），这种作用称为螯合效应。

表 3-2 螯合物与简单配合物稳定常数比较

金属离子	配位数	简单配合物	lg $K_稳$	螯合物	lg $K_稳$
Cu^{2+}	4	$Cu(NH_3)_4^{2+}$	13.32	$Cu(en)_2^{2+}$	20.00
Zn^{2+}	4	$Zn(NH_3)_4^{2+}$	9.46	$Zn(en)_2^{2+}$	10.83
Cd^{2+}	4	$Cd(NH_3)_4^{2+}$	9.52	$Cd(en)_2^{2+}$	11.06
Ni^{2+}	6	$Ni(NH_3)_6^{2+}$	8.74	$Ni(en)_3^{2+}$	18.33

螯合物的稳定性与环的大小、数目及空间位阻等因素有关，以五原子环或六原子环最为稳定。例如 EDTA 可与金属离子形成 5 个五原子环，故 EDTA 的配合物特别稳定。

从热力学角度看，螯合物稳定常数大，与螯合反应的热力学函数有关。请比较下列两个配合反应的热力学函数值（298K）（表 3-3）。

表 3-3 配合物和螯合物的热力学函数值的比较

序号	范例	$\Delta_r H_m^\ominus$ /(kJ·mol^{-1})	$\Delta_r S_m^\ominus$ /(J·mol^{-1}·K^{-1})	$T\Delta_r S_m^\ominus$ /(kJ·mol^{-1})	$\Delta_r G_m^\ominus$ /(kJ·mol^{-1})
1	$Cd^{2+}(aq)+4NH_2CH_3(aq) \rightleftharpoons Cd(NH_2CH_3)_4^{2+}(aq)$	-57.3	-67.4	-20.1	-37.2
2	$Cd^{2+}(aq)+2en(aq) \rightleftharpoons Cd(en)_2^{2+}(aq)$	-56.5	14.1	4.2	-60.7

2. *问：在配位平衡计算中，若配体没有大大过量于金属离子时，仍然用累积稳定常数计算，会带来怎样的误差？该如何计算？

答：配位平衡具备以下两个条件时才可直接用 $K_稳$（或累积稳定常数 β_n）进行计算：(1) 配合物各级稳定常数都较大；(2) 配体大大过量。否则，必须考虑各级配位数的配离子，用逐级稳定常数计算。例如，将等体积 0.10 mol·dm^{-3} AgNO$_3$ 与 0.20 mol·dm^{-3} NH$_3$·H$_2$O 混合，求溶液中游离的 Ag$^+$ 浓度。下面分别用近似法和精确法计算，请读者体会。

(1) 用总稳定常数 $K_稳$ 近似计算　设溶液中游离的 [Ag$^+$]=x。

写出 $Ag(NH_3)_2^+$ 配合平衡的平衡列表。

$$Ag^+(aq)+2NH_3(aq) \rightleftharpoons Ag(NH_3)_2^+(aq) \quad K_稳=1.6\times10^7$$

初始相对浓度　　　0.10　　　0.20　　　　　　　0
平衡相对浓度　　　x　　　　$2x$　　　　　　　0.10-x

列出 $K_稳$ 表达式，代入数据。

$$K_稳=1.6\times10^7=\frac{[Ag(NH_3)_2^+]}{[Ag^+][NH_3]^2}=\frac{0.10-x}{x(2x)^2}$$

求解 x。

$x=1.16\times10^{-3}$。故游离 Ag$^+$ 浓度为 1.16×10^{-3} mol·dm^{-3}。

(2) 用逐级稳定常数计算　体系中仅存在足量的 NH$_3$·H$_2$O，其浓度不过量，因此体

系中有 $Ag(NH_3)^+$、$Ag(NH_3)_2^+$ 各级配离子存在，必须用 $K_{稳_1}$ 和 $K_{稳_2}$ 计算。

写出 $Ag(NH_3)^+$、$Ag(NH_3)_2^+$ 生成的平衡关系式。

$$Ag^+(aq)+NH_3(aq) \rightleftharpoons Ag(NH_3)^+(aq) \qquad K_{稳_1}=2.1\times10^3$$

$$Ag(NH_3)^+(aq)+NH_3(aq) \rightleftharpoons Ag(NH_3)_2^+(aq) \qquad K_{稳_2}=7.7\times10^3$$

写出上述两个逐级平衡的平衡常数表达式。

$$K_{稳_1}=\frac{[Ag(NH_3)^+]}{[Ag^+][NH_3]}=2.1\times10^3$$

$$K_{稳_2}=\frac{[Ag(NH_3)_2^+]}{[Ag(NH_3)^+][NH_3]}=7.7\times10^3$$

据题意，溶液中 $[Ag^+]_{起始}=0.10$，$[NH_3]_{起始}=0.20$。将游离的 Ag^+ 浓度记为 $[Ag^+]_{游离}$，游离的 $NH_3\cdot H_2O$ 浓度记为 $[NH_3]_{游离}$。

根据物料平衡原则，体系中含 Ag^+ 的各物种浓度之和应等于 $[Ag^+]_{起始}$。写出该关系式。

$$[Ag^+]_{起始}=[Ag^+]_{游离}+[Ag(NH_3)^+]+[Ag(NH_3)_2^+]=0.10 \qquad ①$$

利用 $K_{稳_1}$、$K_{稳_2}$ 的表达式，写出 $[Ag(NH_3)^+]$、$[Ag(NH_3)_2^+]$ 与 $[NH_3]_{游离}$ 和 $[Ag^+]_{游离}$ 的关系式。

$$[Ag(NH_3)^+]=K_{稳_1}[NH_3]_{游离}[Ag^+]_{游离}$$

$$[Ag(NH_3)_2^+]=K_{稳_1}K_{稳_2}[NH_3]_{游离}^2[Ag^+]_{游离}$$

将 $[Ag(NH_3)^+]$ 和 $[Ag(NH_3)_2^+]$ 的关系式代入①式，有：

$$[Ag^+]_{游离}+K_{稳_1}[NH_3]_{游离}[Ag^+]_{游离}+K_{稳_1}K_{稳_2}[NH_3]_{游离}^2[Ag^+]_{游离}=0.10 \qquad ②$$

根据物料平衡原则，体系中含 NH_3 的各物种浓度之和应等于 $[NH_3]_{起始}$。写出该关系式。

$$[NH_3]_{起始}=[NH_3]_{游离}+[Ag(NH_3)^+]+2[Ag(NH_3)_2^+]=0.20$$

利用 $K_{稳_1}$、$K_{稳_2}$ 的表达式，替换上式中的 $[Ag(NH_3)^+]$ 和 $[Ag(NH_3)_2^+]$，得：

$$[NH_3]_{游离}+K_{稳_1}[NH_3]_{游离}[Ag^+]_{游离}+2K_{稳_1}K_{稳_2}[NH_3]_{游离}^2[Ag^+]_{游离}=0.20 \qquad ③$$

联立②、③两式，即，②式乘以 2，再减去③式，得：

$$2[Ag^+]_{游离}+K_{稳_1}[NH_3]_{游离}[Ag^+]_{游离}-[NH_3]_{游离}=0$$

改写上式，得：

$$[Ag^+]_{游离}=\frac{[NH_3]_{游离}}{2+K_{稳_1}[NH_3]_{游离}} \qquad ④$$

将④式代入②式，得：

$$\frac{[NH_3]_{游离}}{2+K_{稳_1}[NH_3]_{游离}}+K_{稳_1}\times\frac{[NH_3]_{游离}^2}{2+K_{稳_1}[NH_3]_{游离}}+K_{稳_1}K_{稳_2}\times\frac{[NH_3]_{游离}^3}{2+K_{稳_1}[NH_3]_{游离}}=0.10$$

整理上式，得：

$$K_{稳_1}K_{稳_2}[NH_3]_{游离}^3+K_{稳_1}[NH_3]_{游离}^2-209[NH_3]_{游离}-0.20=0$$

将 $K_{稳_1}=2.1\times10^3$，$K_{稳_2}=7.7\times10^3$ 代入上式，求解 $[NH_3]_{游离}$。

$$1.6\times10^7[NH_3]_{游离}^3+2.1\times10^3[NH_3]_{游离}^2-209[NH_3]_{游离}-0.20=0$$

$$[NH_3]_{游离}=0.00396$$

将 $[NH_3]_{游离}$ 的值代入④式，求算 $[Ag^+]_{游离}$。

$$[Ag^+]_{游离}=3.84\times10^{-4}$$

利用 $[Ag(NH_3)^+]=K_{稳_1}[NH_3]_{游离}[Ag^+]_{游离}$ 关系式，求算 $[Ag(NH_3)^+]$。

$$[Ag(NH_3)^+]=3.19\times10^{-3}$$

利用 $[Ag(NH_3)_2^+]=K_{稳_1}K_{稳_2}[NH_3]^2_{游离}[Ag^+]_{游离}$ 关系式，求算 $[Ag(NH_3)_2^+]$。

$$[Ag(NH_3)_2^+]=9.47\times10^{-2}$$

用逐级稳定常数计算体系中游离的 $[Ag^+]_{游离}$ 和 $[Ag(NH_3)_2^+]$ 时，常会引入高次方程，这在普通化学课程的近似计算中须避免。

另外，比较两种方法的计算结果，数值有数量级的差异，游离 Ag^+ 浓度分别为 $1.16\times10^{-3}mol\cdot dm^{-3}$ 和 $3.84\times10^{-4}mol\cdot dm^{-3}$。因此，当配体不大大过量于金属离子时，不能用总稳定常数直接计算，否则会引入较大误差。

第四节　溶液中的电化学平衡及其应用

一、基本要求

(1) 掌握氧化还原反应的基本概念及离子-电子配平法。

(2) 学会将氧化还原反应设计成原电池，判断原电池的正极、负极，写出原电池符号、电极反应及电池反应。

(3) 理解电极电位的概念及影响因素，利用能斯特方程计算电极实际状态的电极电位。

(4) 掌握电极电位与物质氧化还原能力的关系，判断氧化还原反应的方向和次序。

(5) 掌握原电池电动势的计算，原电池电动势、反应的吉布斯自由能与平衡常数的关系，判断氧化还原反应的程度及趋势大小。

(6) 了解电解基本原理及应用，能判断简单盐类水溶液的电解产物，并根据实际析出电位大小判断优先放电的物质。

(7) 了解实际分解电压超出理论分解电压的原因，极化产生的原因、种类及消除方法。

(8) 了解电镀的原理及应用。

(9) 了解电化学腐蚀的分类及防护。

二、内容精要及基本例题分析

(一) 基本概念

1. 氧化还原反应与氧化还原电对

氧化还原反应是电子从还原剂转移到氧化剂的反应，使氧化剂或还原剂的元素氧化数发生变化，由氧化与还原两个半反应组成。其中每个半反应涉及一个氧化还原电对，通常写成"氧化型/还原型"形式。

【例 3-4-1】 请将下列选项填入合适的空格中。已知反应：

$$2MnO_4^-(aq)+10Cl^-(aq)+16H^+(aq)\rightleftharpoons 2Mn^{2+}(aq)+5Cl_2(g)+8H_2O(l)$$

其中 MnO_4^- 为________剂，在反应中________电子，氧化数________，具有________性，自身在反应中被________。

(A) 氧化　(B) 还原　(C) 失去　(D) 得到

(E) 升高　(F) 降低

【解】 答案依次为 A、D、F、A、B。

【分析】 此题考查氧化还原的基本概念。此氧化还原反应可拆分为两个半反应。

还原反应：$MnO_4^-(aq)+8H^+(aq)+5e^-\rightleftharpoons Mn^{2+}(aq)+4H_2O(l)$

氧化反应： $Cl_2(g)+2e^- \rightleftharpoons 2Cl^-(aq)$

存在两个氧化还原电对，MnO_4^-/Mn^{2+} 及 Cl_2/Cl^-。氧化剂被还原，其氧化数降低。还原剂被氧化，其氧化数升高。

2. 离子-电子法配平氧化还原反应

离子-电子法配平时，关键在于半反应方程式的书写以及两边氧原子数的配平。

酸性条件下，在氧原子数多的一边加上两倍于两边氧原子数之差的 H^+，另一边用 H_2O 平衡。

碱性条件下，在氧原子数多的一边加上与两边氧原子数之差相等的 H_2O，另一边用 OH^- 平衡。

【例 3-4-2】 配平方程式

(1) $KMnO_4(aq)+H_2S(aq)+H_2SO_4(aq) \longrightarrow MnSO_4(aq)+S(s)+K_2SO_4(aq)+H_2O(l)$

(2) $BrO_4^-(aq)+CrO_2^-(aq) \longrightarrow BrO_3^-(aq)+CrO_4^{2-}(aq)$(碱性条件)

【解】(1) $2KMnO_4(aq)+5H_2S(aq)+3H_2SO_4(aq) = 2MnSO_4(aq)+5S(s)+K_2SO_4(aq)+8H_2O(l)$

(2) $3BrO_4^-(aq)+2CrO_2^-(aq)+2OH^-(aq) = 3BrO_3^-(aq)+2CrO_4^{2-}(aq)+H_2O(l)$

【分析】 离子-电子法配平氧化还原反应的步骤如下。

将氧化还原方程式改写为离子方程式。

$$MnO_4^-(aq)+H_2S(aq)+H^+(aq) \longrightarrow Mn^{2+}(aq)+S(s)+H_2O(l)$$

分别列出氧化剂和还原剂的两个氧化还原电对之间的转化关系式。

$$MnO_4^-(aq) \longrightarrow Mn^{2+}(aq) \quad \text{氧化剂}$$

$$S(s) \longrightarrow H_2S(aq) \quad \text{还原剂}$$

平衡氧化剂电对和还原剂电对转化式两边的得失电子数。

$$MnO_4^-(aq)+5e^- \longrightarrow Mn^{2+}(aq) \quad ①$$

$$S(s)+2e^- \longrightarrow H_2S(aq) \quad ②$$

进行物料平衡。在①式的左边加上 8 个 H^+，右边加上 4 个 H_2O，使两边的氧原子数相等。完成氧化剂电对半反应的配平。

$$MnO_4^-(aq)+8H^+(aq)+5e^- \rightleftharpoons Mn^{2+}(aq)+4H_2O(l) \quad ③$$

进行物料平衡。在②式的左边加上 2 个 H^+，使两边的氢原子数相等。完成还原剂电对半反应的配平。

$$S(s)+2H^+(aq)+2e^- \rightleftharpoons H_2S(aq) \quad ④$$

根据氧化与还原反应得失电子数相等的原则，③式乘以 2，再减去④式乘以 5，得到配平的氧化还原离子方程式。

$$2MnO_4^-(aq)+5H_2S(aq)+6H^+(aq) = 2Mn^{2+}(aq)+2S(s)+8H_2O(l)$$

将上述离子方程式改写为氧化还原反应方程式。

$$2KMnO_4(aq)+5H_2S(aq)+3H_2SO_4(aq) = 2MnSO_4(aq)+5S(s)+K_2SO_4(aq)+8H_2O(l)$$

请读者自行配平第（2）题的氧化还原方程式。

3. 原电池的基本概念及原电池符号

(1) 原电池是将化学能直接变为电能的装置。任何一个自发的氧化还原反应均可以设计成原电池。原电池电极分为正极和负极，正极接受电子，发生还原反应；负极放出电子，发生氧化反应。

(2) 书写原电池符号时注意必须将涉及电极反应的所有物质，写入半电池符号，有时还

需添加可导电的惰性电极（Pt 电极或石墨电极）。必要时注明气体的压力和溶液的浓度。例如对电极反应 $AgCl(s)+e^- \rightleftharpoons Ag(s)+Cl^-(aq)$ 而言，其半电池符号为 $Ag|AgCl(s)|Cl^-(aq, c)$；对电极反应 $Fe^{3+}(aq)+e^- \rightleftharpoons Fe^{2+}(aq)$ 而言，需添加惰性电极，其半电池符号为 $Pt|Fe^{3+}(aq, c_1), Fe^{2+}(aq, c_2)$。

【例 3-4-3】 将下列反应设计成原电池，写出原电池符号。

$$2KMnO_4(aq)+16HCl(aq) \rightleftharpoons 2KCl(aq)+2MnCl_2(aq)+5Cl_2(g)+8H_2O(l)$$

【解】 $(-)Pt|Cl_2(g,p)|Cl^-(aq,c_1)||MnO_4^-(aq,c_2),Mn^{2+}(aq,c_2),H^+(aq,c_3)|Pt(+)$

【分析】 此题的关键是写出电极反应。将已知的电池反应拆分为两个电极反应，分别写出两个半电池符号，再用盐桥联结即可。具体过程如下。

将电池反应方程式改写为离子方程式。

$$2MnO_4^-(aq)+16H^+(aq)+10Cl^-(aq) \rightleftharpoons 2Mn^{2+}(aq)+5Cl_2(g)+8H_2O(l)$$

写出正极的半电池反应，并用离子-电子法配平。

$$\text{正极：}MnO_4^-(aq)+8H^+(aq)+5e^- \rightleftharpoons Mn^{2+}(aq)+4H_2O(l)$$

正极添加惰性电极，写出正极的半电池符号。

$$MnO_4^-(aq,c_2),Mn^{2+}(aq,c_3),H^+(aq,c_4)|Pt(+)$$

写出负极的半电池反应，并用离子-电子法配平。

$$\text{负极：}Cl_2(g)+2e^- \rightleftharpoons 2Cl^-(aq)$$

负极添加惰性电极，写出负极的半电池符号。

$$(-)Pt|Cl_2(g,p)|Cl^-(aq,c_1)$$

按电池符号书写规则，负极在左，正极在右，中间用盐桥联结，写出原电池符号。

$$(-)Pt|Cl_2(g,p)|Cl^-(aq,c_1)||MnO_4^-(aq,c_2),Mn^{2+}(aq,c_3),H^+(aq,c_4)|Pt(+)$$

4. 电极电位

（1）电极电位的产生　将金属置于它的盐溶液中，金属有以离子形式溶解的趋势，溶液中的金属离子也有在金属表面上沉积的趋势。当两者达平衡时，金属和盐溶液之间便形成了双电层，产生电势差，该电势差即称为该电极的电极电势或电极电位。

（2）电极电位的测定　电极电位的绝对值无法测定，使用的是相对值。选择标准氢电极作为参考标准，并规定 $E^\ominus(H^+/H_2)=0.000000V$。以标准氢电极或甘汞电极作参比，与待测电极组成原电池，测其电动势而求得：$E_{电池}=E_+-E_-$。正负极则根据直流电压表指针偏转的方向确定。

标准氢电极：$Pt|H_2(100kPa)|H^+(1.0mol \cdot dm^{-3})$，规定 $E^\ominus(H^+/H_2)=0.000000V$。

标准甘汞电极：$Pt|Hg(l)|Hg_2Cl_2(s)|Cl^-(1.0mol \cdot dm^{-3})$，测定值 $E^\ominus(Hg_2Cl_2/Hg)=0.268V$。

饱和甘汞电极：$Pt|Hg(l)|Hg_2Cl_2(s)|Cl^-(2.8mol \cdot dm^{-3})$，测定值 $E(Hg_2Cl_2/Hg)=0.2415V$。

（3）标准电极电位　指在热力学标准状态下的电极电位，标准态的规定同第一章。测量温度通常指定为 25℃（298K）。

（4）影响电极电位的因素　主要与电极本性有关，外因主要是浓度、压力，可用 Nernst 方程计算。详见本节“重点及难点解析”。

$$298K\text{ 时}，E(M^{n+}/M)=E^\ominus(M^{n+}/M)+\frac{0.0592V}{n}\lg\frac{[\text{氧化型}]^x}{[\text{还原型}]^y}$$

式中，x、y 分别为电极反应式中氧化型与还原型物质的反应系数。

（5）电极电位的应用

① 判断物质氧化还原能力强弱　电对的电极电位代数值越高，表明电对中氧化态的氧化能力越强。电对的电极电位代数值越低，表明电对中还原态的还原能力越强。

【例 3-4-4】 试比较 Fe^{2+} 与 Sn^{2+} 的氧化能力。已知 $E^{\ominus}(Fe^{2+}/Fe)=-0.447V$，$E^{\ominus}(Fe^{3+}/Fe^{2+})=0.771V$，$E^{\ominus}(Sn^{2+}/Sn)=-0.1375V$，$E^{\ominus}(Sn^{4+}/Sn^{2+})=0.151V$。

【解】 Sn^{2+} 氧化能力强于 Fe^{2+}

【分析】 此题考查电极电位与物质氧化还原能力之间的关系。首先应明确，Fe^{2+} 与 Sn^{2+} 既可以作为氧化态，也可以作为还原态。因而比较物质氧化能力时，必须用该物质作为电对的氧化态时所对应电对的电极电位。$E^{\ominus}(Fe^{2+}/Fe)$ 的大小可以反映 Fe^{2+} 的氧化能力及 Fe 的还原能力。$E^{\ominus}(Sn^{2+}/Sn)$ 的大小可以反映 Sn^{2+} 的氧化能力及 Sn 的还原能力。由于 $E^{\ominus}(Fe^{2+}/Fe)<E^{\ominus}(Sn^{2+}/Sn)$，说明 Sn^{2+} 的氧化能力强于 Fe^{2+}。注意，这个结论是两种离子相比较而言的。实际上，由于两电对电极电位均小于零，说明 Sn^{2+} 与 Fe^{2+} 的氧化能力均很弱。而且这里用作比较标尺的是它们的标准电极电位 $E^{\ominus}$，也就是说排除了 Sn^{2+} 与 Fe^{2+} 的浓度影响。而实际上浓度是有影响的。

② 判断某氧化还原反应的方向　当 $E_{正}>E_{负}$ 或 $E_{电池}>0$ 时，反应正向进行。

【例 3-4-5】 判断反应 $2Fe^{3+}(aq)+Cu(s) \rightleftharpoons 2Fe^{2+}(aq)+Cu^{2+}(aq)$ 能否自发从左向右进行？已知 $E^{\ominus}(Fe^{3+}/Fe^{2+})=0.771V$，$E^{\ominus}(Cu^{2+}/Cu)=0.342V$。

【解】 可自发向右进行

【分析】 判断任一化学反应自发进行的方向，最终判据是 $\Delta G<0$。而对特定反应——氧化还原反应来说，$\Delta G<0$ 意味着利用此反应设计成的原电池电动势 $E_{电池}>0$，即 $E_{正}>E_{负}$。

写出正负极的电极反应。

正极：$Fe^{3+}(aq)+e^- \rightleftharpoons Fe^{2+}(aq)$　　为氧化剂

负极：$Cu^{2+}(aq)+2e^- \rightleftharpoons Cu(s)$　　为还原剂

由于 $E^{\ominus}_{正}=E^{\ominus}(Fe^{3+}/Fe^{2+})$，$E^{\ominus}_{负}=E^{\ominus}(Cu^{2+}/Cu)$，而 $E^{\ominus}_{正}>E^{\ominus}_{负}$。故此反应可自发向右进行。

注意：(1) 用此法判断氧化还原反应方向时，原电池正负极要判断正确，否则会得出错误结论。氧化剂电对充当原电池正极，还原剂电对充当原电池负极。(2) 判断实际体系反应方向，应该用 E，而非 $E^{\ominus}$ 作为判据。(与第一章热力学相同)。只有当该原电池的正、负极都处于标准状态下，即正、负极都为标准电极时，或者当 $|E^{\ominus}_{正}-E^{\ominus}_{负}|>0.2V$ 时，可直接用 $E^{\ominus}$ 的大小作为判据判断反应方向。详见“疑难问题解答”。

③ 选择合适的氧化剂和还原剂

【例 3-4-6】 在 Cl^-、Br^-、I^- 混合溶液中，欲使 I^- 氧化为 I_2，而 Br^-、Cl^- 不发生变化，根据以下电极电位，判断在 H_2O_2、$Fe_2(SO_4)_3$ 和 $KMnO_4$ 中选择哪一种氧化剂合适？已知 $E^{\ominus}(Cl_2/Cl^-)=1.36V$，$E^{\ominus}(Br_2/Br^-)=1.07V$，$E^{\ominus}(I_2/I^-)=0.535V$，$E^{\ominus}(H_2O_2/H_2O)=1.77V$，$E^{\ominus}(Fe^{3+}/Fe^{2+})=0.771V$，$E^{\ominus}(MnO_4^-/Mn^{2+})=1.51V$。

【解】 选择 $Fe_2(SO_4)_3$ 合适。

【分析】 此题考查利用电对标准电极电位判断标准状态下氧化还原反应的方向。可利用“对角线规则”判断。即电极电位表中左下方的氧化剂可以与右上方的还原剂发生反应。

首先将有关电极反应的 $E^{\ominus}$ 按从低到高排列。

$I_2(s)+2e^- \rightleftharpoons 2I^-(aq)$	$E^\ominus=0.535V$	$E^\ominus$增大 ↓
$Fe^{3+}(aq)+e^- \rightleftharpoons Fe^{2+}(aq)$	0.771V	
$Br_2(l)+2e^- \rightleftharpoons 2Br^-(aq)$	1.07V	
$Cl_2(g)+2e^- \rightleftharpoons 2Cl^-(aq)$	1.36V	
$MnO_4^-(aq)+8H^+(aq)+5e^- \rightleftharpoons Mn^{2+}(aq)+4H_2O(l)$	1.51V	
$H_2O_2(aq)+2H^+(aq)+2e^- \rightleftharpoons 2H_2O(l)$	1.77V	

如上简表的虚线所示，Fe^{3+}可氧化I^-。因而可知，欲使I^-被氧化，而Br^-、Cl^-不被氧化，所选择氧化剂电对的标准电极电位应在0.535～1.07V之间，而所给3种氧化剂中只有Fe^{3+}满足此条件。

④ 判断氧化还原反应进行的次序　一种氧化剂可以氧化几种还原剂时，若不考虑反应动力学因素，反应次序是氧化剂将优先氧化最强的还原剂。同理，还原剂将优先还原最强的氧化剂。

【例 3-4-7】 在Br^-、I^-混合离子中，加入过量氯水及CCl_4，判断反应现象，并说明原因。

【解】 CCl_4层颜色由无色变为紫红色，一段时间后紫红色逐渐变淡，至棕黄色出现。

【分析】 查表，将各电对的电极电位按从低到高的顺序排列。

$$E^\ominus(I_2/I^-)=0.535V$$
$$E^\ominus(Br_2/Br^-)=1.07V$$
$$E^\ominus(IO_3^-/I_2)=1.209V$$
$$E^\ominus(Cl_2/Cl^-)=1.36V$$

由$E^\ominus$的简表及对角线规则可知，Cl_2既可氧化Br^-，也可氧化I^-。在涉及反应的反应速率都足够大的情况下，Cl_2将优先氧化还原性更强的I^-，发生反应：

$Cl_2(aq)+2I^-(aq) \rightleftharpoons 2Cl^-(aq)+I_2(sol)$，[$I_2(sol)$表示$I_2$被萃取到$CCl_4$相中]

再氧化Br^-，发生反应：

$$Cl_2(aq)+2Br^-(aq) \rightleftharpoons 2Cl^-(aq)+Br_2(sol)。$$

I_2在CCl_4层中显紫红色，而Br_2在CCl_4层显淡淡的黄色。I_2强烈的紫红色掩盖了Br_2所显的黄色，故实验中观察不到Br_2显黄色的现象。只有加入过量的氯水，I_2进一步被氧化成IO_3^-（无色）时，CCl_4层才显黄色，完成反应：

$$5Cl_2(aq)+I_2(sol)+6H_2O(l) \rightleftharpoons 10Cl^-(aq)+2IO_3^-(aq)+12H^+(aq)。$$

⑤ 计算氧化还原反应的$K^\ominus$，判断其进行程度　用$\lg K^\ominus=\frac{nE^\ominus_{电池}}{0.0592V}$计算氧化还原反应的$K^\ominus$值，式中，$n$是配平后的氧化还原反应方程式中转移的电子数。$E^\ominus$越大，$K^\ominus$越大，说明反应向右进行的趋势越大，反应越完全。

【例 3-4-8】 计算反应$Zn(s)+Cu^{2+}(aq) \rightleftharpoons Zn^{2+}(aq)+Cu(s)$的$K^\ominus$值。

【解】 查表得电对的标准电极电位值。

$$E^\ominus(Cu^{2+}/Cu)=0.3419V$$
$$E^\ominus(Zn^{2+}/Zn)=-0.763V$$

在氧化还原反应中，Cu^{2+}充当氧化剂，Zn充当还原剂。确定原电池的正、负极。

$$E^\ominus_+=E^\ominus(Cu^{2+}/Cu)=0.3419V$$

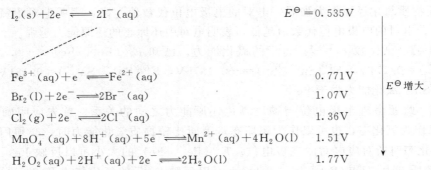

$$E_{-}^{\ominus}=E^{\ominus}(Zn^{2+}/Zn)=-0.763V$$

利用公式 $\lg K^{\ominus}=\frac{nE_{电池}^{\ominus}}{0.0592V}$，计算 $K^{\ominus}$ 值。

$$\lg K^{\ominus}=\frac{nE_{电池}^{\ominus}}{0.0592V}=\frac{2\times[0.3419-(-0.763)]V}{0.0592V}=37.2$$

$$K^{\ominus}=1.58\times10^{37}$$

【分析】 值得注意的是，不管体系实际状态如何（是处于标准态还是非标准态），求 $K^{\ominus}$ 时必须用电池的标准电动势 $E_{电池}^{\ominus}$，而非 $E_{电池}$。

5. 原电池电动势

（1）$E_{电池}^{\ominus}=E_{+}^{\ominus}-E_{-}^{\ominus}$

（2）电池电动势的 Nernst 方程

$$a\,Ox_1+b\,Red_2 \rightleftharpoons d\,Red_1+e\,Ox_2$$

$$298K 时，E_{电池}=E_{电池}^{\ominus}+\frac{0.0592V}{n}\lg\frac{[Ox_1]^a[Red_2]^b}{[Red_1]^d[Ox_2]^e}$$

（3）ΔG、E 与 $K^{\ominus}$ 之间关系

$$\Delta_r G_m(T)=-W_{电功}=-nFE_{电池}$$

$$\Delta_r G_m^{\ominus}(T)=-nFE_{电池}^{\ominus}=-RT\ln K^{\ominus}(T)$$

可见，判断某一氧化还原反应正向自发进行时，用 $E_{电池}>0$ 与用 $\Delta G<0$ 判断是一致的。而在自发氧化还原反应中，体系吉布斯自由能的减少值就等于该氧化还原反应所能做的最大有用功，即电功。

【例 3-4-9】 已知 $E^{\ominus}(Ag^+/Ag)=0.7996V$，$E^{\ominus}(Fe^{2+}/Fe)=-0.447V$。由反应 $Fe(s)+2Ag^+(aq) \rightleftharpoons Fe^{2+}(aq)+2Ag(s)$ 组成原电池。若仅将 Ag^+ 浓度减小到原来浓度的 $\frac{1}{10}$，则该原电池电动势为：

（A）增大 0.059V　　（B）减小 0.059V

（C）增大 0.118V　　（D）减小 0.118V

【解】 答案为 B。

【分析】 此题考查 Nernst 方程及电池正、负极判断。在反应中，Ag^+ 充当氧化剂，Fe 充当还原剂，Ag^+/Ag 作正极，Fe^{2+}/Fe 作负极。

因 $E_{电池}=E_{+}-E_{-}=E(Ag^+/Ag)-E(Fe^{2+}/Fe)$。写出原电池电动势的关系式。

$$E_{电池}=\{E^{\ominus}(Ag^+/Ag)+0.0592V\lg[Ag^+]\}-\left\{E^{\ominus}(Fe^{2+}/Fe)+\frac{0.0592V}{2}\lg[Fe^{2+}]\right\} \quad ①$$

因 $[Ag^+]$ 下降，利用 Nernst 方程计算其电极电位值。

$$E(Ag^+/Ag)=E^{\ominus}(Ag^+/Ag)+0.0592V\lg\frac{[Ag^+]}{10} \quad ([Ag^+]表示变化前 Ag^+ 浓度)$$

$$=E^{\ominus}(Ag^+/Ag)+0.0592V\lg[Ag^+]+0.0592V\lg\frac{1}{10} \quad ②$$

比较①式和②式。

可知，原电池电动势的减少量为 $0.0592V\lg\frac{1}{10}=-0.0592V$。故 B 为正确答案。

6. 电解

（1）原电池与电解池区别

表 3-4 原电池与电解池的特征

	原电池		电解池	
电极名称	负极	正极	阴极	阳极
电子流向	电子流出	电子流入	与外电源负极相连，电子流入	与外电源正极相连，电子流出
电极反应	氧化反应	还原反应	还原反应	氧化反应
反应自发性	可自发进行，化学能→电能		非自发反应，需在外电压作用下，电能→化学能	

(2) 实际分解电压 保证电解进行所需的最小外加电压。

理论分解电压：由电解池两极的电极反应而求得的电压，在数值上等于该电解池作为可逆电池时的可逆电动势。$E_{分解,t}=(E_{析出,t})_{阳}-(E_{析出,t})_{阴}$，$E_{分解,r}=(E_{析出,r})_{阳}-(E_{析出,r})_{阴}$

实际分解电压与理论分解电压之差称为超电压，由电极极化作用产生。而实际析出电位与理论析出电位之差称为电极的超电位 η。

注意：超电压或超电位的存在会阻碍电解进行，因而 $(E_{析出,r})_{阳}>(E_{析出,t})_{阳}$，$(E_{析出,r})_{阴}<(E_{析出,t})_{阴}$

(3) 极化作用 主要包括浓差极化和电化学极化。前者可通过搅拌、升温等减小，后者则无法消除。

【例 3-4-10】 用 Pt 电极电解 $0.10\text{mol}\cdot\text{dm}^{-3}$ NaOH 溶液，假设 H_2 气在 Pt 电极上析出的超电位为 0.09V，O_2 气在 Pt 电极上析出的超电位为 0.45V，试计算实际分解电压为多少？

【分析】 此题考查 Nernst 方程和超电位的应用。需要正确把握两个关键点，一是正确判断电解池阴、阳极及电极反应，根据 Nernst 方程求出理论分解电位，二是明确实际分解电位与超电位的关系。

【解】 电解池中所含阳离子有 Na^+ 和 H^+，它们会在阴极析出。但由于 $E^{\ominus}(H^+/H_2)$ 远大于 $E^{\ominus}(Na^+/Na)$，所以 H^+ 优先放电。

写出阴极反应。

$$2H^+(aq)+2e^- \rightleftharpoons H_2(g) \qquad E^{\ominus}(H^+/H_2)=0.00\text{V}$$

阳离子的理论析出电位可用 Nernst 方程表示。写出 H^+ 在阴极的理论析出电位 $(E_{析出,t})_{阴}$ 的表达式。

$$(E_{析出,t})_{阴}=E^{\ominus}(H^+/H_2)+\frac{0.0592\text{V}}{2}\lg\frac{[H^+]^2}{(p_{H_2}/p^{\ominus})}$$

根据水的离子积常数 $K_w^{\ominus}$，计算 $0.10\text{mol}\cdot\text{dm}^{-3}$ NaOH 溶液中的 $[H^+]$。

$$[H^+]=\frac{K_w^{\ominus}}{[OH^-]}=\frac{10^{-14}}{0.10}=10^{-13}$$

设 $p_{H_2}=100\text{kPa}$，将 $[H^+]$ 值代入 H^+ 理论析出电位的表达式中，求出 $(E_{析出,t})_{阴}$ 的值。

$$(E_{析出,t})_{阴}=E^{\ominus}(H^+/H_2)+\frac{0.0592\text{V}}{2}\lg\frac{[H^+]^2}{(p_{H_2}/p^{\ominus})}$$

$$=0.00\text{V}+\frac{0.0592\text{V}}{2}\lg\frac{(10^{-13})^2}{(100\text{kPa}/100\text{kPa})}=-0.77\text{V}$$

根据超电位的概念，写出阴极的理论析出电位和实际析出电位之间的关系式。

$$(E_{析出,r})_{阴}=(E_{析出,t})_{阴}-\eta_{阴}=-0.77-0.09=-0.86(\text{V})$$

电解池中的阳离子只有 OH^-，在阳极放电析出。

写出阳极反应。

$$4OH^-(aq) \rightleftharpoons 2H_2O(l) + O_2(g) + 4e^- \qquad E^\ominus(O_2/OH^-) = 0.40V$$

阴离子的理论析出电位可用 Nernst 方程表示。写出 OH^- 在阴极的理论析出电位 $(E_{析出,t})_{阳}$ 的表达式。

$$(E_{析出,t})_{阳} = E^\ominus(O_2/OH^-) + \frac{0.0592V}{4}\lg\frac{(p_{O_2}/p^\ominus)}{[OH^-]^4}$$

设 $p_{O_2}=100kPa$，将 $[OH^-]$ 值代入 OH^- 理论析出电位的表达式中，求出 $(E_{析出,t})_{阳}$ 的值。

$$(E_{析出,t})_{阳} = 0.40V + \frac{0.0592V}{4}\lg\frac{(100kPa/100kPa)}{0.10^4} = 0.46V$$

根据超电位的概念，写出阳极的理论析出电位和实际析出电位之间的关系式。

$$(E_{析出,r})_{阳} = (E_{析出,t})_{阳} + \eta_{阳} = 0.46 + 0.45 = 0.91(V)$$

写出实际分解电压的表达式，代入数据，求得实际分解电压的值。

$$E_{分解,r} = (E_{析出,r})_{阳} - (E_{析出,r})_{阴} = 0.91 + 0.86 = 1.77(V)$$

(4) 在电解质的水溶液中电解产物的判断

① 首先明确放电规律：阳极上电子缺少，因而最易给出电子的物质，即实际析出电位最低者优先在阳极放电。阴极上电子过剩，因而最易得电子的物质，即实际析出电位最高者优先在阴极放电。（注：实际析出电位需考虑浓度及超电位）

② 电解产物一般规律

a. 阴极产物　电解活泼金属（电极电位表中 Al 以前的金属）的盐溶液，H^+ 放电，析出 H_2；电解不活泼金属（电极电位表中 H 以后的金属）的盐溶液，金属离子放电，析出相应金属；电解中等活泼金属（电极电位表中 H 之前，Al 之后金属，如 Fe、Zn、Ni 等）的盐溶液，通常是金属离子放电，析出相应金属。（详见“例 3-4-12”）

b. 阳极产物　阳极材料为一般金属（除 Pt、Au 等惰性金属），则阳极溶解，生成相应离子；用惰性电极，电解卤化物或硫化物时（简单负离子盐溶液），则 X^- 或 S^{2-} 优先放电，析出 X_2 或 S；用惰性电极，电解含氧酸盐，则 OH^- 优先放电，析出 O_2。

注：电解熔融盐时，产物通常就是组成电解质的正、负离子分别在两电极上放电的产物。

【例 3-4-11】 电解熔融 $MgCl_2$，阳极用石墨，阴极用铁，则电解产物为：

(A) H_2 和 O_2　(B) H_2 和 Cl_2　(C) Mg 和 Cl_2　(D) Mg 和 O_2

【解】 答案为 C。

【分析】 因为电解熔融盐是在非水介质中进行，故放电物质中不存在 H^+、OH^-，而且阳极用石墨（不可溶），则只可能是 Mg^{2+}、Cl^- 放电，因而 C 为正确答案。

若将此题改为“电解 $MgCl_2$ 水溶液”，则阴极 Mg^{2+}、H^+ 比较，H^+ 优先放电；阳极 OH^-、Cl^- 比较，Cl^- 优先放电，因而电解产物为 H_2 和 Cl_2。

电解熔融盐的方法是工业制备某些活泼金属（如 Al）和某些活泼非金属（如 F_2）的主要方法。

【例 3-4-12】 电解 $ZnSO_4$ 溶液，阳极用锌，阴极用铁，写出电极反应。

【解】 阳极：$Zn(s) - 2e^- \rightleftharpoons Zn^{2+}(aq)$

阴极：$Zn^{2+}(aq) + 2e^- \rightleftharpoons Zn(s)$

总反应式 $Zn(s,阳) + Zn^{2+}(aq) \rightleftharpoons Zn^{2+}(aq) + Zn(s,阴)$

【分析】 正确解答此题有两个关键点，一是当阳极材料是金属时，应考虑阳极材料本身被氧化成离子（即阳极溶解）的可能性。当阳极金属 M 的 $E(M^{n+}/M)$ 比相应的负离子（如 SO_4^{2-}、OH^-）的析出电位更负时，将在阳极上发生阳极溶解，而不会有阴离子放电。二是电解 Zn^{2+}、Fe^{2+}、Ni^{2+} 盐溶液时，与 H^+ 放电比较，由于金属离子浓度较大，且 H^+ 放电析出 H_2 时超电位较大，通常金属离子优先放电。请读者注意，写总反应式时必须标注是阳极板 Zn 溶解，而金属 Zn 在阴极板析出。利用这个反应可进行金属制品表面的镀锌作业。

(5) 电解原理的应用

① 精炼 Cu、Ni 等金属（图 3-1）

② 电镀（图 3-2）

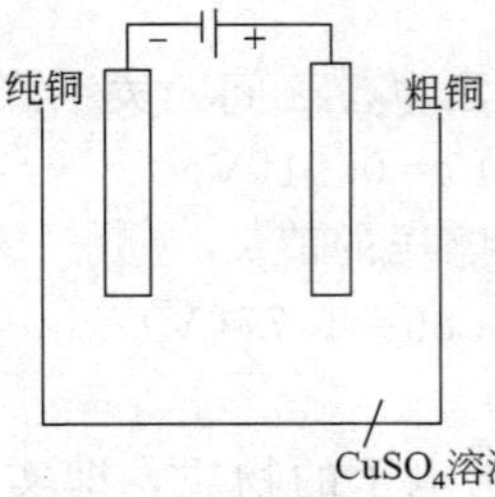

图 3-1 铜的精炼

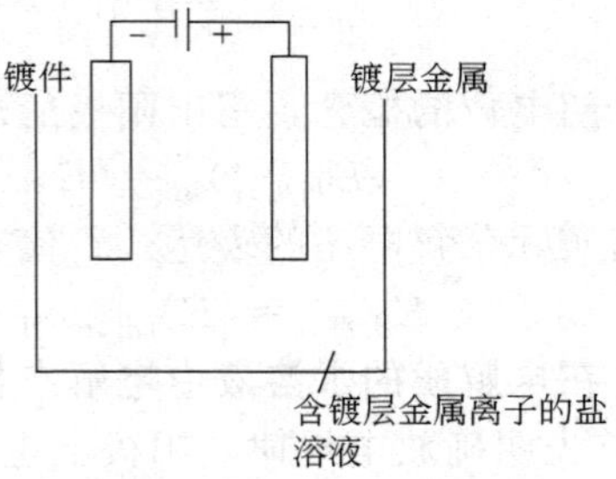

图 3-2 电镀示意

7. 电化学腐蚀与防护

(1) 电化学腐蚀的主要形式有析氢腐蚀（在酸性条件下发生）、吸氧腐蚀（在中性或碱性条件下发生）和浓差腐蚀（吸氧腐蚀的特殊情况）。

(2) 电化学防腐法主要有两种：牺牲阳极的阴极保护法和外加电流的阴极保护法。这两种方法都是阴极保护法，即通过外加更活泼的金属作为阳极或借助于外加电源而将易腐蚀的金属设备作为阴极保护起来。

(二) 基本计算

电化学平衡的计算主要涉及 3 个方面。

(1) 最常见计算是根据 Nernst 方程计算氧化还原反应中某电对的实际电极电位，计算原电池电动势，并计算此氧化还原反应的 ΔG、$\Delta G^{\ominus}$ 和 $K^{\ominus}$。详见本节“重点及难点解析”。

(2) 测定和计算某些化学常数，如利用电化学的方法测定难溶盐的溶度积常数、弱酸弱碱的解离常数、配合物的稳定常数等。

【例 3-4-13】 25℃时，实际测得某原电池的电动势为 0.425V，原电池由 0.10mol·dm^{-3} 弱酸 HA 组成的氢电极（$p_{H_2}=100kPa$）与饱和甘汞电极所组成。试计算 HA 的解离常数 $K_a^{\ominus}$。（已知 25℃饱和甘汞电极的电极电位为 0.241V）

【分析】 此题涉及 Nernst 方程的计算及弱酸解离平衡。首先需正确判断原电池正、负极。其次根据电极电位的 Nernst 方程求出体系中 H^+ 的浓度。

【解】 由电极电位值可知，甘汞电极为正极，氢电极为负极。

根据原电池电动势的值，代入数据，求出氢电极的电极电位值。

$$E_{电池}=E_+-E_-=0.241V-E(H^+/H_2)=0.425V$$

$$故\ E(H^+/H_2)=-0.184V$$

根据正极电极反应，写出 Nernst 方程，列出 $E(H^+/H_2)$ 与 $[H^+]$ 的关系式。

$$2H^+(aq)+2e^- \rightleftharpoons H_2(g) \qquad E^\ominus(H^+/H_2)=0.00\ V$$

$$E(H^+/H_2)=E^\ominus(H^+/H_2)+\frac{0.0592V}{2}\lg\frac{[H^+]^2}{(p_{H_2}/p^\ominus)}$$

代入数据，计算 $[H^+]$。

$$-0.184V=0.00V+\frac{0.0592V}{2}\lg\frac{[H^+]^2}{(100kPa/100kPa)}$$

$$\lg[H^+]=-3.12$$

$$[H^+]=7.59\times10^{-4}$$

写出弱酸 HA 解离平衡的平衡列表。

	$HA(aq) \rightleftharpoons$	$H^+(aq)+$	$A^-(aq)$
初始相对浓度	0.10	0	0
平衡相对浓度	$0.10-[H^+]$	$[H^+]$	$[H^+]$

写出 HA 解离平衡常数的表达式，代入数据，求出 $K_a^\ominus$ 值。

$$K_a^\ominus(HA)=\frac{[H^+][A^-]}{[HA]}=\frac{7.59\times10^{-4}\times7.59\times10^{-4}}{0.10-7.59\times10^{-4}}=5.76\times10^{-6}$$

（3）电解计算：根据超电位计算电解池实际分解电压，或根据实际析出电位计算电解发生的酸度条件。

【例 3-4-14】 用镍作电极，电解 $0.10mol\cdot dm^{-3}$ $NiSO_4$ 溶液。若在阴极上只要 Ni 析出，而氢气不析出，计算所用溶液的 pH 值应控制在什么范围？已知氢气在电极 Ni 上析出的超电位为 0.21V。

【分析】 此题重点考查电解时实际析出电位的计算及电解产物的判断。需明确两点：一、若气体在阴极产生，则阴极实际析出电位＝理论析出电位-超电位；二、阴极上放电规律表现为，实际析出电位越大者，越容易在阴极放电。因而，若使 Ni 在阴极析出，而不析出氢气，需满足条件为 $E_{析出,Ni}\geqslant E_{析出,H_2}$。

【解】

写出 Ni^{2+} 在阴极放电的电极反应式。

$$Ni^{2+}(aq)+2e^- \rightleftharpoons Ni(s)$$

利用 Nernst 方程，列出 Ni^{2+} 的理论析出电位表达式。

$$(E_{析出,t})_{Ni}=E(Ni^{2+}/Ni)=E^\ominus(Ni^{2+}/Ni)+\frac{0.0592V}{2}\lg[Ni^{2+}]$$

代入数据，计算 Ni^{2+} 的实际析出电位值。

$$(E_{析出,r})_{Ni}=(E_{析出,t})_{Ni}=-0.257V+\frac{0.0592V}{2}\lg0.10=-0.287V$$

写出 H^+ 在阴极放电的电极反应式。

$$2H^+(aq)+2e^- \rightleftharpoons H_2(g)$$

利用 Nernst 方程，列出 H^+ 的理论析出电位表达式。

$$(E_{析出,t})_{H_2}=E(H^+/H_2)=E^\ominus(H^+/H_2)+0.0592V\lg[H^+]$$

列出 H^+ 的实际析出电位表达式。

$$(E_{析出,r})_{H_2}=(E_{析出,t})_{H_2}-\eta_{阴}=E^\ominus(H^+/H_2)+0.0592V\lg[H^+]-\eta_{阴}$$

欲使 Ni 析出，H_2 不析出，需满足 $E_{析出,H_2}\leqslant E_{析出,Ni}$。即，

$$E^\ominus(H^+/H_2)+0.0592V\lg[H^+]-\eta_{阴}\leqslant(E_{析出,r})_{Ni}$$

$$即\ 0.0592V\lg[H^+]-0.21V\leqslant-0.287V$$

代入数据，计算溶液的 pH 值。

$$\lg[H^+] \leqslant -1.30，即 pH \geqslant 1.30$$

故溶液的 pH>1.30 时，阴极处只有 Ni 析出，而 H_2 不析出。

三、重点、难点解析及综合例题分析

（一）重点及难点解析

1. Nernst 方程

正确理解和掌握 Nernst 方程是解决氧化还原平衡的关键。

(1) Nernst 方程的两种形式

电极反应： a 氧化型 $+ ne^- \rightleftharpoons b$ 还原型

$$298K，E(氧化型/还原型)=E^{\ominus}(氧化型/还原型)+\frac{0.0592V}{n}\lg\frac{[氧化型]^a}{[还原型]^b}$$

电池反应： a 氧化型$_1 + c$ 还原型$_2 \rightleftharpoons b$ 还原型$_1 + d$ 氧化型$_2$

$$298K，E_{电池}=E^{\ominus}_{电池}+\frac{0.0592V}{n}\lg\frac{[氧化型_1]^a[还原型_2]^c}{[还原型_1]^b[氧化型_2]^d}$$

式中，n 为配平的氧化还原方程式中的电子得失总数。

【例 3-4-15】 写出下列电极反应的 Nernst 方程表达式。

(1) $Cr_2O_7^{2-}(aq)+14H^+(aq)+6e^- \rightleftharpoons 2Cr^{3+}(aq)+7H_2O(l)$

(2) $O_2(g)+4H^+(aq)+4e^- \rightleftharpoons 2H_2O(l)$

【分析】 正确书写 Nernst 方程注意 3 个要点。

① 表达式中不只涉及氧化态、还原态，还应包括参与电极反应的所有物质（如上式中的 H^+）。

② 溶液中的物种，用相对浓度表示；气态物种，必须用相对分压表示。

③ 固体、纯液体及溶剂 H_2O 的浓度看作不变，相关浓度项不列入 Nernst 方程。

【解】 (1) $E(Cr_2O_7^{2-}/Cr^{3+})=E^{\ominus}(Cr_2O_7^{2-}/Cr^{3+})+\frac{0.0592V}{6}\lg\frac{[Cr_2O_7^{2-}][H^+]^{14}}{[Cr^{3+}]^2}$

(2) $E(O_2/H_2O)=E^{\ominus}(O_2/H_2O)+\frac{0.0592V}{4}\lg\{(p_{O_2}/p^{\ominus})[H^+]^4\}$

(2) 几种典型电极的标准电极电位与相关标准常数之间的关系及计算公式

① 生成沉淀，如 $AgCl(s)+e^- \rightleftharpoons Ag(s)+Cl^-(aq)$

$$E^{\ominus}(AgCl/Ag)=E^{\ominus}(Ag^+/Ag)+0.0592V\lg K^{\ominus}_{sp}(AgCl)$$

② 生成配合物，如 $Cu(NH_3)_4^{2+}(aq)+2e^- \rightleftharpoons Cu(s)+4NH_3(aq)$

$$E^{\ominus}(Cu(NH_3)_4^{2+}/Cu)=E^{\ominus}(Cu^{2+}/Cu)+\frac{0.0592V}{2}\lg K_{不稳}(Cu(NH_3)_4^{2+})$$

③ 生成两种沉淀，如 $Fe(OH)_3(s)+e^- \rightleftharpoons Fe(OH)_2(s)+OH^-(aq)$

$$E^{\ominus}(Fe(OH)_3/Fe(OH)_2)=E^{\ominus}(Fe^{3+}/Fe^{2+})+0.0592V\lg\frac{K^{\ominus}_{sp}(Fe(OH)_3)}{K^{\ominus}_{sp}(Fe(OH)_2)}$$

④ 生成两种配合物，如 $Cu(NH_3)_4^{2+}(aq)+e^- \rightleftharpoons Cu(NH_3)_2^+(aq)+2NH_3(aq)$

$$E^{\ominus}(Cu(NH_3)_4^{2+}/Cu(NH_3)_2^+)=E^{\ominus}(Cu^{2+}/Cu^+)+0.0592V\lg\frac{K_{不稳}(Cu(NH_3)_4^{2+})}{K_{不稳}(Cu(NH_3)_2^+)}$$

以上电极反应实质是多重平衡问题，计算公式可利用 Nernst 方程及处理多重平衡问题的原则推导。下面以 AgCl/Ag 为例，介绍推导过程。其余 3 种类型请读者自行推导。

【例 3-4-16】 已知 $E^{\ominus}(Ag^+/Ag)=0.80V$，求 $AgCl(s)+e^- \rightleftharpoons Ag(s)+Cl^-(aq)$ 的标准电极电位。

【分析】 此题考查由电化学平衡和沉淀溶解平衡组成的多重平衡体系。解题思路是从不同角度处理同一个平衡体系，一个角度是利用总平衡关系式写出总电极反应的 Nernst 方程；另一个角度是将总平衡关系式拆分成两个平衡关系，即沉淀溶解平衡和氧化还原平衡，寻找涉及多个平衡关系的组分，从而建立起不同平衡之间的关系。两者联立即可求解。

【解】

解法一 写出 AgCl/Ag 电极的电极反应式及 Nernst 方程表达式。

$$AgCl(s)+e^- \rightleftharpoons Ag(s)+Cl^-(aq)$$

$$E(AgCl/Ag)=E^{\ominus}(AgCl/Ag)+0.059V\lg\frac{1}{[Cl^-]} \qquad ①$$

AgCl/Ag 电极中包含了一个电化学平衡和一个沉淀溶解平衡。写出各自的平衡关系。

$$AgCl(s) \rightleftharpoons Ag^+(aq)+Cl^-(aq) \qquad K_{sp}^{\ominus}(AgCl) \qquad ②$$

$$Ag^+(aq)+e^- \rightleftharpoons Ag(s) \qquad E^{\ominus}(Ag^+/Ag) \qquad ③$$

在 AgCl/Ag 电极中，电子的得失是通过 AgCl 固体溶解产生的 Ag^+ 得电子，生成金属 Ag 这一过程实现的。因此，AgCl/Ag 电极本质上也是一个 Ag^+/Ag 电极，可视作一个非标准状态的 Ag^+/Ag 电极，只不过 Ag^+ 浓度受控于 AgCl(s) 的沉淀溶解平衡。

由③式写出 Ag^+/Ag 电极的 Nernst 方程。

$$E(Ag^+/Ag)=E^{\ominus}(Ag^+/Ag)+0.0592V\lg[Ag^+] \qquad ④$$

由②式写出平衡表达式，即：$K_{sp}^{\ominus}(AgCl)=[Ag^+][Cl^-]$

$$[Ag^+]=\frac{K_{sp}^{\ominus}(AgCl)}{[Cl^-]}$$

将 $[Ag^+]$ 代入④式，得：

$$E(Ag^+/Ag)=E^{\ominus}(Ag^+/Ag)+0.0592V\lg\frac{K_{sp}^{\ominus}(AgCl)}{[Cl^-]} \qquad ⑤$$

①式与⑤式代表同一个体系，因而电极电位相等，①=⑤，即：

$$E^{\ominus}(AgCl/Ag)+0.0592V\lg\frac{1}{[Cl^-]}=E^{\ominus}(Ag^+/Ag)+0.0592V\lg\frac{K_{sp}^{\ominus}(AgCl)}{[Cl^-]}$$

$$E^{\ominus}(AgCl/Ag)=E^{\ominus}(Ag^+/Ag)+0.0592V\lg K_{sp}^{\ominus}(AgCl)$$

代入相应数据，$E^{\ominus}(Ag^+/Ag)=0.80V$，$K_{sp}^{\ominus}(AgCl)=1.77\times10^{-10}$，得：

$$E^{\ominus}(AgCl/Ag)=0.225V$$

解法二 写出 Ag^+/Ag 电极的 Nernst 方程式。

$$E(Ag^+/Ag)=E^{\ominus}(Ag^+/Ag)+0.0592V\lg[Ag^+]$$

对 Ag^+/Ag 电极的 Nernst 方程式进行如下的恒等变换。

$$E(Ag^+/Ag)=E^{\ominus}(Ag^+/Ag)+0.0592V\lg\frac{[Ag^+][Cl^-]}{[Cl^-]}$$

此恒等变换后的物理意义为：在 Ag^+/Ag 电极中加入一定量的 Cl^-。此时，新电极中有两个化学平衡形成。一是 Ag^+ 得到电子形成金属 Ag 的电化学平衡；二是 AgCl 的沉淀溶解平衡。因此，该新电极就是 AgCl/Cl 电极。将新电极的电极电位记作 E_2。上式表示新电极的电极电位 E_2 随 $[Cl^-]$ 变化的关系式。

将新电极的电极电位表达式改写为

$$E_2=E^{\ominus}(Ag^+/Ag)+0.0592V\lg\frac{K_{sp}^{\ominus}(AgCl)}{[Cl^-]}$$

$$E_2=E^{\ominus}(Ag^+/Ag)+0.0592V\lg K_{sp}^{\ominus}(AgCl)-0.0592V\lg[Cl^-]$$

在标准 AgCl/Ag 电极中，$[Cl^-]=1$。列出 AgCl/Ag 电极（新电极）的标准电极电位的表达式。

$$E_2=E^{\ominus}(Ag^+/Ag)+0.0592V\lg K_{sp}^{\ominus}(AgCl)-0.0592V\lg 1$$

此时，$E_2=E^{\ominus}(AgCl/Ag)$。代入数据，计算 $E^{\ominus}(AgCl/Ag)$ 的值。

$$E^{\ominus}(AgCl/Ag)=E^{\ominus}(Ag^+/Ag)+0.0592V\lg K_{sp}^{\ominus}(AgCl)=0.225V$$

解法三 原电池法

设计如下的原电池。

$$(-)Ag|Ag^+(aq,c_1)||Cl^-(aq,c_2)|AgCl(s)|Ag(+)$$

写出正、负极的电极反应。

正极反应：$AgCl(s)+e^- \rightleftharpoons Ag(s)+Cl^-(aq)$

负极反应：$Ag^+(aq)+e^- \rightleftharpoons Ag(s)$

正极反应减去负极反应，即为电池反应。

$$AgCl(s) \rightleftharpoons Ag^+(aq)+Cl^-(aq) \qquad K_{sp}^{\ominus}(AgCl)$$

利用公式 $\lg K^{\ominus}=\frac{nE^{\ominus}_{电池}}{0.0592V}$，列出如下等式。

$$\lg K_{sp}^{\ominus}(AgCl)=\frac{1\times(E_+^{\ominus}-E_-^{\ominus})}{0.0592V}=\frac{E^{\ominus}(AgCl/Ag)-E^{\ominus}(Ag^+/Ag)}{0.0592V}$$

改写等式。

$$E^{\ominus}(AgCl/Ag)=E^{\ominus}(Ag^+/Ag)+0.0592V\lg K_{sp}^{\ominus}(AgCl)$$

代入相关数据，计算 $E^{\ominus}(AgCl/Ag)$。

$$E^{\ominus}(AgCl/Ag)=0.225V$$

请读者选择合适的方法，推导电对 $Fe(OH)_3/Fe(OH)_2$ 和 $Cu(NH_3)_4^{2+}/Cu(NH_3)_2^+$ 的标准电极电位。

(3) 浓度对电极电位的影响

① 生成沉淀或生成配合物　上面介绍的几种典型电极都充分说明生成沉淀或配合物可使电极电位减小。例如 $E^{\ominus}(AgCl/Ag)=0.225V<E^{\ominus}(Ag^+/Ag)=0.80V$，$E^{\ominus}(Cu(NH_3)_4^{2+}/Cu)=-0.05V<E^{\ominus}(Cu^{2+}/Cu)=0.3419V$。

【例 3-4-17】 请解释为何金难溶于 HNO_3，却可溶于王水。

【解】 金非常惰性。利用生成金（Au）的配合物，可使 Au 溶解。

查表得下列电极电位值。

$$Au^{3+}(aq)+3e^- \rightleftharpoons Au(s) \qquad E^{\ominus}(Au^{3+}/Au)=1.45\ V$$

$$AuCl_4^-(aq)+3e^- \rightleftharpoons Au(s)+4Cl^-(aq) \qquad E^{\ominus}(AuCl_4^-/Au)=1.00\ V$$

$$NO_3^-(aq)+4H^+(aq)+3e^- \rightleftharpoons NO(g)+2H_2O(l) \qquad E^{\ominus}(NO_3^-/NO)=0.964\ V$$

由于 $E^{\ominus}(Au^{3+}/Au)>E^{\ominus}(NO_3^-/NO)$，两者标准电极电位相差高达 0.486V，说明 Au 不能被浓 HNO_3 氧化。而由于 Au 与王水中的 HCl 可生成配离子 $AuCl_4^-$，电极电位由 1.45V 下降为 1.00V，表明 Au 的还原能力增强。此时 $E^{\ominus}(AuCl_4^-/Au)\approx E^{\ominus}(NO_3^-/NO)$。再通过改变相关离子浓度，可使氧化还原反应得以发生，故 Au 可溶于王水。

② 酸度对电极电位的影响　溶液酸度的高低有时可影响某些电对的电极电位，从而改变氧化还原反应自发进行的方向。

【例 3-4-18】 实验室中用 MnO_2 与浓 HCl 反应制备氯气。反应方程式为 $MnO_2(s)+4HCl(浓) \rightleftharpoons MnCl_2(aq)+Cl_2(g)+2H_2O(l)$。试通过分析说明 HCl 浓度的改变是如何影响 MnO_2 及 HCl 的氧化还原能力，从而影响反应方向。

【分析】 利用 Nernst 方程讨论正、负两个电极的电极电位随 $[H^+]$ 和 $[Cl^-]$ 的变化，从而分析物质氧化还原能力的改变。

【解】(1) 判断标准状态下反应的方向。

在标准状态下，即 HCl 浓度为 $1.0mol \cdot dm^{-3}$ 时，因 $E_+ = E^\ominus(MnO_2/Mn^{2+}) = 1.22V$，$E_- = E^\ominus(Cl_2/Cl^-) = 1.36V$，故 $E_+ < E_-$，说明 MnO_2 不能氧化 $1.0mol \cdot dm^{-3}$ HCl，反而是 $MnCl_2$ 被 $Cl_2(g)$ 氧化，反应逆向进行。

(2) 判断非标准状态下反应的方向。

写出正极的电极反应及 Nernst 方程表达式。

$$MnO_2(s)+4H^+(aq)+2e^- \rightleftharpoons Mn^{2+}(aq)+2H_2O(l) \qquad E^\ominus(MnO_2/Mn^{2+})=1.22V$$

$$E(MnO_2/Mn^{2+})=E^\ominus(MnO_2/Mn^{2+})+\frac{0.0592V}{2}\lg\frac{[H^+]^4}{[Mn^{2+}]}$$

当 HCl 浓度增加时，$[H^+]$ 增大，因而 $E(MnO_2/Mn^{2+})$ 增大，意味着 MnO_2 氧化能力增强。

计算在浓盐酸（$12.0mol \cdot dm^{-3}$）介质中，MnO_2/Mn^{2+} 电对的电极电位值。取 $[H^+]=12.0$，$[Mn^{2+}]=1.0$。

$$E(MnO_2/Mn^{2+})=1.22V+\frac{0.0592V}{2}\lg\frac{12.0^4}{1.0}=1.38V$$

写出负极的电极反应及 Nernst 方程表达式。

$$Cl_2(g)+2e^- \rightleftharpoons 2Cl^-(aq) \qquad E^\ominus(Cl_2/Cl^-)=1.36V$$

$$E(Cl_2/Cl^-)=E^\ominus(Cl_2/Cl^-)+\frac{0.0592V}{2}\lg\frac{(p_{Cl_2}/p^\ominus)}{[Cl^-]^2}$$

当 HCl 浓度增加时，$[Cl^-]$ 增大，因而 $E(Cl_2/Cl^-)$ 降低，意味着 Cl^- 还原能力增强。

计算在浓盐酸介质中，Cl_2/Cl^- 电对的电极电位值。取 $p_{Cl_2}=100kPa$，$[Cl^-]=12.0$。

$$E(Cl_2/Cl^-)=1.36V+\frac{0.0592V}{2}\lg\frac{(100kPa/100kPa)}{(12.0)^2}=1.30V$$

由于 $E_+=E(MnO_2/Mn^{2+})=1.38>E_-=E(Cl_2/Cl^-)=1.30V$，故在浓盐酸介质中，$MnO_2$ 能够氧化浓盐酸，放出 Cl_2。

请读者自行计算：欲使正反应自发进行，所需盐酸的最低浓度是多少？为简化计算，除盐酸外，其他物质均为标准态。（答案：$6.14mol \cdot dm^{-3}$）

2. 多重平衡

(1) 氧化还原平衡与酸碱平衡

参见“例 3-4-13”。

(2) 氧化还原平衡与沉淀溶解平衡

【例 3-4-19】 求 298K 时，反应 $Fe^{3+}(aq)+Ag(s)+Cl^-(aq) \rightleftharpoons Fe^{2+}(aq)+AgCl(s)$ 的标准平衡常数。该反应能否设计成原电池？如果能，写出原电池符号，并计算其标准电动势。[已知 $E^\ominus(Fe^{3+}/Fe^{2+})=0.771V$，$E^\ominus(Ag^+/Ag)=0.80V$，$K_{sp}^\ominus(AgCl)=1.77\times10^{-10}$]

【分析】 任何氧化还原反应均可以设计成原电池。利用 $K^\ominus$ 与 $E^\ominus_{电池}$ 的公式计算标准平衡常数。解题关键有两点：$K^\ominus$ 只与 $E^\ominus_{电池}$ 有关；正确判断原电池正负极。

【解】据题意，假设反应自发向右进行，则 Fe^{3+} 为氧化剂，Ag 为还原剂。

写出正极的电极反应。

正极： $Fe^{3+}(aq)+e^- \rightleftharpoons Fe^{2+}(aq)$ $E^\ominus_+ = E^\ominus(Fe^{3+}/Fe^{2+}) = 0.771V$

写出负极的电极反应。

负极： $AgCl(s)+e^- \rightleftharpoons Ag(s)+Cl^-(aq)$

列出计算 $E^\ominus_-$ 的关系式。详见“例 3-4-16”。

$$E^\ominus_- = E^\ominus(AgCl/Ag) = E^\ominus(Ag^+/Ag) + 0.0592V\lg K^\ominus_{sp}(AgCl)$$

代入数据，求得 $E^\ominus_-$。

$$E^\ominus_- = 0.80V + 0.0592V\lg(1.77\times10^{-10}) = 0.225V$$

计算 $E^\ominus_{电池}$。

$$E^\ominus_{电池} = E^\ominus_+ - E^\ominus_- = 0.771V - 0.225V = 0.546V$$

利用公式 $\lg K^\ominus = \dfrac{nE^\ominus_{电池}}{0.0592V}$，计算氧化还原反应的 $K^\ominus$。

$$\lg K^\ominus = \frac{1\times E^\ominus_{电池}}{0.0592V} = \frac{0.546V}{0.0592V} = 9.25$$

$$K^\ominus = 1.79\times10^9$$

写出氧化还原反应组成原电池的电池符号。

$$(-)Ag|AgCl(s)|Cl^-(aq,c_1)||Fe^{3+}(aq,c_2),Fe^{2+}(aq,c_3)|Pt(+)$$

(3) 氧化还原平衡与配位平衡

【例 3-4-20】 将铜电极浸在含有 $1.0mol\cdot dm^{-3}$ $NH_3\cdot H_2O$ 和 $1.0mol\cdot dm^{-3}$ 的 $Cu(NH_3)_4^{2+}$ 溶液中。若用标准铜电极作正极，在 298K 时，测得该原电池的电动势为 0.39V。试求 298K 时 $Cu(NH_3)_4^{2+}$ 的稳定常数。并写出该原电池的电极反应、电池反应和原电池符号。

【分析】 该原电池的正极为标准铜电极，负极为 $Cu(NH_3)_4^{2+}/Cu$ 标准电极。电池反应为 $Cu(NH_3)_4^{2+}$ 的生成反应。据题意，$E^\ominus_{电池}=0.39V$，根据 $\lg K^\ominus = \dfrac{nE^\ominus_{电池}}{0.0592V}$，可计算$K_稳(Cu(NH_3)_4^{2+})$。

【解】

写出原电池的正极反应。

正极： $Cu^{2+}(aq)+2e^- \rightleftharpoons Cu(s)$

写出原电池的负极反应。

负极： $Cu(NH_3)_4^{2+}(aq)+2e^- \rightleftharpoons Cu(s)+4NH_3(aq)$

正极反应减去负极反应，即为电池反应。

电池反应： $Cu^{2+}(aq)+4NH_3(aq) \rightleftharpoons Cu(NH_3)_4^{2+}(aq)$

电池反应的平衡常数为 $K_稳(Cu(NH_3)_4^{2+})$。利用公式 $\lg K^\ominus = \dfrac{nE^\ominus_{电池}}{0.0592V}$求算。$E^\ominus_{电池}=0.39V$。

$$\lg K_稳(Cu(NH_3)_4^{2+}) = \frac{nE^\ominus_{电池}}{0.0592V} = \frac{2\times0.39V}{0.0592V} = 13.18$$

$$K_稳(Cu(NH_3)_4^{2+}) = 1.51\times10^{13}$$

写出该原电池的符号。

$(-)Cu|Cu(NH_3)_4^{2+}(1.0mol\cdot dm^{-3}),NH_3(1.0mol\cdot dm^{-3})||Cu^{2+}(1.0mol\cdot dm^{-3})|Cu(+)$

（二）综合例题分析

【例 3-4-21】 电极反应 $Ag^+(aq)+e^- \rightleftharpoons Ag(s)$，$E^\ominus(Ag^+/Ag)=0.799V$，则 $2Ag(s)-2e^- \rightleftharpoons 2Ag^+(aq)$ 的 $E^\ominus$ 为：

(A) −0.799V　(B) 0.799V　(C) −1.598V　(D) 1.598V

【解】 答案为 B。

【分析】 此题考查电极电位的基本概念。电极电位反映电对物质在水溶液中得失电子能力的大小，是由物质本性决定的，既与物质的量无关，也不随电极反应实际方向而变化。而标准电极电位 $E^\ominus$ 撇开了电极反应物质的浓度影响。因而不管电极反应写法如何，只要该电极反应涉及 Ag^+/Ag 同一个电对，则其 $E^\ominus$ 相同，故 B 为正确答案。

【例 3-4-22】 已知 $E^\ominus(Fe^{3+}/Fe^{2+})=0.771V$，$E^\ominus(Fe^{2+}/Fe)=-0.447V$，$E^\ominus(Cu^{2+}/Cu)=0.342V$，则下列各组物质中能共存的是：

(A) Cu，Fe^{2+}　(B) Cu^{2+}，Fe　(C) Cu，Fe^{3+}　(D) Fe，Fe^{3+}

【解】 答案为 A。

【分析】 此题考查电极电位与物质氧化还原能力之间关系。仍可用对角线规则判断，将已知电对按电极电位从低到高排列。

	$E^\ominus$
$Fe^{2+}(aq)+2e^- \rightleftharpoons Fe(s)$	−0.447V
$Cu^{2+}(aq)+2e^- \rightleftharpoons Cu(s)$	0.342V
$Fe^{3+}(aq)+2e^- \rightleftharpoons Fe(s)$	0.771V

则 3 条对角线对应的各组物质为：①Cu^{2+}，Fe；②Fe^{3+}，Fe；③Fe^{3+}，Cu，这 3 组物质可发生氧化还原反应，因而不可共存。它们所对应的选项分别为 B、D 和 C。故选项 A 为唯一正确答案。

【例 3-4-23】 已知 $K_{sp}^\ominus(CuS)=1.27\times10^{-36}$，$K_{sp}^\ominus(Cu(OH)_2)=2.2\times10^{-20}$，$K_{不稳}(Cu(NH_3)_4^{2+})=4.79\times10^{-14}$。下列各电对中，标准电极电位值最小的是：

(A) $E^\ominus(CuS/Cu)$　(B) $E^\ominus(Cu(NH_3)_4^{2+}/Cu)$

(C) $E^\ominus(Cu(OH)_2/Cu)$　(D) $E^\ominus(Cu^{2+}/Cu)$

【解】 答案为 A。

【分析】 此题考查利用 Nernst 方程计算氧化还原电对的电极电位。求解此题无需计算出具体数值。可参照“例 3-4-16”的方法，列出各选项的 $E^\ominus$ 关系式，然后进行比较。

选项 A 中，$E^\ominus(CuS/Cu)=E^\ominus(Cu^{2+}/Cu)+\dfrac{0.0592V}{2}\lg K_{sp}^\ominus(CuS)$

选项 B 中，$E^\ominus(Cu(NH_3)_4^{2+}/Cu)=E^\ominus(Cu^{2+}/Cu)+\dfrac{0.0592V}{2}\lg K_{不稳}(Cu(NH_3)_4^{2+})$

选项 C 中，$E^\ominus(Cu(OH)_2/Cu)=E^\ominus(Cu^{2+}/Cu)+\dfrac{0.0592V}{2}\lg K_{sp}^\ominus(Cu(OH)_2)$

它们的基本表达式均可写为 $E^\ominus=E^\ominus(Cu^{2+}/Cu)+\dfrac{0.0592V}{2}\lg K^\ominus$，因而比较各选项的 $E^\ominus$ 值大小，只需比较各选项的 $K^\ominus$ 值大小即可。$K^\ominus$ 越小，则 $E^\ominus$ 数值越小。3 个常数中 $K_{sp}^\ominus(CuS)$ 最小，故 A 为正确答案。

【例 3-4-24】 已知 $E^\ominus(Zn^{2+}/Zn)=-0.762V$，$E^\ominus(Ag^+/Ag)=0.799V$。在 Zn-Ag 标准原电池中，若在银半电池中加入食盐水，则会使电池电动势：

(A) 增大 (B) 减小 (C) 不变 (D) 无法判断

【解】 答案为B。

【分析】 由于 $E^{\ominus}(Zn^{2+}/Zn)$ 与 $E^{\ominus}(Ag^{+}/Ag)$ 相差1.561V，故 Ag^{+}/Ag 为正极，Zn^{2+}/Zn 为负极。加入NaCl后，半电池中发生反应 $Ag^{+}(aq)+Cl^{-}(aq) \rightleftharpoons AgCl(s)$，使 Ag^{+} 浓度下降，根据电极的Nernst方程式 $E(Ag^{+}/Ag)=E^{\ominus}(Ag^{+}/Ag)+0.0592V\lg[Ag^{+}]$，正极的电极电位随之下降，因 $E_{电池}=E_{+}-E_{-}$（E_{-}不变化），故 $E_{电池}$的值减小，选项B为正确答案。

部分读者可能选择答案为D（无法判断），理由是 E_{+} 减小，有可能使原电池正、负极发生改变。实际上，本题Zn-Ag原电池，不管生成配离子还是生成沉淀，均不会改变原电池正负极，原因在于 $E^{\ominus}_{电池}=E^{\ominus}(Ag^{+}/Ag)-E^{\ominus}(Zn^{2+}/Zn)=1.561V$，根据 $\Delta_r G^{\ominus}_m=-nFE^{\ominus}_{电池}$ 可知此反应 $\Delta_r G^{\ominus}_m \ll -40kJ\cdot mol^{-1}$，故通过调整反应商 J 无法使 ΔG 改变符号，即无法改变反应方向。因此AgCl/Ag仍充当原电池正极。

通常，$|E^{\ominus}_{电池}|<0.2V(n=2)$ 时，采取改变浓度的方法，可改变原电池的电极极性，即改变氧化还原反应的方向。

【例3-4-25】 下列电对组成的电极中，电极电位与溶液pH值有关的是：

(A) Zn^{2+}/Zn (B) $AgCl/Ag$ (C) MnO_4^{-}/MnO_2 (D) Cl_2/Cl^{-}

【解】 答案为C。

【分析】 此题考查电极反应的Nernst方程式。正确表达Nernst方程的关键是根据电对写出电极反应式。只有先写出电极反应式，才可知电极电位与哪些物种的离子浓度或分压有关。选项C的电极反应为 $MnO_4^{-}(aq)+4H^{+}(aq)+3e^{-} \rightleftharpoons MnO_2(s)+2H_2O(l)$，电极电位与 H^{+} 浓度有关，而其他电极反应式中均未出现 H^{+}，故选项C为正确答案。

【例3-4-26】 在标准状态下，下列反应皆正向进行。

(1) $H_2O_2(l)+2I^{-}(aq)+2H^{+}(aq) = 2H_2O(l)+I_2(s)$

(2) $I_2(s)+2S_2O_3^{2-}(aq) = S_4O_6^{\ 2-}(aq)+2I^{-}(aq)$

由此判断反应所涉及的物质中还原性最强的是：

(A) H_2O_2 (B) I^{-} (C) H_2O (D) $S_2O_3^{2-}$

【解】 答案为D。

【分析】 此题考查电极电位与物质氧化还原能力之间的关系。题中虽没有直接给出电对的电极电位值，但可根据氧化还原反应的方向推断出不同电对电极电位的相对大小，继而比较物质氧化还原能力。由反应(1)可知 $E^{\ominus}(H_2O_2/H_2O)>E^{\ominus}(I_2/I^{-})$；由反应(2)可知 $E^{\ominus}(I_2/I^{-})>E^{\ominus}(S_4O_6^{\ 2-}/S_2O_3^{2-})$。因而还原性最强的物质是其中电极电位代数值最小的电对 $S_4O_6^{2-}/S_2O_3^{2-}$ 中的还原态 $S_2O_3^{2-}$，故选项D为正确答案。

【例3-4-27】 电解含 Fe^{2+}、Ca^{2+}、Zn^{2+} 和 Cu^{2+} 的电解质水溶液，阴极最先析出的是：

(A) Fe (B) H_2 (C) Zn (D) Cu (E) Ca

【解】 答案为D。

【分析】 此题考查离子在电极上的放电顺序。阴极是电子过剩，故实际析出电位最大的阳离子优先在阴极放电。4种金属中只有Cu电动序位于H后，属不活泼金属，即 $E^{\ominus}(Cu^{2+}/Cu)>E^{\ominus}(H^{+}/H_2)$。$Cu^{2+}$ 优先放电，析出金属铜，故选项D为正确答案。

【例3-4-28】 25℃时，插入纯水中的氢电极（$p_{H_2}=p^{\ominus}$）与标准氢电极所组成的原电池的电动势为：

(A) 0.00V　　(B) −0.41V　　(C) 0.41V　　(D) −0.83V

【解】 答案为 C。

【分析】 此题无需计算，注意掌握解题技巧。原电池的电动势必须始终≥0，故选项 B、D 错误。在插入纯水的氢电极中，$[H^+]=10^{-7}$，在标准氢电极中，$[H^+]=1.0$，故两个氢电极的电极电位不同，因而 $E_{电池}\neq 0$，选项 A 错误。故选项 C 为正确答案。

【例 3-4-29】 氯气通入水后，生成氯水，它对细菌有杀伤力，可用来消毒。已知 $E^\ominus(Cl_2/Cl^-)=1.358V$，$E^\ominus(HClO/Cl_2)=1.63V$。求氯气与水反应 $Cl_2+H_2O \rightleftharpoons HClO+H^++Cl^-$ 的平衡常数。若制备氯水时氯气的分压为 103.3kPa，求新制氯水的 pH 值。

【分析】 氯气与水反应的平衡常数可由公式 $\lg K^\ominus=\dfrac{nE^\ominus_{电池}}{0.0592V}$ 求得。根据平衡常数的表达式，便可求出氯水中的氢离子浓度，从而计算氯水的 pH 值。

【解】 计算氯气与水反应的平衡常数。

$$\lg K^\ominus=\frac{1\times E^\ominus_{电池}}{0.0592V}=\frac{1\times[E^\ominus(Cl_2/Cl^-)-E^\ominus(HClO/Cl_2)]}{0.0592V}=\frac{1.358V-1.63V}{0.0592V}=-4.59$$

$$即\ K^\ominus=2.54\times10^{-5}$$

列出氯气与水反应的平衡列表。

设 $[H^+]=x$

$$Cl_2+H_2O \rightleftharpoons HClO+H^++Cl^- \qquad K^\ominus=2.54\times10^{-5}$$

平衡时　　x　x　x

$p^\ominus=100kPa$，$K^\ominus=\dfrac{[HClO][H^+][Cl^-]}{p_{Cl_2}/p^\ominus}=\dfrac{x^3}{103.3kPa/100kPa}=2.54\times10^{-5}$，$x=0.0297\approx0.03$，则 $pH=-\lg 0.03=1.53$

【例 3-4-30】 已知 $E^\ominus(Zn^{2+}/Zn)=-0.762V$，$E^\ominus(Cu^{2+}/Cu)=0.342V$。有下列原电池(−)Zn|$Zn^{2+}$(0.010mol·dm^{-3})||$Cu^{2+}$(0.010mol·dm^{-3})|Cu(+)

(1) 先向右半电池中通入过量 NH_3，使游离 NH_3 浓度为 1.00mol·dm^{-3}，测得电池电动势 $E_1=0.714V$，计算 $K_{不稳}(Cu(NH_3)_4^{2+})$(假设 NH_3 的通入不改变溶液体积)。

(2) 然后向左半电池中加入过量固体 Na_2S，使 S^{2-} 浓度为 1.00mol·dm^{-3}，求此时原电池的电动势 E_2。[已知 $K^\ominus_{sp}(ZnS)=1.6\times10^{-24}$，假设 Na_2S 的加入也不改变溶液体积]

(3) 用原电池符号表示经 (1)、(2) 处理后的新原电池，并标出正、负极。

(4) 计算 298K 时新原电池反应的平衡常数 $K^\ominus$ 和 $\Delta_r G^\ominus_m$。

【分析】 此题是一道多重平衡的综合题。除电化学平衡外，还涉及配位平衡和沉淀溶解平衡。里面涵盖许多基本概念与知识点。只有真正理解与掌握四大平衡基本概念才能正确求解此题。

下面对每一小题逐一分析求解。

(1) **【分析】** 据题意，体系是一个处于非标准状态下的铜-锌原电池。当正极铜半电池通入过量 NH_3，Cu^{2+} 全部与 NH_3 配位生成 $Cu(NH_3)_4^{2+}$，正极由 Cu^{2+}/Cu 电极转变为 $Cu(NH_3)_4^{2+}/Cu$ 电极。其中 $[NH_3]=1.00$，但因 $[Cu(NH_3)_4^{2+}]=0.010$，为非标准浓度。所以，正极是非标准状态的 $Cu(NH_3)_4^{2+}/Cu$ 电极。负极仍为非标准状态的 Zn^{2+}/Zn 电极。利用 $E_{电池}=E(Cu(NH_3)_4^{2+}/Cu)-E(Zn^{2+}/Zn)$ 关系式，并根据电池电动势的已知值，求算 $K_{稳}(Cu(NH_3)_4^{2+})$。

【解】

写出未加 NH_3 前，正极的电极反应及 Nernst 方程式。将其电极电位记为 $E_{+,1}$。

正极(右半电池)：$Cu^{2+}(aq)+2e^- \rightleftharpoons Cu(s)$

$$E_{+,1}=E^{\ominus}(Cu^{2+}/Cu)+\frac{0.0592V}{2}\lg[Cu^{2+}]$$

代入数据，计算正极的 $E_{+,1}$。

$$E_{+,1}=E^{\ominus}(Cu^{2+}/Cu)+\frac{0.0592V}{2}\lg[Cu^{2+}]=0.342V+\frac{0.0592V}{2}\lg 0.010=0.283V$$

写出负极的电极反应及 Nernst 方程式。将其电极电位记为 $E_{-,1}$。

负极(左半电池)：$Zn^{2+}(aq)+2e^- \rightleftharpoons Zn(s)$

$$E_{-,1}=E^{\ominus}(Zn^{2+}/Zn)+\frac{0.0592V}{2}\lg[Zn^{2+}]$$

代入数据，计算负极的 $E_{-,1}$。

$$E_{-,1}=E^{\ominus}(Zn^{2+}/Zn)+\frac{0.0592V}{2}\lg[Zn^{2+}]=-0.762V+\frac{0.0592V}{2}\lg 0.010=-0.821V$$

利用关系式 $E_{电池}=E_+-E_-$，计算 $E_{电池}$。

$$E_{电池}=E_+-E_-=E_{+,1}-E_{-,1}=0.283V-(-0.821)V=1.104V$$

利用 $E_{电池}\geqslant 0.2V$（$n=2$ 时）的判据，判断原电池的正、负极极性是否发生改变。

因 $E_{电池}=1.104V \gg 0.2V$，

故改变正极或负极的离子浓度，原电池的极性不会变化。

写出正极通入 NH_3 后，转变为 $Cu(NH_3)_4^{2+}/Cu$ 电极的反应及 Nernst 方程式，将其电极电位记为 $E_{+,2}$。

$$Cu(NH_3)_4^{2+}(aq)+2e^- \rightleftharpoons Cu(s)+4NH_3(aq)$$

$$E_{+,2}=E^{\ominus}(Cu(NH_3)_4^{2+}/Cu)+\frac{0.0592V}{2}\lg\frac{[Cu(NH_3)_4^{2+}]}{[NH_3]^4}$$

参照例 3-4-16 的方法，推导出 $E^{\ominus}(Cu(NH_3)_4^{2+}/Cu)$ 的关系式。

$$E^{\ominus}(Cu(NH_3)_4^{2+}/Cu)=E^{\ominus}(Cu^{2+}/Cu)+\frac{0.0592V}{2}\lg K_{不稳}(Cu(NH_3)_4^{2+})$$

将 $E^{\ominus}(Cu(NH_3)_4^{2+}/Cu)$ 的关系式代入 $E_{+,2}$ 表达式中。

$$E_{+,2}=0.342V+\frac{0.0592V}{2}\lg K_{不稳}(Cu(NH_3)_4^{2+})+\frac{0.0592V}{2}\lg\frac{[Cu(NH_3)_4^{2+}]}{[NH_3]^4}$$

将 $[Cu(NH_3)_4^{2+}]=0.01$ 和 $[NH_3]=1.00$ 代入 $E_{+,2}$ 的关系式。

$$E_{+,2}=0.342V+\frac{0.0592V}{2}\lg K_{不稳}(Cu(NH_3)_4^{2+})+\frac{0.0592V}{2}\lg\frac{0.01}{1.00^4}$$

$$E_{+,2}=0.283V+\frac{0.0592V}{2}\lg K_{不稳}(Cu(NH_3)_4^{2+})$$

据题意，$E_{电池}=0.714V$，$E_-=E_{-,1}=-0.821V$，算出 $E_{+,2}$ 的值。

$$E_{电池}=E_+-E_-=E_{+,2}-E_{-,1}=E_{+,2}-(-0.821)V=0.714V$$
$$E_{+,2}=-0.107V$$

求算 $K_{不稳}(Cu(NH_3)_4^{2+})$。

$$E_{+,2}=-0.107V=0.283V+\frac{0.0592V}{2}\lg K_{不稳}(Cu(NH_3)_4^{2+})$$

$$\lg K_{不稳}(Cu(NH_3)_4^{2+}) = -13.18$$

$$K_{不稳}(Cu(NH_3)_4^{2+}) = 6.61\times10^{-14}$$

(2)【分析】负极（左半电池）通入过量 Na_2S，发生反应 $Zn^{2+}(aq)+S^{2-}(aq) \rightleftharpoons ZnS(s)$，则负极由 Zn^{2+}/Zn 电极转变为 ZnS/Zn 电极。因 $[S^{2-}]=1.00$，负极为 ZnS/Zn 标准电极，用公式可直接求出 $E^{\ominus}(ZnS/Zn)$ 的值。而正极仍为非标准态的 $Cu(NH_3)_4^{2+}/Cu$ 电极，其值在第（1）题中已求得，电动势 E_2 可求。

【解】

写出通入过量 Na_2S 后负极 ZnS/Zn 电极的反应式。

$$负极(左半电池)：ZnS(s)+2e^- \rightleftharpoons Zn(s)+S^{2-}(aq)$$

参照例 3-4-16 的方法，推导出 $E^{\ominus}(ZnS/Zn)$ 的关系式。

$$E^{\ominus}(ZnS/Zn)=E^{\ominus}(Zn^{2+}/Zn)+\frac{0.0592V}{2}\lg K_{sp}^{\ominus}(ZnS)$$

因 $[S^{2-}]=1.00$，负极为 ZnS/Zn 标准电极。代入相关数据，计算 $E^{\ominus}(ZnS/Zn)$。

$$E^{\ominus}(ZnS/Zn)=-0.762V+\frac{0.0592V}{2}\times\lg(1.6\times10^{-24})=-1.464V$$

利用关系式 $E_{电池}=E_+-E_-$，计算 E_2。

$$E_2=E_+-E_-=E_{+,2}-E^{\ominus}(ZnS/Zn)=-0.107V-(-1.464)V=1.357V$$

(3)【分析】此时，原电池的正极为 $Cu(NH_3)_4^{2+}/Cu$ 电极，负极为 ZnS/Zn 电极。书写原电池符号一定要按照体系中电对的实际存在形式书写，同时将电极反应式中影响电极电位的其他物种表示出来，并标明物质浓度、压力等。例如右半电池的电对氧化态已经变为 $Cu(NH_3)_4^{2+}$，而不可再写为 Cu^{2+}，且应将 NH_3 表示在电池符号中。

【解】原电池符号为：

$(-)Zn|ZnS(s)|S^{2-}(1.00mol\cdot dm^{-3})||Cu(NH_3)_4^{2+}(0.010mol\cdot dm^{-3}),NH_3(1.00mol\cdot dm^{-3})|Cu(+)$

电池反应：$Zn(s)+S^{2-}(aq)+Cu(NH_3)_4^{2+}(aq) \rightleftharpoons ZnS(s)+Cu(s)+4NH_3(aq)$

(4)【分析】可利用公式 $\Delta_r G_m^{\ominus}=-nFE_{电池}^{\ominus}$，求得 $\Delta_r G_m^{\ominus}$。利用公式 $\lg K^{\ominus}=\frac{nE_{电池}^{\ominus}}{0.0592V}$，求得电池反应的平衡常数 $K^{\ominus}$。

求解电池反应平衡常数 $K^{\ominus}$ 时，有一个误区。读者可能会先写出电池反应的平衡常数表达式，即：

$$K^{\ominus}=\frac{[NH_3]^4}{[S^{2-}][Cu(NH_3)_4^{2+}]}$$

然后将原电池符号中标示的各物种浓度直接代入电池反应平衡常数的表达式中，计算出 $K^{\ominus}$ 的值。

$$K^{\ominus}=\frac{[NH_3]^4}{[S^{2-}][Cu(NH_3)_4^{2+}]}=\frac{1.00^4}{1.00\times0.010}=100$$

这种算法是错误的。由于此时电池的电动势并不为零，两个半电池的电极电位 E_+ 和 E_- 不相等，所以总的电池反应并未达到平衡，因而各电池组分物质的浓度不是平衡浓度。以这样的浓度作为平衡浓度直接代入公式计算平衡常数显然是错误的。因此，$K^{\ominus}$ 只能通过 $E^{\ominus}$ 或 $\Delta_r G_m^{\ominus}$ 求算。

这里需要特别说明的是，尽管电池反应中有一个可逆号“$\rightleftharpoons$”，但它并不表示电池反应处于平衡反应所指的那种“平衡状态”，更多的是指电池反应是一个可逆过程。关于可逆反应和可逆过程的区别，请读者参阅第一章疑难问题 6 的解答。

求解电池反应平衡常数 $K^\ominus$ 的另一个误区是，采用原电池的非标准态电动势计算 $K^\ominus$，即直接用第（2）题中 E_2 计算 $K^\ominus$ 或 $\Delta_r G_m^\ominus$。切记，$K^\ominus$ 或 $\Delta_r G_m^\ominus$ 反映的是体系处于标准态时的特征，与体系实际状态无关，因而不管实际体系是标准态还是非标准态，$K^\ominus$ 或 $\Delta_r G_m^\ominus$ 均只与 $E^\ominus$ 有关。解题关键是先求出 $E^\ominus_{电池}$。

【解】 此时，原电池的正极为 $Cu(NH_3)_4^{2+}/Cu$ 电极，负极为 ZnS/Zn 电极。

参照例 3-4-16 的方法，列出正极 $[Cu(NH_3)_4]^{2+}/Cu$ 的标准电极电位的公式。

$$E^\ominus(Cu(NH_3)_4^{2+}/Cu)=E^\ominus(Cu^{2+}/Cu)+\frac{0.0592V}{2}\lg K_{不稳}(Cu(NH_3)_4^{2+})$$

代入相关数据，求出 $E^\ominus(Cu(NH_3)_4^{2+}/Cu)$。

$$E^\ominus(Cu(NH_3)_4^{2+}/Cu)=0.342V+\frac{0.0592V}{2}\times\lg 6.61\times10^{-14}=-0.0482V$$

参照本题（2）的方法，计算 $E^\ominus(ZnS/Zn)$。过程详见第（2）题题解。

$$E^\ominus(ZnS/Zn)=-1.464V$$

根据公式 $E^\ominus_{电池}=E^\ominus_+-E^\ominus_-$，计算 $E^\ominus_{电池}$。

$$E^\ominus_{电池}=E^\ominus(Cu(NH_3)_4^{2+}/Cu)-E^\ominus(ZnS/Zn)=-0.0482-(-1.464)=1.416V$$

利用公式 $\lg K^\ominus=\frac{nE^\ominus_{电池}}{0.0592V}$，计算电池反应的平衡常数 $K^\ominus$。

$$\lg K^\ominus(298K)=\frac{nE^\ominus_{电池}}{0.0592V}=\frac{2\times1.416V}{0.0592V}=47.8$$

$$K^\ominus(298K)=6.88\times10^{47}$$

利用公式 $\Delta_r G_m^\ominus(298K)=-nFE^\ominus_{电池}$，计算 $\Delta_r G_m^\ominus(298K)$。

$$\Delta_r G_m^\ominus(298K)=-2\times96485C\cdot mol^{-1}\times1.416V=-273.2kJ\cdot mol^{-1}$$

【例 3-4-31】 已知 $Cu^{2+}(aq)+e^-\rightleftharpoons Cu^+(aq)$　$E^\ominus(Cu^{2+}/Cu^+)=0.159V$

$Cu^+(aq)+e^-\rightleftharpoons Cu(s)$　$E^\ominus(Cu^+/Cu)=0.52V$

$O_2(g)+2H_2O(l)+4e^-\rightleftharpoons 4OH^-(aq)$　$E^\ominus(O_2/OH^-)=0.401V$

$K_{不稳}(Cu(NH_3)_4^{2+})=4.78\times10^{-14}$，$K_{不稳}(Cu(NH_3)_2^+)=1.38\times10^{-11}$

（1）求 $Cu(NH_3)_4^{2+}(aq)+e^-\rightleftharpoons Cu(NH_3)_2^+(aq)+2NH_3(aq)$ 的标准电极电位；

（2）计算反应 $Cu(NH_3)_4^{2+}(aq)+Cu(s)\rightleftharpoons 2Cu(NH_3)_2^+(aq)$ 的标准平衡常数；

（3）问 $Cu(NH_3)_2^+$ 的溶液在空气中是否稳定？并说明理由。

（1）**【分析】** 此题考查多重平衡体系。求解方法多，可参照例 3-4-16。现介绍其中之一。电极反应 $Cu(NH_3)_4^{2+}(aq)+e^-\rightleftharpoons Cu(NH_3)_2^+(aq)+2NH_3(aq)$ 涉及 $Cu(NH_3)_4^{2+}/Cu(NH_3)_2^+$ 电对，该电极本质上与 Cu^{2+}/Cu^+ 电极一致，只是该电极中的 Cu^{2+} 和 Cu^+ 的浓度受两个配位平衡控制。利用配位平衡常数，可求出标准状态下 $Cu(NH_3)_4^{2+}/Cu(NH_3)_2^+$ 电极中的 Cu^{2+} 和 Cu^+ 的浓度，代入 Cu^{2+}/Cu^+ 电极的 Nernst 方程，可求出 $E^\ominus(Cu(NH_3)_4^{2+}/Cu(NH_3)_2^+)$。

【解】

利用 $K_{不稳}(Cu(NH_3)_4^{2+})$ 平衡常数，列出 $Cu(NH_3)_4^{2+}/Cu(NH_3)_2^+$ 电极中的 $[Cu^{2+}]$ 表达式。

$$[Cu^{2+}]=\frac{K_{不稳}(Cu(NH_3)_4^{2+})[Cu(NH_3)_4^{2+}]}{[NH_3]^4}$$

在标准 $Cu(NH_3)_4^{2+}/Cu(NH_3)_2^{+}$ 电极中，$[Cu(NH_3)_4^{2+}]=1.0$，$[NH_3]=1.0$。代入 $[Cu^{2+}]$ 的表达式。

$$[Cu^{2+}]=\frac{K_{不稳}[Cu(NH_3)_4^{2+}][Cu(NH_3)_4^{2+}]}{[NH_3]^4}=\frac{4.78\times10^{-14}\times1.0}{1.0^4}=K_{不稳}[Cu(NH_3)_4^{2+}]$$

利用 $K_{不稳}[Cu(NH_3)_2^{+}]$，列出 $Cu(NH_3)_4^{2+}/Cu(NH_3)_2^{+}$ 电极中的 $[Cu^{+}]$ 的表达式。

$$[Cu^{+}]=\frac{K_{不稳}[Cu(NH_3)_2^{+}][Cu(NH_3)_2^{+}]}{[NH_3]^2}$$

在标准 $Cu(NH_3)_4^{2+}/Cu(NH_3)_2^{+}$ 电极中，$[Cu(NH_3)_2^{+}]=1.0$，$[NH_3]=1.0$。代入 $[Cu^{+}]$ 的表达式。

$$[Cu^{+}]=\frac{K_{不稳}[Cu(NH_3)_2^{+}][Cu(NH_3)_2^{+}]}{[NH_3]^2}=\frac{1.38\times10^{-11}\times1}{1^2}=K_{不稳}[Cu(NH_3)_2^{+}]$$

写出 Cu^{2+}/Cu^{+} 电极的 Nernst 方程。

$$E(Cu^{2+}/Cu^{+})=E^{\ominus}(Cu^{2+}/Cu^{+})+0.0592V\lg\frac{[Cu^{2+}]}{[Cu^{+}]}$$

将 $[Cu^{2+}]$ 和 $[Cu^{+}]$ 代入上式，即可求得 $Cu(NH_3)_4^{2+}/Cu(NH_3)_2^{+}$ 电极的标准电极电位。

$$E^{\ominus}(Cu(NH_3)_4^{2+}/Cu(NH_3)_2^{+})=E^{\ominus}(Cu^{2+}/Cu^{+})+0.0592V\lg\frac{K_{不稳}[Cu(NH_3)_4^{2+}]}{K_{不稳}[Cu(NH_3)_2^{+}]}$$

$$E^{\ominus}(Cu(NH_3)_4^{2+}/Cu(NH_3)_2^{+})=0.159V+0.0592V\times\lg\frac{4.78\times10^{-14}}{1.38\times10^{-11}}=0.013V$$

(2)**【分析】** 参照例 3-4-29，计算氧化还原反应的 $K^{\ominus}$ 须先求得原电池的 $E^{\ominus}_{电池}$，再利用公式 $\lg K^{\ominus}=\frac{nE^{\ominus}_{电池}}{0.0592V}$，求算 $K^{\ominus}$。关键是将目标氧化还原反应设计成原电池，将其正确拆分为正极和负极，写出正、负极的电极反应。

目标反应 $Cu(NH_3)_4^{2+}+Cu(s)\rightleftharpoons 2Cu(NH_3)_2^{+}(aq)$ 涉及两个电对 $Cu(NH_3)_4^{2+}/Cu(NH_3)_2^{+}$ 和 $Cu(NH_3)_2^{+}/Cu$，其电极反应分别为：

$$Cu(NH_3)_4^{2+}(aq)+e^-\rightleftharpoons Cu(NH_3)_2^{+}(aq)+2NH_3(aq)$$

$$Cu(NH_3)_2^{+}(aq)+e^-\rightleftharpoons Cu(s)+2NH_3(aq)$$

因第一式减去第二式，即为目标反应，故 $Cu(NH_3)_4^{2+}/Cu(NH_3)_2^{+}$ 为正极，$Cu(NH_3)_2^{+}/Cu$ 为负极。则 $E^{\ominus}_{电池}=E^{\ominus}(Cu(NH_3)_4^{2+}/Cu(NH_3)_2^{+})-E^{\ominus}(Cu(NH_3)_2^{+}/Cu)$。正极的标准电极电位已由（1）题求得。而 $E^{\ominus}(Cu(NH_3)_2^{+}/Cu)$ 可由公式直接求算。

【解】

参照例 3-4-16 的方法，推导出 $E^{\ominus}(Cu(NH_3)_2^{+}/Cu)$ 的公式。

$$E^{\ominus}(Cu(NH_3)_2^{+}/Cu)=E^{\ominus}(Cu^{+}/Cu)+0.0592V\lg K_{不稳}[Cu(NH_3)_2^{+}]$$

代入相应的数据，求出 $E^{\ominus}(Cu(NH_3)_2^{+}/Cu)$。

$$E^{\ominus}(Cu(NH_3)_2^{+}/Cu)=0.52V+0.0592V\times\lg(1.38\times10^{-11})=-0.12V$$

利用公式 $\lg K^{\ominus}=\frac{nE^{\ominus}_{电池}}{0.0592V}$，计算目标反应的平衡常数 $K^{\ominus}$。

$$\lg K^{\ominus}=\frac{nE^{\ominus}_{电池}}{0.0592V}=\frac{1\times[0.013-(-0.12)]V}{0.0592V}=2.25$$

$$K^{\ominus}=1.77\times10^2$$

(3)【分析】 判断 $Cu(NH_3)_2^+$ 在空气中是否稳定，实际是判断 $Cu(NH_3)_2^+$ 是否会被空气中的氧气氧化。而一个氧化还原反应自发进行的方向可由相应电对的电极电位相对大小推断，即比较 $E^\ominus(Cu(NH_3)_4^{2+}/Cu(NH_3)_2^+)$ 与 $E^\ominus(O_2/OH^-)$ 大小即可。

【解】 由第(1)题，$E^\ominus(Cu(NH_3)_4^{2+}/Cu(NH_3)_2^+)=0.013V$，据题意，$E^\ominus(O_2/OH^-)=0.401V$，即 $E^\ominus(Cu(NH_3)_4^{2+}/Cu(NH_3)_2^+)<E^\ominus(O_2/OH^-)$，故 $Cu(NH_3)_2^+$ 在空气中不稳定，可被空气氧化。

四、疑难问题解答

1. 问：怎样理解"氧化数"与"化合价"？

答：氧化数是指单质或化合物中某元素的一个原子的形式电荷数。氧化数是一个有一定人为性的、经验性的概念。现代化学界普遍接受的确定元素氧化数的几条规则如下。①在单质中，元素的氧化数为零。②在离子化合物中，元素原子的氧化数等于该元素单原子离子的电荷数。③在结构已知的共价化合物中，氧化数是指把属于两原子的共用电子对指定给两原子中电负性较大的原子，分别在两原子上留下的表观电荷数。例如，H_2O 分子中，氧原子氧化数为－2，氢原子为＋1。④在结构未知的共价化合物中，某元素氧化数可由该化合物其他元素的氧化数算出。⑤对 H、O、F 等元素氧化数有一些规定，此处不一一列出。

而化合价是某种元素的原子与其他元素的原子相化合时两种元素的原子数目之间一定的比例关系，与分子中化学键的类型有关。对于离子化合物，化合价指离子所带的电荷数，它与氧化数往往相同。而对于共价化合物，化合价指共用电子对的数目，与氧化数完全不同。例如，CO 中 C 的氧化数为＋2，而化合价为 3。在 N_2 中 N 的氧化数为 0，化合价为 3。Fe_3O_4 中 Fe 的氧化数为 $+\frac{8}{3}$，而化合价有 2 种，两个 Fe 原子为＋3 价，一个 Fe 原子为＋2 价。

因而，对于氧化还原反应，通常用氧化数来定义某些概念和配平方程式，比用化合价方便得多，可不必考虑分子的结构和键的类型。

2. 问：碱金属 Li、Na、K 的金属性顺序为 K＞Na＞Li，而查表可知，$E^\ominus(Li^+/Li)=-3.040V$，$E^\ominus(Na^+/Na)=-2.71V$，$E^\ominus(K^+/K)=-2.931V$，根据电极电位得到的活泼性顺序应该为 Li＞K＞Na，两者为何不同？

答：两者得出结论不同，是因为比较的标准和条件不同。

金属性是用自由电子的第一电离能度量的。第一主族元素从上到下，原子半径逐渐增大，电离能逐渐减小，因而金属活泼性为 K＞Na＞Li。而在水溶液中对金属活泼性进行比较时，是用金属变为水合离子时的能量变化来度量的。这部分能量由三部分构成：原子化能（金属晶体转变成游离原子消耗的能量），电离能（金属原子变为金属离子消耗的能量）和水合能（金属离子形成水合离子放出的能量）。能量的总消耗越少整个过程越容易实现，则金属的电动序越靠前。由于 Li^+ 半径较小，周围产生的电场强于 K^+，则 Li^+ 水合时放出能量大于 K^+。三部分能量总和，Li 比 K 能量总消耗要少，因而电动序排在 K 前面。

3. 问：对所有金属离子/金属（M^{n+}/M）电对，其电极电位都可以用与标准氢电极或甘汞电极组成原电池，测其电动势的方法求得吗？

答：不是所有金属离子/金属（M^{n+}/M）电对，均可如此测量。

对 Zn^{2+}/Zn、Cu^{2+}/Cu 等电对的电极电位，可以用与标准氢电极或甘汞电极组成原电池，测其电动势的方法求得。但此法不适用于 Li、Na、K 等与水发生剧烈反应的电极。由于 Li、Na、K 等活泼金属容易与水发生反应，这些金属在水溶液中不能建立稳定的平衡电势，因而无法在水溶液中直接测定。

除此之外，Fe、Ni、W 等金属的电极电位也不能直接测得，是由于它们的交换电流密度较小，也难以建立稳定的平衡电势，不能形成稳定的可逆电池。

对这一类电极，其标准电极电位是通过热力学方法计算得到的。以铁电极为例，根据 Fe^{2+}/Fe 与 H^+/H_2 组成原电池反应的 $\Delta_r G_m^{\ominus}$，求 $E_{电池}^{\ominus}$，从而计算 $E^{\ominus}(Fe^{2+}/Fe)$。

原电池(－)Fe|Fe^{2+}(1mol·dm^{-3})||H^+(1mol·dm^{-3})|H_2(100kPa)|Pt(＋)

电池反应	Fe(s)	$+2H^+(aq) \rightleftharpoons$	$Fe^{2+}(aq)$	$+H_2(g)$
$\Delta_f G_m^{\ominus}/(kJ\cdot mol^{-1})$	0	0	−84.94	0

$\Delta_r G_m^{\ominus}(298K)=-84.94kJ\cdot mol^{-1}$。根据公式 $\Delta_r G_m^{\ominus}(298K)=-nFE_{电池}^{\ominus}$，计算 $E_{电池}^{\ominus}$。

$$E_{电池}^{\ominus}=-\frac{\Delta_r G_m^{\ominus}}{nF}=-\frac{84.94\times10^3 J\cdot mol^{-1}}{2\times96485 J\cdot V^{-1}\cdot mol^{-1}}=0.44V$$

根据 $E_{电池}^{\ominus}=E^{\ominus}(H^+/H_2)-E^{\ominus}(Fe^{2+}/Fe)$，计算 $E^{\ominus}(Fe^{2+}/Fe)$ 的值。

$$0.44=0.00-E^{\ominus}(Fe^{2+}/Fe)$$
$$E^{\ominus}(Fe^{2+}/Fe)=-0.44V$$

4. 问：在什么情况下可以用 $E_{电池}^{\ominus}$ 代替 $E_{电池}$ 来判断非标准状态下氧化还原反应进行的方向？

答：对于非标准状态下的氧化还原反应，通常当得失电子数 n 为 2 时，用 $E_{电池}^{\ominus}>0.2$ V 作为判断反应自发进行的标准；而当 $n=1$ 时，$E_{电池}^{\ominus}$ 必须大于 0.4V。

第一章热力学中曾讨论过，当 $\Delta_r G_m^{\ominus}<-40kJ\cdot mol^{-1}$ 时，反应商 J 无法改变 $\Delta_r G_m^{\ominus}$ 的符号，正反应一定自发。

因 $\Delta_r G_m^{\ominus}=-nFE_{电池}^{\ominus}$，

$$当 n=2 时，E_{电池}^{\ominus}=-\frac{\Delta_r G_m^{\ominus}}{nF}=-\frac{40\times10^3 J\cdot mol^{-1}}{2\times96485 J\cdot V^{-1}\cdot mol^{-1}}=0.2V$$

同理计算，当 $n=1$ 时，$E_{电池}^{\ominus}=0.4V$。

5. 问：原电池中盐桥的作用是什么？

答：盐桥主要起两种作用：(1) 为原电池构成闭合回路，使两个半电池中溶液始终保持电中性，两极反应得以进行下去。(2) 消减原电池中的液接电势。

例如在锌一氢原电池中，(－)Zn|$Zn^{2+}(c_1)$||$H^+(c_2)$|$H_2(_g)$|Pt(＋)，随着反应进行，负极电解质溶液中积聚正电荷，而正极电解质溶液中积聚负电荷，都会阻止电子进一步从负极流向正极。盐桥内盛有饱和 KCl 溶液，通电时，Cl^- 向负极 Zn^{2+} 溶液移动，中和正电荷；而 K^+ 向正极 H^+ 溶液移动，中和负电荷，使两溶液始终保持电中性状态，电极反应得以继续进行。

另外，原电池若不加盐桥，则两个半电池的溶液必须相互接触才有电流产生。当不同溶液接触时离子会相互扩散，而不同正负离子扩散速度不同，就可能产生液接电势。液接电势也可利用盐桥来消减。盐桥中 KCl 溶液浓度很大，与原电池两电解质溶液接触时产生的液接电势主要由 KCl 扩散产生，而 K^+、Cl^- 的扩散速度几乎相同，因而在盐桥两端的界面上产生的两个液接电势数值很小且符号相反，盐桥就起到了消减液接电势的作用。

6. 问：电池反应与电极反应的 Nernst 方程是如何推导出来的？

答：利用第一章热力学的化学反应等温方程（$\Delta_r G_m = \Delta_r G_m^\ominus + RT\ln J$）推导 Nernst 方程。

设有一电池反应：$A_{ox}(aq) + B_{red}(aq) \rightleftharpoons A_{red}(aq) + B_{ox}(aq)$

其中，正极反应：$A_{ox}(aq) + ne^- \rightleftharpoons A_{red}(aq)$

负极反应：$B_{red}(aq) \rightleftharpoons B_{ox}(aq) + ne^-$

写出电池反应的化学反应等温方程式。

$$\Delta_r G_m = \Delta_r G_m^\ominus + 2.303RT\lg J = \Delta_r G_m^\ominus + 2.303RT\lg \frac{[A_{red}][B_{ox}]}{[A_{ox}][B_{red}]} \quad ①$$

将 $\Delta_r G_m = -nFE_{电池}$，$\Delta_r G_m^\ominus = -nFE_{电池}^\ominus$ 代入①式，得：

$$-nFE_{电池} = -nFE_{电池}^\ominus + 2.303RT\lg \frac{[A_{red}][B_{ox}]}{[A_{ox}][B_{red}]}$$

等式两边同除以 $-nF$，得：

$$E_{电池} = E_{电池}^\ominus - \frac{2.303RT}{nF}\lg \frac{[A_{red}][B_{ox}]}{[A_{ox}][B_{red}]}$$

设 $T=298\text{K}$，并代入 F、R 等常数，得：

$$E_{电池} = E_{电池}^\ominus - \frac{0.0592\text{V}}{n}\lg \frac{[A_{red}][B_{ox}]}{[A_{ox}][B_{red}]}$$

$$\left(\text{或 } E_{电池} = E_{电池}^\ominus + \frac{0.0592\text{V}}{n}\lg \frac{[A_{ox}][B_{red}]}{[A_{red}][B_{ox}]}\right) \quad ②$$

此即为原电池电动势的 Nernst 方程表达式。

又 $E_{电池} = E_+ - E_-$，$E_{电池}^\ominus = E_+^\ominus - E_-^\ominus$，代入式②，得：

$$E_+ - E_- = E_+^\ominus - E_-^\ominus + \frac{0.0592\text{V}}{n}\lg \frac{[A_{ox}][B_{red}]}{[A_{red}][B_{ox}]}$$

移项得

$$E_+ - E_- = \left(E_+^\ominus + \frac{0.0592\text{V}}{n}\lg \frac{[A_{ox}]}{[A_{red}]}\right) - \left(E_-^\ominus + \frac{0.0592\text{V}}{n}\lg \frac{[B_{ox}]}{[B_{red}]}\right)$$

显然，$E_+ = E(A_{ox}/A_{red}) = E^\ominus(A_{ox}/A_{red}) + \frac{0.0592\text{V}}{n}\lg \frac{[A_{ox}]}{[A_{red}]}$

$$E_- = E(B_{ox}/B_{red}) = E^\ominus(B_{ox}/B_{red}) + \frac{0.0592\text{V}}{n}\lg \frac{[B_{ox}]}{[B_{red}]}$$

此即为电极反应的 Nernst 方程表达式。

7.* **问：是否只有氧化还原反应才可以设计成原电池？**

答：理论上，任何自发的氧化还原反应都可以设计成原电池。但并不是说，只有氧化还原反应才可以设计成原电池。有时，非氧化还原反应的反应物，在一定条件下发生反应，也可以表现为氧化还原反应。例如下述。

（1）沉淀反应 $Ag^+(aq) + Cl^-(aq) \rightleftharpoons AgCl(s)$ 可拆分成两个氧化还原半反应：

正极：　$Ag^+(aq) + e^- \rightleftharpoons Ag(s)$　　$E^\ominus(Ag^+/Ag) = 0.80\text{V}$

负极：　$AgCl(s) + e^- \rightleftharpoons Ag(s) + Cl^-(aq)$　　$E^\ominus(AgCl/Ag) = 0.225\text{V}$

原电池符号为$(-)Ag|AgCl(s)|Cl^-(c_1)||Ag^+(c_2)|Ag(+)$　　E 电池>0，$\Delta G<0$

（2）配位反应 $Cu^{2+}(aq) + 4NH_3(aq) \rightleftharpoons Cu(NH_3)_4^{2+}(aq)$ 可拆分成两个氧化还原半反应：

正极：　$Cu^{2+}(aq) + 2e^- \rightleftharpoons Cu(s)$　　$E^\ominus(Cu^{2+}/Cu) = 0.342\text{V}$

负极：$Cu(NH_3)_4^{2+}(aq)+2e^- \rightleftharpoons Cu(s)+4NH_3(aq)$　　$E^\ominus(Cu(NH_3)_4^{2+}/Cu)=-0.05V$

原电池符号为$(-)Cu|Cu(NH_3)_4^{2+}(c_1),NH_3(c_2)||Cu^{2+}(c_3)|Cu(+)$　　$E_{电池}>0$，$\Delta G<0$

(3) 中和反应 $H^+(aq)+OH^-(aq) \rightleftharpoons H_2O(l)$ 可拆分成两个氧化还原半反应：

正极：　$2H^+(aq)+2e^- \rightleftharpoons H_2(g)$　　$E^\ominus(H^+/H_2)=0.00V$

负极：　$2H_2O(l)+2e^- \rightleftharpoons 2OH^-(aq)+H_2(g)$　　$E^\ominus(H_2O/H_2)=-0.83V$

原电池符号为$(-)Pt|H_2(g,p_1)|OH^-(aq,c_1)||H^+(aq,c_2)|H_2(g,p_2)|Pt(+)$　$E_{电池}>0$，$\Delta G<0$

(4) 浓差电池$(-)Cu|Cu^{2+}(0.010mol\cdot dm^{-3})||Cu^{2+}(1.0mol\cdot dm^{-3})|Cu(+)$

$E_-=0.28V$　　$E_+=0.34V$　　$E_{电池}>0$，$\Delta G<0$

因此，理论上任何 $\Delta G<0$ 的过程均可设计成原电池。

8. 问：第 7 题中浓差电池的电能是怎样产生的？

答：浓差电池$(-)Cu|Cu^{2+}(0.010mol\cdot dm^{-3})||Cu^{2+}(1.0mol\cdot dm^{-3})|Cu(+)$

由于两电极电解质溶液中 Cu^{2+} 浓度不同，使得两极电极电位不同，$E_+=0.34V$，$E_-=0.28V$。两极间存在电势差，接通电源，必然产生电流，化学能转化为电能。$-\Delta_r G_m^\ominus=nFE^\ominus=-\Delta_r H_m^\ominus+T\Delta_r S_m^\ominus$。$-\Delta_r G_m^\ominus$ 代表原电池所做电功，其能量来自两个方面：一个是电池反应的热效应 $\Delta_r H_m^\ominus$，一个是 $T\Delta_r S_m^\ominus$，来自于环境与体系的相互作用。

在浓差电池中，由于总反应为 $Cu(s)+Cu^{2+}(aq) \rightleftharpoons Cu^{2+}(aq)+Cu(s)$，反应前后物质相同，$\Delta_r H_m^\ominus=0$；而浓差电池是 Cu^{2+} 从浓度高的一方向浓度低的一方扩散，是自发的熵增过程，$\Delta_r S_m^\ominus>0$，因而体系不断从环境吸收能量，同时用它做电功。

9. *问：什么是元素电势图？如何根据元素电势图，由某些电对的已知标准电极电位，计算出另一电对的未知标准电极电位？

答：如果某种元素有多种氧化态，可将它们按氧化态由高到低排列，并在联线上注明电对的标准电极电位。这种表示元素各氧化态之间标准电极电位关系的图称为元素电势图。

假设某元素电势图：

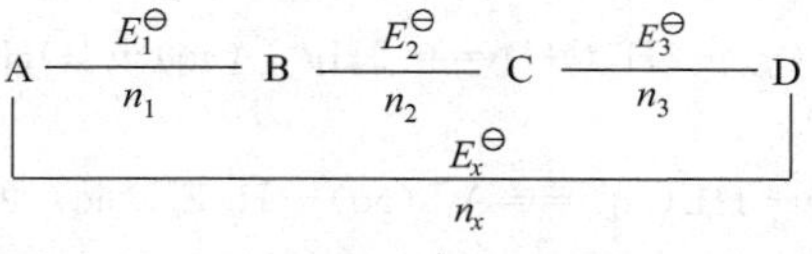

其中，n 代表不同氧化数物种之间发生转化时的得失电子数。

$$A+n_1e^- \rightleftharpoons B \quad E_1^\ominus; \quad \Delta_r G_{m,1}^\ominus=-n_1FE_1^\ominus$$
$$B+n_2e^- \rightleftharpoons C \quad E_2^\ominus; \quad \Delta_r G_{m,2}^\ominus=-n_2FE_2^\ominus$$
$$C+n_3e^- \rightleftharpoons D \quad E_3^\ominus; \quad \Delta_r G_{m,3}^\ominus=-n_3FE_3^\ominus$$
$$A+n_xe^- \rightleftharpoons D \quad E_x^\ominus; \quad \Delta_r G_{m,x}^\ominus=-n_xFE_x^\ominus$$

由盖斯定律 $\Delta_r G_{m,x}^\ominus=\Delta_r G_{m,1}^\ominus+\Delta_r G_{m,2}^\ominus+\Delta_r G_{m,3}^\ominus$

则，$-n_xFE_x^\ominus=-n_1FE_1^\ominus-n_2FE_2^\ominus-n_3FE_3^\ominus$

$$E_x^\ominus=\frac{n_1E_1^\ominus+n_2E_2^\ominus+n_3E_3^\ominus}{n_x}$$

读者可以根据上式，在元素电势图上，很方便地计算出未知电对 $E^\ominus$ 值。

例如，

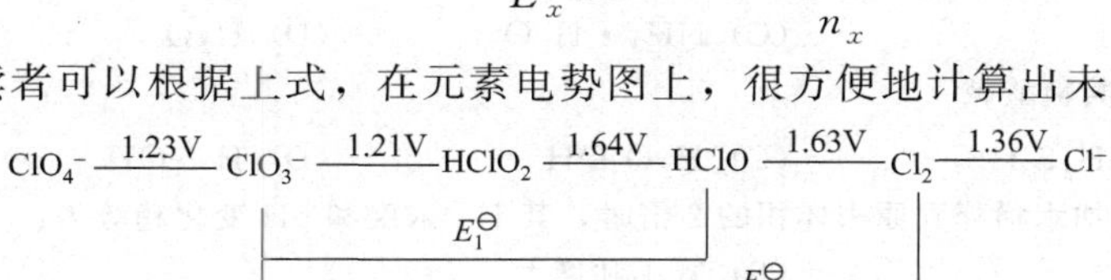

$$E_1^{\ominus}=E^{\ominus}(ClO_3^-/HClO)=\frac{2\times1.21V+2\times1.64V}{2+2}=1.43V$$

$$E_2^{\ominus}=E^{\ominus}(ClO_3^-/Cl_2)=\frac{4\times1.43V+1\times1.63V}{4+1}=1.47V$$

或 $$E_2^{\ominus}=E^{\ominus}(ClO_3^-/Cl_2)=\frac{2\times1.21V+2\times1.64V+1\times1.63}{2+2+1}=1.47V$$

自测题及答案

自 测 题

一、判断题

1.( ) 通常只有当 $K_{a_1}^{\ominus}/K_{a_2}^{\ominus}>10^4$ 时，多元酸的酸度计算才能作一元弱酸处理。

2.( ) 由于 H_2S 二元弱酸可分步电离，故达到电离平衡时，$[H^+]=2[S^{2-}]$。

3.( ) HS^- 既是酸，又是碱。其共轭碱是 H_2S，而其共轭酸是 S^{2-}。

4.( ) Na_3PO_4 与 Na_2HPO_4 等量等浓度混合溶液，具有缓冲能力。

5.( ) Cl^- 是很弱的碱，HCl 为很强的酸。

6.( ) 难溶强电解质的溶度积愈小，则其在纯水溶液中的溶解度愈小。

7.( ) AgCl 固体在纯水中的溶解的量大于其在浓氨水中溶解的量。

8.( ) 在等量的 Cl^- 和 I^- 混合溶液中，缓慢加入 $AgNO_3$ 溶液，则在 AgI 固体刚开始沉淀时，$[Ag^+][Cl^-]<K_{sp}^{\ominus}(AgCl)$。

9.( ) $Fe(CN)_6^{3-}$ 的命名为六氰合亚铁负配离子。

10.( ) $[Cu(en)_2](OH)_2$ 中心形成体的配位数为 2。

11.( ) 由于配离子 $K_稳$ 很大，可认为达到配合解离平衡时，其溶液中游离金属离子的浓度为零。

12.( ) 通常情况下，配离子的累积稳定常数为 $\beta_1<\beta_2<\beta_3<\beta_4<\cdots$。

13.( ) 原电池(−)$Pt|Fe^{2+}(aq,c_1),Fe^{3+}(aq,c_2)||Ce^{4+}(aq,c_3),Ce^{3+}(aq,c_4)|Pt$(+)，该原电池放电时所发生的反应是 $Ce^{3+}+Fe^{3+}\rightleftharpoons Ce^{4+}+Fe^{2+}$。

14.( ) 电对 H_2O_2/H_2O，O_2/OH^-，MnO_2/Mn^{2+}，MnO_4^-/MnO_4^{2-} 的电极电位值均与 pH 值无关。

15.( ) 电池反应为 $2Hg(l)+O_2(g)+2H_2O(l)\rightleftharpoons 2Hg^{2+}(aq)+4OH^-(aq)$，当电池反应达到平衡时，电池的电动势必然为零。

16.( ) 已知酸碱反应 $HA(aq)+HE(aq)\rightleftharpoons A^-(aq)+H_2E^+(aq)$ 的 $K^{\ominus}=1.6\times10^{-2}$。则 A^- 的碱性强于 HE。

17.( ) 将下列反应 $Ag^+(aq)+Cl^-(aq)\rightleftharpoons AgCl(s)$ 设计成原电池，无需使用惰性电极。

18.( ) 已知 $Ag(S_2O_3)_2^{3-}$ 和 $AgCl_2^-$ 的稳定常数 $\lg K_稳$ 分别为 13.46 和 5.04。则在标准状态下反应 $Ag(S_2O_3)_2^{3-}+2Cl^-\rightleftharpoons AgCl_2^-+2S_2O_3^{2-}$ 将从右向左进行。

19.( ) 金能溶于王水，是由于王水中的硝酸做氧化剂，盐酸做配位剂。

20.( ) 理论上，所有自发的氧化还原反应都能借助一定装置组成一个原电池，则原电池的电池反应也必定是氧化还原反应。

二、选择题

1. 在 HAc 溶液中加入下列物质时，HAc 电离度增大的是：

(A) NaAc　　(B) HCl　　(C) $NH_3\cdot H_2O$　　(D) H_2O

2. 下列各对物质中，哪对不是共轭酸碱：

(A) HPO_4^{2-}-PO_4^{3-}　　(B) H_2S-HS^-　　(C) H_2O-OH^-　　(D) H^+-OH^-

3. 将 0.10mol·dm^{-3} HAc 溶液加水稀释到原来体积的 2 倍时，其 H^+ 浓度和 pH 变化趋势为：

(A) 增大和减小　　(B) 减小和增大

(C) H^+ 浓度为原来的一半、pH 减小　　(D) H^+ 浓度为原来的一倍和 pH 减小。

4. 下列溶液的浓度均为 $0.10mol\cdot dm^{-3}$，已知 $K_a^{\ominus}(HAc)=1.76\times10^{-5}$，$K_{a1}^{\ominus}(H_2CO_3)=4.30\times10^{-7}$，$K_{a2}^{\ominus}(H_2CO_3)=5.61\times10^{-11}$，$K_{a_1}^{\ominus}(H_2S)=9.1\times10^{-8}$，$K_{a_2}^{\ominus}(H_2S)=1.1\times10^{-12}$，$K_b^{\ominus}(NH_3\cdot H_2O)=1.77\times10^{-5}$，其中 pH 值最高的是：

(A) NaAc　　(B) Na_2CO_3　　(C) Na_2S　　(D) $NH_3\cdot H_2O$

5. 欲配制 pH=9.0 的缓冲溶液，首选的缓冲对是：

(A) $NaHCO_3$-Na_2CO_3　　(B) NaH_2PO_4-Na_2HPO_4

(C) Na_2HPO_4-Na_3PO_4　　(D) NH_3-NH_4Cl

6. 化合物 Ag_2CrO_4 在等量 (a) $0.001mol\cdot dm^{-3}$ 的 $AgNO_3$ 溶液 (b) $0.001mol\cdot dm^{-3}$ 的 K_2CrO_4 溶液中溶解的量比较：

(A) (a)>(b)　　(B) (a)<(b)　　(C) (a)=(b)　　(D) 无法比较

7. 下列混合溶液属缓冲溶液的是：

(A) $0.5mol\cdot dm^{-3}$ 的 NaOH 溶液与 $0.5mol\cdot dm^{-3}$ 的 HAc 溶液等体积混合

(B) $0.5mol\cdot dm^{-3}$ 的 NaOH 溶液与 $0.2mol\cdot dm^{-3}$ 的 HAc 溶液等体积混合

(C) $0.5mol\cdot dm^{-3}$ 的 $(NH_4)_2SO_4$ 溶液与 $0.5mol\cdot dm^{-3}$ 的 H_2SO_4 溶液等体积混合

(D) $0.5mol\cdot dm^{-3}$ 的 $NH_3\cdot H_2O$ 溶液与 $0.2mol\cdot dm^{-3}$ 的 H_2SO_4 溶液等体积混合

8. 已知 CaF_2 的相对分子质量为 78。18℃时，1000g 水中可溶解 CaF_2 0.055g，则此温度下 CaF_2 的 $K_{sp}^{\ominus}$ 为：

(A) 1.40×10^{-8}　　(B) 1.40×10^{-9}　　(C) 4.97×10^{-8}　　(D) 3.50×10^{-10}

9. 金属硫化物的溶解平衡与溶液的酸碱平衡有关，可通过控制饱和 H_2S 水溶液的酸度实现金属离子的分离。若饱和 H_2S 水溶液中 $c_{H^+}=0.3mol\cdot dm^{-3}$ 时，下列哪一种金属离子能存在于饱和 H_2S 溶液之中？[已知 $K_{sp}^{\ominus}(CuS)=1.27\times10^{-36}$，$K_{sp}^{\ominus}(PbS)=9.04\times10^{-29}$，$K_{sp}^{\ominus}(ZnS)=2.5\times10^{-22}$，$K_{sp}^{\ominus}(HgS)=6.44\times10^{-53}$，$K_{a_1}^{\ominus}(H_2S)=9.1\times10^{-8}$，$K_{a_2}^{\ominus}(H_2S)=1.1\times10^{-11}$]

(A) Cu^{2+}　　(B) Zn^{2+}　　(C) Pb^{2+}　　(D) Hg^{2+}

10. 已知 $K_{sp}^{\ominus}(Bi(OH)_3)=4.0\times10^{-31}$。欲配制 $BiCl_3$ 澄清溶液，可选用下列哪种溶液：

(A) 无 CO_2 的蒸馏水　　(B) HNO_3 溶液

(C) HCl 溶液　　(D) HAc 溶液

11. 下列物质中不能作为形成配合物的配体的是：

(A) NH_3　　(B) NH_4^+　　(C) CH_3NH_2　　(D) $NH_2C_2H_4NH_2$

12. 能溶于浓氨水的物质是：

(A) $Mg(OH)_2$　　(B) AgI　　(C) Zn　　(D) AgBr

13. 已知 $K_{稳}(Ag(NH_3)_2^+)=1.12\times10^7$，$K_{sp}^{\ominus}(AgI)=8.51\times10^{-17}$。在配离子 $Ag(NH_3)_2^+$ 溶液中加入 KI 溶液，则会：

(A) 无 AgI 沉淀　　(B) 有 AgI 沉淀

(C) 使 $Ag(NH_3)_2^+$ 稳定性增强　　(D) 使溶液中 Ag^+ 浓度增大

14. 钢铁发生析氢腐蚀时，腐蚀电池的阳极上进行的反应是：

(A) $2H^+(aq)+2e^- \rightleftharpoons H_2(g)$　　(B) $O_2(g)+2H_2O+4e^- \rightleftharpoons 2OH^-(aq)$

(C) $Fe(s) \rightleftharpoons Fe^{2+}(aq)+2e^-$　　(D) 还原反应

15. 若用石墨电极电解 $1mol\cdot dm^{-3}$ $FeSO_4$ 和 $1mol\cdot dm^{-3}$ $ZnSO_4$ 的混合溶液，则在石墨阳极析出的电解产物是：

(A) H_2　　(B) O_2　　(C) SO_2　　(D) OH^-

16. 已知 $E^{\ominus}(Zn^{2+}/Zn)$，为了测量 $E^{\ominus}(Fe^{2+}/Fe)$，可采用下列哪一种原电池：

(A) $(-)Zn(s)|Zn^{2+}(1mol\cdot dm^{-3})||Fe^{2+}(1mol\cdot dm^{-3})|Fe(s)(+)$

(B) $(-)Zn(s)|Zn^{2+}(1mol\cdot dm^{-3})||H^+(1mol\cdot dm^{-3})|H_2(100kPa)|Pt(+)$

(C) $(-)Fe(s)|Fe^{3+}(1mol\cdot dm^{-3})||Zn^{2+}(1mol\cdot dm^{-3})|Zn(s)(+)$

(D) (—)Fe(s)|Fe^{2+}(1mol·dm^{-3})||H^+(1mol·dm^{-3})|H_2(100kPa)|Pt(+)

17.在电极反应 $Cu^{2+}(aq)+2e^- \rightleftharpoons Cu(s)$ 的溶液中加入浓氨水，则会使Cu的还原性：

(A) 增强　(B) 减小　(C) 不变　(D) 无法确定

18.已知 $E^\ominus(Fe^{2+}/Fe)=-0.447V$，$E^\ominus(Fe^{3+}/Fe^{2+})=0.771V$，$E^\ominus(Sn^{2+}/Sn)=-0.140V$，$E^\ominus(Sn^{4+}/Sn^{2+})=0.151V$，下列说法中不正确的是：

(A) 最强的氧化剂是 Fe^{3+}　(B) 还原能力 Fe^{2+} 强于 Sn^{2+}

(C) 最强的还原剂是 Fe　(D) 氧化能力 Sn^{4+} 强于 Fe^{2+}

19.已知：$E^\ominus(Cl_2/Cl^-)=1.36V$，$E^\ominus(MnO_4^-/Mn^{2+})=1.51V$，$E^\ominus(Mn^{2+}/Mn)=-1.18V$，$E^\ominus(Cu^{2+}/Cu)=0.34V$，$E^\ominus(Fe^{3+}/Fe)=0.77V$。根据以上标准电极电位，判断下列各组物质中，能够自发反应的是：

(A) Cl^-—Fe^{3+}　(B) Mn^{2+}—Cu^{2+}　(C) Cu—Fe^{3+}　(D) Mn^{2+}—Cl_2

20.欲使 $CaCO_3$ 在水溶液中的溶解度增大，宜采用的方法是：

(A) 加入 1.0mol·L^{-1} Na_2CO_3　(B) 加入 2.0mol·L^{-1} NaOH

(C) 加入 1.0mol·L^{-1} $CaCl_2$　(D) 加入 0.1mol·L^{-1} EDTA

21.若使弱酸强碱盐、弱碱强酸盐的水解度都增大，可采取下列哪种措施：

(A) 降低温度　(B) 稀释溶液

(C) 增加盐的浓度　(D) 升高溶液的pH值

22.在 0.10mol·L^{-1} 的 $[Ag(NH_3)_2]Cl$ 溶液中，各种组分浓度大小的关系是：

(A) $c(NH_3)>c(Cl^-)>c([Ag(NH_3)_2]^+)>c(Ag^+)$

(B) $c(Cl^-)>c([Ag(NH_3)_2]^+)>c(Ag^+)>c(NH_3)$

(C) $c(Cl^-)>c([Ag(NH_3)_2]^+)>c(NH_3)>c(Ag^+)$

(D) $c(NH_3)>c(Cl^-)>c(Ag^+)>c([Ag(NH_3)_2]^+)$

23.下列电池中，可称作浓差电池的是：

(A) (—)Zn|$Zn^{2+}(c_1)$||$Cu^{2+}(c_2)$|Cu(+)

(B) (—)Fe|$Fe^{2+}(c_1)$||$Fe^{3+}(c_2)$|Fe(+)

(C) (—)Ag|AgCl|$Cl^-(c_1)$||$Ag^+(c_2)$|Ag(+)

(D) (—)Fe|FeS|$S^{2-}(c_1)$||$Fe^{3+}(c_2)$|Fe(+)

24.下列电对中，E 随 H^+ 浓度增大而升高的是：

(A) Cl_2/Cl^-　(B) $Cr_2O_7^{2-}/Cr^{3+}$　(C) HgI_4^{2-}/Hg　(D) AgCl/Ag

三、填空题

1.已知 $K_b^\ominus(NH_3·H_2O)=1.77\times10^{-5}$。将浓度均为 0.20mol·$dm^{-3}$ 的 $NH_3·H_2O$ 与 NH_4Cl 溶液等量混合，所得溶液的pH值为________，NH_3 的解离度（电离度）为________。将此混合溶液稀释一倍，则其pH将________（填增大、减小或不变）。

2.已知298K时，AgBr的 $K_{sp}^\ominus$ 为 5.35×10^{-13}，则298K时，AgBr在纯水中的溶解度为________，在 0.10mol·dm^{-3} 的NaBr溶液中的溶解度为________。

3.在化合物AgCl、AgBr、AgI、Ag_2S 中，(1) 不溶于硝酸，但溶于过量氨水的是________ (2) 既不溶于 $Na_2S_2O_3$ 溶液也不溶于KCN溶液的是________。

4.一半插入水中的铁棒因________分布不均匀而发生________腐蚀，铁的腐蚀往往发生在________部位，其电极反应为________。

5.$Na[Cr(en)(NO_2)_2Cl_2]$ 的正确命名为________。该配合物的中心离子是________，配位体是________、________和________，配位数为________。

6.由Hg(l)与 Hg_2Cl_2 组成的电极称为________电极，是常用的参比电极，其电极电位值取决于电极溶液中________的浓度。

7.当金属与电解质溶液接触时，由于形成微小的腐蚀电池而引起电化学腐蚀。因而常采用__________或__________等电化学方法，有效保护金属制品免遭电化学腐蚀。

8.在 Fe-Ag 原电池中，若往 $FeSO_4$ 溶液中加入 KCN，电池的电动势将__________；若往 $AgNO_3$ 溶液中加入氨水，则电池的电动势将__________。

9.在配制 $FeSO_4$ 水溶液时，通常须加入________和________来使溶液稳定。

10.用电解法精炼粗铜为精铜时，________铜作阳极，________铜作阴极。

11.一定温度下，H_2CO_3 的 $K^{\ominus}_{a_1}=4.3\times10^{-7}$，$K^{\ominus}_{a_2}=5.6\times10^{-11}$，则 $0.04mol\cdot dm^{-3}$ H_2CO_3 溶液的 $c(H^+)=$________ $mol\cdot dm^{-3}$，$c(CO_3^{2-})=$__________ $mol\cdot dm^{-3}$。

12.已知室温下 $2CrO_4^{2-}(aq)+2H^+(aq)\rightleftharpoons Cr_2O_7^{2-}(aq)+H_2O$。在含有 CrO_4^{2-}、SO_4^{2-} 各为 $0.1mol\cdot dm^{-3}$ 的溶液中，逐滴加入 $BaCl_2$ 溶液，发现溶液中出现几乎等量的白色和黄色沉淀，由此推断 $BaCrO_4$ 和 $BaSO_4$ $K^{\ominus}_{sp}$ 的关系是__________。若要达到使 SO_4^{2-}、CrO_4^{2-} 分离的目的，可在上述溶液中加入__________。

四、简答题

1.若将一根铁棒部分插入水中，则铁棒的腐蚀主要发生在在近水部分还是水下较深的部分？为什么？

2.为何 $KMnO_4$ 的氧化能力随溶液的酸度增大而增强？

3.AgI 分别用 Na_2CO_3 和 $(NH_4)_2S$ 溶液处理，沉淀能否转化？为什么？

4.分别以 $CaCO_3$、CuS、AgCl、$CaSO_4$ 为例，说明使难溶化合物溶解与转化有哪 4 种常用方法？

5.有人想从铁、钴、镍的边角废料中提取 Co 和 Ni。设想先将合金溶于酸中，得到 Fe^{2+}、Co^{2+}、Ni^{2+}，然后用合适的氧化剂将 Fe^{2+} 氧化成 Fe^{3+}，再用生成氢氧化物沉淀的方法分离 Fe^{3+}、Co^{2+}、Ni^{2+}。试通过查表，根据物质溶度积常数及电对电极电位，分析此方法是否可行？若可行，需选择怎样的氧化剂？

五、计算题

1.试用 HAc 和 NaAc 分别配制 pH=4.00 和 pH=5.00 的两种缓冲溶液。假定 HAc 和 NaAc 的总浓度为 $1.0mol\cdot dm^{-3}$，求 HAc 和 NaAc 的浓度各为多少？[已知 $K^{\ominus}_a(HAc)=1.8\times10^{-5}$]

2.某溶液各含有 $0.10mol\cdot dm^{-3}$ 的 Fe^{3+} 和 Cu^{2+}，问能否用滴加 NaOH 的方法将 Fe^{3+} 完全沉淀而将 Cu^{2+} 全部留在溶液中？[已知 $K^{\ominus}_{sp}(Fe(OH)_3)=4.0\times10^{-34}$，$K^{\ominus}_{sp}(Cu(OH)_2)=2.2\times10^{-20}$]

3.在 298K 时，用 Pt 片作阴阳两极的电极；电解 pH=3.0 的 $CuSO_4$ 溶液。若 H_2 在 Pt 片析出的超电位为 0.23V，问在阴极上开始析出 H_2 时，电解液中残留的 Cu^{2+} 浓度为多少？[已知 $E^{\ominus}(Cu^{2+}/Cu)=0.34V$]

4. $0.10mol\cdot dm^{-3}$ 一元弱酸 HA $0.050dm^3$ 与 $0.10mol\cdot dm^{-3}$KOH 溶液 $0.020dm^3$ 混合，并加水稀释至 $0.10dm^3$，测得此溶液的酸度为 5.25。求该一元弱酸 HA 的电离常数？

5.在含有 Mn^{2+}、Pb^{2+} 各 $0.010mol\cdot dm^{-3}$ 溶液中通入 H_2S 达饱和，问是否可以通过这种方法使用两种离子分离？[已知 $K^{\ominus}_{sp}(MnS)=2.5\times10^{-13}$，$K^{\ominus}_{sp}(PbS)=3.4\times10^{-28}$]

6.将 AgAc 沉淀加入某稀酸溶液中，达平衡时测得溶液的 pH 值为 4.00。求 AgAc 在此溶液中的溶解度。[已知 $K^{\ominus}_{sp}(AgAc)=4.4\times10^{-3}$，$K^{\ominus}_a(HAc)=1.75\times10^{-5}$]

7.已知 $E^{\ominus}(Pb^{2+}/Pb)=-0.126V$，$E^{\ominus}(Hg_2^{2+}/Hg)=0.796V$，$K^{\ominus}_{sp}(Hg_2Cl_2)=1.4\times10^{-18}$，$K^{\ominus}_{sp}(PbSO_4)=1.8\times10^{-8}$。求反应 $Hg_2Cl_2(s)+Pb(s)+SO_4^{2-}(aq)\rightleftharpoons 2Hg(l)+2Cl^-(aq)+PbSO_4(s)$的平衡常数 $K^{\ominus}$。

8.试求 AgI 在下列溶液中的溶解度 (1) $1.0mol\cdot dm^{-3}$ 氨水 (2) $0.10mol\cdot dm^{-3}$ KCN 溶液。[已知 $K^{\ominus}_{sp}(AgI)=1.5\times10^{-16}$，$K_{稳}(Ag(NH_3)_2^+)=1.6\times10^7$，$K_{稳}(Ag(CN)_2^-)=1.3\times10^{21}$]

9.向一含有 $0.20mol\cdot dm^{-3}$ NH_3 和 $0.20mol\cdot dm^{-3}$ NH_4Cl 的缓冲溶液中加入等体积的 $0.020mol\cdot dm^{-3}$ $Cu(NH_3)_4Cl_2$ 溶液。问：(1) Cu^{2+} 浓度；(2) 是否有 $Cu(OH)_2$ 沉淀生成？[已知 $K^{\ominus}_{sp}(Cu(OH)_2)=5.6\times10^{-20}$，$K^{\ominus}_b(NH_3\cdot H_2O)=1.8\times10^{-5}$，$K_{稳}(Cu(NH_3)_4^{2+})=1.4\times10^{12}$]

10.* 试求 $0.050mol\cdot dm^{-3}$ NaH_2PO_4 溶液的 pH 值。(已知 H_3PO_4 $K^{\ominus}_{a_1}=7.6\times10^{-3}$，$K^{\ominus}_{a_2}=6.3\times10^{-8}$，$K^{\ominus}_{a_3}=3.6\times10^{-13}$)

答 案

一、判断

1.√ 2.× 3.× 4.√ 5.√ 6.× 7.× 8.√ 9.× 10.× 11.× 12.√ 13.× 14.× 15.√ 16.√ 17.√ 18.√ 19.√ 20.×

二、选择

1.C D 2.D 3.B 4.C 5.D 6.B 7.D 8.B 9.B 10.C 11.B 12.C 13.B 14.C 15.B 16.A 17.A 18.B 19.C 20.D 21.B 22.C 23.C 24.B

三、填空

1. 9.25 0.0177% 不变

2. $7.31\times10^{-7}\,mol\cdot dm^{-3}$ $5.35\times10^{-12}\,mol\cdot dm^{-3}$

3. (1) AgCl (2) Ag_2S

4.水中溶解的氧气 浓差 氧气浓度低的水下 $Fe \rightleftharpoons Fe^{2+}+2e^-$

5.二氯二硝基一乙二胺合铬（Ⅲ）酸钠 Cr^{3+} en NO_2^- Cl^- 6

6.甘汞 Cl^-

7.牺牲阳极的阴极保护法 外加电流的阴极保护法

8.增大 减小

9. H_2SO_4 铁钉

10.粗 精（纯）

11. 1.31×10^{-4} 5.6×10^{-11}

12.近似相等 H^+

四、简答题

1.若将一根铁棒部分插入水中，则铁棒的腐蚀主要发生在水下部分。因为在水面处氧气浓度大于水下，水面处氧的氧化能力高于水下。铁棒因氧气分布不均引起腐蚀。腐蚀坑出现在水下，水深处铁棒为腐蚀电池的阳极，其电极反应为 $Fe \rightleftharpoons Fe^{2+}+2e^-$，近水面处为阴极，电极反应为 $O_2+H_2O+4e^- \rightleftharpoons 4OH^-$。

2. $KMnO_4$ 作氧化剂时的电极反应与［H^+］有关：$MnO_4^- + 8H^+ + 5e^- \rightleftharpoons Mn^{2+} + 4H_2O$，$E(MnO_4^-/Mn^{2+})=E^{\ominus}(MnO_4^-/Mn^{2+})+\dfrac{0.0592V}{5}\lg\dfrac{[MnO_4^-][H^+]^8}{[Mn^{2+}]}$，可见 H^+ 浓度越高，其电极电位值越大，则 MnO_4^- 氧化能力越强。故 $KMnO_4$ 氧化能力随溶液的酸度增大而增强。

3. AgI 用 Na_2CO_3 溶液处理，沉淀不能转化；AgI 用 $(NH_4)_2S$ 溶液处理，沉淀可转化。

$$2AgI(s)+CO_3^{2-}(aq) \rightleftharpoons Ag_2CO_3(s)+2I^-(aq) \quad K^{\ominus}=\frac{(K_{sp}^{\ominus}(AgI))^2}{K_{sp}^{\ominus}(Ag_2CO_3)}=\frac{(8.5\times10^{-17})^2}{8.1\times10^{-12}}=8.9\times10^{-22}\ll1$$

$K^{\ominus}$ 太小，$\Delta_rG_m^{\ominus}>0$，$\Delta_rG_m>0$，正反应不能自发进行，即 AgI 不能转化。

$$2AgI(s)+S^{2-}(aq) \rightleftharpoons Ag_2S(s)+2I^-(aq) \quad K^{\ominus}=\frac{(K_{sp}^{\ominus}(AgI))^2}{K_{sp}^{\ominus}(Ag_2S)}=\frac{(8.5\times10^{-17})^2}{6.69\times10^{-50}}=1.08\times10^{17}\gg1$$

$K^{\ominus}$ 足够大，$\Delta_rG_m^{\ominus}<0$，$\Delta_rG_m<0$，正反应能自发进行，可实现上述转化。

4.(1) 生成弱电解质（水、弱酸、弱碱）使沉淀溶解，例如 $CaCO_3$，溶于强酸 HCl。

(2) 发生氧化还原反应使沉淀溶解，例如 CuS 溶于强氧化剂 HNO_3。

(3) 生成配合物使沉淀溶解，例如 AgCl 溶于氨水，是因为 NH_3 水能与 Ag^+ 作用，生成稳定的 $Ag(NH_3)_2^+$。

(4) 生成更难溶的物质使沉淀转化，例如 $CaSO_4$ 溶于 Na_2CO_3，是因为 CO_3^{2-} 能与 Ca^{2+} 生成更难溶的 $CaCO_3$，$K_{sp}^{\ominus}(CaCO_3)<K_{sp}^{\ominus}(CaSO_4)$。

5.此方法可行。查表得溶度积常数如下，$K_{sp}^{\ominus}(Fe(OH)_3)=2.8\times10^{-39}$，$K_{sp}^{\ominus}(Fe(OH)_2)=4.86\times10^{-17}$，$K_{sp}^{\ominus}(Co(OH)_2)=2.3\times10^{-16}$，$K_{sp}^{\ominus}(Ni(OH)_2)=5.0\times10^{-16}$，可知 Fe^{2+}、Co^{2+}、Ni^{2+} 氢氧化物

的溶度积相近，若直接采用沉淀法，则三种离子共沉淀。而 Fe^{3+} 氢氧化物与 Co^{2+}、Ni^{2+} 氢氧化物溶度积相差极大，可通过沉淀方法将 Fe^{3+} 与 Co^{2+}、Ni^{2+} 分离。因而将合金溶于酸，得到 Fe^{2+}、Co^{2+}、Ni^{2+}，再将 Fe^{2+} 氧化成 Fe^{3+}，最后通过沉淀方法分离是可行的。关键是选择合适的氧化剂，只氧化 Fe^{2+}，而 Co^{2+}、Ni^{2+} 不被氧化。查电极电位表，$E^{\ominus}(Fe^{3+}/Fe^{2+})=0.77V$，$E^{\ominus}(Co^{3+}/Co^{2+})=1.82V$，$E^{\ominus}(NiO_2/Ni^{2+})=1.68V$，可知应选择电极电位值在 $0.77V<E^{\ominus}<1.68V$ 之间的氧化剂。为此，可选择次氯酸盐或氯酸盐。例如，$E^{\ominus}(ClO_3^-/Cl^-)=1.45V$，$E^{\ominus}(ClO^-/Cl^-)=1.49V$。

五、计算

1.（1）$c_{HAc}=0.85mol\cdot dm^{-3}$，$c_{NaAc}=0.15mol\cdot dm^{-3}$

（2）$c_{HAc}=0.35mol\cdot dm^{-3}$，$c_{NaAc}=0.65mol\cdot dm^{-3}$

2. Fe^{3+} 完全沉淀，即 $[Fe^{3+}]\leqslant 10^{-5}$，则 $[OH^-]\geqslant 3.4\times 10^{-10}$，此时 $[Cu^{2+}][OH^-]^2<K_{sp}^{\ominus}(Cu(OH)_2)$，$Cu^{2+}$ 不沉淀，故此方法可行。

3. pH=3 时，$E(H^+/H_2)=-0.177V$，在阴极上开始析出 H_2 时，要求 $E(Cu^{2+}/Cu)<E(H^+/H_2)-E_{超}$，求得 $[Cu^{2+}]_{残留}=4.69\times 10^{-26}$。

4. 混合反应后，剩余 $[HA]=0.03$，生成 $[A^-]=0.02$。$pH=pK_a^{\ominus}-\lg\dfrac{[HA]}{[A^-]}$，求得 $K_a^{\ominus}=3.75\times 10^{-6}$。

5. Pb^{2+} 优先沉淀。当 Pb^{2+} 沉淀完全时，溶液中生成 $[H^+]=0.02$，则溶液中 $[S^{2-}]=2.75\times 10^{-17}$，此时 $[Mn^{2+}][S^{2-}]=2.75\times 10^{-19}<K_{sp}^{\ominus}(MnS)$，$Mn^{2+}$ 不沉淀。所以两种离子可分离。

6. 参照例 3-3-9 的方法，答案为 $0.16mol\cdot dm^{-3}$。

7. $E_{+}^{\ominus}=E^{\ominus}(Hg_2Cl_2/Hg)=E^{\ominus}(Hg_2^{2+}/Hg)+\dfrac{0.0592V}{2}\lg K_{sp}^{\ominus}(Hg_2Cl_2)=0.269V$

$E_{-}^{\ominus}=E^{\ominus}(PbSO_4/Pb)=E^{\ominus}(Pb^{2+}/Pb)+\dfrac{0.0592V}{2}\lg K_{sp}^{\ominus}(PbSO_4)=-0.354V$

$\lg K^{\ominus}=\dfrac{nE_{电池}^{\ominus}}{0.0592V}=21.1 \quad K^{\ominus}=1.26\times 10^{21}$

8. 设 AgI 在 NH_3 中溶解度为 $x mol\cdot dm^{-3}$。则 $\dfrac{x^2}{(1.0-2x)^2}=K_{sp}^{\ominus}(AgI)K_{稳}(Ag(NH_3)_2^+)$

解得 $x=4.9\times 10^{-5}$

设 AgI 在 KCN 中溶解度为 $y mol\cdot dm^{-3}$。则 $\dfrac{y^2}{(0.10-2y)^2}=K_{sp}^{\ominus}(AgI)K_{稳}(Ag(CN)_2^-)$

解得 $y=0.050$

9.（1）$[NH_3]=[NH_4^+]=0.10$，$[Cu(NH_3)_4^{2+}]=0.010$，$\dfrac{[Cu^{2+}][NH_3]^4}{[Cu(NH_3)_4^{2+}]}=K_{不稳}(Cu(NH_3)_4^{2+})$

解得 $[Cu^{2+}]=7.1\times 10^{-11}$

（2）$NH_3-NH_4^+$ 缓冲溶液中，$[OH^-]=K_b^{\ominus}(NH_3\cdot H_2O)\dfrac{[NH_3]}{[NH_4^+]}=1.8\times 10^{-5}$，$[Cu^{2+}][OH^-]^2=2.3\times 10^{-20}<K_{sp}^{\ominus}(Cu(OH)_2)$，无 $Cu(OH)_2$ 无沉淀生成。

10. * $\dfrac{c}{K_{a_1}^{\ominus}}>20$，$cK_{a_1}^{\ominus}>20K_w^{\ominus}$，所以 $[H^+]=\sqrt{K_{a_1}^{\ominus}K_{a_2}^{\ominus}}=2.2\times 10^{-5}$，pH=4.67

第四章　结构化学

第一节　原子结构与元素周期律

一、基本要求

（1）掌握微观粒子运动的三大特征。

（2）掌握波函数、原子轨道、电子云等基本概念，了解描述微观粒子运动规律的薛定谔方程及其解的物理意义。理解原子轨道（波函数）的角度分布图与径向分布图、电子云的角度分布图与径向分布图的含义。

（3）掌握四个量子数的物理意义及其取值范围，理解原子轨道能级的含义。

（4）了解电子间的相互作用（屏蔽效应和钻穿效应）对多电子原子轨道能级的影响；能运用泡利不相容原理、能量最低原理和洪特规则写出常见元素的原子核外电子排布式和价电子构型，并指出元素在周期表中的位置。

（5）掌握原子半径、电离能、电子亲和能和电负性等元素性质的周期性变化规律及其与原子结构的关系。

二、内容精要及基本例题分析

（一）微观粒子（电子）运动的三大特征

（1）原子中电子的运动呈现“量子化特征”。

（2）电子具有“波粒二象性”。

（3）电子波是一种概率波，呈现统计性规律。

【例 4-1-1】 以下哪个选项不属于微观粒子运动的基本特征：

（A）波粒二象性　　（B）量子化特性　　（C）统计性　　（D）电子配对成键

【解】 答案为 D。

【分析】 从玻尔原子模型可知原子轨道的能量与半径都必须符合“量子化”条件，这一理论成功解释了氢原子光谱及原子稳定存在，证明了原子核外电子运动具有量子化特征。而原子中的电子作为一种微观粒子，与光子一样具有“波粒二象性”，遵循德布罗依关系式 $\lambda=\dfrac{h}{p}=\dfrac{h}{mv}$，这一点由电子（单缝和双缝）衍射实验得到证实。另外，电子具有波动性，可用海森堡不确定性原理表达：$\Delta x\Delta p \geqslant \dfrac{h}{2\pi}$。因此，电子运动不可能像宏观物体一样同时准确地测出电子在原子核外运动的位置和动量，说明核外电子的运动并不具有像行星轨道一样的恒定、精准的运动轨迹，只能用统计方法计算出它在核外某区域出现的可能性——概率的大小。故选项 A、B、C 均代表核外电子运动的特点。

（二）氢原子的量子力学模型

1. 薛定谔方程

薛定谔方程可用直角坐标系表示为 $\frac{\partial^2\psi}{\partial x^2}+\frac{\partial^2\psi}{\partial y^2}+\frac{\partial^2\psi}{\partial z^2}+\frac{8\pi^2 m}{h^2}(E-V)\psi=0$，用于描述微观粒子的运动。求解薛定谔方程，可得到波函数 $\psi_{n,l,m}$ 和对应的能量 E。详见本节“重点及难点”。

2. 波函数（又称为原子轨道）

波函数是描述核外电子运动的函数，是电子的德布罗意波的函数。它由一套量子数 n、l、m 所规定。波函数 $\psi_{n,l,m}(r,\theta,\varphi)$ 可分解为径向函数 $R_{n,l}(r)$ 和角度函数 $Y_{l,m}(\theta,\varphi)$ 的乘积，即 $\psi_{n,l,m}(r,\theta,\varphi)=R_{n,l}(r)Y_{l,m}(\theta,\varphi)$。习惯上，用波函数的径向部分和角度部分对原子轨道（或电子云）进行深入讨论。

（1）原子轨道的径向函数 $R_{n,l}(r)$ 分布图　径向函数 $R_{n,l}(r)$-r 分布图无明确的物理意义（图 4-1）。

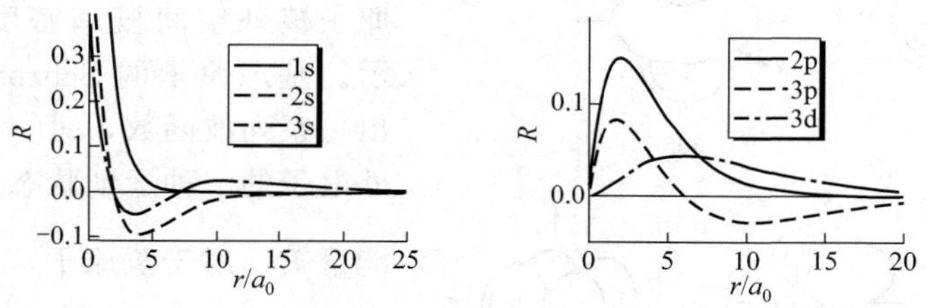

图 4-1　氢原子 1s、2s、3s（左）和 2p、3p、3d（右）的径向函数 $R_{n,l}(r)$-r 图

（2）原子轨道角度函数 $Y_{l,m}(\theta,\varphi)$ 分布图　原子轨道角度函数分布图也无明确的物理意义，函数值的正负代表电子的波动特性，在讨论原子成键时有重要价值（图 4-2）。详见“疑难问题解答”。

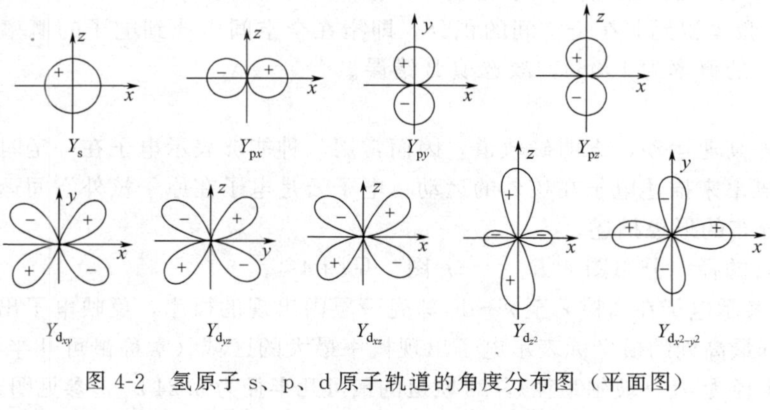

图 4-2　氢原子 s、p、d 原子轨道的角度分布图（平面图）

（3）原子轨道轮廓图　原子轨道 $\psi_{n,l,m}$ 在空间分布的图形，称为原子轨道轮廓图，它是原子轨道空间分布图简化的实用图形，见图 4-3。

① 意义：ψ-(x,y,z) 图，反映原子轨道 $\psi_{n,l,m}$ 在空间的分布。

② 图形特点：ψ 有正、负值。图 4-3 中的＋、－号表示该区域内 ψ 值是正值或负值。原子轨道轮廓图在化学上具有重要意义，它为了解分子内部原子之间轨道重叠形成化学键的情况提供了明显的图形依据，详见“疑难问题解答”。

【例 4-1-2】 通常所说的原子轨道，可描述为：

(A) 原子中，电子运动的轨迹

(B) 原子中，电子在空间各点出现的概率

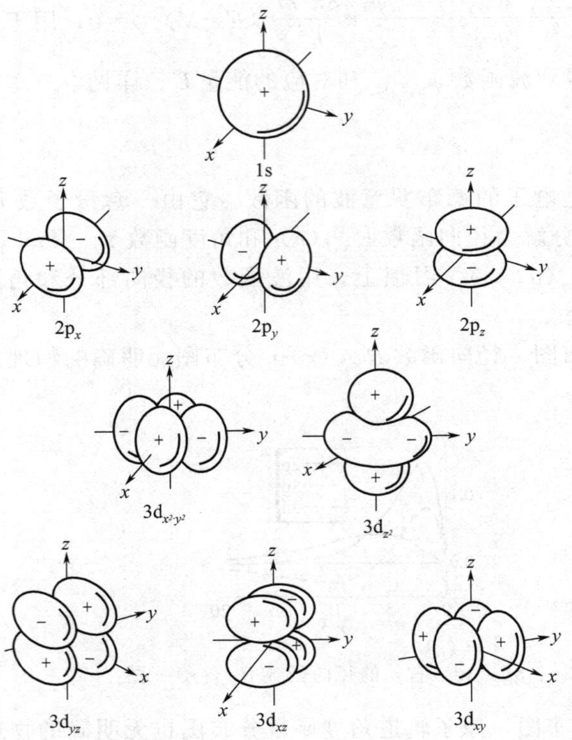

图 4-3 氢原子的原子轨道轮廓图

(C) 原子中，具有确定能量的电子的一种运动状态

(D) 原子中，电子在空间各点出现的概率密度

【解】 答案为 C。

【分析】 此题考查原子轨道、波函数、电子云等基本概念。原子轨道和波函数是同义词，电子绕核的运动是一种概率波，以波函数 ψ 表示，波的强度 ψ^2 反映了电子在核外空间某处所出现的概率密度，它遵循统计规律。电子云则是电子在原子核外空间概率密度分布的图形化表示。基态原子的 Schrödinger 方程可以解出一系列波函数，每一个波函数对应着核外电子的一种运动状态，并对应着确定的能量 E。对于氢原子，$E=-R\dfrac{Z^2}{n^2}$，式中 R 为里德堡常数，Z 为核电荷，n 为主量子数，故选项 C 正确。选项 A 意指原子轨道是具有行星般确定路径轨迹的电子运动状态，故 A 为错误选项。选项 D 指的是电子云，即 $|\psi|^2$ 在三维空间图形化表示。选项 B 指的是 $|\psi|^2 \cdot d\tau$ [$d\tau$ 为空间 (r, θ, φ) 附近的一个微体积元] 在全空间的积分，即指在全空间中找到电子的概率。显然，在全空间中找到电子的概率为 100%，故选项 B 错误。

3. 电子云

电子在核外高速运动，无明确轨道，因而常用一种能够表示电子在一定时间内在核外空间某处出现的概率来描述电子在核外的运动。电子云是电子在原子核外空间运动状态——概率密度 $|\psi|^2$ 分布的形象描述。

(1) 电子云的径向分布图 $r^2 R_{n,l}{}^2-r$ 图　见图 4-4。

① 意义：表示电子在离核 r 至 $r+dr$ 球壳薄层内出现的概率，反映电子出现概率与离核远近的关系。峰最高处的横坐标表示电子出现概率最大的区域（常称最可几半径）。例如，1s 轨道的最可几半径为 a_0（玻尔半径），2s 轨道的最可几半径为 5.24 a_0，参见图 4-4（常将主量子数小的原子轨道称为内层轨道，如 1s，而将主量子数大的原子轨道称作外层轨道，如 2s）。

② 图形特点：峰的数目等于 $n-l$。且某轨道有多个峰时，离核越近，峰值越小；离核越远，峰值越大。

③ 电子云径向分布图是判断电子钻穿效应的主要依据。

(2) 电子云的角度分布图　见图 4-5。

(3) 电子云分布图　电子云的径向分布图或角度分布图都不能反映电子云在空间的实际分布，根据两者的乘积得到的函数 $|\psi_{n,l,m}(r,\theta,\varphi)|^2$ 所作图形才能够真实反映电子在核外空间出现的概率密度，详见“疑难问题解答”。

① 意义：电子在空间出现的概率密度。

② 图形特点：无正、负之分。

描述电子云的图形有概率密度分布图（图 4-6）、电子云界面图（图 4-7）、电子云图（图 4-9）。习惯上，常使用电子云界面图。

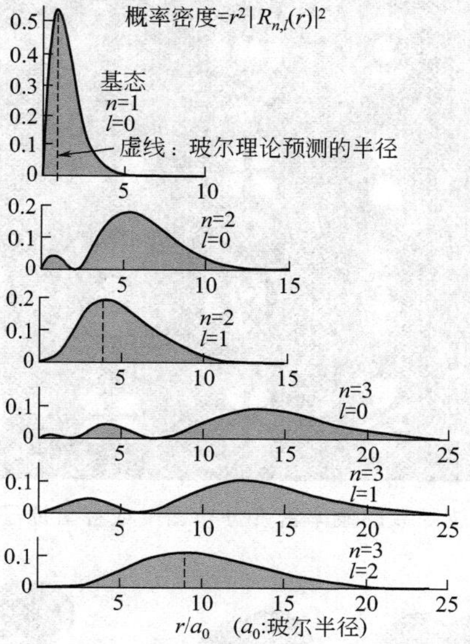

图 4-4　氢原子的 1s、2s、2p、3s、3p、3d 电子云的径向分布图（自上而下）

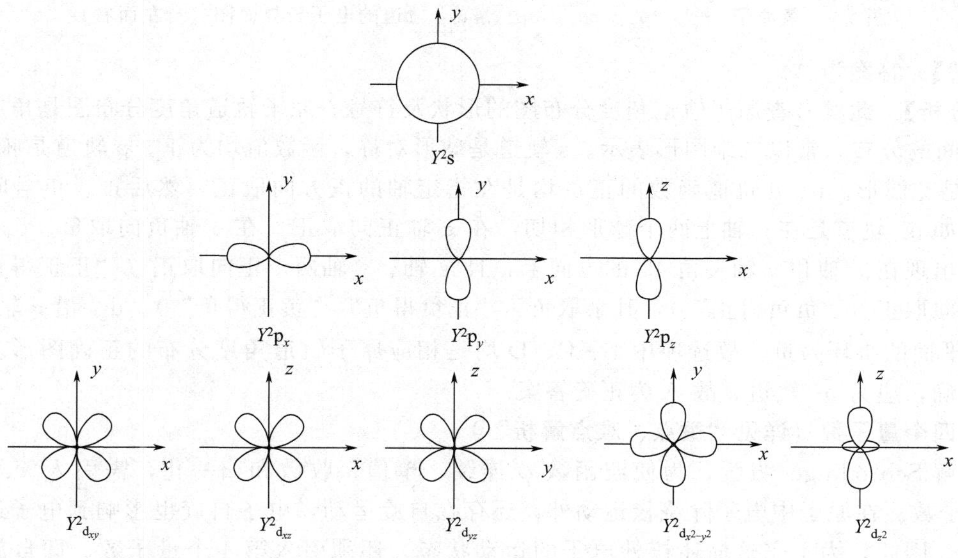

图 4-5　氢原子 s、p、d 电子云的角度分布图

【例 4-1-3】　下列原子轨道角度分布图中，不正确的是：

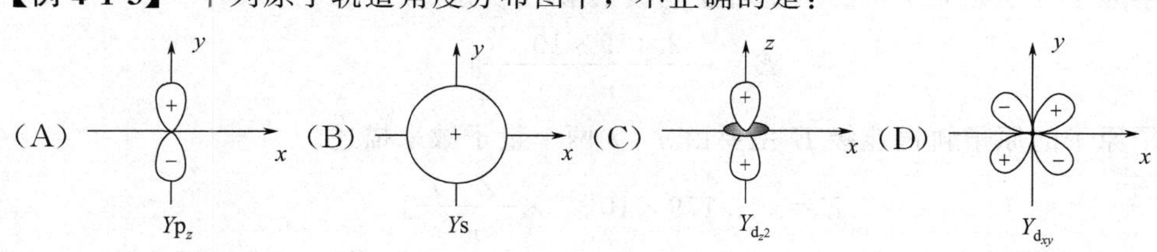

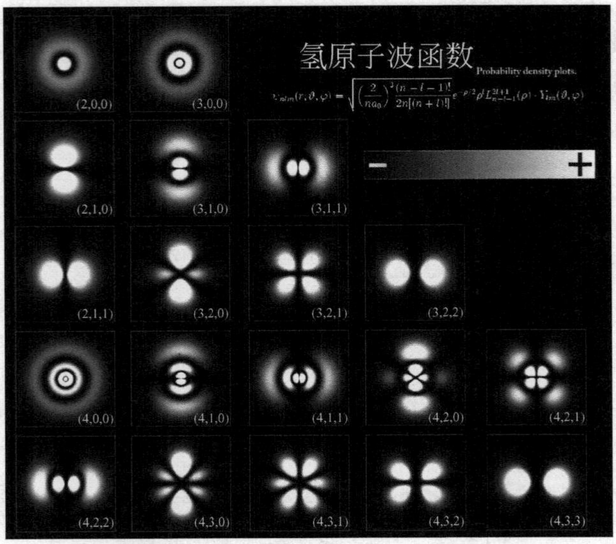

图 4-6 氢原子波函数的概率密度分布图（或称氢原子电子云分布图）

图 4-7 氢原子 $2p_z$、$2p_x$、$2p_y$、$3p_z$、$3d_{z^2}$ 轨道的电子云界面图（自左而右）

【解】 答案为 A。

【分析】 此题考查原子轨道角度分布图的形状及符号。原子轨道角度分布图是角度函数 Y 在空间的分布，常以二维图形表示。s 轨道是球形对称，函数值均为正。p 轨道是哑铃形，d 轨道是花瓣形。p、d 轨道函数的正负均是在指定轴的正方向取正，然后正、负号间隔分布。例如 p_z 轨道是在 z 轴上两个球形相切，在 z 轴正向取正，在 z 轴负向取负。d_{xy} 轨道花瓣形出现在 x 轴和 y 轴夹角 45°的方向上，且 x 轴、y 轴两个正向取正（“正正得正”），两个负向取正（“负负得正”），其余取负（“正负得负”，“负正得负”）。d_{z^2} 沿 z 轴为正，沿 xy 平面的小环为负。故选项中 B、C、D 均是相应原子轨道角度分布的正确图形。选项 A 不正确，应为 p_y 轨道。故 A 为正确答案。

4. 四个量子数（详见“重点、难点解析”）

求解 Schrödinger 方程，为使波函数 ψ 连续、单值、收敛和归一化，需引入 n、l、m 3 个量子数。在原子中电子除绕核运动外，还存在自旋运动，电子自旋也影响到电子运动的总能量。因此，为了完整描述核外电子的运动状态，还须引入第 4 个量子数，即自旋量子数 m_s。

单电子原子（如氢原子）的原子轨道能级 E 由 n 决定。

$$E=\frac{-2.179\times10^{-18}}{n^2}\text{J}$$

多电子原子的原子轨道能级 E 主要由 n、l 两个量子数来描述。

$$E=-2.179\times10^{-18}\times\frac{(Z^*)^2}{n^2}\text{J}$$

式中，Z^* 为有效核电荷。

主量子数 n 值对能量的贡献比角量子数 l 的贡献大许多。n、l 相同，m 不同的原子轨道在没有外磁场作用时具有相同的能量，称为简并轨道。

【例 4-1-4】 下列叙述正确的是：

（A）p 轨道呈哑铃形，p 电子沿着哑铃界面绕核运动

（B）主量子数为 2 时，有 2s、2p 两个轨道

（C）氢原子只有一个电子，氢原子只有一个轨道

（D）电子云是波函数 $|\psi|^2$ 在空间分布的图像

【解】 答案为 D。

【分析】 p 轨道呈哑铃形，并在哑铃界面的概率最大，但并不意味着 p 电子不在其他区域出现，故选项 A 错误。主量子数为 2 时，有 2s、2p 两个亚层，其中 p 亚层有 3 个简并轨道，故选项 B 错误。在基态氢原子中，核外的 1 个电子确实在 1s 轨道上运动，但氢原子还有许多更高能级的原子轨道，故选项 C 错误。正确答案为 D。

（三）基态多电子原子的核外电子排布

1. 基本原则

（1）泡利不相容原理

（2）洪特规则

（3）能量最低原理

实质上，这三个基本原则都是为了找出基态原子能量最低的一个组态（因而也最稳定）。

【例 4-1-5】 下列元素的核外电子排布式纯属错误的是：

（A）$1s^2 2s^1 2p^3$　（B）$1s^2 2s^2 2p^2$　（C）$1s^2 2s^3 2p^1$　（D）$1s^2 2s^2 3p^2$

【解】 答案为 C。

【分析】 此题考查多电子原子核外电子排布原则。选项 C 违反了泡利不相容原理，即每个轨道最多容纳两个电子，且自旋相反。s 亚层只有 1 个轨道，可容纳 2 个电子，因而 $2s^3$ 错误。选项 B 为基态原子的核外电子排布。选项 A、D 虽不违反泡利不相容原理，但不符合能量最低原理，它们是激发态原子的电子组态。（详见“疑难问题解答”）

2. 电子间相互作用对多电子原子的原子轨道能级高低的影响——屏蔽效应和钻穿效应。

（1）屏蔽效应

① 多电子原子中，内层电子对外层电子的排斥和遮挡，近似看做抵消了一部分原子核对外层电子的吸引，使原子轨道能级升高。这种抵消作用称为屏蔽效应，大小用屏蔽常数 σ（或 Z^*）表示。

② 有效核电荷 $Z^* = Z - \sigma$（用 slater 规则可计算 σ）。

③ 屏蔽效应是当 l 相同时，n 越大，轨道能级越高的主要原因。例如：$E(1s) < E(2s) < E(3s) < E(4s) < \cdots$。

（2）钻穿效应

① 在原子核附近出现概率较大的电子，可更多地避免其余电子的屏蔽，受到核的较强的吸引而更靠近核，使原子轨道能级降低。这种进入原子内部空间的作用称为钻穿效应。

② 电子云径向分布图中，峰的数目（$n-l$）越多，钻穿效应越强。即钻穿效应大小为 $ns > np > nd > nf$。

③ 钻穿效应是当 n 相同时，l 越大，轨道能量越高的主要原因。例如：$E(ns) < E(np) < E(nd) < E(nf)$。

(3) 能级交错 当 n、l 均不同时，屏蔽效应和钻穿效应共同作用的综合结果，导致轨道能级高低出现不完全符合 n 大小顺序排列的情形，即能级交错现象。例如：$E(4s)<E(3d)$。

【例 4-1-6】 下列轨道能级高低顺序中，能用钻穿效应正确解释的是：

(A) $E(ns)=E(np)=E(nd)=E(nf)$　　(B) $E(ns)<E(np)<E(nd)<E(nf)$

(C) $E(ns)>E(np)>E(nd)>E(nf)$　　(D) $E(1s)<E(2s)<E(3s)<E(4s)$

【解】 答案为 B。

【分析】 此题考查钻穿效应与轨道能级高低的关系。电子可以钻入内层，出现在离核较近的区域。由电子云径向分布图（图 4-4）可以看出，l 值愈小的轨道，虽主峰（即电子出现概率最大的区域）离原子核相对较远，但其小峰更多，钻穿效应更大，致使该原子轨道的能级下降。对 s、p、d、f 电子而言，出现峰的个数依次为 n、$n-1$、$n-2$、$n-3$，钻穿效应逐渐减小，能级逐渐增大，故选项 B 正确，C 错误。因此，多电子原子中轨道的能级不仅与 n 有关，还与 l 相关。选项 D 式子本身虽成立，但不是钻穿效应导致的。选项 A 不适用于多电子原子。若为含有一个电子的氢原子或类氢原子，则只要 n 相同，不同亚层电子能级相同，选项 A 关系式成立。详见“疑难问题解答”。

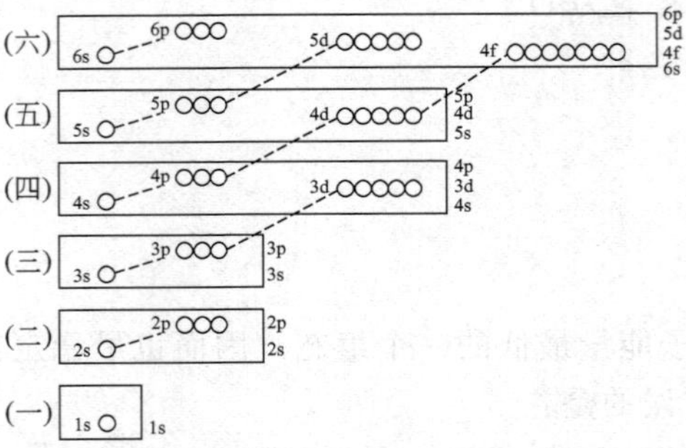

图 4-8 鲍林原子轨道近似能级图

3. 基态多电子原子的轨道能级高低与核外电子排布式

(1) 鲍林原子轨道近似能级图 见图 4-8。

(2) 徐光宪规则（经验规则） 以 $(n+0.7l)$ 值衡量原子轨道能级高低。若原子轨道的 $n+0.7l$ 值的首位数相同，则它们同处一个能级组。

(3) 核外电子排布的表示形式 以 ^{29}Cu 为例，分为以下几种。

Cu 原子的核外电子排布式：$1s^2 2s^2 2p^6 3s^2 3p^6 3d^{10} 4s^1$ 或 [Ar] $3d^{10} 4s^1$。

Cu 原子的价层电子排布式：$3d^{10} 4s^1$。

Cu^+ 的核外电子排布式：$1s^2 2s^2 2p^6 3s^2 3p^6 3d^{10}$（注意先失最外层电子）。

Cu^+ 的价层电子排布式：$3d^{10}$。

【例 4-1-7】 下列各原子的核外电子排布式不正确的是：

(A) [Ar] $3d^{10} 4s^1$　　(B) [Ar] $4s^2 4p^5$

(C) [Ar] $3d^5 4s^1$　　(D) [Ar] $3d^1 4s^2$

【解】 答案为 B。

【分析】 此题考查多电子原子的轨道能级高低次序以及如何正确书写原子核外电子排布式。书写核外电子排布式的规则是：依照三大原则，先内层，再外层。同一电子层，先写能级低的轨道。然后按照能级高低依次将电子填入各原子轨道。电子填入简并轨道时，应考虑洪特规则。故选项 A、C 正确。选项 D 中，电子先填 4s 轨道，再填 3d 轨道，但由于 3d 轨道属内层轨道，较 4s（外层轨道）优先书写，故选项 D 正确。若以原子实（即稀有气体元素的元素符号）代替内层的原子轨道时，须写出正确的原子实。选项 B 中，原子实 Ar 的核外电子排布为 $1s^2 2s^2 2p^6 3s^2 3p^6$。在 4s 轨道和 4p 轨道之间，还有 5 个 3d 轨道，所以，电子在填满 3d 轨道后，再填充 4p 轨道。故选项 B 错误，正确的电子排布应为 [Ar] $3d^{10} 4s^2 4p^5$。

4. 原子结构与元素周期表

(1) 各周期元素数目 按能级组将元素周期表中所有元素划分为 7 个周期，各周期元素数目即为相应能级组所能容纳的电子总数。

（2）周期和族

周期数＝电子层层数

主族元素族数＝最外层电子数＝价层电子数（稀有气体为ⅧA族或零族）

副族元素族数＝最外层电子数＋次外层d电子数（ⅠB、ⅡB、Ⅷ族除外）

（3）元素分区　s、p、d、ds、f区。

价电子构型——s　$ns^{1\sim2}$

p　$ns^2np^{1\sim6}$

d　$(n-1)d^{1\sim10}ns^{1\sim2}$（有例外）

ds　$(n-1)d^{10}ns^{1\sim2}$

f　$(n-2)f^{0\sim14}$　$(n-1)d^{1\sim2}ns^2$（例外较多）

【例4-1-8】 某元素的核外电子在 $n=4$ 的电子层上有2个电子，而在次外层 $l=2$ 的原子轨道中有10个电子，则该元素位于周期表中第____周期，第____族，属____区元素，其核外电子排布式为________。

【解】 四；ⅡB；ds；$1s^22s^22p^63s^23p^63d^{10}4s^2$。

【分析】 此题考查两点：（1）根据已知条件正确推断核外电子排布；（2）根据核外电子排布推断元素在周期表中位置。由题意可知 $n=4$ 电子层排布电子 $4s^2$，次外层 $l=2$ 轨道为3d轨道，排布电子为 $3d^{10}$。因而此元素价电子排布为 $3d^{10}4s^2$。周期数＝最大主量子数＝电子层数＝4，为ⅡB族，ds区。该金属元素为锌，元素符号为Zn。

5. 原子结构与元素基本性质

原子核外电子层结构的周期性变化，使得原子性质也呈现周期性递变，如原子半径 r、电离能 I、电子亲和能 E_A 和电负性 χ 等。表4-1为主族元素的性质变化。

表4-1　主族元素性质递变规律

原子性质	同周期从左到右	同族从上到下
r	减小	增大，第五、六周期接近（镧系收缩）
I	增大（ⅢA、ⅥA出现两个低谷）	减小（过渡元素略增，不规律）
E_A	增大	减小（但 O＜S，F＜Cl）
χ	增大	主族减小（ⅢA例外），副族不明显

【例4-1-9】 比较下列元素的第一电离能，不正确的是：

（A）F＞N　　（B）N＜O　　（C）C＜N　　（D）C＞B

【解】 答案为B。

【分析】 此题考查元素性质的周期性递变规律。首先应熟知选项中5个元素在周期表中的位置，B、C、N、O、F同处第二周期，从左到右依次排列。其次对第一电离能 I_1 而言，同一周期从左到右，总趋势是电离能增大，原因是原子半径逐渐减小，有效核电荷逐渐增大。但是第ⅢA族的硼（$2s^22p^1$）和第ⅥA族的氧（$2s^22p^4$）与相邻元素相比，第一电离能更低。硼原子失去1个p电子后，呈 $2s^2$ 全满结构，故电离能较铍、碳元素更低。氧原子失去一个p电子后，呈 $2p^3$ 半充满组态，更稳定，电离能降低，故 $I_1(O)<I_1(N)$。因而选项B错误。

三、重点、难点解析及综合例题分析

本章节的难点在于（1）正确理解薛定谔方程、原子轨道及波函数的意义。（2）正确理解原子轨道、电子云等基本概念，包括径向分布图和角度分布图，可参阅“疑难问题解答”。

薛定谔方程是描述核外电子运动状态的基本方程。可用直角坐标系表示为 $\frac{\partial^2\psi}{\partial x^2}+\frac{\partial^2\psi}{\partial y^2}+\frac{\partial^2\psi}{\partial z^2}+\frac{8\pi^2 m}{h^2}(E-V)\psi=0$，也可用球坐标系（$r$，$\theta$，$\varphi$）表示，即通过坐标变换，将上述薛定谔方程中的自变量（x，y，z）用相应的球坐标自变量（r，θ，φ）代替。（具体的变换过程及结果，不属于本课程及本教材内容，不作要求）

求解薛定谔方程，可得到波函数 ψ 和对应的能量 E。（具体解薛定谔方程的数学方法及过程不属于本课程要求）

绕核高速运动的电子是一种概率波，其数学表达形式即为薛定谔方程的解，称作波函数。它反映了电子是一种物质波的性质，有别于声波、电磁波。

波函数又称原子轨道，$\psi(r, \theta, \varphi)$ 或 $\psi(x, y, z)$ 是空间坐标的函数，ψ 本身无明确的物理意义，它是描述核外电子运动状态的函数，即与某个确定的能量值（能级）相对应的运动状态。可用来计算在原子核外的特定空间中，找到电子的概率。

值得注意的是，原子轨道绝不是像行星轨道那样的经典物理学中所描述的机械运动轨道，或者说“p 轨道呈哑铃形，所以 p 电子是沿着哑铃界面绕核运动”。原子轨道较精确的比喻是：电子似一大团形状特殊的“大气云雾”围绕在一个极小的星球（原子核）四周。只有原子中存在唯一电子时，原子轨道才能精准符合“大气云雾”的形状。当原子中有越来越多电子时，电子越倾向均匀分布在原子核四周的空间区域内，因此“电子云”越倾向分布在特定球形区域内（区域内电子出现概率较高）。

原子轨道在空间具有起伏性（似波），函数值可以为正，也可以为负，亦可以为零，它表明在该区域的波函数在数学上的正、负和零，并非指电荷的正、负。

求解薛定谔方程时，为使波函数 ψ 连续、单值、收敛和归一化，需要引入 3 个物理参数。由于电子运动还包括自旋，所以需用 n、l、m、m_s 这 4 个参数来完整描述核外电子的运动状态。这些参数的取值不是任意的，也不是连续的，是量子化的，因而把上述 4 个参数称为量子数。

本章节有两大重点板块：（1）描述核外电子运动状态的 4 个量子数；（2）基态多电子原子的核外电子排布。

（一）四个量子数

量子数是描述原子核外电子运动的一组整数或半整数。

1. 主量子数 *n*

（1）取值：$n=1, 2, 3, \cdots, n$，依次用 K、L、M、N、O、P、Q、…表示。

（2）意义：电子层数

① 决定原子中电子出现概率最大区域离核的远近（最可几半径）。

② 是决定电子组态能级高低的主要量子数。对氢原子而言，$E=\frac{-2.179\times10^{-18}}{n^2}$J，轨道能级由 n 决定。

2. 角量子数 *l*

（1）取值：$l=0, 1, 2, 3, \cdots, (n-1)$，依次用 s、p、d、f、g、…表示。

（2）意义：电子亚层——决定原子轨道在空间的角度分布图的情况，与电子云的形状密切相关。对多电子原子而言，电子的能量高低还与 l 相关，但其贡献比 n 小许多。

3. 磁量子数 *m*

（1）取值：$m=0, \pm1, \pm2, \pm3, \cdots, \pm l$。满足 $|m|\leqslant l$，取值数目 $2l+1$。

（2）意义：表示原子轨道或电子云在空间的伸展方向。在没有外磁场作用的情况下，m 取值与能量无关，即 n，l 相同、m 不同的原子轨道能量相同，称为简并轨道。当有强外磁场存在时，不同 m 值的原子轨道会在外磁场中产生能级分裂，即 m 值不同的原子轨道能量不再相同。

4. 自旋量子数 m_s

（1）取值：$m_s=+\frac{1}{2}$，$-\frac{1}{2}$

（2）意义：代表电子的两种“自旋方向”。该量子数不是由薛定谔方程解得的，需解狄拉克方程，并在光谱实验中得到了验证。详见“疑难问题解答”。

综上所述，用四个量子数 n，l，m，m_s（且取值合理时），才能完整正确地描述一个核外电子的运动状态。如表 4-2 所示。

表 4-2　四个量子数与电子运动状态的关系

四个量子数							原子轨道数	电子层中原子轨道总数 n^2	电子运动状态总数 $2n^2$
电子层	n	电子分层	l	m	原子轨道 ψ	m_s			
K	1	1s	0	0	ψ_{1s}	$\pm\frac{1}{2}$	1	1	2
L	2	2s	0	0	ψ_{2s}	$\pm\frac{1}{2}$	1	4	8
		2p	1	±1,0	ψ_{2p}	$\pm\frac{1}{2}$	3		
M	3	3s	0	0	ψ_{3s}	$\pm\frac{1}{2}$	1	9	18
		3p	1	±1,0	ψ_{3p}	$\pm\frac{1}{2}$	3		
		3d	2	±2,±1,0	ψ_{3d}	$\pm\frac{1}{2}$	5		
N	4	4s	0	0	ψ_{4s}	$\pm\frac{1}{2}$	1	16	32
		4p	1	±1,0	ψ_{4p}	$\pm\frac{1}{2}$	3		
		4d	2	±2,±1,0	ψ_{4d}	$\pm\frac{1}{2}$	5		
		4f	3	±3,±2,±1,0	ψ_{4f}	$\pm\frac{1}{2}$	7		
…	…	…	…	…	…	…	…	…	…
	n	ns	0	0	ψ_{ns}	$\pm\frac{1}{2}$	1	n^2	$2n^2$
		np	1	±1,0	ψ_{np}	$\pm\frac{1}{2}$	3		
		nd	2	±2,±1,0	ψ_{nd}	$\pm\frac{1}{2}$	5		
		nf	3	±3,±2,±1,0	ψ_{nf}	$\pm\frac{1}{2}$	7		
		…	…	…		…	…		
			$n-1$	0,±1,±2,…,±l		$\pm\frac{1}{2}$			

【例 4-1-10】 下列 4 种量子数的组合中，合理的是：

(A) 3，0，-1，$-\frac{1}{2}$　　(B) 2，2，0，$+\frac{1}{2}$

(C) 3，1，1，$+\frac{1}{2}$　　(D) 5，3，-1，0

【解】 答案为 C。

【分析】 此题考查 4 个量子数的合理取值范围。其中应满足 3 个条件，即 $l \leqslant n-1$，$|m| \leqslant l$，$m_s = \pm\frac{1}{2}$。选项 A 中，当 $l=0$ 时，m 只能取 0，不能取 -1。选项 B 中，$n=2$ 时，l 只能取 0，1。选项 D 中，m_s 不能取 0，只能取 $\pm\frac{1}{2}$。故选项 C 正确。

【例 4-1-11】 具有下列各组量子数的多电子原子的电子，能级最高的是：

(A) 2，0，0，$+\frac{1}{2}$　　(B) 2，1，-1，$+\frac{1}{2}$

(C) 4，0，0，$-\frac{1}{2}$　　(D) 3，2，1，$-\frac{1}{2}$

【解】 答案为 D。

【分析】 此题考查多电子原子轨道能级高低。将各组量子数所代表的波函数转化为实轨道，选项 A、B、C、D 所代表的实轨道依次为 2s、2p、4s、3d。由 Pauling 轨道近似能级图可知，$E(2s) < E(2p) < E(4s) < E(3d)$，故选项 D 代表的电子能级最高，为正确答案。

【例 4-1-12】 主量子数为 4，角量子数为 2 的原子轨道空间取向有：

(A) 5 种　　(B) 3 种　　(C) 7 种　　(D) 1 种

【解】 答案为 A。

【分析】 此题仍然考查 4 个量子数的基本概念。m 代表原子轨道空间取向。主量子数为 4，角量子数为 2，表示原子轨道为 4d，则 m 可取 0，± 1，± 2，有 5 种空间伸展方向，故 A 为正确答案。

（二）基态多电子原子的核外电子排布

【例 4-1-13】 Fe^{2+} 离子的价层电子排布为：

(A) $3d^5 4s^1$　　(B) $3d^4 4s^2$　　(C) $3d^6$　　(D) $3d^4 4s^1 4p^1$

【解】 答案为 C。

【分析】 此题考查离子的核外电子排布。原子的核外电子排布按照 Pauling 轨道近似能级图，由低到高依次填充。而原子失去电子成为阳离子时，应优先失去最外层的电子，而不是根据电子填充的先后。^{26}Fe 核外电子排布为 $1s^2 2s^2 2p^6 3s^2 3p^6 3d^6 4s^2$，价层电子排布为 $3d^6 4s^2$。Fe 原子失电子时，优先失去最外层两个 4s 电子，即 Fe^{2+} 价电子构型为 $3d^6$。故 C 为正确答案。

【例 4-1-14】 判断对错（ ）：Fe 原子失去 2 个电子成为 Fe^{2+} 离子，失去 3 个电子成为 Fe^{3+}，故 Fe^{2+} 比 Fe^{3+} 稳定。

【解】 判断（×）

【分析】 由例 4-1-13 可知，Fe^{2+} 价电子构型为 $3d^6$。若再失去一个 d 电子，成为 Fe^{3+}，电子构型为 $3d^5$，d 亚层是半满结构，能量更低，更稳定，故 Fe^{3+} 比 Fe^{2+} 稳定。

【例 4-1-15】 试比较 ^{16}S、^{33}As、^{34}Se 这 3 种元素在下列性质方面的递变规律：(1) 金属

性，（2）电负性，（3）原子半径，（4）电离能

【解】（1）金属性 S＜Se＜As，（2）电负性 S＞Se＞As，（3）原子半径 S＜Se＜As，（4）电离能 S＞As＞Se。

【分析】 此题考查周期表中元素性质周期性的递变规律。^{16}S 为硫元素，^{33}As 为砷元素，^{34}Se 为硒元素。首先根据原子序数写出其价层电子排布，从而确定其在周期表中相对位置。其次，元素性质递变规律要注意特例情况，例如，电离能出现波谷的位置。3 种元素位置及价电子构型为：

ⅤA	ⅥA
	$S(3s^2 3p^4)$
$As(4s^2 4p^3)$	$Se(4s^2 4p^4)$

同周期，从左到右，原子半径↓，金属性↓，电负性↑；同族，从上到下，原子半径↑，金属性↑，电负性↓，故可推断出前 3 小题递变规律。值得注意的是，对电离能而言，从上到下减小，S＞Se，但同周期，根据 As、Se 价电子构型可知，As＞Se。至于 S、As 相对大小，因 S 非金属性强于 As，更不易失去电子，故电离能 S＞As，因而电离能排序为 S＞As＞Se。

【例 4-1-16】 下列原子和离子中，原子轨道能级与角量子数无关的是：

（A）He　（B）H　（C）Li　（D）Li^+　（E）Be^{3+}

【解】 答案为 B、E。

【分析】 此题考查原子轨道能级与量子数的关系。对多电子原子或离子而言，原子轨道能级与 n、l 皆有关；而对单电子原子或离子，如氢原子或类氢离子而言，E 只与 n 有关。在各选项中，H、Be^{3+} 为 1 个电子，其余 He、Li、Li^+ 均为多电子原子或离子。故 B、E 为正确答案。

【例 4-1-17】 将氢原子的 1s 电子分别激发到 4s 和 4p 轨道，所需能量的关系是：

（A）前者＞后者　（B）后者＞前者　（C）两者相等　（D）无法判断

【解】 答案为 C。

【分析】 此题是例 4-1-16 的延伸。既然氢原子各轨道能级只取决于 n，则 $E(4s)=E(4p)=E(4d)=E(4f)$，而激发所需能量取决于两轨道能级差，故 1s 电子分别激发到 4s 和 4p 轨道所需能量相等，选项 C 为正确答案。

【例 4-1-18】 下列离子中，哪一种离子的半径最小：

（A）K^+　（B）Ca^{2+}　（C）Sc^{3+}　（D）Ti^{3+}　（E）Ti^{4+}

【解】 答案为 E。

【分析】 选项中离子对应的元素同处第四周期，从左到右依次为 K、Ca、Sc、Ti。由于从左到右，原子半径逐渐减小，其离子半径也逐渐减小。对 Ti 原子而言，失去 4 个电子的 Ti^{4+} 显然比失去 3 个电子的 Ti^{3+} 半径更小，故 E 为正确答案。

【例 4-1-19】 在某周期中，有 A、B、C、D 四种元素，其原子实相当于 Ar 的原子结构 [Ar]（即 $1s^2 2s^2 2p^6 3s^2 3p^6$），它们最外层的电子数分别为 2、2、1、7，A、C 的次外层电子数为 8，B、D 的次外层电子数为 18。问 A、B、C、D 各是什么元素？分别写出它们的价层电子排布式。

【解】 A、B、C、D 分别为钙（Ca）、锌（Zn）、钾（K）、溴（Br）。各元素价层电子排布依次为 $4s^2$、$3d^{10}4s^2$、$4s^1$、$4s^2 4p^5$。

【分析】 由题意推断四种元素均在第四周期。根据 Pauling 轨道近似能级图可知，能级顺序为 1s ＜2s ＜2p ＜3s ＜3p ＜4s ＜3d ＜4p ＜5s ＜4d ＜…，所以这四种元素的电子最高能级可排布在 4p 轨道。A 元素最外层 2 个电子、次外层 8 个电子，可知其最外两层电子排布为 $3s^2 3p^6 4s^2$，为 Ca 元素，原子序数 20；B 元素最外层 2 个电子，次外层 18 个电子，可知其最外两层电子排布为 $3s^2 3p^6 3d^{10} 4s^2$，为 Zn 元素，原子序数 30；C 元素最外层 1 个电子，次外层 8 个电子，可知其最外两层电子排布为 $3s^2 3p^6 4s^1$，为 K 元素，原子序数 19；D 元素最外层 7 个电子，次外层 18 个电子，可知其最外两层电子排布为 $3s^2 3p^6 3d^{10} 4s^2 4p^5$，为 Br 元素，原子序数 35。

【例 4-1-20】 下列电子中，出现概率最大区域离核最远的是：

(A) 3s 电子　　(B) 3p 电子　　(C) 3d 电子　　(D) 4s 电子

【解】 答案为 D。

【分析】 由电子云径向分布图（图 4-4）可知，前三个选项轨道的最可几半径的顺序为 $r_{3s} > r_{3p} > r_{3d}$。在多电子原子中，4s 轨道相对于 3s 轨道离核更远，为外层轨道，即 $r_{4s} > r_{3s}$，故答案为 D。

四、疑难问题解答

1. 问：什么是基态原子与激发态原子？它们的核外电子排布各有什么特点？

答：基态原子的核外电子排布遵循泡利不相容原理、能量最低原理及洪特规则。虽然氢原子只有 1 个电子，但并不代表氢原子只有 1 个原子轨道，在不违反泡利不相容原理的前提下，因为有部分电子受到外来能量的激发而跃迁到能级更高的轨道上去，形成了一个看似违背能量最低原理——未按轨道“近似能级图”依次由低到高排布的电子组态，具有这种组态的原子处于激发态。

例如基态硼原子 $1s^2 2s^2 2p^1$。当外界提供能量时，5 个电子中的任何一个电子都可由正常低能级的轨道激发至更高能级的轨道中去，激发至哪个轨道由外界提供能量的大小决定。因而 $1s^2 2s^1 2p^2$、$1s^2 2s^2 3d^1$ 等均可以是硼原子激发态的电子组态，不是错误排布。

需要说明的是，一般而言，原子受激发时，外层电子的激发较容易发生。仍以硼原子 $1s^2 2s^2 2p^1$ 为例，最易产生原子光谱的硼原子激发态是 $1s^2 2s^2 3s^1$。当然，激发态原子不稳定。

2. 问：电子云的角度分布图是不是电子云的实际形状？

答：习惯上所说的“电子云角度分布图”（图 4-5）是指电子云角度函数 ${Y_{l,m}}^2$ 在空间分布的图形，而电子云的实际图形是 $|\psi|^2$ 在空间的变化。电子云角度分布图与原子轨道角度分布图（图 4-2）相比，图形非常相像，只是“电子云角度分布图”比原子轨道角度分布图要“瘦”一些，而且“电子云角度分布图”无正负号之分。

“电子云角度分布图”只是 ${Y_{l,m}}^2$ 在空间分布的图形，因为 ${Y_{l,m}}^2$ 不能表示电子在核外出现的几率密度，也不能将 ${Y_{l,m}}^2$ 理解为电子的绕核运动，所以，“电子云角度分布图”不能正确表示电子云在空间的分布。除此之外，电子云角度分布图还不能表示各种原子轨道的细微差别，例如，对能级不同的 2s 和 3s 轨道的电子云角度分布图而言（参见图 4-5），它们的图形却毫无差别。

电子云图是指电子概率密度在空间分布，它不仅考虑了电子云在核外的角度分布，同时也考虑了电子云在核外的径向分布。较直观的表示是电子云界面图（图 4-7），它更能全面地展现电子绕核的运动状态。

电子云图（图 4-9）也能反映电子在核外的运动。与电子云界面图不同，它采用小黑点的疏密来表示空间 $|\psi|^2$ 值的大小。显然，各种图形差别非常明显，请读者细细体会，并能够区分电子云图和电子云角度分布图，在运用电子云角度分布图讨论问题时，正确把握电子云的概念。

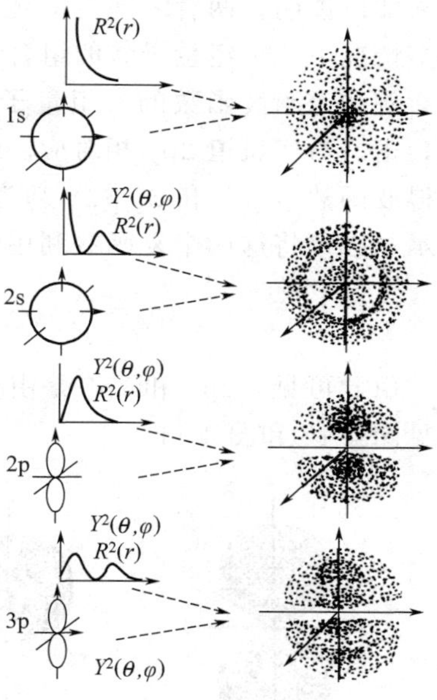

图 4-9 电子云图（左图为电子云的角度分布图和径向分布图，右图为电子云图）

3. 问：波函数角度分布图中正、负号代表什么，有什么意义？

答：图中正、负号表示电子在核外空间运动时所具有的波动特性。

以 p_z 轨道为例，其波函数的角度部分 $Y_{p_z}=\sqrt{\frac{3}{4\pi}}\cos\theta$，当 z 轴上 $\theta=0°$或 180°时，$\cos\theta$ 分别为 1 和 −1，即 $Y_{p_z}=\sqrt{\frac{3}{4\pi}}$或$-\sqrt{\frac{3}{4\pi}}$。当 θ 在 0°～90°区间变化时，Y_{p_z} 为正值，当 θ 在 90°～180°区间变化时，Y_{p_z} 为负值。再次强调，Y_{p_z} 的正负值仅代表 p_z 电子的波动特性。

p_z 电子的角度分布图是这样获得的。借助极坐标系，以原子核为坐标原点，在 XOZ 平面或 YOZ 平面上，以若干 θ 角引一直线使其长度等于相应的 $Y(\theta)$ 的绝对值，连接这些直线的端点在 XOZ 平面或 YOZ 平面内构成一个 $Y-\theta$ 图形，即为波函数角度分布的平面图。再将该曲线绕 z 轴旋转一周，可得到 Y_{p_z} 立体的曲面。

Y 值的正负代表电子的波动特性，这在讨论原子成键时有着极为重要的意义。根据波叠加原理，当两原子结合形成分子时，互相重叠的不是电子云（即 $|\psi|^2$），而是原子轨道本身。所以当 A、B 两原子成键时，A、B 两原子的电子波先叠加，即 $\psi_A+\psi_B$，组合成新化学键中的电子波 ψ。然后根据 $|\psi|^2$ 得到新化学键中电子云的状态。若 ψ_A 和 ψ_B 同号重叠（类似波峰与波峰重叠或波谷与波谷重叠），则波函数的值变大，$|\psi|^2$ 也变大，故成键电子在两原子之间出现概率变大，即成键电子处于两核间的区域，对原子成键有利，对应于 A、B 两原子相遇时成键的状态。相反，若异号重叠（波峰与波谷重叠），ψ 值因相互抵消而变小，$|\psi|^2$ 也变小，表明电子在两核间出现概率变小，即电子很少在两核间出现，甚至不出现，而是处于两个原子核的外部空间。由于两个原子核的排斥力巨大，对原子成键不利。这对应于两原子接近时相互排斥而不能成键的状态。

必须指出的是，应该采用原子轨道轮廓图（图 4-3）来讨论原子成键情况更为合适。但由于原子轨道角度分布图与原子轨道轮廓图有着很大的相似性，在一定程度上可以合理使用。

4. *问：原子轨道可用波函数 $\psi_{n,l,m}$ 表示。但常用 ψ_{2p_x}、ψ_{2p_y}、ψ_{2p_z} 等符号表示。这两种表示形式之间有什么关系？轨道的后一种表示形式分别对应的是哪个磁量子数 m？

答：原子轨道可以用波函数 $\psi_{n,l,m}$ 表示，但更常用实轨道（如 $3p_x$、$3d_{xy}$ 等）的形式。

求解薛定谔方程，可以得到表示电子运动状态的波函数，而每个波函数对应着一组量子数 n、l、m，表示一个原子轨道，如 $\psi_{1,0,0}$、$\psi_{2,1,0}$ 和 $\psi_{2,1,-1}$ 等。但是，经常使用 1s、2s、$2p_x$、$2p_y$ 和 $2p_z$ 等来表示原子轨道，它们被称为实轨道。在讨论问题时，一般均采用实轨道来加以说明。两者之间有一定的相关性，例如 1s 对应于 $\psi_{1,0,0}$，2s 对应于 $\psi_{2,0,0}$。但是，很多情况下，一组量子数的组合并不等同于某个实轨道，反之亦然。

例如，当波函数的一组量子数取值为 $n=2$，$l=1$，$m=0$ 时，该波函数 $\psi_{2,1,0}$ 为实函数，正好与实轨道 $2p_z$ 相对应。但当波函数的一组量子数取值为 $n=2$，$l=1$，$m=\pm1$ 时，所得波函数 $\psi_{2,1,1}$ 和 $\psi_{2,1,-1}$ 却为复函数，无法像实函数那样在三维空间以图形的方式加以表示，必须将这两个复函数利用态叠加原理，线性组合成为两个实函数，即：

$$2p_x=\frac{1}{\sqrt{2}}(\psi_{2,1,-1}-\psi_{2,1,1}),2p_y=\frac{i}{\sqrt{2}}(\psi_{2,1,1}+\psi_{2,1,-1})$$

由此可见，$2p_x$ 和 $2p_y$ 是由 $\psi_{2,1,1}$ 和 $\psi_{2,1,-1}$ 线性组合得到的，都含有 $m=\pm1$ 的成分。参见图 4-10 和图 4-11。

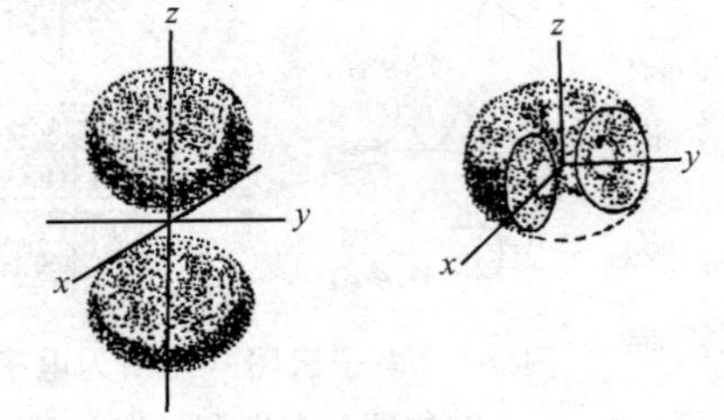

图 4-10　$2p_z$ 电子云（左）和 $\psi_{2,1,1}$、$\psi_{2,1,-1}$ 电子云

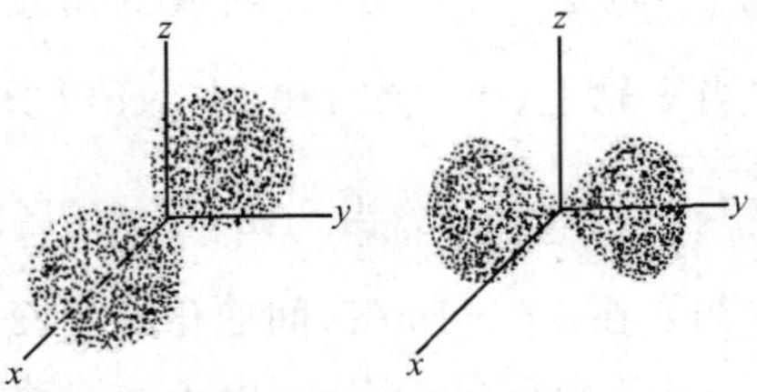

图 4-11　线性组合后的 $2p_x$、$2p_y$ 电子云

d 轨道也有类似情况。$\psi_{3,2,0}$ 是实函数，对应于实轨道 $3d_{z^2}$。而 $\psi_{3,2,1}$ 和 $\psi_{3,2,-1}$ 是复函数，必须将它们线性组合成两个实函数的形式，这样，便有了实轨道 $3d_{xz}$ 和 $3d_{yz}$。同样，$\psi_{3,2,2}$ 和 $\psi_{3,2,-2}$ 也是复函数，线性组合后得到的两个实函数对应于实轨道 $3d_{xy}$ 和 $3d_{x^2-y^2}$。

5. * 问：怎样理解自旋量子数？有人说“自旋量子数是电子绕自身的轴旋转”，这种说法对吗？

答：电子自旋量子数是电子的内禀参数，由狄拉克方程解得，用以描述电子的两种运动状态，以区别在同一轨道上运动的两个电子。值得商榷的是，电子的这两种运动方式一般都用经典力学的“自旋”概念加以说明，认为其由“电子绕自身轴旋转”所致，被分别称作“上旋”和“下旋”。

根据薛定谔方程解得的电子运动的轨道波函数 $\psi_{n,l,m}$ 可以成功地解释氢原子光谱的实验结果，谱线与理论预测值极为接近。但当用分辨率很高的光谱仪测定氢原子的光谱时，发现氢原子中的电子由 1s 轨道跃迁至 2p 轨道时，得到的不是一条谱线，而是两条离得很近的谱线。其他原子，如金属钠原子光谱，也有类似现象。于是，在 1925 年乌伦贝克和哥德施密特提出了电子有自旋运动的假设来解释氢原子光谱的精细结构。该理论假设电子有自旋量子数，由于电子固有的自旋磁矩与轨道磁矩相互作用，致使原子中电子呈现不同的能量，从而成功地解释了氢原子光谱的精细结构。后来，狄拉克利用相对量子力学的理论成功地解释了自旋量子数只能取两个数值。总之，自旋量子数反映了电子在原子轨道中所具有的两种不同运动状态，但它们所代表的电子运动方式绝不能简单地理解为像地球自转那样有轨迹可寻，也不能简单地将它们想象为“绕自身轴旋转”，而是一种奇特的有待进一步诠释的量子化运动方式。

6. 问：(1) 为什么在氢原子中存在关系式：$E(ns)=E(np)=E(nd)=E(nf)$，而在多电子原子中存在关系式：$E(ns)<E(np)<E(nd)<E(nf)$？

(2) 氢原子的 3s 轨道能级高，还是 Na 原子的 3s 轨道能级高？

答：(1) 氢原子中，原子轨道的能级可以用 $E=-R\dfrac{Z^2}{n^2}$ 表示，式中，R 为里德堡常数，Z 为氢原子的核电荷数。对于氢原子中 n 相同的原子轨道（如 3s、3p、3d）而言，原子轨道的能级只与 n 有关，故氢原子的 3s、3p、3d 轨道能级相同。但在多电子原子中，因屏蔽效应，原子轨道的能级可用 $E=-R\dfrac{Z^{*2}}{n^2}$ 近似计算，式中，Z^* 为多电子原子的有效核电荷数。

以氯原子为例，Cl 的核外电子排布为 $1s^2 2s^2 2p^6 3s^2 3p^5$。根据 Slater 规则（Slater 规则详见同济大学编著的《普通化学》教材），氯原子 3p 轨道的屏蔽常数 $\sigma=2\times1.00+8\times0.85+(7-1)\times0.35=10.90$，Cl 原子的有效核电荷 $Z^*=17-10.90=6.10$。同理，氯原子 3s 轨道的有效核电荷 $Z^*=17-[2\times1.00+8\times0.85+(7-1)\times0.35]=6.10$，因此，若只考虑屏蔽效应，氯原子的 3s 和 3p 轨道的能级相同，这说明利用 Slater 规则计算有效核电荷的方法略显粗糙。（我国化学家徐光宪对 Slater 规则进行了改进，取得了良好的结果。）同时，也说明多电子原子的原子轨道能级不仅仅与屏蔽效应相关。

从钻穿效应看，对于主量子数 n 相同而角量子数 l 不同的原子轨道，角量子数 l 值越小（如氯原子的 3s 轨道），电子在离核较近的区域出现的概率越大（见图 4-1，第一峰出现的位置离核越近），故 3s 轨道能级较 3p 轨道低。所以对多电子原子而言，存在 $E(ns)<E(np)<E(nd)<E(nf)$。

(2) 对氢原子的 3s 轨道，其主量子数为 3，核电荷数 $Z=1$，而 Na 原子 3s 轨道的主量子数为 3，有效核电荷数 $Z^*=11-(2\times1.00+8\times0.85)=2.20$，所以，Na 原子 3s 轨道的能级更低。

7. * 问：为何 Sc、Ti 等原子填充电子时先填 4s 轨道，再填 3d 轨道？为何失电子时先失 4s 电子再失 3d 电子？

答：Pauling 原子轨道近似能级图（图 4-8）和 Cotton 原子轨道能级图（图 4-12）都可以描述原子轨道能级高低变化。但 Cotton 原子轨道能级图比 Pauling 轨道近似能级图更精确，描述了原子轨道的能级随原子序数的变化。指出，原子序数增大，原子轨道的能级降低，不同的原子轨道能级的降幅各不相同，因而产生了能级交错现象。

按照 Pauling 轨道近似能级图，$E(3d)>E(4s)$，因而原子填充电子时先填能级低的 4s 轨道，再填能级高的 3d 轨道。而失电子时由于 4s 轨道的最可几半径大于 3d 轨道，4s 电子出现概率最大处比 3d 电子离核更远，因而优先失去外层轨道的 4s 电子。

但观察 Cotton 原子轨道能级图，却发现 3d、4s 轨道的能级高低与 Pauling 轨道能级不同。当原子序数 $Z\geqslant21$ 时，$E(3d)<E(4s)$！但书写基态 ^{21}Sc、^{22}Ti 等原子的核外电子排布式时，还是应先填 4s 轨道，再填 3d 轨道。原因如下所述。

以 ^{21}Sc 为例，其基态价电子排布不是 $3d^2 4s^1$，而是 $3d^1 4s^2$。这是因为，尽管此时 $E(3d)<E(4s)$，但 3d 轨道的最可几半径小，离核较 4s 轨道更近，电子在 3d 轨道的排斥能大于 4s 轨道的排斥能。因此，

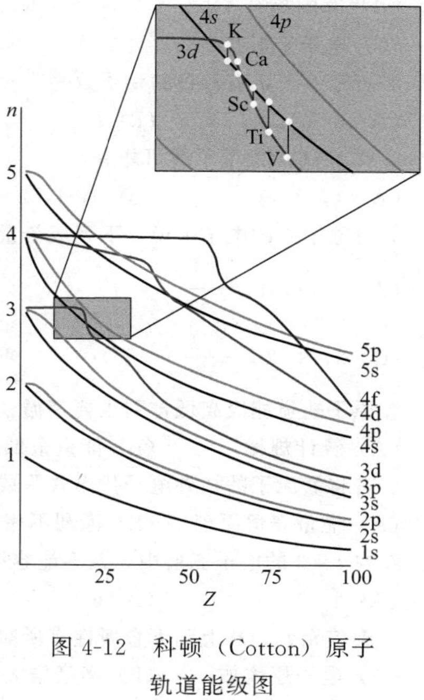

图 4-12　科顿（Cotton）原子轨道能级图

电子进入 4s 轨道，体系的能量反而比进入 3d 轨道的能量更低，故应先填 4s 轨道，再填 3d 轨道。

而当 Sc 发生电离时，若从 3d 轨道电离，其电离能为 7.89 eV，若从 4s 轨道电离，其电离能为 6.62 eV，失去 4s 电子比失去 3d 电子更容易，故 Sc^{2+} 的价电子排布为 $3d^1 4s^0$。

反向考虑，当电子进入 Sc^{3+}（$3d^0 4s^0$）时，因 3d 轨道能级低，先填入 3d 轨道，Sc^{2+} 的价电子排布为 $3d^1 4s^0$。第二个电子进入时，因 3d 轨道的排斥能大于 4s 轨道的排斥能，电子填入 4s 轨道，成为 Sc^+（$3d^1 4s^1$）。同理，当第三个电子进入时，电子继续填入 4s 轨道，所以基态 Sc 原子的价电子排布为 $3d^1 4s^2$。

第四周期的其他过渡元素基态原子的核外电子排布的情况与 Sc 相似，请读者自行讨论。

自测题及答案

自 测 题

一、判断题

1.（ ）氢原子光谱的谱线是不连续的线状光谱，而且其频率也是特定的。

2.（ ）主量子数 n 相同，角量子数 l 不同的原子轨道的能量是不相同的。

3.（ ）电子云图就是原子轨道的具体图形。

4.（ ）由于 p 轨道的电子云图为哑铃型，所以 p 电子是沿着哑铃型轨道绕核旋转。

5.（ ）在多电子原子中，3d 轨道的能级均高于 4s 轨道。

6.（ ）核外电子的屏蔽效应，可使其所处原子轨道的能级下降。

7.（ ）第 19 号元素钾的基态原子的核外电子排布式为 $1s^2 2s^2 2p^6 3s^2 3p^6 3d^1$。

8.（ ）原子的外层电子所处轨道的能级越高，表明该电子的电离能越大。

9.（ ）因为氢原子只有一个电子，所以它只有一条原子轨道。

10.（ ）磁量子数 $m=0$ 的轨道都是球形轨道。

二、选择题

1. 量子力学中所说的原子轨道是指：

（A）波函数 ψ_{n,l,m,m_s}　　（B）波函数 $\psi_{n,l,m}$

（C）电子云形状　　（D）概率密度

2. 决定原子轨道数目的量子数是：

（A）n　　（B）l　　（C）n，l　　（D）n，l，m

3. 3d 轨道的磁量子数可能有：

（A）1，2，3　　（B）0，1，2　　（C）0，±1　　（D）0，±1，±2

4. 对原子中的电子来说，下列成套量子数中不可能存在的是：

（A）3，1，1，$-\frac{1}{2}$　　（B）2，1，−1，$+\frac{1}{2}$

（C）3，3，0，$+\frac{1}{2}$　　（D）4，3，−3，$-\frac{1}{2}$

5. 原子轨道能级高低排列主要遵循：

（A）统计规律　　（B）能量最低原理　　（C）泡利不相容原理　　（D）洪特规则

6. 若将氮原子的核外电子排布式写成 $1s^2 2s^2 2p_x^{\ 2} 2p_y^{\ 1}$，它违背了：

（A）能量守恒原理　　（B）泡利不相容原理　　（C）能量最低原理　　（D）洪特规则

7. 在 $l=3$ 的电子亚层中，最多能容纳的电子数是：

（A）2　　（B）6　　（C）10　　（D）14

8. 副族元素，从上到下金属性有所减弱可能与下列哪个因素有关？

（A）电子层增加　　（B）半径增大　　（C）镧系收缩　　（D）原子量增大

9. 下列原子的核外电子排布属激发态电子组态的是：

(A) $1s^2 2s^2 2p^6 3s^1$　(B) $1s^2 2s^2 2p^5 3s^1$　(C) $1s^2 2s^2 2p^7 3s^2$　(D) $1s^2 2s^2 2p^6 3s^2$

10. 下列元素的第一电子亲和能最大的是：

(A) F　(B) O　(C) S　(D) Cl

三、填空题

1. 周期表中第一电离能最小的元素是________，电负性最大的元素是________。

2. 价电子排布为 $4s^2 4p^3$ 的元素是____区，第____周期____族元素，原子序数为______。

3. X^{2-} 的价电子构型为 $3s^2 3p^6$，其原子 X 中未成对电子数为____。

4. 同一周期元素原子的第一电离能从左到右逐渐________，而 Mg 的第一电离能________铝的第一电离能，这是因为____________。

5. 第 24 号元素 Cr 的核外电子排布式为____________，因为按________规则，电子在 3d 等价轨道中全空、全满或半满排布比较稳定。

6. 角量子数 l 描述原子轨道的空间形状，代表电子不同的亚层。当 $l=2$ 时是指________亚层原子轨道，共有________个原子轨道。这些原子轨道可用________量子数来描述其伸展方向，其取值可以是________。

四、简答题

1. 什么是镧系收缩？它对元素的性质有哪些影响？

2. 比较下列各元素性质，并说明理由。

(1) 电离能：Mg、Al、P、S

(2) 电子亲和能：F、Cl、O、S

(3) 电负性：P、S、Ge、As

3. 为何原子的最外层、次外层和倒数第三层最多只能容纳 8、18 和 32 个电子？

4. 填表

原子序数	核外电子排布式	价电子构型	周期	族	元素分区
24					
	$1s^2 2s^2 2p^6 3s^2 3p^6 3d^{10} 4s^2 4p^5$				
		$4d^{10} 5s^2$			
			六	ⅡA	

5. 试计算 K 和 Cu 元素的有效核电荷数。

答　案

一、判断

1. √　2. ×　3. ×　4. ×　5. ×　6. ×　7. ×　8. ×　9. ×　10. ×

二、选择

1. B　2. B　3. D　4. C　5. B　6. D　7. D　8. C　9. B　10. D

三、填空

1. Cs　F

2. P　四　VA　33

3. 2

4. 增大　大于　Al 失去一个电子后成为全满结构，易失去

5. $1s^2 2s^2 2p^6 3s^2 3p^6 3d^5 4s^1$ 或 [Ar] $3d^5 4s^1$　洪特规则

6. d　5　磁量子数 m　0，±1，±2

四、简答

1. 略

2.(1) P>S>Mg>Al

(2) Cl>F>S>O

(3) S>P>As>Ge

3.根据原子轨道近似能级图，由于出现能级交错现象，使得电子填充顺序为 $ns(n-2)f(n-1)d\ np$。由此可见，最外层最多只能填满 $ns\ np$ 两个亚层，总共 8 个电子；而次外层可填充 $(n-1)s(n-1)p(n-1)d$，总共 18 个电子；倒数第 3 层可填充 $(n-2)s(n-2)p(n-2)d(n-2)f$，共 32 个电子。

4.

原子序数	核外电子排布式	价电子构型	周期	族	元素分区
24	$1s^2 2s^2 2p^6 3s^2 3p^6 3d^5 4s^1$	$3d^5 4s^1$	四	ⅥB	d
35	$1s^2 2s^2 2p^6 3s^2 3p^6 3d^{10} 4s^2 4p^5$	$4s^2 4p^5$	四	ⅦA	p
48	$1s^2 2s^2 2p^6 3s^2 3p^6 3d^{10} 4s^2 4p^6 4d^{10} 5s^2$	$4d^{10} 5s^2$	五	ⅡB	ds
56	$1s^2 2s^2 2p^6 3s^2 3p^6 3d^{10} 4s^2 4p^6 4d^{10} 5s^2 5p^6 6s^2$	$6s^2$	六	ⅡA	s

5. K $1s^2 2s^2 2p^6 3s^2 3p^6 4s^1$　$Z^* = Z - \sigma = 19 - (8 \times 0.85 + 10 \times 1.00) = 2.2$

Cu $1s^2 2s^2 2p^6 3s^2 3p^6 3d^{10} 4s^1$　$Z^* = Z - \sigma = 29 - (18 \times 0.85 + 10 \times 1.00) = 3.70$

第二节　化学键和分子结构

一、基本要求

(1) 掌握离子键的成键原理及特征，理解离子半径、电荷和电子构型对离子化合物性质的影响，判断离子键强弱，并比较离子化合物熔沸点、硬度的高低。

(2) 理解共价键价键理论要点，掌握共价键的特征和类型，判断多重键中 σ 键和 π 键的个数，并比较共价键的强弱。

(3) 根据杂化轨道理论判断共价化合物的杂化类型、键角及空间构型。

(4) 学习配位键理论。判断配合物的杂化方式及空间构型。

(5) 掌握配位化合物中配体强弱的判断，以及配体强弱与配合物空间构型、杂化方式的关系。掌握配合物磁矩与中心形成体中成单电子数的关系。

二、内容精要及基本例题分析

(一) 离子键理论

(1) 定义：正、负离子间靠静电引力而形成的化学键。

(2) 特征：无方向性和饱和性。

(3) 离子化合物性质影响因素

① 离子的电荷越高，半径越小，即离子势 Z/r 越大，离子间的静电引力越大，离子键越强，则离子化合物的熔沸点、硬度等越高。(离子间的静电作用强度可用晶格能的大小来衡量，普通化学不作要求)

② 离子的电子构型对离子化合物性质的影响。(详见第三节“离子极化”)

通常具有 18、18+2 电子构型的离子极化作用极强，变形性也大，使阴阳离子之间电子云重叠程度增强，可使化学键由离子键向共价键过渡，从而对化合物的晶体结构、性质（熔沸点、硬度、溶解度等）产生影响。

【例 4-2-1】 下列氧化物的熔点高低顺序正确的是：

（A）$MgO>CaO>SrO>BaO$

（B）$BaO>SrO>CaO>MgO$

（C）$Na_2O>MgO>Al_2O_3$

（D）$Na_2O<MgO<Al_2O_3$

【解】 答案为A。

【分析】 固体的熔点与晶体类型有关。选项A、B中各金属氧化物均为离子型。离子化合物的熔点与晶格能有关，简化处理时，以离子势作定性讨论。其熔点高低正比于离子键强弱，可用阴、阳离子间的吸引力 $Z_+Z_-/(r_++r_-)$ 的大小来粗略定性比较。对碱土金属而言，$r(Mg^{2+})<r(Ca^{2+})<r(Sr^{2+})<r(Ba^{2+})$，因而氧化物离子键强度逐渐减弱，故选项A正确，B错误。而对钠、镁、铝氧化物而言，离子电荷按顺序逐渐增大，而离子半径逐渐减小，故离子键也逐渐增强；但 Al_2O_3 熔点为2054℃，低于MgO 2852℃，是由于 Al_2O_3 中离子键百分数46.7%远低于MgO 75.3%，对离子键的削弱影响更大，故选项C、D均错误。

（二）共价键理论

（1）理论要点　成键原子必须具有自旋相反的单电子，原子轨道重叠必须满足最大重叠原理和对称性匹配原则。

（2）共价键特征　有方向性和饱和性。

（3）共价键类型　按原子轨道重叠方式不同，其电子云分布的对称性不同，可分为σ键和π键。

（4）共价键强弱　共价键的强弱通常用键能大小来衡量。形成共价键的两个原子间电负性之差决定了该键的极性，同时也强烈影响到共价键的强弱。（详见本节“疑难问题解答”）

【例4-2-2】 丁二烯 $CH_2=CH-CH=CH_2$ 分子中有几个σ键：

（A）8　　（B）9　　（C）10　　（D）6

【解】 答案为B。

【分析】 σ键是原子轨道沿键轴方向“头碰头”重叠；电子云重叠程度大，键能大，故形成共价键时优先形成σ键。而当形成1根σ键后，余下的成键电子只能在成键轴上以“肩并肩”方式重叠，形成π键。因而在一般情况下，若两原子间只形成一个共价键，则此共价键为σ键。而当形成共价双键时，必有1根σ键1根π键，如 CO_2 中的C=O双键；而形成的共价叁键中，必有1根σ键，2根π键，如 N_2 分子中的 N≡N 键。

丁二烯分子中共有7根单键，2根双键，故其中σ键总数为7+2=9，还有2个π键（2个双键中各有1个π键）。故选项B为正确答案。

（三）杂化轨道理论

1.理论要点：由能量相近的原子轨道重新组合形成能量、形状和伸展方向不同的杂化轨道，后者成键能力更强，更有利于形成新的化学键，分子也更稳定。

2.轨道杂化特性

（1）能量相近的原子轨道才能杂化。例如同一周期中的 ns 与 np 轨道，或 ns、np 与 nd 轨道，或 $(n-1)d$ 与 ns、np 轨道，彼此间可以杂化，杂化后能量趋于平均化。

（2）杂化轨道的形状分布沿键轴方向一头大一头小，成键能力更强，更有利于和其他原子轨道重叠成键。

（3）杂化轨道在空间的伸展与杂化前的原子轨道不同，因成键电子的间距变大，杂化轨道间斥力减小，体系能量降低，稳定性增强。

3.杂化轨道的分类：等性杂化与不等性杂化。

4.杂化类型与杂化分子空间构型的关系，参见表4-3。

表 4-3 杂化类型与杂化分子空间构型的关系

杂化类型	杂化轨道夹角	杂化分子的空间构型	实例
sp	180°	直线	$BeCl_2$
sp^2	120°	平面三角形	BF_3
等性 sp^3	109.5°	正四面体	CH_4
不等性 sp^3	107°	三角锥	NH_3
不等性 sp^3	104.5°	V 形	H_2O

【例 4-2-3】 下列化合物中，键角最大的是：

(A) CH_4　　(B) H_2O　　(C) BeH_2　　(D) NF_3

【解】 答案为 C。

【分析】 此题考查利用杂化轨道理论判断共价化合物分子空间构型。判断多原子分子的键角或空间构型时，须先讨论中心原子的杂化类型。对选项 A，中心原子 C 采取等性 sp^3 杂化，键角 109.5°，分子构型为正四面体。CCl_4 与 CH_4 的情况相同。对选项 B、D，中心原子 O 和 N 均采取不等性 sp^3 杂化。H_2O 的空间构型为 V 字形。在中心原子 O 的 4 个杂化轨道中，有 2 对孤对电子占据其中的 2 个 sp^3 杂化轨道，孤对电子间的强排斥作用使 O—H 的键角偏离等性杂化情况下的键角 109.5°，锐减为 104.5°。NH_3 的分子构型为三角锥。中心原子 N 只有 1 对孤对电子，由于孤对电子与成键电子的斥力比孤对电子间的斥力小，N—H 键角与等性杂化的 109.5°的偏移量较小，键角为 107°。选项 D 中 NF_3 的分子构型与 NH_3 相同，但键角不同，键角为 102.5°。原因详见"疑难问题解答"。对选项 C，中心原子 Be 采取 sp 杂化，分子构型为直线形，键角 180°。$BeCl_2$ 与 BeH_2 相同。故选项 C 键角最大，为正确答案。

（四）配位键理论

1. 理论要点

(1) 中心形成体 M 提供空轨道，配体 L 提供孤电子对形成配位键。

(2) 为了增强成键能力，M 提供的空轨道首先必须经过杂化。杂化方式决定了配离子的空间构型。

2. 配离子类型

内轨型配合物——内层轨道参与杂化成键。

外轨型配合物——全部用外层轨道杂化成键。

稳定性：内轨型＞外轨型。

3. 配合物杂化类型与空间构型的关系（表 4-4，带 * 不作要求）

表 4-4 配合物的杂化类型与空间构型

配位数	杂化类型	空间构型	配离子类型	实例
2	sp	直线形	外轨型	$Ag(NH_3)_2^+$，$Cu(CN)_2^-$
3*	sp^2	平面三角形	外轨型	$HgCl_3^-$，$Cu(CN)_3^{2-}$
4	sp^3	正四面体	外轨型	$Zn(CN)_4^{2-}$，$FeCl_4^-$
4	dsp^2	平面正方形	内轨型	$Ni(CN)_4^{2-}$，$Cu(NH_3)_4^{2+}$
5*	dsp^3	三角双锥	内轨型	$Fe(CO)_5$，$Ni(CN)_5^{3-}$
6	sp^3d^2	正八面体	外轨型	$Co(NH_3)_6^{2+}$，FeF_6^{3-}
6	d^2sp^3	正八面体	内轨型	$Co(NH_3)_6^{3+}$，$Fe(CN)_6^{3-}$

4. 内轨型、外轨型配合物的判断

（1）利用配合物磁矩 μ　配合物磁矩 μ 与中心原子成单电子数之间的关系式为 $\mu=\sqrt{n(n+2)}\mu_B$。式中，μ_B 是磁矩的单位，称为玻尔磁子，n 为中心形成体的未成对电子数。

配合物的磁矩 μ 可以测定，并由上式计算出 n。比较计算所得 n 值与中心形成体未形成配合物前的未成对电子数，若两者相同，说明中心形成体与配体成键时全部利用外层空轨道，配合物为外轨型；若两者不同（前者小于后者），说明中心形成体内未成对电子两两配对，腾出内层轨道用于形成配位键，配合物为内轨型。

（2）根据配体强弱与中心形成体电子排布式判断。详见本节“重点及难点解析”。

【例 4-2-4】 已知元素周期表中 ^{27}Co 配离子 $Co(NH_3)_6^{3+}$ 的实测磁矩为零，则中心离子采取的杂化轨道类型是：

（A）sp^3　　（B）sp^3d^2　　（C）d^2sp^3　　（D）sp^2

【解】 答案为 C。

【分析】 此题考查磁矩与配合物类型的关系。^{27}Co 原子价电子排布式为 $3d^74s^2$，Co^{3+} 价电子排布式为 $3d^6$，d 电子的原子轨道示意图为 [↑↓|↑|↑|↑|↑]，则 Co^{3+} 离子应该有 4 个成单电子，磁矩 $\mu\neq 0$。若形成的配合物 $\mu=0$，说明没有成单电子，则形成配合物时电子两两配对，腾出 2 个内层 d 轨道，采取 d^2sp^3 杂化方式，为内轨型配合物，故 C 为正确答案。

三、重点、难点解析及综合例题分析

（一）重点及难点解析

1. 形成共价键的最大重叠原理与对称性匹配原则

原子成键必须满足成键轨道能级相近、轨道最大重叠和对称性匹配三大原则，其中能级相近和对称性匹配是首要条件，它决定了原子能否成键，而轨道最大重叠只会影响原子成键的效率，这是因为原子轨道的重叠方式包含有效重叠、负重叠、零重叠等，其中只有有效重叠才可形成稳定的共价键，这也是共价键方向性的根源。

有效重叠是指在两原子电子的重叠区域内，对称性相同的原子轨道（即位相相同或波函数符号相同区域）重叠时，两个原子间的电子云密度会增大，即发生有效重叠。例如，当指定键轴为 x 轴时，$s-s$、$s-p_x$、p_x-p_x、p_y-p_y、p_z-p_z 轨道间的重叠均为有效重叠。满足有效重叠的原子轨道组合方式见表 4-5。

表 4-5　原子轨道的有效组合（当键轴为 x 轴时）

原子轨道 ψ_a	可与 ψ_a 组合的 ψ_b（匹配）	不可与 ψ_a 组合的 ψ_b（不匹配）
s	$s,p_x,d_{x^2-y^2}$	$p_y,p_z,d_{xy},d_{xz},d_{yz},d_{z^2}$
p_x	$s,p_x,d_{x^2-y^2}$	$p_y,p_z,d_{xy},d_{xz},d_{yz},d_{z^2}$
p_y	p_y,d_{xy}	$s,p_x,p_z,d_{yz},d_{xz},d_{x^2-y^2},d_{z^2}$
p_z	p_z,d_{xz}	$s,p_x,p_y,d_{xy},d_{yz},d_{x^2-y^2},d_{z^2}$
d_{xy}	p_y,d_{xy}	$s,p_x,p_z,d_{yz},d_{xz},d_{x^2-y^2},d_{z^2}$
d_{yz}	d_{yz}	$s,p_x,p_y,p_z,d_{xy},d_{xz},d_{x^2-y^2},d_{z^2}$
d_{xz}	p_z,d_{xz}	$s,p_x,p_y,d_{yz},d_{xy},d_{x^2-y^2},d_{z^2}$
$d_{x^2-y^2}$	$s,p_x,d_{x^2-y^2}$	$p_y,p_z,d_{xy},d_{xz},d_{yz},d_{z^2}$
d_{z^2}	d_{z^2}	除 d_{z^2} 以外的各轨道

注：当键轴为 y 轴或 z 轴时，各轨道间的有效组合也相应地不同。

对称性是几何图形的一种属性。“对称性相同的原子轨道”是指原子轨道（波函数）具有“轴对称”或“对于通过键轴的平面呈镜面反对称”的属性。例如，当键轴为 x 轴时，s、p_x 轨道均为与 x 轴对称的原子轨道，因此，s、p_x 轨道的对称性相同。但 p_y 轨道相对于 x 轴的平面呈镜面反对称，与轴对称的 s 轨道的对称性不匹配，所以，s 与 p_y 轨道不能发生有效重叠（可称非键轨道）。但若以 y 轴方向为键轴时，p_y 与 s 能有效重叠，而此时 p_x 与 s 则不能有效重叠。其他组合方式请读者自行分析。

当然，由于成键轨道也是一种波函数，同样具有一定的对称性。例如，相对于成键轴平面，σ 键具有“轴对称”的属性，而 π 键却呈“镜面反对称”的属性。

2. 杂化轨道理论

(1)* 杂化轨道的成键能力　原子轨道杂化后，成键能力增强。Pauling 将轨道成键能力 f 定义为其角度函数 Y 的极大值，对各类 s、p 等性杂化，轨道的成键能力 f 与杂化轨道中所含 s、p 成分有关，表示为 $f=\sqrt{\alpha}+3\sqrt{\beta}=\sqrt{\alpha}+3\sqrt{1-\alpha}$。式中，$\alpha+\beta=1$，$\alpha$ 代表杂化轨道中的 s 成分，β 代表杂化轨道中的 p 成分。由此可计算出不同类型杂化轨道的成键能力 f。

表 4-6　轨道成键能力 f

轨道类型	α	β	成键能力 f
s	1	0	1
p	0	1	1.732
sp	$\frac{1}{2}$	$\frac{1}{2}$	1.933
sp^2	$\frac{1}{3}$	$\frac{2}{3}$	1.991
sp^3	$\frac{1}{4}$	$\frac{3}{4}$	2.000

由表 4-6 可以看出，任何一种杂化轨道的成键能力均比 s 或 p 轨道的成键能力要强。

(2)* 杂化轨道间的夹角　对各类 s、p 等性杂化，轨道的夹角 θ 也与 s、p 成分有关，可用公式 $\cos\theta=-\frac{\alpha}{\beta}=-\frac{\alpha}{1-\alpha}$ 计算。(见表 4-7)

表 4-7　杂化前后轨道的夹角

轨道类型	α	β	$\cos\theta$	θ	轨道方向
p	0	1	0	90°	未杂化的 p_x、p_y、p_z 轨道互相垂直
sp	$\frac{1}{2}$	$\frac{1}{2}$	-1	180°	直线形
sp^2	$\frac{1}{3}$	$\frac{2}{3}$	$-\frac{1}{2}$	120°	平面三角形
sp^3	$\frac{1}{4}$	$\frac{3}{4}$	$-\frac{1}{3}$	109.5°	正四面体形

由表 4-7 可以看出，杂化轨道的空间伸展方向发生改变，轨道尽可能远离，使体系能量降低，更有利于成键。

各类 s、p 杂化轨道界面图如图 4-13 所示。

* 这部分内容已超出本课程基本要求范围，仅供了解，不作要求。

(3) 利用杂化轨道理论判断共价化合物空间构型时，从中心原子价层电子排布入手，等

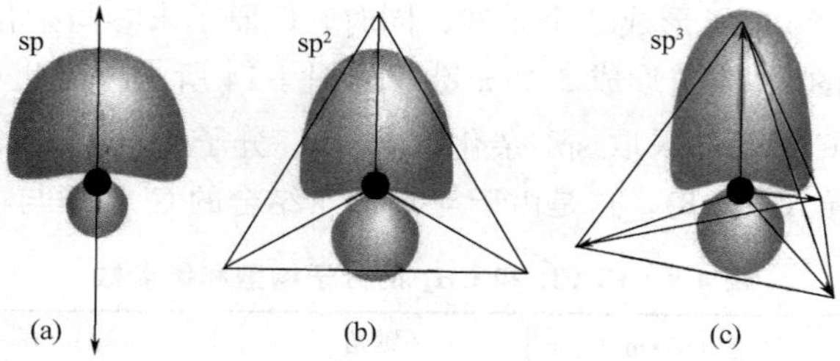

图 4-13 各类 s、p 杂化轨道界面图

性与不等性杂化取决于中心原子是否存在孤对电子。

【例 4-2-5】 填表说明 BBr_3、PH_3、H_2S、$SiCl_4$、CO_2、$CHCl_3$、PCl_5^*、IF_5^* 分子的中心原子可能采取的杂化类型，并预测各分子的空间构型。

【解】

化合物	中心原子杂化类型	化合物的空间构型
BBr_3	sp^2	平面三角形
PH_3	不等性 sp^3	三角锥形
H_2S	不等性 sp^3	V 形
$SiCl_4$	sp^3	正四面体形
CO_2	sp	直线形
$CHCl_3$	sp^3	四面体形
* PCl_5 ①	sp^3d	三角双锥形
* IF_5 ②	sp^3d	四方锥形

① 在 PCl_5 分子中，中心 P 原子的价层电子构型可写为 $3s^23p_x{}^13p_y{}^13p_z{}^1$，受激后，电子组态为 $3s^13p_x{}^13p_y{}^13p_z{}^13d_{z^2}{}^1$，形成 sp^3d 杂化，5 个 sp^3d 杂化轨道分别与 5 个 Cl 原子的 3p 轨道发生有效重叠，形成 PCl_5 分子，空间构型为三角双锥。

② 在 IF_5 分子中，中心 I 原子的价层电子构型可写为 $5s^25p_x{}^25p_y{}^15p_z{}^2$，受激后，电子组态为 $5s^15p_x{}^15p_y{}^15p_z{}^15d_{x^2-y^2}{}^15d_{z^2}{}^2$，其中 $5s^15p_x{}^15p_y{}^15p_z{}^15d_{x^2-y^2}{}^1$ 杂化形成 5 个 sp^3d 杂化轨道，它们分别与 5 个 F 原子的 2p 轨道发生有效重叠，而 $5d_{z^2}{}^2$ 则由孤对电子占据，形成 IF_5 分子，空间构型为四方锥。

【分析】 此题考查共价分子杂化类型与分子空间构型之间的关系。原子杂化成键三部曲包括激发（中心原子的电子激发到高能级获得成单电子）→杂化（中心原子能量相近的不同原子轨道进行杂化）→键合（中心原子杂化轨道与其他原子的原子轨道有效重叠形成共价键）。因此，中心原子的杂化轨道的空间取向决定了所形成化合物的空间构型。

BBr_3 与 BF_3 属于同系物，中心原子的杂化方式一般不发生变化，因此，空间构型相同。同理，同系物 PH_3 与 NH_3、H_2S 与 H_2O、$SiCl_4$ 与 CCl_4 的空间构型也相同，读者可自行分析。

但同一元素与其他元素形成不同化合物时，可有不同杂化方式，并非一成不变。以 CO_2 和 $CHCl_3$ 杂化成键为例。C 原子的价层电子构型可写为 $2s^22p_x{}^12p_y{}^1$。在形成 CO_2 或 $CHCl_3$ 分子时，激发过程相同，C 原子的 1 个 2s 电子被激发到 2p 轨道，形成激发态 C 原子，其电子组态为 $2s^12p_x{}^12p_y{}^12p_z{}^1$。但在形成 CO_2 和 $CHCl_3$ 分子过程中，C 原子的杂化方式却不同。当形成 CO_2 分子时，C 原子采取 sp 杂化，即 1 个 2s 轨道和 1 个 2p 轨道杂化，组成 2 个 sp 杂化轨道。剩余未参与杂化的 2 个 2p 轨道保持原状，并与 sp 轨道相垂直（此时无需指明键轴）。C 原子的 2 个 sp 杂化轨道上的电

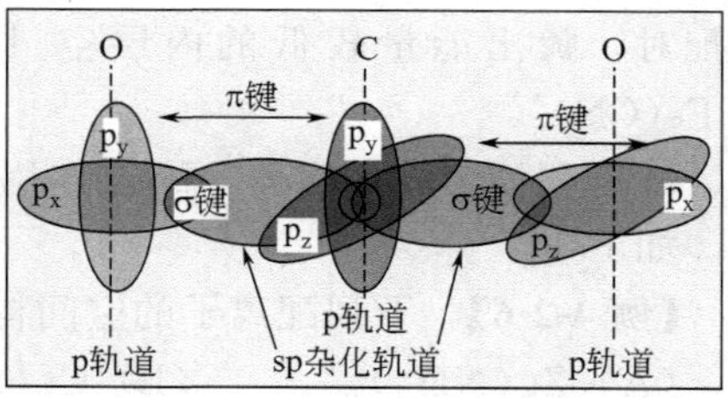

图 4-14 CO_2 分子的成键情况

子分别与2个O原子的2p电子形成2个σ键，同时，C原子未参与杂化的2个2p轨道分别与2个O原子对称性相同的2p轨道形成2个π键，如图4-14所示。因此CO_2为直线形分子。

在形成$CHCl_3$时，C原子却采取sp^3杂化，同CH_4分子。但$CHCl_3$与CH_4分子在空间构型、键参数方面均有差异（表4-8），这是由于与C原子结合的Cl原子与H原子的差异造成的。

表4-8 $CHCl_3$和CH_4的分子构型和键参数

分子式	键	键能/($kJ\cdot mol^{-1}$)	键角	键长/pm	分子构型
$CHCl_3$	C—H C—Cl	414 326	∠HCCl=108.5° ∠ClCCl=110.4°	109 177	四面体
CH_4	C—H	414	∠HCH=109.5°	109	正四面体

因此$CHCl_3$的空间构型是四面体，不是正四面体。

3. 配合物的价键理论

(1) 配体强弱顺序　下列光谱化学序列表示配体产生的晶体场从强到弱的顺序，可大致区分配体强弱。

$CO \sim CN^- > NO_2^- > SO_3^{2-} > en > NH_3 > EDTA > NCS^- > H_2O > C_2O_4^{2-} >$

$OH^- \sim ONO^- > F^- > NO_3^- > SCN^- > S^{2-} > Cl^- > Br^- > I^-$

通常，以C原子作配位原子的配体CO、CN^-被称作强场配体，F^-、I^-等被称作弱场配体，H_2O则被视为强场配体和弱场配体的分界线。

(2) 配合物杂化方式与空间构型的判断分析　首先看中心离子的价层电子排布，再看配体强弱。大致规律如下。

① 第一种情况与配体强弱无关。

a. 中心形成体d电子数少，有足够的内层轨道，则不论配体强弱，一定形成内轨型配合物。因为内轨型更稳定。

中心形成体的价电子排布为$(n-1)d^x$，其中配位数为4时，$x \leqslant 4$；配位数为6时，$x \leqslant 3$。如$Cr(H_2O)_6^{3+}$。

b. 中心形成体d电子多，内层d轨道不足，尽管在等价轨道中配对排列也无法腾出足够的内层d轨道时，则不论配体强弱，一定形成外轨型配合物。

中心形成体的价电子排布为$(n-1)d^x$，其中$x > 9$。如$Zn(CN)_4^{2-}$。

但铜配合物较为特殊，$Cu(NH_3)_4^{2+}$、$Cu(H_2O)_6^{2+}$的空间构型实测均为平面正方形，视为内轨配合物，但难以用杂化轨道理论解释，详见“例4-2-6”。应以John-Teller效应解释。(因超出普化课程要求，此处略)

② 第二种情况与配体强弱有关。

中心形成体的价电子排布为$(n-1)d^x$，其中配位数为4时，$x \leqslant 8$；配位数为6时，$x \leqslant 6$。

a. 若配体为强场配体，强烈的配位作用可使中心形成体$(n-1)$d轨道上的成单电子两两配对，腾出能量较低的内层空d轨道来接受配位体的孤电子对，形成内轨配合物。如$Fe(CN)_6^{3-}$。

b. 若配体为弱场配体，配位作用不能改变中心形成体的电子排布，则形成外轨型配合物。如FeF_6^{3-}。

【例4-2-6】 下列配离子的空间构型是正四面体的是：

(A) $Zn(NH_3)_4^{2+}$　　(B) $Cu(NH_3)_4^{2+}$　　(C) $Ni(CN)_4^{2-}$　　(D) $Ag(NH_3)_2^+$

【解】 答案为A。

【分析】 判断配合物的空间构型，可采用杂化轨道理论。

选项D中，Ag^+价电子排布为$4d^{10}$，轨道全满，只能以5s、5p杂化，形成sp杂化轨道，故$Ag(NH_3)_2^+$为直线形，选项D错误。

选项C中，Ni^{2+}价电子排布为$3d^8$，（* 可表示为$3d_{xy}{}^2 3d_{yz}{}^2 3d_{xz}{}^2 3d_{x^2-y^2}{}^1 d_{z^2}{}^1$），因$CN^-$为强场配体，可使$Ni^{2+}$的内层d轨道中的电子两两配对，腾空一个d轨道，以$dsp^2$方式杂化（* 可表示为$3d_{x^2-y^2}$、4s、$4p_x$、$4p_y$轨道），形成内轨配合物，$Ni(CN)_4^{2-}$空间构型为平面正方形，选项C错误。

选项B中，Cu^{2+}价电子排布为$3d^9$（* 可表示为$3d_{xy}{}^2 3d_{yz}{}^2 3d_{xz}{}^2 3d_{x^2-y^2}{}^1 d_{z^2}{}^2$）。若采用杂化轨道理论分析，可解释为：$Cu^{2+}$中的一个3d电子受激至4p轨道，以$dsp^2$方式杂化（* 可表示为$3d_{x^2-y^2}$、4s、$4p_x$、$4p_y$轨道），形成内轨配合物，$Cu(NH_3)_4^{2+}$空间构型为平面正方形，选项B错误。但是，由于$Cu(NH_3)_4^{2+}$配合物中的1个电子位于4p轨道，该电子容易失去，照理说，$Cu(NH_3)_4^{2+}$的还原性极强。事实上，$Cu(NH_3)_4^{2+}$非常稳定，故采用杂化轨道理论解释$Cu(NH_3)_4^{2+}$的构型存在明显的不合理。

选项A中，Zn^{2+}的价电子构型为$3d^{10}$，只能以4s、$4p_x$、$4p_y$、$4p_z$杂化，形成sp^3杂化轨道，故$Zn(NH_3)_4^{2+}$为正四面体，A为正确答案。

（二）综合例题分析

【例 4-2-7】 下列化合物中，同时存在σ键和π键的是：

(A) CO_2　　(B) H_2O　　(C) NH_3　　(D) C_2H_6

【解】 答案为A。

【分析】 此题考查化学键的类型和多重键之间的关系。选项B和选项C的杂化成键请参照例4-2-3。选项D为两中心多原子分子，其杂化成键的分析按照单中心多原子CH_4分子的杂化成键方式。C_2H_6（乙烷）分子中的一个C原子以sp^3杂化，形成4个sp^3杂化轨道，其中3个sp^3杂化轨道与3个氢原子的1s轨道发生“头碰头”重叠，形成3个C—H键，余下的1个sp^3杂化轨道与另一个碳原子的sp^3杂化轨道“头碰头”重叠，形成1个C—C键。乙烷分子的另一半的杂化成键分析同上。由于σ键电子云重叠程度大，键能较π键大，更牢固，原子轨道成键时优先形成σ键，因而共价单键均为σ键。故选项B、C、D中只有σ键。选项A中CO_2杂化成键请参照例4-2-5。C═O为双键，1个σ键，1个π键。故A为正确答案。

【例 4-2-8】 下列化合物中，共价键的极性最弱的是：

(A) HF　　(B) HCl　　(C) HBr　　(D) HI

【解】 答案为D。

【分析】 化学键的极性源于成键原子电负性的不同。由于共享电子对偏向电负性大的原子而产生化学键极性，因而成键原子间的电负性差值$\Delta\chi$越大，化学键的极性越大。同族元素F、Cl、Br、I，从上到下，电负性逐渐减小，因而与H原子的电负性差值$\Delta\chi$逐渐减小，键的极性HI最弱。故D为正确答案。

【例 4-2-9】 判断对错（　）：成键的两原子间的电负性差值越大，所形成的共价键越牢固。

【解】 判断（×）

【分析】 电负性差值是考量键的极性（键矩）的指标，差值越大，表明成键电子对越偏向电负性较大的原子。而键能是考量共价键强弱的指标，同时也影响分子稳定性。因此，两者并无直接联系。详见“疑难问题解答”。

【例 4-2-10】 判断对错（ ）：N≡N 中三个键的键能相等。

【解】 判断（×）

【分析】 此题考查键能的概念。N≡N 叁键由 1 个 σ 键和 2 个 π 键构成。由于 σ 键电子云重叠程度大，π 键电子云重叠程度小，所以，它们的键能不相同。

【例 4-2-11】 已知配离子 FeF_6^{3-}、$Fe(CN)_6^{3-}$、$Co(en)_3^{2+}$、$Fe(C_2O_4)_3^{3-}$、$Co(EDTA)^-$ 的磁矩分别为 5.88 μ_B、2.0 μ_B、3.82 μ_B、5.75 μ_B、0 μ_B。请指出它们的配位键杂化类型和空间构型。

【解】

FeF_6^{3-}	外轨型	sp^3d^2	正八面体
$Fe(CN)_6^{3-}$	内轨型	d^2sp^3	正八面体
$Co(en)_3^{2+}$	外轨型	sp^3d^2	正八面体
$Fe(C_2O_4)_3^{3-}$	外轨型	sp^3d^2	正八面体
$Co(EDTA)^-$	内轨型	d^2sp^3	正八面体

【分析】 此题考查利用磁矩判断配合物的空间构型和杂化类型。可根据磁矩计算出配离子中的未成对电子数，并与未形成配合物前中心形成体的未成对电子数比较，若两者相同，说明形成的是外轨型配合物；若未成对电子数减少，表明中心形成体中 $(n-1)$ d 电子两两配对，生成内轨型配合物。经计算，各配合物及中心形成体中未成对电子数如下表所示，则可判断杂化类型及配合物构型。

配离子或中心离子	未成对电子数	配合物类型	配离子或中心离子	未成对电子数	配合物类型	配离子或中心离子	未成对电子数	配合物类型
$Fe^{3+}(3d^5)$	5		$Co^{2+}(3d^7)$	3		$Co^{3+}(3d^6)$	4	
FeF_6^{3-} $Fe(CN)_6^{3-}$ $Fe(C_2O_4)_3^{3-}$	5 1 5	外轨 内轨 外轨	$Co(en)_3^{2+}$	3	外轨	$Co(EDTA)^-$	0	内轨

* 另一种方法可根据晶体场配体强弱进行大致判断。(仅供了解，不作要求)

配体强弱可决定配合物呈外轨型还是内轨型。由于 F^- 属弱场配体，其配合物多为外轨型；CN^- 属强场配体，配合物多为内轨。en、$C_2O_4^{2-}$、EDTA 都是多啮配体，形成螯合物。尽管 en 归属强场配体，但 Co^{2+} 中心形成体的电荷低，故配合物为外轨型。$C_2O_4^{2-}$ 归属弱场配体，其配位能力不够强，不足以形成内轨型配合物。EDTA 归属强场配体，尽管它在光化学序列中位于 en 之后（只表明 N 原子配位能力大于 O 原子的配位能力），但它是六啮配体，螯合效应明显，故配合物为内轨型。

【例 4-2-12】 根据杂化轨道理论，碳原子有三种杂化方式。请写出与碳的三种典型化合物 CH_4、C_2H_4 和 C_2H_2 相对应的 C 原子的杂化方式分别为______、______和______。

【解】 sp^3 杂化，sp^2 杂化，sp 杂化。

【分析】 CH_4、C_2H_4 和 C_2H_2 中，C 原子激发方式相同，但杂化方式不同。

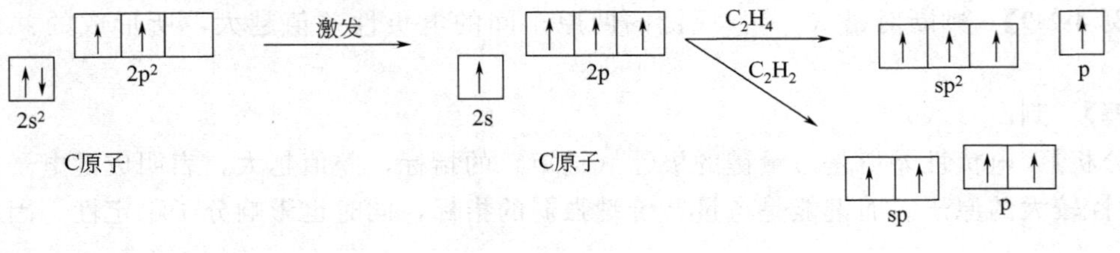

CH_4 采取 sp^3 杂化，分析过程参见例 4-2-3。C_2H_4（乙烯）中，两个 C 原子均采取 sp^2 杂化，C 原子的 2 个 sp^2 杂化轨道与两个 H 原子的 1s 轨道重叠形成 σ 键，余下的 1 个 sp^2 杂化轨道与另一个 C 原子的 sp^2 杂化轨道重叠形成 σ 键。由于两个 C 原子中未参与杂化的 p 电子垂直于 sp^2 杂化轨道平面，对称性匹配，能够“肩并肩”重叠形成 π 键。如图 4-15 所示。

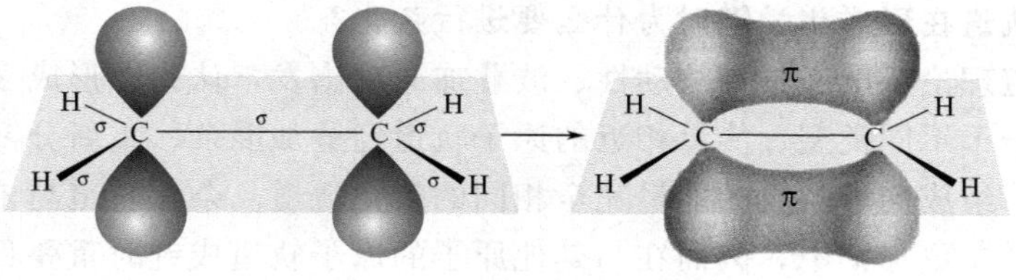

图 4-15　乙烯分子的成键情况

C_2H_2（乙炔）中，每个 C 原子均采取 sp 杂化，分别形成 1 个 σ 键和 2 个 π 键。具体过程请读者自行分析。

四、疑难问题解答

1. 问：离子键的键能与晶格能有何区别？

答：离子键的键能指离子晶体中阴、阳离子间的静电引力，可用 $Z_+Z_-/(r_++r_-)$ 的大小来定性比较。晶格能 U 则指 1 mol 离子晶体转变为气态正、负离子时所吸收的能量。

$$U=\frac{138490A_aZ_1Z_2}{r_0}\left(1-\frac{1}{n}\right)$$

式中，Z_1、Z_2 为正负电荷数的绝对值；r_0 为正负离子的核间距，pm；A_a 为马德隆常数，与晶体类型有关；n 为波恩指数，与电子层构型有关。从晶格能的关系式可以看出，晶格能与晶体类型、阴、阳离子的电荷（主要因素）以及半径等因素相关。晶格能越大，离子晶体的熔、沸点越高。而用 $Z_+Z_-/(r_++r_-)$ 来讨论离子晶体的熔、沸点变化时显得较为粗糙。

2. 问：是否成键的两原子间电负性差值越大，所形成的化学键越牢固？

答：成键两原子间的电负性差值是考量共价键极性强弱的指标，而键的强弱应该以键能大小衡量。键能是指 298K、100kPa 下，将 1 mol 理想气态分子 AB 拆开，成为理想气态 A、B 原子所需的能量。在共价键中，原子轨道重叠越多，键能也越大，成键原子间的距离也越短。影响键能的因素很复杂，除电负性差值外，原子半径、分子中的键个数（如 NH_3 中有 3 个 N—H 键），孤对电子排斥等都对键能产生影响。表 4-9 列出一些常见非金属元素的电负性以及共价键的键能。

表 4-9　常见化学键的键能

元素 R	R 电负性	R—H 键能/($kJ\cdot mol^{-1}$)	R—R 键能/($kJ\cdot mol^{-1}$)
F	4.0	563	158
Cl	3.16	431	244
Br	2.96	366	192
I	2.66	299	150
O	3.44	464	
S	2.58	368	
N	3.04	389	
P	2.19	322	
C	2.55	414	
Si	1.9	295	
H	2.02	436	

由表 4-9 可以看出，对于同族元素与 H 形成的分子，如 HF、HCl、HBr、HI 或 H_2O、H_2S 或 NH_3、PH_3 或 CH_4、SiH_4，电负性差值大的物质键能也大。但若将不同族的元素与 H 形成的分子比较，例如 H—H 键、H—C 键、H—S 键等，则电负性差值与键能之间并不存在简单关系。比较 H—H、F—F、Cl—Cl 等键也是如此。

3. 问：原子轨道在形成化学键时为什么要进行杂化?

答：杂化轨道理论从电子具有波动性、波叠加原理出发，认为在形成多原子分子时，可以将中心原子的若干不同类型、能量相近的原子轨道经叠加混杂、重新分配轨道的能量和调整空间伸展方向，组成同等数目的能量完全相同的杂化轨道。杂化轨道与未杂化的原子轨道相比，在空间的分布更加集中，因而在与其他原子的原子轨道成键时重叠程度更大，形成的共价键更加牢固，所形成的分子也更稳定。

4. *问：同为不等性 sp^3 杂化、空间构型为三角锥的 NH_3 与 PH_3，键角是否相同? 影响键角的因素有哪些?

答：NH_3 与 PH_3 的键角不同，分别为 107°和 93.3°。

键角的大小主要取决于中心原子的杂化类型，例如 sp、sp^2、sp^3 等性杂化的键角依次为 180°、120°、109.5°。影响键角的其他因素还有以下几点。

(1) 中心原子孤对电子数　孤对电子使分子键角变小。孤对电子数越多，键角越小。例如同为 sp^3 杂化的 CH_4、NH_3 和 H_2O，键角依次为 109.5°、107°和 104.5°。这是由于 N 与 O 存在着孤对电子，其运动区域离中心原子的原子核近，对邻近的成键电子对产生较大斥力，因此键角变小。这类杂化称为不等性杂化。H_2O 的孤对电子数为 2，NH_3 的孤对电子数只有 1，所以 H_2O 的键角更小。

(2) 电负性　中心原子的电负性大，键角一般相对大一些。例如同为不等性 sp^3 杂化的 NH_3 和 PH_3，其键角分别为 107°和 93.3°，是由于 N 与 P 电负性不同（图 4-16）。N—H 键的成键电子对比 P—H 键更偏向中心原子，因而使中心原子成键电子对之间斥力增加，因而键角变大。

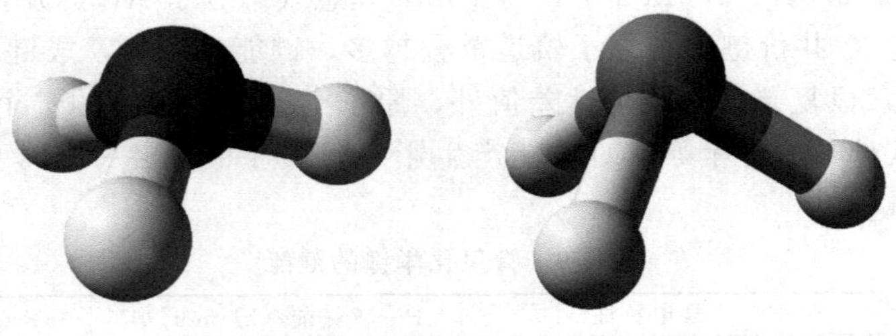

图 4-16　氨、膦分子模型（自左到右）

对 PX_3 同系物，PI_3、PBr_3、PCl_3、PF_3 的键角依次为 102°、101°、100°、97.8°。随着 X 电负性增大，P—X 之间成键电子对更偏向 X，从而使中心原子 P 的成键电子对之间斥力减小，因而键角依次减小。

(3) 多重键　多重键可使键角变大。由于多重键包含电子多，斥力比单键大，因而分子内含多重键的键角变大，单键间的键角变小。例如 H_3PO_4 分子中∠O ═P—OH 为 112°，而∠HO—P—OH 为 106°。

自测题及答案

自　测　题

一、判断题

1.（　）在配合物 [$Co(NH_3)_5Cl$] Cl_2 中，与中心离子直接结合的配位原子数为 5。

2.（　）晶格能是指气态阳离子与气态阴离子化合生成 1 mol 离子晶体所释放的能量。

3.（　）Zn^{2+} 属于 18 电子构型。

4.（　）共价键的强弱，取决于价电子数目多少。

5.（　）配合物的中心形成体一定是含有空的价电子轨道的金属离子。

6.（　）由于离子晶体中每种离子都有一定的配位数，所以离子键具有饱和性。

7.（　）因为 CH_4 分子呈正四面体形，所以 CH_2Cl_2 也呈正四面体。

8.（　）若成键轴为 x 轴，则 s—s、s—p 具有相同的对称性，可以成键。

9.（　）已知 $Mn(H_2O)_6^{2+}$ 磁矩为 5.9 μ_B，则该配合物为外轨型。

10.（　）NH_4^+ 不能作为配合物的配体，而 NH_3 可以。

二、选择题

1. 下列分子中，所有原子不可能共处在同一平面上的是：

（A）C_2H_2　　（B）CS_2　　（C）NH_3　　（D）C_6H_6

2. 下列物质中存在配位键的是：

a. H_3O^+　　b. $B(OH)_4^-$　　c. CH_3COO^-　　d. NH_3

（A）a、b　　（B）a、c　　（C）b、d　　（D）b

3. 下列对 CO_2 和 SO_2 的描述正确的是：

（A）都是非极性分子　　（B）中心原子都采取 sp 杂化

（C）C 和 S 原子上都没有孤对电子　　（D）SO_2 为 V 形结构，CO_2 为直线型

4. 已知 [$PbCl_2(OH)_2$] 为平面正方形结构，其中心离子采用的杂化方式是：

（A）sp^3　　（B）d^2sp^3　　（C）spd^2　　（D）dsp^2

5. 水分子 H_2O 的解离主要削弱了 H_2O 分子的：

（A）共价键　　（B）氢键　　（C）取向力　　（D）色散力

6. 下列叙述中，不能表示 σ 键特点的是：

（A）原子轨道沿键轴方向重叠，重叠部分沿键轴方向呈圆柱形对称

（B）两原子核之间的电子云密度最大

（C）键的强度通常比 π 键大

（D）键的长度通常比 π 键长

7. 在配离子 CuI_2^- 中，Cu^+ 杂化方式为：

（A）sp^3　　（B）dsp^2　　（C）sp^3d^2　　（D）sp

8. 下列分子或离子中，空间构型为 V 形的是：

（A）CS_2　　（B）H_2Se　　（C）HCN　　（D）$HgCl_2$

9. 下列配合物中，磁矩最大的是：

（A）$Ag(CN)_2^-$　　（B）$Zn(NH_3)_4^{2+}$　　（C）FeF_6^{3-}　　（D）$Fe(CN)_6^{3-}$

10. 配离子的稳定性与其配位键类型有关。根据价键理论可以判断下列配合物稳定性大小，其中不正确的是：

（A）$Fe(CN)_6^{3-} < FeF_6^{3-}$　　（B）$Ag(CN)_2^- > Ag(NH_3)_2^+$

（C）$Zn(CN)_4^{2-} > Zn(OH)_4^{2-}$　　（D）$HgI_4^{2-} > HgCl_4^{2-}$

三、填空题

1. 形成配合物时，Zn^{2+}、Cd^{2+} 的配位数多为 4，均是______杂化，构型为______。

2. SiF_4 中 Si 原子杂化方式为______，分子中键角为______，分子空间构型为______。SiF_6^{2-} 中 Si 原子杂化方式为______，离子中键角为______，离子空间构型为______。

3. 共价键的两个重要特征是______和______。

4. 离子的电荷越多，半径越______，则离子键就越______，晶格能越______。

5. 内轨型配合物是指配合物的中心离子用______d 空轨道和______s、p 空轨道杂化，并接纳由配位原子提供的______，从而形成的一种配合物。

四、简答题

1. 命名下列配位化合物，并指出中心离子杂化类型和空间结构。

$K[Ag(CN)_2]$、$[Cu(NH_3)_4]SO_4$、$[Ni(NH_3)_4]Cl_2$、$K_3[Fe(CN)_6]$、$Na_3[Co(NO_2)_6]$。

2. 根据杂化轨道理论预测下列分子的空间构型。

SiH_4、$HgBr_2$、BeH_2、H_2S、NCl_3、BF_3。

答　案

一、判断

1. × 2. × 3. √ 4. × 5. × 6. × 7. × 8. × 9. √ 10. √

二、选择

1. C 2. A 3. D 4. D 5. A 6. D 7. D 8. B 9. C 10. A

三、填空

1. sp^3　正四面体

2. sp^3　109.5°　正四面体　sp^3d^2　90°　正八面体

3. 饱和性　方向性

4. 小　强　大

5. 内层或 $n-1$ 层　外层或 n 层　孤对电子

四、简答

1. $K[Ag(CN)_2]$　二氰合银（Ⅰ）酸钾　sp 杂化　直线型

$[Cu(NH_3)_4]SO_4$　硫酸四氨合铜（Ⅱ）　dsp^2 杂化　平面正方形

$[Ni(NH_3)_4]Cl_2$　氯化四氨合镍（Ⅱ）　sp^3 杂化　正四面体

$K_3[Fe(CN)_6]$　六氰合铁（Ⅲ）酸钾　d^2sp^3 杂化　正八面体

$Na_3[Co(NO_2)_6]$　六硝基合钴（Ⅲ）酸钠　d^2sp^3 杂化　正八面体

2. SiH_4　sp^3 杂化　正四面体

$HgBr_2$　sp 杂化　直线

BeH_2　sp 杂化　直线

H_2S　不等性 sp^3 杂化　V 形

NCl_3　不等性 sp^3 杂化　三角锥

BF_3　sp^2 杂化　平面三角形

第三节　分子间作用力、氢键和晶体结构

一、基本要求

（1）掌握分子极性与化学键极性的关系，学会用偶极矩判断分子极性。

（2）了解分子间作用力产生的原因、类型及比例；了解氢键形成的条件；掌握分子间作用力、氢键对物质性质的影响。

（3）判断给定物质的晶体类型，推断物质熔沸点高低、硬度大小等物理性质。

（4）了解离子极化的概念及其对化合物的键型、熔沸点、溶解度、颜色等物理性质的影响。

二、内容精要及基本例题分析

（一）分子的极性与化学键的极性

1. 键的极性

（1）键的极性：若化学键的正、负电荷中心不重合则化学键具有极性。

（2）键极性大小的判断：对共价键而言，键的极性取决于成键两原子间电负性的差异。电负性差值越大，则键的极性也越大。

2. 分子的极性

（1）分子产生极性是由于分子中正、负电荷中心不重合。对双原子分子而言，分子的极性与键的极性一致；对多原子分子而言，分子的极性不仅要看键的极性，主要应考虑分子空间构型的对称性。

【例 4-3-1】 下列分子中键的极性与分子的极性不一致的是：

（A）H_2O　　（B）NH_3　　（C）O_2　　（D）$SiCl_4$

【解】 答案为 D。

【分析】 此题考查键的极性与分子极性的关系。对选项 A、B 而言，H_2O、NH_3 分子皆由极性键构成，分子也皆为极性分子。对选项 C 而言，O_2 由非极性键构成，分子也是非极性分子。只有选项 D，Si—Cl 键是极性共价键，但由于分子呈正四面体对称结构，因而分子是非极性分子，故答案为 D。

（2）分子极性强弱的定量判断：分子的偶极矩是键矩的矢量和，偶极矩 μ 越大，分子的极性越强。μ 等于 0 的分子称为非极性分子；若非极性分子中键是极性键，则可判断其分子空间构型为对称结构。

【例 4-3-2】 下列分子为极性分子的是：

（A）CH_4　　（B）CO_2　　（C）BF_3　　（D）H_2O

【解】 答案为 D。

【分析】 此题考查多原子分子的极性与分子空间结构的关系。对多原子分子而言，若分子为对称结构，则分子一定是非极性分子，而不管键是否有极性。选项 A、B、C 的空间构型依次为正四面体、直线形、平面正三角形，均为对称结构，因而是非极性分子。只有选项 D 是 V 形，非对称结构，分子具有极性。

（二）分子间作用力

1. 分子的极化

任何分子均存在瞬时偶极。极性分子存在固有偶极。极性或非极性分子在极性分子作用下均会产生诱导偶极。

2. 分子间作用力

（1）实质是分子极性间的静电引力，源于分子的极化。

（2）分子间作用力包括取向力、诱导力、色散力。取向力发生在极性分子的固有偶极之间；诱导力存在于极性分子的固有偶极与其他分子（极性或非极性分子）的诱导偶极之间；色散力存在于任何分子的瞬时偶极之间。

（3）除少数极性很大的分子（如 H_2O、HF 等）以取向力为主外，大多数分子以色散力为主。

（4）色散力大小的判断：与分子变形性有关。一般来说，分子体积越大（分子量越大），其变形性越大，则色散力越大。

(5) 分子间作用力对共价化合物性质的影响。(详见本节“重点及难点解析”)

熔沸点：对共价化合物而言，分子间作用力越大，则液体越不易气化，固体越不易熔化，因而物质熔、沸点越高。

溶解度：相似相溶原理。(非极性分子在水中溶解度很小，强极性溶质在水中溶解度很大，非极性分子可互溶)

【例 4-3-3】 在 H_2S 的水溶液中，H_2S 分子与水分子之间存在的相互作用力有：

(A) 取向力　　(B) 取向力、诱导力

(C) 取向力、诱导力、色散力　　(D) 色散力、诱导力、取向力和氢键

【解】 答案为 C。

【分析】 此题考查对不同分子之间存在的作用力的判断。对 H_2S、H_2O 两个极性分子而言，3 种分子间作用力均存在，故 C 为正确答案。而选项 D 中的氢键存在于水分子与水分子之间，H_2S 分子与水分子之间并无氢键。若将题目改为“在 H_2S 的水溶液中存在的相互作用力”，则 D 为正确答案。注意审题。

(三) 氢键

(1) 氢键是指与半径小、电负性大的原子 X 以共价键相连的氢原子，可与另一半径小、电负性大的原子 Y 之间形成一种弱键。

(2) 传统氢键中 X、Y 一般是电负性大、原子半径小的 F、O、N 原子。氢键强弱与元素电负性有关，通常 F—H…F＞O—H…O＞O—H…N＞N—H…N。近年来的研究发现，还存在许多类型弱的氢键，如 C—H…O 、C—H…N 等。

(3) 氢键种类分为分子间氢键与分子内氢键，对物质性质的影响不同。

(4) 氢键形成对共价化合物性质的影响。

熔沸点：分子间氢键使物质熔沸点显著升高；分子内氢键则降低。

溶解度：溶质与溶剂分子之间形成氢键，可使其溶解度增加；溶质分子之间形成氢键，使其溶解度减小。

【例 4-3-4】 在下列物质中，分子间不存在氢键的是：

(A) H_3BO_3　　(B) C_2H_5OH　　(C) H_2O_2　　(D) HCl

【解】 答案为 D。

【分析】 此题考查氢键形成条件。选项 A、B、C 中均存在羟基—OH，故分子之间可形成氢键。在 HCl 中，尽管 Cl 原子的电负性较大，但由于 Cl 原子半径较大，不足于形成氢键。值得注意的是 H_3BO_3 的结构式为 $B(OH)_3$，形成氢键的元素是氧 O，非硼 B。

【例 4-3-5】 判断对错（　）：H_2O 的熔点比 HF 高，所以 O—H…O 的键能大于 F—H…F 键能。

【解】 判断（×）

【分析】 此题考查氢键和物质熔点之间的关系。固态物质熔点的高低可用固体熔化焓衡量，它与固体的晶型和晶体质点间的作用力密切相关。在冰和固态 HF 中，质点间的作用力主要由氢键贡献，但冰和固态 HF 的晶型完全不同，晶体内部氢键的数量也大不相同（H_2O 中氢键多于 HF），因此，H_2O 的熔点比 HF 高，但不能推断 O—H…O 的键能大于 F—H…F 键能。氢键的强弱，即键能是与元素电负性成正比的，所以，F—H…F 键能最高。

(四) 晶体结构

1. 晶体常见类型

按晶格结点上粒子的种类和作用力不同，将晶体主要划分为离子晶体、分子晶体、原子晶体和金属晶体等几大类。上述四种晶体的结构特征和性质特征参见表 4-10。

表 4-10　四种晶体的性质

晶体基本类型		离子晶体	原子晶体	分子晶体	金属晶体
结构特征	组成晶体的基本粒子	正、负离子	原子	分子	金属原子或离子
	微粒间作用力	离子键	共价键	分子间力（或氢键）	金属键
	有无独立分子	无	无	有	无
性质特征	熔沸点	较高	高	低	一般较高（如 W），部分低（如 Hg）
	硬度	较大	大	小	一般较大，部分小
	延展性	差	差	差	良
	导电性	水溶液、熔融态可导电	差	差，有些极性分子水溶液可导电	良
举例		活泼金属的盐、碱及氧化物	ⅢA、ⅣA 单质及互化物，如金刚石、Si、B、Ge、SiC、SiO_2、BN、B_4C、AlN 等	常温下液态、气态的化合物，如 CO_2、H_2O、NH_3、HCl 以及大部分有机化合物，如甲烷、乙醇等	金属单质及合金

必须指出，与 4 种晶体性质特征完全相符的化合物并不太多，很多化合物晶体或多或少地偏离这四种典型结构。如 NaCl 固体可以视作典型的离子晶体，但像固体 $AlCl_3$、$FeCl_3$、$CuCl_2$ 等都不能归属为典型的离子晶体，它们或多或少拥有分子晶体的某些特征。

除了上述 4 类主要晶型外，在有些晶体内部，同时存在几种不同作用力，具有几种晶体的特征，它们被称为混合键型晶体，如石墨、石棉（一种可以剥分为柔韧的细长纤维的硅酸盐矿物的统称）、云母［层状硅酸盐，通式为 $X_2Y_{4\sim6}Z_8O_{20}(OH, F)_4$，X 为 Na^+、K^+、Ca^{2+}；Y 为 Al^{3+}、Mg^{2+}、Fe^{3+}；Z 为 Si］等。

2. 晶体类型与物质性质的关系

晶体内粒子间的作用力包括离子键、共价键、金属键、范德华力和氢键等。当液体沸腾时，环境必须提供足够的能量以克服质点间作用力。物质内部质点间作用力的大小与其沸点高低成正比。但在讨论固体熔点高低和硬度大小的影响因素时，还应该考虑固体晶体的晶格类型。

【例 4-3-6】 下列晶体的熔点高低关系式正确的是：

(A) $NaF < NaI$　　(B) $SiF_4 > SiI_4$

(C) $SiI_4 > SiF_4$　　(D) $NaCl < NaBr$

【解】 答案为 C。

【分析】 此题考查晶体类型对熔点的影响。选项中的化合物涉及两类晶体。离子晶体 NaF、NaCl、NaBr、NaI 晶格类型相同，皆为 NaCl 型结构，分子晶体 SiF_4、$SiCl_4$、$SiBr_4$、SiI_4 的结构也相同，所以，它们熔点的高低取决于晶体内部质点间的作用力。对离子晶体而言，离子键（或晶格能）越强，则熔点越高。在钠的卤化物 NaX 中，阳离子相同，主要比较阴离子的作用。随 F^-、Cl^-、Br^-、I^- 半径增大，离子势逐渐减弱，它们与 Na^+ 之间的离子键逐渐减弱，故熔点顺序为 $NaF > NaCl > NaBr > NaI$，A、D 错误。对分子晶体而言，熔化时需要克服晶体内部的分子间作用力，而分子间力以色散力为主。随着 SiX_4 分子量增加，色散力逐渐增大，分子间作用力逐渐增大，因而物质熔点逐渐升高，即 $SiF_4 < SiCl_4 < SiBr_4 < SiI_4$，故 C 为正确答案，B 错误。

(五) 离子极化

(1) 离子产生电场，使相邻的异号离子的电子云发生变形，产生诱导偶极的过程称为离子极化。

(2) 离子极化作用的影响：离子间相互极化的结果，使正、负离子之间产生一种除静电引力之外附加的吸引力，电子云发生变形而导致其原子轨道部分重叠，使得离子键向共价键过渡。因而离子极化使化合物的熔沸点降低，在水中溶解度减小，颜色加深等。

(3) 离子极化作用的强弱：决定于离子的极化力和变形性。

通常只需考虑阳离子对阴离子的极化力和阴离子被阳离子极化产生变形的程度。但当阳离子也容易变形时（如 Ag^{+}、Hg^{2+}、Pb^{2+} 等），还须考虑由于阳离子本身变形所造成的附加极化作用。

极化力：离子电荷越高，离子半径越小，极化力越强。两者相近时，离子电子构型对离子极化能力的影响为 18、18＋2 电子构型＞9～17 电子构型＞8 电子构型。

变形性：主要因素是离子半径，半径越大变形性越大。阴离子电荷越高，变形性越大。在离子电荷、半径相近的情况下，具有 18 和 18＋2 电子构型的离子变形性也很大。

【例 4-3-7】 下列离子中，极化力最大的是：

(A) Zn^{2+} (B) K^{+} (C) Ca^{2+} (D) Ba^{2+}

【解】 答案为 A。

【分析】 极化力取决于离子产生的电场强度，即阳离子的离子势。首先比较离子电荷，电荷越高，极化力越强。故选项 K^{+} 的极化力最小。阳离子的电荷相同时，再比较离子半径，半径越大，极化力越弱。Zn^{2+}、Ca^{2+}、Ba^{2+} 中，离子半径最小的 Zn^{2+}（请读者补充理由），极化力最强。因而 A 为正确答案。

【例 4-3-8】 下列离子中，被极化程度最强的是：

(A) F^{-} (B) Cl^{-} (C) O^{2-} (D) S^{2-}

【解】 答案为 D。

【分析】 离子被极化程度即离子变形性。对阴离子而言，离子半径越大，电荷越高，则越易变形。从周期表位置可知，S^{2-} 离子半径最大，且带 2 个电荷，故其变形性很大。正因为如此，金属硫化物溶解度往往很小。

【例 4-3-9】 下列硫化物中，溶解度最小的是：

(A) FeS (B) ZnS (C) Na_2S (D) HgS

【解】 答案为 D。

【分析】 此题考查离子极化对化合物性质的影响。在 4 个选项中，Hg^{2+} 是半径较大的 18 电子构型离子。它除了有较大的极化力外，也有一定的变形性。因而 Hg^{2+} 除极化 S^{2-} 外，本身也可被 S^{2-} 极化，即产生附加极化，使 Hg^{2+} 与 S^{2-} 之间的作用力增强，故在水中溶解度很小。极化作用最小的是 Na_2S，因此，它在水中的溶解度最大。

三、重点、难点解析及综合例题分析

(一) 重点及难点解析

本节重点及难点包括 3 部分内容。

1. 利用分子间作用力和氢键解释其对共价化合物性质的影响

如比较熔沸点高低、溶解度大小等。

【例 4-3-10】 比较 Br_2 和 ICl 两种物质熔点高低：

（A）相近　　（B）Br_2>ICl　　（C）Br_2<ICl　　（D）无法判断

【解】 答案为C。

【分析】 此题考查分子间作用力大小的判断。Br_2 和 ICl 同为分子晶体，且两者相对分子质量相近（$M_{Br_2}=159.8$，$M_{ICl}=162.4$），色散力相近，但 ICl 为极性分子，分子间还存在取向力和诱导力，故分子间作用力大于非极性分子 Br_2。C 为正确答案。

【例 4-3-11】 下列分子的沸点高低顺序正确的是：

（A）$H_2>O_2>Cl_2>Br_2>I_2$　　（B）HF <HCl<HBr <HI

（C）$H_2<O_2<Cl_2<Br_2<I_2$　　（D）HF>HCl>HBr>HI

【解】 此题答案为C。

【分析】 此题考查分子间作用力和氢键对共价化合物性质的影响。选项中不论是双原子组成的非极性分子还是极性分子同系物卤化氢，均是共价化合物，其沸点取决于分子间作用力大小。而分子间作用力以色散力为主，故分子体积越大（分子量越大），分子越易变形，色散力越大，沸点越高。分子量高低为 $H_2<O_2<Cl_2<Br_2<I_2$ 及 HF <HCl<HBr <HI。但除分子间作用力之外，HF 间还存在强烈的氢键作用，因氢键作用远大于色散力，故其物理性质反常，熔点、沸点比邻近的 HCl 高出许多。两个系列沸点降低的顺序为 $H_2<O_2<Cl_2<Br_2<I_2$ 及 HCl <HBr <HI <HF。故 C 为正确答案。

2. 利用离子极化理论解释其对化学键、化合物晶体结构及物理性质的影响

（1）离子极化可使化合物中化学键的键型发生改变　例如对卤化物 NaCl、$MgCl_2$、$AlCl_3$、$SiCl_4$、PCl_5 而言，随 Na^+、Mg^{2+}、Al^{3+}、Si^{4+}、P^{5+} 阳离子电荷增加，其极化力依次增强，阴、阳离子之间电子云重叠程度加大，使化学键从离子键向共价键过渡。NaCl 是典型离子型化合物。$SiCl_4$、PCl_5 是典型的共价型化合物，可用杂化轨道理论讨论其成键情况。而 $MgCl_2$、$AlCl_3$ 属于过渡型化合物，其中共价键成分 $AlCl_3$ 多于 $MgCl_2$。

（2）离子极化使物质晶体结构发生改变　随着分子内离子极化作用的增强，晶体结构由离子型逐渐转变为过渡型，最后变为分子晶体。NaCl 是典型的离子晶体，$SiCl_4$、PCl_5 是典型的分子晶体，而 $MgCl_2$、$AlCl_3$ 处于由离子晶体向分子晶体的过渡状态。

（3）晶体结构的类型改变，导致物质的性质，如熔沸点、硬度、溶解度、颜色发生相应的改变。

随着离子晶体向分子晶体过渡，物质的熔沸点下降、硬度减小，在水中溶解度减小，颜色也逐渐加深。

【例 4-3-12】 解释下列现象：（1）MnO 熔点高于 Mn_2O_7。

（2）AgCl、AgBr、AgI 颜色逐渐加深，在水中溶解度逐渐减小。

【分析】 上述现象均可用离子极化理论解释。

【解】（1）Mn^{7+} 与 Mn^{2+} 相比，电荷很高，半径很小，其离子极化力极强，使 Mn_2O_7 已嬗变为典型的共价化合物，而 MnO 基本保持离子晶体的特征，故熔点 MnO 高于 Mn_2O_7。

（2）自 F^-、Cl^-、Br^- 至 I^-，离子半径依次增大，故阴离子变形性逐渐增加，其被 Ag^+ 极化的程度也逐渐增大。同时 Ag^+ 为 18 电子构型离子，本身也易变形，致使 Ag^+ 与 X^- 之间电子云的重叠程度依次加剧，分子内共价键成分依次增多（AgF 为离子型化合物，AgI 为共价型化合物，AgBr、AgCl 为过渡型），因而颜色逐渐加深，在水中溶解度逐渐减小。

3. 晶体类型及熔点高低

比较不同物质熔点高低的步骤如下。

（1）对物质按晶体类型进行归类　通常，原子晶体熔点最高，其次是离子晶体，然后是过渡型晶体和分子晶体。

注：原子晶体熔点不一定高于离子晶体；离子晶体熔点不一定高于过渡型离子晶体。（详见“疑难问题解答”）

（2）同为离子晶体，晶格能越大，熔点越高。晶格能 $U \propto \dfrac{|Z_+Z_-|}{r_+ + r_-}$。起决定作用的是离子电荷 Z，在 Z 相同情况下，才考虑离子半径 r 的影响。

（3）同为过渡型晶体，需考虑不同物质内部极化作用大小。极化作用大，离子键中共价成分增多，离子晶体向分子晶体过渡，相应物质熔点越低。通常，阳离子极化力越大，阴离子变形性越大，则极化作用越强。极化力与变形性取决于三个因素。

a. 电荷数：电荷数升高，阳离子极化力增大，阴离子变形性变大。

b. 半径：阳离子半径减小，其极化力增大；阴离子半径增大，其变形性变大。

c. 离子的电子构型：18+2、18、2 电子构型＞9～17 电子构型＞8 电子构型。

（4）分子晶体熔点高低主要取决于两个因素：氢键和分子间作用力，其中主要因素是氢键。存在氢键，熔点高。若无氢键，则主要取决于分子间作用力，分子间作用力强的，熔点就高。一般来说分子越大，变形性也越大，分子间作用力即色散力也越大，其对应的分子晶体的熔点越高。

【例 4-3-13】 判断下列各组物质熔点高低：

（1）NaF、NaCl、NaBr、NaI

（2）SiF_4、$SiCl_4$、$SiBr_4$、SiI_4

（3）NaCl、$MgCl_2$、$AlCl_3$、$SiCl_4$、PCl_5

【解】（1）NaF＞NaCl＞NaBr＞NaI

（2）SiF_4＜$SiCl_4$＜$SiBr_4$＜SiI_4

（3）NaCl＞$MgCl_2$＞$AlCl_3$＞PCl_5＞$SiCl_4$

【分析】 此题考查物质性质与晶体类型的关系。物质的熔点高低主要取决于物质的晶体结构类型。对不同类型晶体，质点间的作用力相差很大，一般而言，各类晶体熔点高低顺序为原子晶体＞离子晶体、金属晶体＞分子晶体。比较同类晶体熔点高低，须进一步比较晶体中质点之间作用力大小。

（1）卤化钠归属离子型化合物，固体为离子晶体。即使 I^- 变形性很大，NaI 依然保持着离子晶体的许多特征。离子的晶格能越大，离子键越强，熔点越高。自 F^- 至 I^-，离子半径依次增大，晶格能自 NaF 至 NaI 依次降低，故熔点依次降低。各物质熔点分别为 NaF（1266K）、NaCl（1074K）、NaBr（1020K）、NaI（934K）。

（2）卤化硅归属共价型化合物，固体为分子晶体。分子间力越大，分子晶体的熔点越高。SiX_4 是正四面体结构的非极性分子，分子间只有色散力。从 SiF_4 至 SiI_4，相对分子量依次增大，故色散力依次增大，熔点也依次升高。各物质熔点分别为 SiF_4（183K）、$SiCl_4$（203K）、$SiBr_4$（279K）、SiI_4（394K）。

（3）该系列卤化物由离子晶体、分子晶体和兼具两种晶体特性的“过渡晶体”所组成。因离子极化效应，从 $Na^+ \rightarrow Mg^{2+} \rightarrow Al^{3+} \rightarrow Si^{4+} \rightarrow P^{5+}$，阳离子电荷越高，半径越小，则阳离子极化力越强，分子中离子键成分减少，共价键成分增加，使其晶体由离子晶体向分子晶体过渡，熔点逐渐降低。离子型 NaCl 熔点 1074K、过渡型 $MgCl_2$ 熔点 985K、过渡型（偏共价型）$AlCl_3$ 熔点 465K。而 $SiCl_4$ 和 PCl_5 是分子晶体，其熔点高低由分子间力的大小决定，因此 PCl_5（440K）的熔点高于 $SiCl_4$（203K）。

（二）综合例题分析

【例 4-3-14】 比较下列物质在水中的溶解度，溶解度最大的是：

（A）蒽（熔点 218℃）　　（B）联二苯（熔点 69℃）

（C）萘（熔点 80℃）　　（D）菲（熔点 100℃）

【解】 答案为 B。

【分析】 此题考查分子间作用力与物质性质之间的关系。首先明确选项中 4 个有机化合物属分子晶体。而分子晶体的熔点取决于分子间作用力大小，因而可以根据题目中给出的熔点，判断各物质分子间作用力由小到大依次为 B、C、D、A（熔点越高，分子间作用力越大）。其次，若溶质分子极性低，则溶质分子之间作用力越强，溶剂水分子越难将溶质分子彼此分开，溶质难以分散到溶剂中，因而溶质在水中溶解度越小，故溶解度由大到小依次为 B、C、D、A。则 B 为正确答案。

【例 4-3-15】 下列分子中，在水中溶解度最小的是：

（A）NaCl　　（B）BaO　　（C）$MgCl_2$　　（D）CuCl

【解】 答案为 D。

【分析】 由于 Cu^+ 为 18 电子构型，极化力大，变形性也大，故 CuCl 中存在较强的附加极化作用，在所有选项中极化作用最强，导致 CuCl 共价成分多，而水是极性很大的溶剂，故 CuCl 在水中溶解度很小。而其他选项皆可溶。

【例 4-3-16】 判断对错（　）：凡能形成氢键的物质，其熔沸点比同类物质的熔沸点高。

【解】 判断（×）

【分析】 氢键有两种形式，分子间氢键和分子内氢键，对物质性质的影响也不同。分子间氢键使物质的熔沸点升高，而分子内氢键使物质熔沸点降低，例如 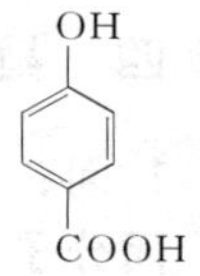 与 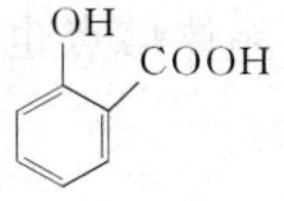，前者可形成分子间氢键，而后者形成分子内氢键，因而熔沸点和在水中溶解度均为前者＞后者。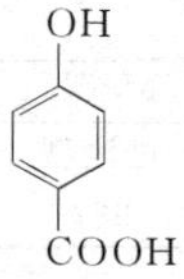 熔点 214.5℃，在水中溶解度 5g/L（20℃）；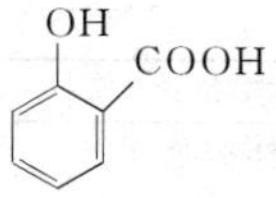 熔点 158.6℃，在水中溶解度 2g/L（20℃）。

【例 4-3-17】 判断对错（　）：对极性分子来说，通常分子间取向力大于色散力。

【解】 判断（×）

【分析】 不管极性分子还是非极性分子，通常色散力对分子间力的贡献最大。只有少数强极性分子，例 HF、H_2O 等，取向力对分子间力的贡献最大。

【例 4-3-18】 根据离子极化理论，下列结论不正确的是：

（A）熔点 $SnCl_2$＞$SnCl_4$　　（B）沸点 $SbCl_5$＞$SbCl_3$

（C）水解度 $FeCl_2$＜$FeCl_3$　　（D）溶解度 CuCl ＜NaCl

【解】 答案为 B。

【分析】 此题考查物质性质与离子极化之间的关系。随着离子极化作用的增强，共价键成分增多，则物质的熔沸点降低，在水中溶解度减小，水解度增大。阳离子电荷越高，极化作用越强。选项 A 中极化力 $Sn^{2+}<Sn^{4+}$，因而熔点 $SnCl_2>SnCl_4$。选项 B 中极化力 $Sb^{5+}>Sb^{3+}$，因而沸点 $SbCl_5<SbCl_3$，B 错误。选项 C 中极化力 $Fe^{2+}<Fe^{3+}$，因而水解度 $FeCl_2<FeCl_3$。选项 D 中 Cu^+、Na^+ 电荷相同，但 Cu^+ 为 18 电子构型，极化力和变形性均强于 Na^+，故溶解度 $CuCl<NaCl$。

【例 4-3-19】 下列晶体中，熔化时只需克服色散力的是：

(A) K　　(B) H_2O　　(C) SiC　　(D) SiF_4

【解】 答案为 D。

【分析】 物质熔化时，需克服晶体内质点间作用力。选项 A 为金属晶体，熔化时需克服金属键。选项 B 是极性分子组成的分子晶体，熔化时需克服取向力、诱导力、色散力和氢键。选项 C 是原子晶体，熔化时需克服共价键。选项 D 为正四面体空间结构的分子晶体，是非极性分子，熔化时只需克服色散力，故 D 为正确答案。

【例 4-3-20】 下列物质的熔点由高到低的顺序为：

a. $CuCl_2$　　b. SiO_2　　c. NH_3　　d. PH_3

(A) a>b>c>d　　(B) b>a>c>d

(C) b>a>d>c　　(D) a>b>d>c

【解】 答案为 B。

【分析】 一般来说，不同晶体熔点高低顺序为原子晶体>离子晶体>分子晶体。四种物质中 a 为“过渡型”晶体，是带有共价成分的离子晶体。b 为原子晶体，c、d 为分子晶体。NH_3 高于 PH_3 是由于 NH_3 分子中存在氢键作用。故 B 为正确答案。需要注意的是，某些离子晶体的熔点是高于许多原子晶体的，如 MgO 熔点 2852℃，B_4C 熔点 2350℃，SiO_2 熔点 1650℃。

四、疑难问题解答

1. 问：在比较不同类型晶体熔点时，通常认为原子晶体最高，离子晶体、金属晶体较高，而分子晶体较低。实际情况均如此吗？

答：这只是一般情况。但并非所有原子晶体的熔点一定比离子晶体高，离子晶体熔点也不一定比过渡型离子晶体高，如表 4-11 所示。

表 4-11　一些常见晶体的熔点

物质	SiC	MgO	CsCl	$MgCl_2$	$FeCl_3$
晶体类型	原子晶体	离子晶体	离子晶体	过渡型	过渡型
熔点/K	2600	3125	918	987	579

另外，金属晶体中，既有熔点或沸点很高的钨 W、铬 Cr，也有熔点或沸点很低、常温下为液态的 Hg。

2. 问：由于离子极化，“过渡型”晶体的质点作用力是如何影响其熔、沸点的？

答：液态物质气化时，仅需克服质点间作用力，所以沸点只与质点间作用力有关。离子晶体（如 NaCl）内仅存在离子键，分子晶体（如 $SiCl_4$ 和 PCl_5）内仅存在分子间力（即色散力），但“过渡型晶体”（如 $MgCl_2$ 和 $AlCl_3$）内质点间的作用力则复杂得多。

表 4-12　一些常见晶体的熔、沸点

化合物	NaCl	$MgCl_2$	$AlCl_3$($AlCl_3\cdot 6H_2O$)	$SiCl_4$	PCl_5
晶体类型	离子晶体	过渡型	过渡型	分子晶体	分子晶体
熔点/K	1074	985	465(373)	203	433
沸点/K	1738	1685	453 升华	330	440 升华

由表 4-12 不难看出，分子晶体 $SiCl_4$ 和 PCl_5 的沸点与其色散力大小成正比，符合理论预测。NaCl 质点间的作用力为离子键，其沸点最高，也与理论预测相一致。但"过渡型晶体"$MgCl_2$ 和 $AlCl_3$ 质点间的作用力既不是纯粹的离子键，也不是纯粹的分子间力。对 $MgCl_2$ 而言，若质点间作用力被视为离子键，应该得到其沸点高于 NaCl 沸点的结论，但比较 NaCl 和 $MgCl_2$ 的沸点可以看出，两者沸点几乎相同，这说明 $MgCl_2$ 质点间的作用力以离子键为主，但由于离子极化效应，使得一部分离子键嬗变为分子间力，致使质点间的作用力骤降，产生两者沸点几乎相同的结果。而 $AlCl_3$ 质点间的作用力主要形式为分子间力，但还残留了少许离子键的成分，而非纯粹的分子间力，这导致了 $AlCl_3$ 的沸点远低于 $MgCl_2$，但又高于 $SiCl_4$。

影响固体熔点的因素有两个，一是质点间的作用力，二是晶体的晶格类型。与 NaCl 和 $MgCl_2$ 的沸点几乎相同的实验事实不同，NaCl 的熔点高于 $MgCl_2$ 的熔点，这与离子极化效应的预测相一致。但不可将 NaCl 和 $MgCl_2$ 熔点变化简单归结为质点间作用力大小。上面讨论沸点时已知 NaCl 和 $MgCl_2$ 质点间作用力大小基本相同。两者熔点的差异在于晶格不同。(参见图 4-17)。NaCl 晶体中，离子键贯穿整个三维空间，而 $MgCl_2$ 晶体为层状结构，层与层之间为分子间力，所以，

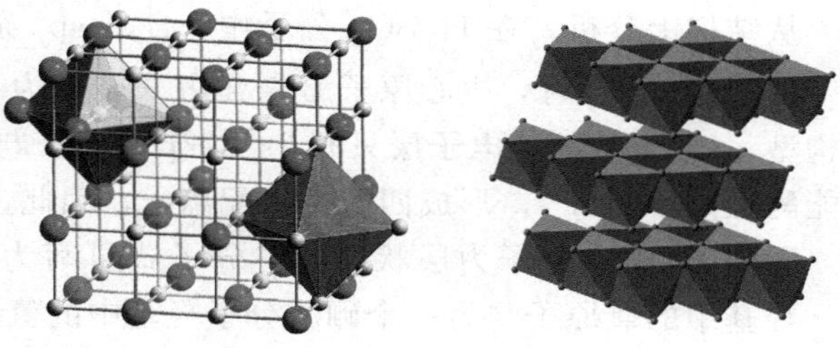

图 4-17　NaCl（左）和 $MgCl_2$（右）的晶格

尽管 $MgCl_2$ 和 NaCl 质点间的作用力大致相当，但 $MgCl_2$ 固体熔化时，克服 $MgCl_2$ 层与层之间的分子间力需要的能量会低许多，因此 $MgCl_2$ 更易熔化，熔点也较低。

3. 问：离子晶体熔沸点、溶解度、硬度等物理性质与离子晶体的晶格能有关。那么晶格能与离子键的键能含义是否相同？

答：两者含义不同。离子键的键能是指在 298K、100kPa 下，把 1 mol 气态分子解离为气态原子所需的能量；而晶格能是指在 298K、100kPa 下，把 1 mol 固态离子晶体解离为气态离子所需的能量。

以 NaCl 为例。键能指 $NaCl(g) = Na(g) + Cl(g)$，$\Delta_r H_m^\ominus = 407.9 \text{kJ} \cdot \text{mol}^{-1}$。晶格能指 $NaCl(s) = Na^+(g) + Cl^-(g)$，$\Delta_r H_m^\ominus = 777.8 \text{kJ} \cdot \text{mol}^{-1}$。

下面图示清晰地表达了两者关系。

$$NaCl(s) \xrightarrow{\Delta H_1} NaCl(g) \xrightarrow{\Delta H_2} \begin{array}{c} Na^+(g) \xrightarrow{\Delta H_3} Na(g) \\ Cl^-(g) \xrightarrow{\Delta H_4} Cl(g) \end{array}$$

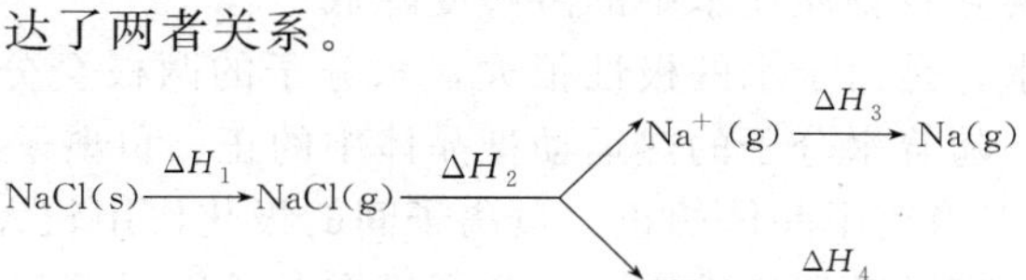

则晶格能 $U = \Delta H_1 + \Delta H_2$，键能 $E = \Delta H_2 + \Delta H_3 + \Delta H_4$。

通常情况下，离子化合物皆以固体形式存在，而气态离子型分子只在极高温度下存在，因此晶格能的使用范围远远广于键能。

4. 问：为何 Pb^{2+}、Hg^{2+}、I^- 本身无色，而化合物 PbI_2 为金黄色，HgI_2 为朱红色？

答：离子极化作用会导致化合物颜色加深。

离子极化是指作为带电体的某离子（主要是阳离子）使邻近异号离子电子云发生变形或被异号离子极化而本身发生电子云变形。阴阳离子相互极化，导致阴阳离子外层电子云重叠，改变彼此的电荷分布，导致分子轨道中基态与激发态能级差减小，使得电子跃迁所需能

量下降，能级差落在可见光范围内。这时，物质吸收可见光中波长较长的光便可完成电子的跃迁（吸收谱带向长波方向移动），因而物质呈现的颜色加深。而典型的离子化合物，如 NaCl，电子基态与激发态能量差大，一般不吸收可见光，呈无色。NaCl 只有在火焰激发下，才有光谱显现，呈现黄色，这就是人们熟知的焰色反应。

Pb^{2+} 为半径较大的 18+2 电子构型离子，Hg^{2+} 为半径较大的 18 电子构型离子，它们除了有较强极化力外，本身也易变形。而 I^- 离子半径很大，变形性大，因而 Pb^{2+} 与 I^-，Hg^{2+} 与 I^- 之间存在很强的离子附加极化作用，导致化合物颜色较深。

5. 问：H_3BO_3 分子为何是一元酸且分子间存在氢键？

答：硼酸是一元酸，其水溶液呈弱酸性，$K_a^\ominus=5.8\times10^{-10}$，其之所以显酸性，并不是它直接给出 H^+，而是由于加合一个 OH^-，同时给出质子。H_3BO_3 与水的反应如下：

$$B(OH)_3(aq)+H_2O(l)\rightleftharpoons B(OH)_4^-(aq)+H^+(aq)。$$

从结构上分析，在 H_3BO_3 分子中，B 是 sp^2 杂化，分子为平面正三角形。当 $B(OH)_3$ 与 OH^- 发生配位时，中心原子 B 杂化方式转变为 sp^3 杂化，$[B(OH)_4]^-$ 配离子是正四面体构型 。由于 B 的价电子层只有 2s 和 2p 轨道，与 3s、3p、3d 空轨道能量相差较大，因而只能配位一个 OH^-，形成四配位的配离子，因此，硼酸是一元酸。

固体 H_3BO_3 分子为层状结构，分子式可写为 $B(OH)_3$，中心硼原子与 3 个羟基相连接。羟基中的氧原子与另一个硼酸分子羟基中的氢原子可以彼此形成氢键，如图 4-18 所示。

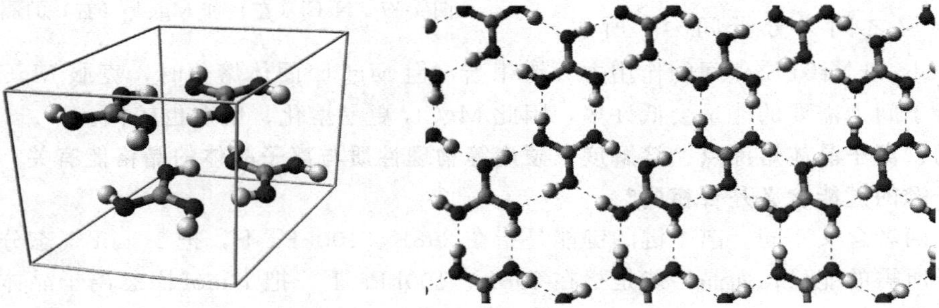

图 4-18 硼酸的晶胞（左）和晶体中的氢键

6. 问：为何从 AgF 到 AgI，物质溶解度显著减小？

答：离子极化作用会导致物质在水中的溶解度降低。

离子晶体通常溶于水，是由于水的极性很大，水分子的两极会分别与离子晶体中的正、负离子产生强烈的吸引，随着水分子的热运动把晶体中的正、负离子拉入水中，使晶体溶解于水。例如 AgF 溶于水。当离子晶体的正、负离子间的极化作用较大时，增加了 AgX 内正负离子间的电子云重叠，离子键的极性变小，离子键向共价键过渡，水分子对正负离子的作用减弱。此时，水分子无力拆散正负离子，因而晶体溶解度显著减小。例如从 AgCl 到 AgI，25℃时在水中的溶解度依次为 $1.34\times10^{-5}mol\cdot dm^{-3}$，$7.07\times10^{-7}mol\cdot dm^{-3}$，$9.11\times10^{-9}mol\cdot dm^{-3}$。

7. 问：金刚石由 sp^3 杂化形成，属原子晶体，而石墨由 sp^2 杂化形成，却属过渡类型的晶体（层状结构），层与层之间结构松弛，但为何石墨比金刚石稳定？

答：热力学上，石墨比金刚石稳定。由热力学数据可以算出 C（金刚石）══C（石墨）$\Delta_r G_m^\ominus(298K)=-2.90kJ\cdot mol^{-1}$，可知在 298K 标准状态下金刚石转变为石墨是自发反应，因而石墨更稳定。

石墨比金刚石稳定也可从结构层面上来解释。石墨中每个C原子以sp^2杂化形成正六边形的层状结构，还有一个未参加杂化的p轨道与sp^2杂化轨道平面垂直，相互形成大Π_n^n键。所以，石墨中C—C键的键长为14.2nm，相比金刚石sp^3杂化的σ键（C—C键长15.4nm），距离更短，键能更大，因此石墨的内能更低。从晶体结构看，金刚石排列更加有序，石墨熵值更大。[$S_m^\ominus$(石墨)=5.74J·mol^{-1}·K^{-1}，$S_m^\ominus$(金刚石)=2.38J·mol^{-1}·K^{-1}]

尽管金刚石转化为石墨是自发反应，但由于反应活化能极高，所以转化十分困难。事实上，金刚石也是极其稳定的。而石墨由于层与层之间结构松弛，易渗入其他分子，反而石墨的活泼性大于金刚石（例如石墨比金刚石更易燃烧）。因而热力学稳定性与化学活泼性不是同一概念，必须区别开来。

8. * 问：(1) 怎样理解共价分子的偶极矩，它是怎样产生的？

(2) 为何电负性相差很大的碳和氧通过强极性键组成的CO分子极性不大，而且C端为负，O端为正？而由电负性相同的氧通过非极性键组成的O_3却是极性分子？

答：(1) 分子的偶极矩是分子内各共价键键矩的矢量和，分子极性的大小以偶极矩度量，方向由正电荷中心指向负电荷中心。

分子偶极矩的贡献主要有以下4个方面。

① 成键原子的电负性差异所产生的偶极矩μ_E

键矩μ_E是决定分子偶极大小的主要因素。成键原子的电负性相差越大，键的极性（又称键矩）越大。若是双原子分子，则分子的极性和分子的偶极矩也越大。

② 原子半径差异偶极矩μ_r

若A、B两原子电负性相同但半径不同，如S和C、Cl和N。当A、B（$r_A > r_B$）以共价单键结合时，$\mu_E = 0$。但由于B半径小，成键电子对的负电荷中心将更接近B原子，从而产生半径差异偶极矩μ_r，方向指向原子半径小的原子。

③ 孤对电子偶极矩μ_t

如果分子中有孤对电子，也能产生偶极矩。因为孤对电子电子云密集，就产生朝向孤对电子的偶极矩。

④ 配位偶极矩μ_c

由于配位键的成键电子对由配位原子提供，也会产生配位偶极矩μ_c，方向由配位体到接受体。

(2) C—O单键的键矩为2.5×10^{-30}C·m，C═O双键的键矩为7.7×10^{-30}C·m，而含有碳-氧三键的CO，其偶极矩却只有4.0×10^{-31}C·m。

O—O为非极性键，其键矩为0，但臭氧分子的偶极矩为1.80×10^{-30}C·m。比较CO和O_3偶极矩，可知O_3极性大于CO。

上述事实乍看起来与“分子的偶极矩是分子内各共价键键矩的矢量和”相矛盾。合理解释上述现象还需要对CO和O_3分子的成键进行仔细分析，见图4-19。

CO中碳-氧三键可以视作一个C═O双键和一个C←O配位键。C═O双键中，因氧的

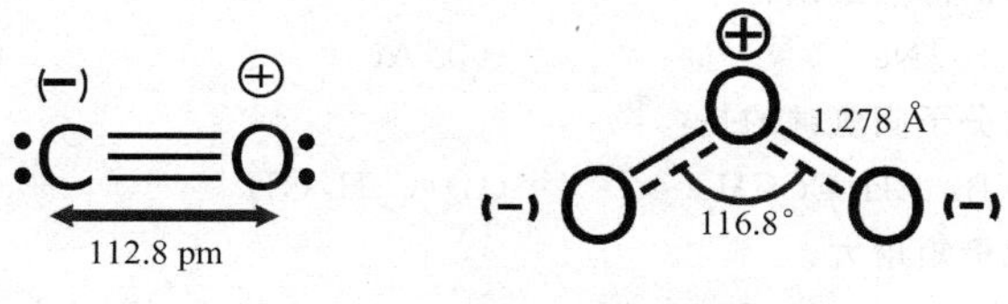

图4-19 CO和臭氧分子的成键情况

电负性大于C，故氧端带负电，偶极矩的方向指向氧原子。在CO分子的C←O配位键中，配位原子为O，所以该配位电子对偏向C原子，故C端带负电，由此产生的偶极方向指向C原子。CO分子的偶极矩应该是C═O双键键矩 μ_E 与C←O配位键键矩 μ_c 的矢量和（C、O原子半径近似，μ_r 可忽略不计）。由于这两个键矩的方向相反，且 $\mu_c > \mu_E$，结果导致氧原子端带正电，碳原子端反而带负电，偶极方向指向C原子，且CO分子的偶极矩很小。

μ_c ←

→ μ_E

→ μ_r

C—O

μ_t ←

对 O_3 分子而言，$\mu_E=0$，$\mu_r=0$，O_3 分子的极性与分子构型和分子内部的孤对电子有关。中间氧原子采取 sp^2 杂化，留有一对垂直于成键平面的孤对电子，它与两底边氧原子的p轨道重叠，形成1个大Π键——Π_3^4 键。两底边氧原子各有二对孤对电子，因此，臭氧分子的正负电荷中心不重合，有偶极矩产生，其方向由中间氧指向底边，故 O_3 分子存在极性。

请读者自行分析：C和S的电负性均为2.5，但C═S双键的键矩为 6.7×10^{-30} C·m，偶极的方向又如何？并分析 CS_2 分子的极性。另外，N和Cl的电负性均为3.0，试分析 NCl_3 分子的偶极矩大小。

自测题及答案

自 测 题

一、判断题

1.（ ）诱导力只存在于极性分子和非极性分子之间。

2.（ ）双原子分子的极性，仅与原子间共价键的极性有关。

3.（ ）由于HF分子间存在强烈的氢键作用，故HF呈弱酸性；而HCl分子间不存在氢键作用，故HCl呈强酸性。

4.（ ）Zn^{2+} 和 Hg^{2+} 都是18电子构型，由于 $r(Zn^{2+}) < r(Hg^{2+})$，所以 Zn^{2+} 与 S^{2-} 之间的极化作用大于 Hg^{2+} 与 S^{2-} 之间的极化作用。

5.（ ）金属键只存在于金属晶体之中。

6.（ ）原子晶体的熔点一定高于离子晶体。

7.（ ）极性分子中的化学键一定是极性键，非极性分子中的化学键一定是非极性键。

8.（ ）在下列化合物中，NH_3、H_2O、HF中，H_2O 分子的氢键表现得最强。

9.（ ）下列离子晶体熔点高低顺序为 MgO＞CaO＞NaF＞NaCl。

10.（ ）由非极性键组成的分子，一定是非极性分子。

二、选择题

1.下列哪一种惰性气体的沸点最低：

（A）He　（B）Ne　（C）Ar　（D）Kr

2.下列化合物中，存在分子间氢键的是：

（A）$C_2H_5OC_2H_5$　（B）CH_3COCH_3　（C）C_2H_5OH　（D）CH_4

3.下列哪一种分子的偶极矩最大：

（A）HCl　（B）H_2　（C）HI

(D) HBr (E) HF

4. 通过测定 AB_2 型分子的偶极矩，能够判断：

(A) 分子的空间构型 (B) 两元素的电负性之差 (C) A—B 键的极性 (D) A—B 键的键长

5. 下列化合物中，存在氢键的是：

a. H_3BO_3 b. 对硝基苯酚 c. 邻硝基苯酚 d. Na_2CO_3

(A) a、b、c、d (B) b (C) b、c (D) a、b、c

6. 下列物质熔沸点高低顺序正确的是：

(A) He>Ne>Ar (B) HF>HCl>HBr

(C) CH_4<SiH_4<GeH_4 (D) W>Cs>Ba

(注：一般来说，金属离子半径越小，离子所带电荷越多，其金属键越强，金属熔沸点越高。)

7. CH_3Cl 与 CCl_4 分子之间存在：

(A) 色散力 (B) 色散力和诱导力

(C) 色散力、诱导力和取向力 (D) 无法确定

8. 下列物质中，硬度最大的是：

(A) AlF_3 (B) $AlCl_3$ (C) $AlBr_3$ (D) AlI_3

9. 下列各组化合物熔点高低顺序不正确的是（ ）

(A) NaCl>NaBr (B) CaO>KCl (C) MgO<Al_2O_3 (D) ZnI_2>CdI_2

10. 下列哪一个化合物属于分子晶体：

(A) 单晶 Si (B) MgO (C) NaCl (D) $HgCl_2$

三、填空题

1. 在常见晶体中，NaCl 晶体属于________晶体，SiO_2 属于________晶体，H_2O 属于________晶体，而石墨则是________晶体。这四种晶体的熔点高低顺序为__________。

2. 将下列物质 O_2，H_2S，H_2O，H_2Se，Na_2S 按键的极性由强到弱排序为__________。

3. 分子在外电场影响下，正、负电荷中心发生相对位移，可使分子发生变形，产生一种偶极叫做________，此过程称为________。

4. 填出下列分子间存在的相互作用力。

(1) CH_3Cl 和 CH_3Cl 之间存在________。

(2) CH_3Cl 和 CCl_4 之间存在________。

(3) N_2 和 N_2 之间存在________。

(4) H_2O 和 C_2H_5OH 之间存在________。

5. 将下列化合物按熔点高低排序：NaCl、NaBr、MgO、$FeCl_3$、$FeCl_2$、$SiCl_4$、SiF_4。

____。

四、简答题

1. 试解释乙醇和醋酸易溶于水，而碘和 CS_2 难溶于水的原因。

2. 为何 Na_2S 水溶性极佳，而 HgS 只能溶解于王水之中？

3. 说明在下列情况下，需要克服哪种类型的作用力？

(1) 冰融化。

(2) NaCl 溶于水。

(3) $MgCO_3$ 分解为 MgO 和 CO_2。

(4) 硫溶于 CCl_4。

4. 解释下列事实。

(1) 常温下 CH_4 是气体，而 CCl_4 是液体。

(2) 常温下 H_2O 是液体，而 H_2S 是气体。

(3) MgO 熔点高于 NaCl。

(4) SiO_2 熔点远高于 CO_2。

5.解释稀有气体在水中的溶解度随分子量的增加而增大。

答 案

一、判断

1.× 2.√ 3.√ 4.× 5.√ 6.× 7.× 8.× 9.√ 10.×

二、选择

1.A 2.C 3.E 4.A 5.D 6.C 7.B 8.A 9.C 10.D

三、填空

1.离子 原子 分子 过渡型(混合型) $SiO_2 > NaCl >$ 石墨 $> H_2O$

2.$Na_2S > H_2O > H_2S > H_2Se > O_2$

3.诱导 极化

4.(1) 取向力、诱导力、色散力

(2) 诱导力、色散力

(3) 色散力

(4) 取向力、诱导力、色散力、氢键

5.$MgO > NaCl > NaBr > FeCl_2 > FeCl_3 > SiCl_4 > SiF_4$

四、简答

1.乙醇 C_2H_5OH 和醋酸 CH_3COOH 都是极性分子，与溶剂水分子之间有较强的取向力，且两者都与 H_2O 之间有强的氢键作用，因而均易溶于水。而 I_2 和 CS_2 都是非极性分子，难以克服溶剂水分子之间强的取向力和氢键，因而难溶于水。

2.由于 Na^+ 为+1价阳离子，且是8电子结构，故与 S^{2-} 之间离子极化作用较弱，因此 Na_2S 是典型的离子型化合物，水溶性极好。而 Hg^{2+} 带2个正电荷，且是18电子结构，具有极强的离子极化力。且 Hg^{2+} 与 S^{2-} 离子半径均较大，变形性大。因而 Hg^{2+} 与 S^{2-} 之间存在较强的附加极化作用，导致电子云重叠，共价键成分显著增强，为共价型化合物，因而水溶性极差，只能溶于王水。

3.(1) 冰融化 分子间作用力（取向力、诱导力、色散力）和氢键

(2) NaCl溶于水 离子键（静电引力）

(3) $MgCO_3$ 分解 共价键

(4) 硫溶于 CCl_4 色散力

4.(1) CH_4 和 CCl_4 均为非极性分子，属于分子晶体，分子间作用力只有色散力，两者熔、沸点都较低。CCl_4 与 CH_4 相比，分子量大，色散力大，分子之间作用力强，因而熔沸点高于 CH_4，所以常温下 CCl_4 是液体，而 CH_4 是气体。

(2) H_2O 和 H_2S 均为极性分子。H_2O 分子之间不仅存在取向力、诱导力、色散力，还存在氢键。而 H_2S 只有三种分子间作用力。由于 H_2O 分子之间氢键的存在，使得 H_2O 分子间作用力强，沸点远高于 H_2S，故常温下水是液态，而 H_2S 是气态。

(3) MgO和NaCl均为离子晶体，熔点高低取决于晶格能大小。晶格能 $U \propto \frac{z_+ z_-}{r_+ + r_-}$，MgO中正、负离子电荷均为2，而NaCl中正负离子电荷均为1，且 $r_{Mg^{2+}} < r_{Na^+}$，$r_{O^{2-}} < r_{Cl^-}$，故MgO离子键远强于NaCl，熔点高。

(4) SiO_2 和 CO_2 晶体类型不同，SiO_2 是原子晶体，晶体中微粒间作用力是共价键。而 CO_2 是分子晶体，晶格中微粒间作用力是分子间作用力。由于共价键远强于分子间作用力，故 SiO_2 熔点远高于 CO_2。

5.答：由于溶质是气体，分子间距离远，无须考虑溶质分子之间的作用力。溶解度取决于溶剂水分子与溶质气体之间的作用力，主要是诱导力的大小。随着分子量增大，分子的变形性更强，因而水对它的诱导作用更强，更易溶于水。

第五章　单质及无机化合物

一、基本要求

(1) 掌握氯化物的水解规律，判断水解产物。

(2) 掌握氧化物及其水合物的酸碱性递变规律。

(3) 掌握金属硫化物的溶解性及应用。

(4) 掌握碳酸盐、碳酸氢盐的热稳定性。

(5) 掌握硝酸盐、亚硝酸盐的热分解规律。

(6) 用离子极化理论解释上述规律。

(7) 了解金属和非金属元素的通性、单质制备以及主要化合物的物理性质、化学反应及其应用。

二、基础部分内容精要及基本例题分析

(一) 氯化物的水解规律

(1) 活泼金属氯化物（NaCl、KCl、$BaCl_2$）在水中电离，不水解。

(2) 中等活泼金属，低价金属氯化物（$MgCl_2$、$ZnCl_2$ 等）不完全水解，得碱式氯化物；高价金属氯化物（$FeCl_3$、$AlCl_3$ 等）完全水解，得氢氧化物。

(3) 非金属氯化物强烈水解，生成非金属含氧酸和盐酸。

(4) 同一元素不同价态氯化物，高价比低价水解程度大。

(5) CCl_4、SF_6 不水解。

【例 5-1】 下列氯化物中水解程度最大的是：

(A) $SnCl_2$　　(B) PCl_5　　(C) PCl_3　　(D) $FeCl_3$

【解】 答案为 B。

【分析】 此题考查氯化物的基本水解规律。氯化物水解程度主要取决于阳离子 R^{n+} 的极化力（或离子势），若 R^{n+} 极化力很弱（如 Na^+、K^+、Ba^{2+} 等），R—Cl 键为离子键，非但不能使水分子中的 O—H 发生解离，反而是水分子使 R—Cl 键发生断裂，即氯化物被溶解。随阳离子 R^{n+} 极化力的增加（如 Mg^{2+}、Fe^{3+}），阳离子对水分子中 O 原子（带有负电荷）的吸引力逐渐增强，同时对水分子中 H 原子（带有正电荷）的斥力也逐渐增强，致使 O—H 键发生断裂，发生轻微、部分乃至完全水解，水解产物一般为碱式盐或氢氧化物。当 R^{n+} 极化力极强时（非金属元素或高价金属离子如 Ti^{4+}），水解作用更加强烈、彻底。水解产物是含氧酸和 HCl。

选项 A 中 Sn^{2+} 属于多价态金属元素中的低价态，Z/r 值不大，极化力居中，发生不完全水解，生成碱式盐，$SnCl_2+H_2O \rightleftharpoons Sn(OH)Cl\downarrow+HCl$。选项 B 与 C 的中心元素是非金属元素 P，$Z/r$ 值较大，水解强烈、彻底。其中 P^{5+} 极化力强于 P^{3+}，水解更剧烈。它们的水解产物均为酸，$PCl_3+3H_2O \rightleftharpoons H_3PO_3+3HCl$。$PCl_5+4H_2O \rightleftharpoons H_3PO_4+5HCl$。选项 D 中 Fe^{3+} 的极化力大于 Sn^{2+}，水解程度完全，生成氢氧化物，$FeCl_3+3H_2O \rightleftharpoons Fe(OH)_3\downarrow+3HCl$。故选项 B 为正确答案。

(二) 氧化物及其水合物的酸碱性

1. 酸碱性递变规律

(1) 周期表各元素最高价态的氧化物及其水合物的酸碱性　同周期，从左到右酸性增强，碱性减弱；同族，从上到下酸性减弱，碱性增强。

(2) 同一元素高价态氧化物及其水合物酸性比低价态强。

2. 极化力（离子势 $\phi=Z/r$）与酸碱性

氧化物及其水合物可写成通式 $R(OH)_n$，有两种可能的解离方式：

R—┆—O—┆—H

碱式解离　酸式解离

ROH 的解离方式取决于 R—O 键和 O—H 键的相对强弱，即决定于 R^{n+} 的极化力（或离子势 ϕ）。若 R^{n+} 是电负性小的活泼金属离子，电荷较低，半径较大，极化力较弱，则 R—O 键是典型离子键，强度弱于 O—H 之间的共价键，所以 R—O 键易断裂，通常当 $\sqrt{\phi}<0.22$ 时，按碱式解离，如 NaOH。

若 R^{n+} 是电荷高、半径小的高价态金属元素，则由于离子极化作用使 R—O 键具有共价性，R—O 键与 O—H 键强度可能相当，具有两种解离的可能性。通常当 $0.22<\sqrt{\phi}<0.32$ 时，为两性氢氧化物，如 $Al(OH)_3$、$Cr(OH)_3$、$Zn(OH)_2$ 等。通常当 $\sqrt{\phi}>0.32$ 时，O—H 键断裂，按酸式解离，如 H_2SO_4。

【例 5-2】 下列金属氢氧化物中碱性最强的是：

(A) $Mg(OH)_2$　(B) $Ba(OH)_2$　(C) $Ca(OH)_2$　(D) $Sr(OH)_2$

【解】 答案为 B。

【分析】 此题考查同族金属氢氧化物碱性递变规律。对ⅡA 族碱土金属离子而言，由于其电荷数不高，离子电子构型为 8 电子结构，故离子极化力（Z/r）不大，在水中均以碱式电离。相比较而言，同族元素离子半径 $Ba^{2+}>Sr^{2+}>Ca^{2+}>Mg^{2+}$，则离子极化力为 $Mg^{2+}>Ca^{2+}>Sr^{2+}>Ba^{2+}$。离子极化力越弱，越易碱式电离，故碱性强弱次序为 $Ba(OH)_2>Sr(OH)_2>Ca(OH)_2>Mg(OH)_2$。选项 B 为正确答案。

【例 5-3】 判断对错（　）：MnO 的水合物具有碱性，而 Mn_2O_7 的水合物具有强酸性。

【解】 判断（√）。

【分析】 此题考查同一种元素不同价态氧化物酸碱性递变规律。随着元素氧化数升高，阳离子的极化力增大，酸式解离的倾向逐渐增大，其氧化物的酸性逐渐增强。如锰元素可形成氧化物 MnO、Mn_3O_4、Mn_2O_3、MnO_2、Mn_2O_7，其酸碱性依次为碱性、碱性、两性、酸性、酸性。再如铬的氧化物 CrO、Cr_2O_3、CrO_3，其酸碱性依次为碱性、两性、酸性。

(三) 金属硫化物的溶解性与离子极化力关系

绝大多数金属硫化物不溶于水，溶解性差。原因在于：S^{2-} 离子半径较大，具有较大的变形性，容易被阳离子极化。当金属离子具有一定的极化力时，金属硫化物分子内离子极化作用较强，导致共价键成分增多，金属硫化物溶解度下降。特别是当金属离子不但有强的极化力，而且离子半径较大，也易发生变形时，分子中就会存在阴、阳离子的附加极化作用，导致溶解性极差。

【例 5-4】 欲采用将 H_2S 气体通入到相应盐溶液的方法制备下列硫化物，其中不可行的是：

(A) PbS　(B) HgS　(C) CuS　(D) FeS

【解】 答案为 D。

【分析】 此题考查金属硫化物的溶解性。只有碱金属、碱土金属的硫化物及 $(NH_4)_2S$

可溶于水，不溶于水的金属硫化物可分为溶于稀酸、不溶于稀酸溶于浓酸、溶于氧化性酸及溶于王水几种类型。

HgS 只能溶于王水，CuS 溶于氧化性酸（如浓硝酸）。值得注意的是 PbS 虽可溶于非氧化性酸（如浓盐酸），但其溶解反应为：$PbS+4HCl = H_2[PbCl_4]+H_2S$，溶解过程中还发生了配位作用。FeS、MnS 等过渡金属硫化物，金属离子属 9～17 电子构型，极化能力较弱，虽不溶于水，却能溶于稀酸。故 FeS 不能用通入 H_2S 气体的方法获取，只能用加硫化物沉淀剂 Na_2S 或 $(NH_4)_2S$ 的方法制得。

金属硫化物的溶解性可用金属离子的离子势 Z/r，（其中 Z 为阳离子的表观电荷，r 为阳离子半径）进行估算，即离子势越大，极化作用越强，相应硫化物的溶解度越小。但有时根据计算的 Z/r 值推出的结论不一定完全与实验事实相符。

（四）碳酸盐的热稳定性

1. 热稳定性规律

（1）正盐＞酸式盐＞碳酸

（2）同周期碳酸盐热稳定性依次减弱

（3）同族碳酸盐热稳定性依次增强

2. 碳酸盐热稳定性与金属离子反极化作用的关系

碳酸盐中金属离子的极化能力越强，其对 CO_3^{2-} 中 O 的反极化作用也越强，CO_3^{2-} 中 C—O 键越容易断裂，相应碳酸盐的热稳定性越差。H^+ 离子由于离子半径极小，具有极强的极化力，因而碳酸氢盐比正盐稳定性差，而 H_2CO_3 的热稳定性更差。

【例 5-5】 下列各碳酸盐中，热分解温度最高的是：

（A）$Al_2(CO_3)_3$　（B）$MgCO_3$　（C）Na_2CO_3　（D）$CaCO_3$

【解】 答案为 C。

【分析】 此题考查金属碳酸盐的热稳定性。CO_3^{2-} 内中心 C 原子带有＋4 的形式电荷，具有较强的离子极化力，对 CO_3^{2-} 中 3 个 O 原子产生同等程度的极化作用，与 3 个 O 原子发生电子云重叠，结合在一起。若外界离子对 O 的极化作用大于 C^{4+}，那么 CO_3^{2-} 将变得不稳定。因而将外界离子对 CO_3^{2-} 中 O^{2-} 的极化作用称为反极化作用，参见图 5-1。由此可见，外界离子反极化作用越强，CO_3^{2-} 越不稳定。Na_2CO_3、$MgCO_3$、$Al_2(CO_3)_3$ 属于同周期，从左到右，离子电荷逐渐增大，离子反极化作用逐渐增强，故热稳定性逐渐减弱，热分解温度 Na_2CO_3(2073K)＞$MgCO_3$(813K)＞$Al_2(CO_3)_3$(微热即分解)。$MgCO_3$ 与 $CaCO_3$ 同族，离子半径 $r_{Mg^{2+}}<r_{Ca^{2+}}$，故离子极化力 $Mg^{2+}>Ca^{2+}$，热稳定性 $CaCO_3$(1183K)＞$MgCO_3$(813K)。Na_2CO_3 与其他三种金属碳酸盐相比，Na^+ 电荷数最小，离子反极化作用最弱，故热稳定性最好，热分解温度最高，Na_2CO_3(2073K)。选项 C 为正确答案。

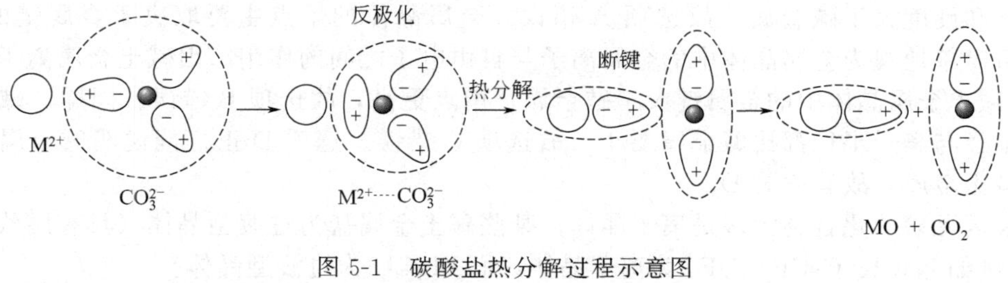

图 5-1　碳酸盐热分解过程示意图

（五）硝酸盐的热分解规律

1. 热分解规律　硝酸盐热稳定性差，容易受热分解。分解产物随金属标准电极电位（金属活泼顺序）不同，可分为 3 种基本类型。

（1）$E^{\ominus}(M^{n+}/M)<E^{\ominus}(Mg^{2+}/Mg)$ 例：$2NaNO_3(s) \xlongequal{\triangle} 2NaNO_2(s)+O_2(g)$ （$LiNO_3$ 除外）

（2）$E^{\ominus}(Mg^{2+}/Mg)\leqslant E^{\ominus}(M^{n+}/M)\leqslant E^{\ominus}(Cu^{2+}/Cu)$

例：$2Pb(NO_3)_2(s) \xlongequal{\triangle} 2PbO(s)+4NO_2(g)+O_2(g)$

（3）$E^{\ominus}(M^{n+}/M)>E^{\ominus}(Cu^{2+}/Cu)$ 例：$2AgNO_3(s) \xlongequal{\triangle} 2Ag(s)+2NO_2(g)+O_2(g)$

（4）特例：$NH_4NO_3(s) \xlongequal{\triangle} N_2O(g)+2H_2O(g)$

$4LiNO_3(s) \xlongequal{\triangle} Li_2O(s)+4NO_2(g)+O_2(g)$

2. 硝酸盐热稳定性与金属离子反极化作用 详见“例 5-6”。

【例 5-6】 下列硝酸盐热分解时产生金属单质的是：

（A）$Hg_2(NO_3)_2$ （B）$NaNO_3$ （C）$Cu(NO_3)_2$ （D）NH_4NO_3

【解】 答案为 A。

【分析】 此题考查硝酸盐热分解产物。极化力较弱的活泼金属离子，对 NO_3^- 中 N 的反极化作用较弱，热分解主要由 NO_3^- 本身极化造成的。NO_3^- 中具有较强极化力的 N^{5+} 可从 O^{2-} 中获得 2 个电子，变成 NO_2^- 而放出 O 原子，故选项 B 中 $NaNO_3$ 受热只能分解为亚硝酸盐和氧气。随着金属离子极化力增强，如 Cu^{2+}，金属离子可继续极化 NO_2^-，NO_2^- 会进一步分解为金属氧化物和 NO_2。若为更强极化力的金属，如 Ag^+，可使金属氧化物进一步分解为金属和 O_2。选项 C 属于活泼性介于 Mg～Cu 之间的金属硝酸盐，受热分解生成相应的金属氧化物、NO_2 和 O_2。选项 D 中 NH_4NO_3 热分解时，发生自身氧化还原反应，产物为 N_2O。选项 A 属于不活泼金属的硝酸盐，受热可分解生成相应金属单质、NO_2 和 O_2。方程式 $Hg_2(NO_3)_2(s) \xlongequal{573K} 2Hg(s)+2NO_2(g)+O_2(g)$。故 A 为正确答案。

三、提高部分及综合例题分析

（一）s 区元素

1. s 区元素包括周期表中的ⅠA（碱金属）和ⅡA（碱土金属）元素，价电子构型为 $ns^{1\sim2}$。

【例 5-7】 与碱土金属相比，碱金属表现出：

（A）较大的硬度 （B）较高的熔点

（C）较小的离子半径 （D）较低的电离能

【解】 答案为 D。

【分析】 此题考查碱金属和碱土金属元素的性质。碱土金属晶体的堆积方式较碱金属紧密，密度和硬度大于碱金属。故选项 A 错误。金属晶体的熔点主要取决于金属键的强弱，金属键可简单地视为金属晶体中的金属离子与自由电子之间的作用。因碱土金属离子电荷为 +2，故碱土金属晶体中的金属键大于碱金属，熔点更高，故选项 B 错误。同样，碱土金属的原子半径与离子半径都比碱金属要小，故选项 C 错误。选项 D 正好能说明碱金属的活泼性大于碱土金属，故答案为 D。

2. s 区元素的化合物大多是离子晶体，某些碱土金属盐为过渡型晶体（具有层状或链状结构）。例如 NaCl、CsCl、CaF_2 为离子晶体，而 $MgCl_2$ 为过渡型晶体。

【例 5-8】 下列过氧化物中，最稳定的是：

（A）Li_2O_2 （B）Na_2O_2 （C）K_2O_2 （D）Rb_2O_2

【解】 答案为 D。

【分析】 此题考查极化力对化合物稳定性的影响。过氧化物中 O_2^{2-} 电荷高、半径大，易被阳离子极化。自 Li^+ 到 Rb^+，离子的极化作用减弱，故化合物稳定性逐渐增大，Rb_2O_2 最稳定。

3. s 区金属氢氧化物溶解度与碱性递变规律

(1) 碱金属氢氧化物易溶，而相应碱土金属氢氧化物溶解度却小得多。

(2) 除 $Be(OH)_2$ 为两性外，其余均为强碱或中强碱。

【例 5-9】 下列碱土金属氢氧化物中，在水中溶解度最小的是：

(A) $Be(OH)_2$　　(B) $Ca(OH)_2$　　(C) $Ba(OH)_2$　　(D) $Mg(OH)_2$

【解】 答案为 A。

【分析】 离子极化可说明氢氧化物溶解度变化。在碱土金属氢氧化物中，由于 Be^{2+} 半径最小，有最强的极化力，可极化 OH^- 离子使之变形，从而使形成的氢氧化物带有较多的共价成分，因而在极性溶剂水中溶解度最小，故 A 为正确答案。

4. 锂、铍的特殊性及其对角线规则

与同族其他元素相比，锂、铍由于离子半径小，有许多特殊性，如在标准电极电位表中，$E^\ominus(Li^+/Li)$ 最小；铍为两性元素；铍的许多化合物为共价化合物，例如 $BeCl_2$。因对角线规则，锂化合物的性质与镁化合物相似，铍化合物与铝化合物相似。

【例 5-10】 下列金属氢氧化物中，不是两性物质的是：

(A) $Be(OH)_2$　　(B) $Zn(OH)_2$　　(C) $Al(OH)_3$　　(D) $Mg(OH)_2$

【解】 答案为 D。

【分析】 在 s 区和 p 区元素中，锂与镁、铍与铝、硼与硅呈现出“对角线”相似性，可用离子极化观点加以粗略地说明。同周期最外层电子构型相同的金属离子，从左至右随 Z 增加而引起极化作用增强；同族电荷数相同的金属离子，自上而下随 r 增大使极化作用减弱。因此，处于周期表中左上右下对角线位置的邻近两元素，由于 Z 和 r 影响相反，它们的离子极化作用比较相近，从而使其化学性质表现出众多相似之处，反映出物质性质与结构的内在联系。选项中只有 D 不是两性物质。

(二) p 区金属元素

铝、锡、铅、铋离子属于 18 或 18+2 电子构型，极化力强，变形性也大，除氟化物、部分氧化物外，因离子极化，其化合物多呈“过渡型”化合物特征，例如 $AlCl_3$、SnO_2、$SnCl_2$、PbO_2、$BiCl_3$、Bi_2O_3 等（图 5-2）。高氧化态的化合物呈明显的共价化合物特征，例如，$SnCl_4$、$TiCl_4$、$HgCl_2$ 等。

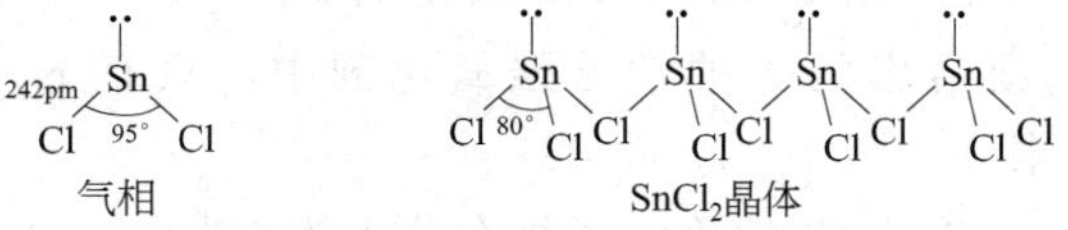

图 5-2　气态和固态中 $SnCl_2$ 的成键情况

【例 5-11】 油画年久色泽变暗，能用于油画翻新的试剂是：

(A) SO_2　　(B) NaClO　　(C) H_2O_2　　(D) 浓 HNO_3

【解】 答案为 C。

【分析】 油画中的颜料一般是无机颜料，如铅白 $2Pb(OH)_2 \cdot PbCO_3$。因油画中的颜料铅白会慢慢持续吸收空气中极微量的 H_2S，使油画表面形成微量的黑色 PbS，致使油画的色泽暗淡。使用 H_2O_2 能使 PbS 转变为白色 $PbSO_4$，从而使油画的色泽翻新，其化学反应方程式为 $PbS+4H_2O_2 = PbSO_4+4H_2O$。而其他化合物将会溶解或破坏油画中的矿物颜料，使油画面目全非，故正确答案为 C。

试问：还有哪一种化合物不破坏油画，又能使油画焕然一新？（答案：见例 5-25）

【例 5-12】 常温下 SiF_4 为气态，$SiCl_4$ 为液态；而 SnF_4 为固态，$SnCl_4$ 为液态。请解释原因。

【解】 SiF_4 和 $SiCl_4$ 均为共价化合物，其熔、沸点大小只与其分子间力成正比。因 SiF_4 的分子量（或分子半径）小于 $SiCl_4$，前者的色散力小于后者，故常温下 SiF_4 为气态，$SiCl_4$ 为液态。

在锡的四卤化物中，因氟的电负性极大，故 SnF_4 为离子晶体，而 $SnCl_4$ 由于强烈的离子极化作用，已转变为分子晶体，气态 $SnCl_4$ 呈正四面体的分子构型。故 SnF_4 为固态，$SnCl_4$ 为液态。

（三）过渡金属元素

包括 d 区、ds 区及 f 区元素。

【例 5-13】 在所有过渡金属元素中，熔点最高的是________，熔点最低的是________。硬度最大的是________，密度最大的是________，导电性最好的是________。

【解】 钨、汞、铬、锇、银。

【分析】 过渡金属元素大多是高熔点、高沸点、密度大、导电和导热性良好的金属。这是由于过渡金属元素原子半径小，采取紧密堆积时，除 s 电子参与成键外，d 电子也参与成键。过渡金属元素的金属性递变规律没有主族元素明显，这是由于同一周期，自左至右随原子序数增加，电子填入内层 d 轨道，彼此间屏蔽作用较强，有效核电荷持续增加不显著，表现出金属性很相近。过渡金属中，熔点最高的是钨，熔点最低的是汞，硬度最大的是铬，密度最大的是锇，导电性最好的是银。

1. d 区元素

（1）钪、钛、钒、铬、锰　Sc、Ti、V 的价电子排布分别为 $3d^14s^2$、$3d^24s^2$、$3d^34s^2$，Cr、Mn 的价电子排布分别为 $3d^54s^1$、$3d^54s^2$。

【例 5-14】 在酸性介质中，不能将 Mn^{2+} 氧化为 MnO_4^- 的氧化剂是：

(A) $(NH_4)_2S_2O_8$　　(B) $NaBiO_3$　　(C) $K_2Cr_2O_7$　　(D) PbO_2

【解】 答案为 C。

【分析】 $KMnO_4$ 是一种重要的强氧化剂。在酸性溶液中，$KMnO_4$ 可被还原为 Mn^{2+}，在中性或弱碱性介质中，被还原为 MnO_2，在浓碱中被还原为 MnO_4^{2-}。$KMnO_4$ 能氧化 Fe^{2+}、SO_3^{2-}、H_2S、I^- 等还原剂。而只有强氧化剂 PbO_2、$NaBiO_3$、$(NH_4)_2K_2O_8$ 能将 Mn^{2+} 氧化为 MnO_4^-。选项给出的 4 种常见强氧化剂中，只有 $K_2Cr_2O_7$ 的氧化能力弱于 $KMnO_4$。故 C 为正确答案。

（2）铁、钴、镍　Fe、Co、Ni 的价电子排布分别为 $3d^64s^2$、$3d^74s^2$、$3d^84s^2$。

【例 5-15】 下列水合晶体在加热脱水过程中，不生成碱式盐的是：

(A) $MgCl_2 \cdot 6H_2O$　　(B) $NiCl_2 \cdot 6H_2O$

(C) $CoCl_2 \cdot 6H_2O$　　(D) $CuCl_2 \cdot 6H_2O$

【解】 答案为 C。

由于离子极化，低价态氯化物在受热脱水时，往往会生成碱式盐，如选项 A、B、D。而选项 C，$CoCl_2 \cdot 6H_2O$ 却是例外，它用作硅胶干燥剂中的指示剂。硅胶用 $CoCl_2$ 溶液浸泡后，再烘干使其成蓝色（$CoCl_2$）。当蓝色硅胶吸水后，逐渐变成粉红色（$CoCl_2 \cdot 6H_2O$），表示硅胶已失效，必须烘干至蓝色才能重新使用。故正确答案为 C。

【例 5-16】 下列配合物中，呈逆磁性的是：

（A）$Mn(CN)_6^{4-}$　（B）$Cd(NH_3)_4^{2+}$　（C）$Fe(CN)_6^{3-}$　（D）$Co(CN)_6^{3-}$

【解】 答案为 B、D。

【分析】 此题考查配合物磁性与配合物中未成对电子数之间的关系。配离子中若有未成对电子，配离子呈顺磁性；配离子中若无未成对电子，配离子呈逆磁性。选项 A、C 中，CN^- 属强场配体，中心金属离子 Mn^{2+}、Fe^{3+} 的价电子构型均为 $3d^5$，配离子采取 d^2sp^3 杂化成键，d 轨道中的电子两两配对，配离子中未成对电子数均为 1，故配离子呈顺磁性。选项 D 中，中心金属离子 Co^{3+} 的价电子构型为 $3d^6$，也采取 d^2sp^3 杂化，但 d 电子两两配对后，无未成对电子，故配离子呈逆磁性。选项 B 中，中心金属离子 Cd^{2+} 的价电子构型为 $3d^{10}$，采取 sp^3 杂化，配离子中无未成对电子，呈逆磁性。故选项 B、D 为正确答案。

2. ds 区元素

铜、银、金、汞的价电子构型分别为 $3d^{10}4s^1$、$4d^{10}5s^1$、$5d^{10}6s^1$、$5d^{10}6s^2$，其标准电极电位值高，呈惰性，溶于浓硝酸（金除外）。金溶于王水（$Au + 4HCl + HNO_3 = H[AuCl_4] + NO + 2H_2O$）。

【例 5-17】 银能与下列哪一种酸（浓度为 $1.0mol \cdot dm^{-3}$）作用，生成 H_2？

（A）硝酸　（B）盐酸　（C）氢碘酸　（D）磷酸

【解】 答案为 C。

【分析】 银为惰性贵金属，溶于氧化性酸。$Ag + 2HNO_3 = AgNO_3 + NO_2 + H_2O$。

银还可溶于某些非氧化性酸，如氢碘酸，放出氢气。$2Ag + 2HI = 2AgI\downarrow + H_2$。故选项 C 为正确答案。

反应的发生与生成物 AgI 的溶度积很小有关，请读者从发生氧化还原反应的化学原理进行定性解释。有兴趣的读者还可根据 $E^{\ominus}(Ag^+/Ag) = 0.7996V$，$K_{sp}^{\ominus}(AgI) = 8.5 \times 10^{-17}$，$K_{sp}^{\ominus}(AgCl) = 1.8 \times 10^{-10}$，$K_{sp}^{\ominus}(Ag_3PO_4) = 8.7 \times 10^{-17}$，通过计算说明，银可溶于 HI，但不能溶于 HCl 和 H_3PO_4。

【例 5-18】 下列氧化物中，与稀酸作用，有金属单质生成的是：

（A）Ag_2O　（B）Cu_2O　（C）ZnO　（D）HgO

【解】 答案为 B。

【分析】 上述氧化物中，属两性的是 ZnO，其余均为碱性氧化物，均能与酸（如稀硝酸）作用，生成相应的硝酸盐。但 Cu_2O 与酸作用，发生歧化，生成 Cu 和相应的铜盐。反应方程式为 $Cu_2O + 2H^+ = Cu + Cu^{2+} + H_2O$。故正确答案为 B。

【例 5-19】 下列化合物中，溶解度最小的是：

（A）$CuCl_2$　（B）CuCl　（C）CuBr　（D）CuI

【解】 答案为 D。

【分析】 选项 A 溶于水，选项 B、C、D 均不溶于水。因 Cu^+ 的极化作用大，随 Cl^-、Br^-、I^- 半径增大，变形性增大，卤化亚铜的极化作用逐渐增强，其溶解度逐渐减小，故 CuI 的溶解度最小。选项中四种卤化物均为过渡型晶体。而同为 ds 区元素的汞的卤化物 Hg_2Cl_2、$HgCl_2$ 由于强极化作用，已转变为共价型分子，属于分子晶体。

(四) p 区非金属元素

1. 硼、碳、硅、氮

【例 5-20】 与石墨层状结构最为接近的物质是：

(A) BN (B) SiC (C) AlP (D) NaH

【解】 答案为 A。

【分析】 在石墨晶体中，每个碳原子以 sp^2 杂化后，其 sp^2 杂化轨道以头对头的方式，与相邻的 6 个碳原子的 sp^2 杂化轨道重叠，组成平面状的六元环结构。选项 A，BN 的晶体结构有两种，一种是原子晶体，结构与金刚石相似；另一种混合键型，成键方式与石墨非常相似。所不同的是，在石墨晶体中，相邻两层的六元环是错位的，而在 BN 晶体中，相邻两层的六元环是重叠的。见图 5-3。选项 B，SiC 是原子晶体。选项 C，AlP 是离子晶体，呈立方 ZnS 结构。选项 D，NaH 也是离子晶体，晶体结构为 NaCl 型。故正确答案为 B。

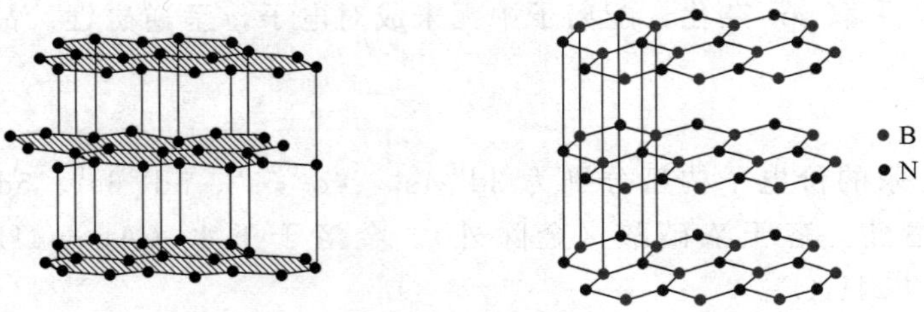

图 5-3 石墨（左）和 BN（右）的结构图

【例 5-21】 有关二氧化硅的描述中，正确的是：

(A) SiO_2 是以硅氧四面体为结构单元构成的三维网状结构

(B) SiO_2 是不溶于水的碱性氧化物

(C) 单质硅是分子晶体，SiO_2 与 CO_2 的结构相似

(D) SiO_2 属 AB_2 型化合物，晶体结构属 CaF_2 型

【解】 答案为 A。

【分析】 SiO_2 不溶，呈弱酸性，溶于 NaOH，故选项 B 错误。硅与 SiO_2 均为原子晶体，而 CO_2 为分子晶体，CaF_2 为离子晶体，结构大相径庭，故选项 C 和 D 错误。硅氧四面体是二氧化硅和硅酸盐的结构单元，它们都可视作无机高分子化合物，所以，选项 A 是正确答案。

【例 5-22】 下列化合物发生水解时，水解产物既有碱生成，也有酸生成的是：

(A) PCl_3 (B) NCl_3 (C) $POCl_3$ (D) Mg_3N_2

【解】 答案为 B。

【分析】 上述化合物均会强烈水解，相关的化学反应式为

$$PCl_3(l)+3H_2O(l) = H_3PO_3(aq)+3HCl(aq)$$

$$NCl_3(l)+3H_2O(l) = NH_3(aq)+3HOCl(aq)$$

$$POCl_3(l)+3H_2O(l) = H_3PO_4(aq)+3HCl(aq)$$

$$Mg_3N_2(s)+6H_2O(l) = 3Mg(OH)_2(s)+2NH_3(aq)$$

故选项 B 正确。

2. 磷、砷、锑

(1) 磷单质

【例 5-23】 磷的常见同素异形体有______、______、______，化学性质最活泼

的是________，标准摩尔生成焓为零的是________。

【解】 白磷、红磷、黑磷、白磷、白磷。

【分析】 磷的同素异形体主要有三种，其结构如图 5-4 所示。白磷为分子晶体，分子式 P_4，为四面体结构。P_4 之间存在分子间力。因 P—P 键的张力大，易断裂，所以白磷很活泼，能自燃。白磷的标准摩尔生成焓被规定为零，这是有历史渊源的。首先，化学反应的焓变是通过实验获得的，这要求反应物的结构清晰，纯度高。尽管红磷的化学性质比白磷更稳定，但所有磷的化合物均可由白磷制得，且无副反应，所以，磷化合物的焓变均由白磷参与的相关反应测得。

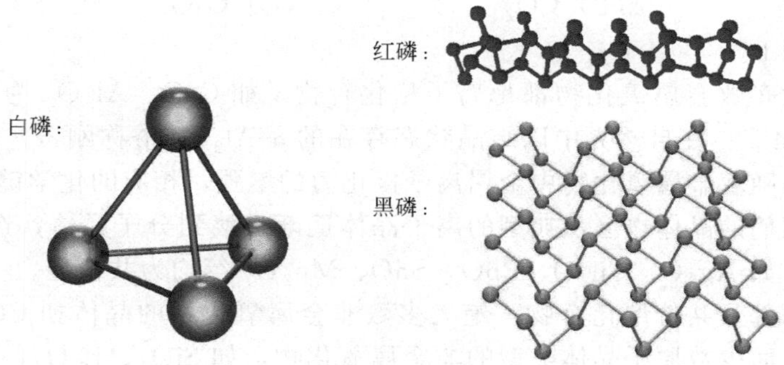

图 5-4　磷的同素异形体结构图

红磷本身也是由白磷在隔绝空气的环境中加热获得，或用日光照射白磷获得。红磷好似一种 P_4 的衍生物，其中，P_4 四面体内部有一根 P—P 键断裂，相邻的 P_4 四面体之间却以 P—P 键相连接，所以，红磷为链状共价型巨分子。

(2) 磷的氧化物 P_4O_6、P_4O_{10} 均为酸性；砷的氧化物 As_2O_3 为两性，As_2O_5 为酸性；锑的氧化物 Sb_2O_3、Sb_2O_5 均为两性。亚砷酸 H_3AsO_3 为砒霜的悬浊液。

【例 5-24】 H_3PO_3 为____元酸，H_3PO_4 为______酸，其酸性强弱的次序为__________。

【解】 二元酸、三元酸、$H_3PO_3 > H_3PO_4$。

【分析】 磷酸是三元中强酸，其三级解离常数分别为：$K^{\ominus}_{a_1}=6.7\times10^{-3}$，$K^{\ominus}_{a_2}=6.2\times10^{-8}$，$K^{\ominus}_{a_3}=4.5\times10^{-13}$。亚磷酸为二元中强酸（与成酸元素直接键合的 H 原子，在水溶液中不能被电离），其解离常数分别为：$K^{\ominus}_{a_1}=6.3\times10^{-2}$，$K^{\ominus}_{a_2}=2.0\times10^{-7}$。按离子势对含氧酸酸性的预测，$H_3PO_4$ 的酸性理应强于 H_3PO_3，但实际上，H_3PO_3 的酸性大于 H_3PO_4（比较 $K^{\ominus}_{a_1}$），这可能与亚磷酸独特的结构有关系。磷酸与亚磷酸的结构见图 5-5。

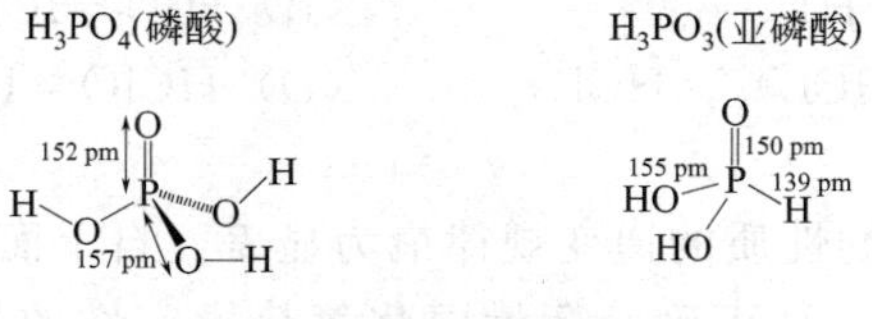

图 5-5　磷酸与亚磷酸结构图

3. 氧和硫

【例 5-25】 下列关于 O_3 的描述中，正确的是：

(A) O_3 比 O_2 稳定　　(B) O_3 是非极性分子

(C) O_3 是顺磁性物质　　　　(D) O_3 的氧化性比 O_2 强

【解】 答案为 D。

【分析】 O_3 是 O_2 的同素异形体，其中 O_2 不但是热力学意义上的参考态单质，化学稳定性也比 O_3 大，故选项 A 错误。尽管 O_3 分子均由非极性键构成，但却是极性分子，偶极矩 $\mu=1.8\times10^{-30}$C·m，故选项 B 错误。在 O_3 分子中，无未成对的电子，故 O_3 是逆磁性分子，选项 C 错误。O_3 的氧化性比 O_2 强，可以用 O_3 漂白色泽变暗的古旧油画，参考"例 5-11"。

【例 5-26】 下列氧化物中，熔点、硬度最低的是：

(A) SiO_2　　(B) CO_2　　(C) CaO　　(D) Al_2O_3

【解】 答案为 B。

【分析】 绝大多数金属氧化物都是离子型化合物。如 CaO、Al_2O_3 为离子型，熔点分别为 2887℃、2054℃。在自然界中以结晶状态存在的 α-Al_2O_3 俗称刚玉。刚玉熔点高，硬度仅次于金刚石。随着金属氧化物中金属离子极化力的增强，相应的化学键键型会从离子型向共价型过渡，它们的晶体也会从典型的离子晶体逐渐过渡到分子晶体，造成氧化物熔点、硬度的巨大差别。如 Ag_2O、Cu_2O、PbO、SnO、Mn_2O_7 等均为共价型。

非金属氧化物都是共价型化合物。绝大多数非金属氧化物的晶体如 CO_2，属于分子晶体，故熔点较低。而少数原子晶体类型的非金属氧化物，如 SiO_2、B_2O_3，由于晶格结点之间以牢固的共价键结合，故熔点极高。

综上分析，此题中熔点、硬度最低的是选项 B，CO_2 分子晶体。

【例 5-27】 试用最简单的方法将下列化合物一一区分开来：

$NaNO_3$、Na_2S、NaCl、NaS_2O_3、Na_2HPO_4

【解】 滴加 $AgNO_3$ 溶液。

【分析】 区分不同化合物的方法，可以用物理方法，如根据溶解度、颜色、物质的聚集状态等，也可以采用化学方法，如加入某种化学试剂。所谓最简单的方法就是采取尽可能少的步骤，实现化合物区分的目标。

题设的 5 种化合物均为白色晶体，其溶液也无色透明，故用物理方法无法区分。可向 5 种溶液中滴加 $AgNO_3$ 溶液。无变化的是 $NaNO_3$ 溶液。生成黑色沉淀的是 Na_2S 溶液。生成白色沉淀的是 NaCl 溶液。刚开始出现白色沉淀，随即消失的是 $Na_2S_2O_3$ 溶液，$Na_2S_2O_3$ 可与 Ag^+、Cd^{2+} 等形成稳定的配离子 $Ag(S_2O_3)_2{}^{3-}$。生成黄色沉淀的是 Na_2HPO_4 溶液，因为磷酸一氢盐和正盐难溶于水（除钠、钾及铵等少数盐外）。

4. 卤素

【例 5-28】 下列物质中，关于热稳定性递变的判断正确的是：

(A) HF＜HCl＜HBr＜HI　　(B) HF＞HCl＞HBr＞HI

(C) HClO＞$HClO_2$＞$HClO_3$＞$HClO_4$　　(D) HClO＜$HClO_2$＜$HClO_3$＜$HClO_4$

【解】 答案为 B、D。

【分析】 卤素及其化合物性质的递变规律最为显著。自上而下，卤化氢的热稳定性依次降低，酸性依次增强，故选项 B 正确。衡量卤化氢热稳定性的尺度是生成焓。生成焓为负值（即放热反应）的化合物，其稳定性要比生成焓为正值的化合物高。从 HF→HI，ΔH 依次为 -268.8kJ·mol^{-1}、-92.30kJ·mol^{-1}、-36.25kJ·mol^{-1}、25.95kJ·mol^{-1}，故卤化氢热稳定性顺序是 HF＞HCl＞HBr＞HI。氢卤酸酸性可用其在水中电离过程的自由能变化衡量，从 HF → HI，$\Delta G^\ominus$ 依次为 18.1kJ·mol^{-1}、-39.7kJ·mol^{-1}、-54.0kJ·mol^{-1}、

$-57.3kJ \cdot mol^{-1}$，对应的电离常数显著增大，故酸性依次增强。含氧酸及其盐的热稳定性，可以用离子极化和其结构是否对称解释。选项D中，随着中心离子电荷增多，半径减小，对 O^{2-} 极化作用增强，含氧酸热稳定性增强。同时，氯的含氧酸中，高氯酸呈正四面体，对称性好，最为稳定，其他氯的含氧酸均为正四面体的变体，中心氯原子上的孤对电子易遭受外界的攻击，并且孤对电子数越多，稳定性越差，故选项D也正确。

【例 5-29】 下列关于含氧酸酸性的比较，正确的是：

(A) $HNO_3 > HNO_2$　　(B) $H_3PO_4 > H_3PO_3$

(C) $H_2SO_4 > HClO_4$　　(D) $H_2SO_4 > H_2S_2O_7$

【解】 答案为A。

【分析】 此题考查无机含氧酸酸性的定性判断。无机含氧酸一般可写为 $(OH)_mRO_n$，通常R的氧化态（电荷）越高、半径越小，极化力越强，则O—H键越易断裂，H^+ 越易释放，相应含氧酸酸性越强。例如 HNO_3 分子中 N^{5+} 的极化力大于 HNO_2 分子中的 N^{3+}，故选项A正确。无机含氧酸酸性也可用Pauling规则判断，酸性强弱与非羟基氧原子的个数 n 和中心离子R有关。n 越大，酸性越强；R的表观电荷越高，半径越小，酸性越强。例如 HNO_3 可写为 $(OH)NO_2$，$n=2$；HNO_2 可写为 $(OH)NO$，$n=1$。故选项A正确。H_2SO_4 可写为 $(OH)_2SO_2$，$n=2$，$HClO_4$ 可写为 $(OH)ClO_3$，$n=3$，故酸性 $H_2SO_4 < HClO_4$，选项C错误。$H_2S_2O_7$ 可写为 $(OH)_2S_2O_5$，$n=5$，故酸性 $H_2SO_4 < H_2S_2O_7$，选项D错误。H_3PO_4 可写为 $(OH)_3PO$，$n=1$；H_3PO_3 可写为 $(OH)_3P$，$n=0$，按规则酸性应 $H_3PO_4 > H_3PO_3$，但实际相反，原因参见"例5-24"。选项B错误，其规律不符合上述一般规则。

【例 5-30】 下列物质中溶解度最小的是：

(A) $AlCl_3$　　(B) $SiCl_4$　　(C) KCl　　(D) CuCl

【解】 答案为D。

【分析】 此题考查氯化物的性质。金属卤化物一般易溶于水，难溶的只有AgX、PbX_2、Hg_2X_2 和CuX（X=Cl、Br、I）。选项C，活泼金属的氯化物（ⅠA、ⅡA主族）是典型的离子型化合物，溶于水。选项B，非金属氯化物是共价化合物，因阳离子的极化力大，易水解。选项A，Al^{3+} 有较强极化力，导致 $AlCl_3$ 易水解。选项D中 Cu^+ 是极化力极强的18电子构型，导致CuCl向共价分子过渡，在水中溶解度极小。故选项D为正确答案。

四、疑难问题解答

1. 问：碳酸盐的热分解温度与碳酸盐开始分解的温度有何不同？理论值如何计算？与实测有差异的原因是什么？

答：以 $CaCO_3$ 为例。$CaCO_3$ 的热分解温度实测值为910℃（1183K），开始分解的温度实测值为530℃（803K）。两者含义不同。热分解温度是指生成物 CO_2 的分压达到100kPa（标准压力）时的平衡温度。理论值计算如下：

$$CaCO_3(s) \xlongequal{\triangle} CaO(s) + CO_2(g)。$$

查表计算，可得 $\Delta_r H_m^\ominus(298K) = \sum_B v_B \Delta_f H_{m,B}^\ominus = 177.8kJ \cdot mol^{-1}$，

$\Delta_r S_m^\ominus(298K) = \sum_B \nu_B S_m^\ominus = 160.7J \cdot mol^{-1} \cdot K^{-1}$。

将 $\Delta_r H_m^\ominus$、$\Delta_r S_m^\ominus$ 近似看作常数，则 $\Delta_r G_m^\ominus(T) = \Delta_r H_m^\ominus(298K) - T\Delta_r S_m^\ominus(298K)$。

当 $p_{CO_2}=100kPa$ 时，$\Delta_r G_m^\ominus(T)=0$，$T_{分解}=\dfrac{\Delta_r H_m^\ominus(298K)}{\Delta_r S_m^\ominus(298K)}=1105K$。

分解温度理论值与实测值有差异，主要原因是计算时将 $\Delta_r H_m^\ominus$、$\Delta_r S_m^\ominus$ 视为常数造成的。而开始分解的温度是指 CO_2 平衡分压为空气中 CO_2 分压时的温度。空气中 CO_2 含量约占总体积的 0.03%，其分压为 $p_{CO_2}=0.03\%\times100kPa=0.03kPa$。

由 $\ln\dfrac{K_2^\ominus}{K_1^\ominus}=\dfrac{\Delta_r H_m^\ominus}{R}\left(\dfrac{T_2-T_1}{T_1T_2}\right)$，可计算 $CaCO_3$ 开始分解的温度 T_2。

将 $T_1=1183K$，$K_1^\ominus=\dfrac{p_{CO_2}}{p^\ominus}=\dfrac{100kPa}{100kPa}=1$，$K_2^\ominus=\dfrac{p_{CO_2}}{p^\ominus}=\dfrac{0.03kPa}{100kPa}=3.0\times10^{-4}$ 代入，求得 $T_2=816K$，实测值为 530℃（803K）。误差原因主要也是将 $\Delta_r H_m^\ominus$ 视作常数造成的。

2. 问：氯的含氧酸酸性是 $ClO_4^->ClO_3^->ClO^-$，而氧化性变化趋势相反，是 $ClO_4^-<ClO_3^-<ClO^-$，为何？

答：含氧酸酸性与中心离子极化力有关。极化力越强，越易酸式电离，酸性越强。而物质的氧化性主要取决于获得电子后所发生的化学反应的能量效应，即键断裂与生成的能量总和。从 ClO^- 到 ClO_4^-，Cl—O 键键长缩短，键能增加，因此，破坏 ClO_4^- 耗能多，破坏 ClO^- 耗能少，生成键的能量相当，故氧化性 ClO^- 最强。

3. 问：SiF_4 和 $SiCl_4$，哪一个水解更剧烈？

答：两者均与水反应生成非金属含氧酸和卤化氢。由于 SiF_4 和 $SiCl_4$ 水解过程中会有 Si—F 和 Si—Cl 键的断裂，而 Si—F 键键能大于 Si—Cl 键键能，因而 $SiCl_4$ 水解更剧烈。

4. 问：为何 HF 是弱酸，而很浓的 HF 水溶液为强酸？

答：由于 HF 中有较强的氢键，不易解离，故酸性较弱。

解离式为 A：$HF+H_2O \rightleftharpoons H_3O^++F^-$ （$K_a^\ominus=6.9\times10^{-4}$）

在浓溶液中，一部分 F^- 可与 HF 结合，发生另一反应 B：$HF+F^- \rightleftharpoons HF_2^-$ （$K^\ominus=5.2$）。反应 B 的存在，使 F^- 浓度降低，促使 A 反应向右移动，故 HF 电离度增加，酸性增强。当 HF 水溶液浓度达 $5\sim15mol\cdot dm^{-3}$ 时，溶液呈强酸性。

自测题及答案

自 测 题

一、选择题

1. HF 剧毒。应使用下列何种物质吸收 HF 气体？

(A) 水 (B) NaOH (C) KOH (D) 石灰水

2. 试用离子极化理论推断，下列哪一个铬酸盐的溶解度最小：

(A) K_2CrO_4 (B) $BaCrO_4$ (C) Ag_2CrO_4 (D) $PbCrO_4$

3. 下列哪对离子不能共存：

(A) Sn^{2+}、Fe^{2+} (B) $PbCl_4^{2-}$、$SnCl_6^{2-}$

(C) Pb^{2+}、$Pb(OH)_4^{2-}$ (D) Pb^{2+}、Fe^{3+}

4. 下列物质中，不溶于过量 NaOH 溶液的是：

(A) As_2O_3 (B) $As(OH)_3$ (C) $Bi(OH)_3$ (D) Sb_2S_3

5. 下列化合物中，酸性最弱的是：

(A) H_2CO_3 (B) H_4SiO_4 (C) H_2SiF_4 (D) HBF_4

6. 下列化合物中，与浓盐酸作用，无 Cl_2 逸出的是：

(A) Pb_2O_3 (B) Fe_2O_3 (C) Co_2O_3 (D) Ni_2O_3

7. 向 As_2S_3 溶胶中，加入下列化合物，胶体聚沉效果最好的是：

(A) NaCl　(B) $CaCl_2$　(C) Na_3PO_4　(D) $Al_2(SO_4)_3$

8. 向工业废水中加入下列过量的哪一种化合物，可去除废水中的 Cu^{2+}、Pb^{2+}、Hg^{2+}？

(A) NaOH　(B) FeS　(C) Na_2S　(D) HCl

9. 下列硝酸盐受热后，其分解产物类型不同的是：

(A) $NaNO_3$、KNO_3　(B) $LiNO_3$、$NaNO_3$

(C) $LiNO_3$、$Mg(NO_3)_2$　(D) $Mg(NO_3)_2$、$Cu(NO_3)_2$

10. 下列含氧酸中，属于一元酸的是：

(A) H_3AsO_3　(B) H_3BO_3　(C) H_3PO_3　(D) $H_2C_2O_4$

11. 下列分子中，极性最小的是：

(A) B_2H_6　(B) SO_2　(C) NCl_3　(D) SF_4

12. 霓虹灯的光线是受激稀有气体原子发出的光。当下列稀有气体原子受激 [$ns^2np^6 \longrightarrow ns^2np^5(n+1)s^1$]，所需的激发能最大的是：

(A) Ne　(B) Ar　(C) Kr　(D) Xe

13. 下列说法错误的是：

(A) SO_2 分子中，S 原子以 sp^2 杂化　(B) SO_2 是极性分子

(C) SO_2 的氧化性使得品红溶液退色　(D) SO_2 的分子构型是 V 型

14. 敦煌壁画的颜料是无机颜料。下列化合物中，不能作为颜料的是：

(A) 红宝石　(B) 铅丹　(C) 青金石　(D) 硫酸铜

15. 电炉法炼镁时，需要大量气体对高温镁蒸气进行冷却。下列气体中，适合作为冷却气体的是：

(A) 氢气　(B) 空气　(C) 氮气　(D) CO_2

16. 下列化合物中，能在计算机的 CPU 上蚀刻电路的是：

(A) 王水　(B) HF　(C) $ZnCl_2$　(D) $HClO_4$

17. 向一溶液滴加 $KMnO_4$ 溶液，$KMnO_4$ 溶液退色；滴加 I_2-淀粉溶液后，I_2-淀粉溶液没有退色，则该溶液中可能含有：

(A) NO_2^-　(B) $S_2O_3^{2-}$　(C) S^{2-}　(D) SO_3^{2-}

18. 下列化合物中，在 $2mol \cdot dm^{-3}$ NaOH 溶液中，溶解度最小的是：

(A) $Sn(OH)_2$　(B) $Pb(OH)_2$　(C) $Cu(OH)_2$　(D) $Zn(OH)_2$

19. 下列试剂中，能将 Hg_2Cl_2、CuCl、AgCl 区分的是：

(A) Na_2S　(B) $NH_3 \cdot H_2O$　(C) Na_2SO_4　(D) KNO_3

20. 下列物质中，沸点最低的是：

(A) AsH_3　(B) PH_3　(C) NH_3　(D) SbH_3

21. 最易与 Hg^{2+} 形成配离子的是：

(A) NH_3　(B) Cl^-　(C) Br^-　(D) I^-

22. 在 $CuSO_4 \cdot 5H_2O$ 晶体中，Cu^{2+} 的配位数为：

(A) 4　(B) 5　(C) 6　(D) 2

23. 因镧系收缩，下列各组元素中，性质最为相似的是：

(A) La、Sc　(B) Ti、Zr　(C) Mo、W　(D) Fe、Co、Ni

24. 下列各组元素的原子中，最外层 s 轨道未充满电子的是：

(A) Cu、Ag、Au　(B) Zn、Cd、Hg　(C) V、Nb、Ta　(D) Cr、Mo、W

25. 下列有关白磷的描述中，错误的是：

(A) 白磷不溶于乙醚　(B) 白磷活泼，能与金属直接化合

(C) 白磷剧毒　(D) 白磷不是热力学上最稳定的单质

26. 可用于解释碱土金属碳酸盐热稳定性变化规律的理论是：

(A) 原子结构理论　(B) 晶体场理论　(C) 杂化轨道理论　(D) 离子极化理论

27.下列物质中，不溶于王水的是：

(A) 铂 (B) HgS (C) 锆 (D) 铌

28.下列物质不与 Zn^{2+} 形成配合物的是：

(A) OH^- (B) S^{2-} (C) Cl^- (D) NH_3

29.下列磷的含氧酸盐中，属于一元酸的是：

(A) H_3PO_2 (B) H_3PO_3 (C) H_3PO_4 (D) $H_4P_2O_7$

30.石墨具有层状结构。下列化合物中，与石墨的结构最为接近的是：

(A) BN (B) SiC (C) AlP (D) NaH

二、填空题

1.碳的同素异形体有____种，分别是______________________________。

2.硼的卤化物中，硼原子以______杂化，分子构型为________，其卤化物的熔点由高到低的顺序为______________________________________。

3.硼酸为________元酸，为____状晶体，硼酸分子间以________结合，层与层之间以__________结合，所以，硼酸晶体可充当______剂使用。

4.$Cu(NO_3)_2 \cdot 2H_2O$ 在受热温度较低的情况下，形成__________。它在高温下受热分解的产物为______________。$Mn(NO_3)_2$ 受热分解的产物是__________________。

5.在砷、锑、铋的氧化物中，酸性最强的是__________，碱性最强的是__________。

6.Hg_2Cl_2 俗称__________，因________小，可作为药物利尿剂使用。有时，服用失效的 Hg_2Cl_2 药剂，会引起中毒，这是因为发生了______________________________反应。

7.比较大小：(1) 在水中的溶解度，CuCl____AgCl，$AgClO_4$______$KClO_4$；

(2) 在氨水中的溶解度，$Cr(OH)_3$____$Zn(OH)_2$，$ZnCl_2$____ZnO；

(3) 在KI溶液中的溶解度，HgI_2____PbI_2，PbI_2____AgI；

(4) 在NaOH溶液中的溶解度，$Cu(OH)_2$____$Zn(OH)_2$，$Cu(OH)_2$____$Cd(OH)_2$；

(5) 在硝酸中的溶解度，Ag_3PO_4____AgCl，Ag_2CrO_4____$BaCO_3$。

8.$KMnO_4$ 被 Na_2SO_3 还原的产物随反应的酸碱性不同而变化。在酸性溶液中，$KMnO_4$ 的还原产物为________；在中性条件下，其还原产物为________；在碱性介质中，其还原产物为________。

9.顺铂是一种抗癌药物，其分子式为____________，中心原子的配位数为________，中心原子的氧化数为__________，分子构型是________形。

10.在硫化物ZnS、CuS、MnS、SnS、HgS中，能溶于稀盐酸的是________、________；不溶于稀盐酸，但溶于浓盐酸的是____________；不溶于浓盐酸，但溶于硝酸的是____________；只溶于王水的是__________。

三、根据实验事实，写出反应方程式，并配平

1.潜水器中，常以 Na_2O_2 作为紧急供氧剂。

2.$Bi(NO_3)_3$ 固体溶于蒸馏水中，生成大量白色沉淀。

3.金溶于王水。

4.三氯化铬溶液中，加入过量NaOH，得到绿色溶液。通入 Cl_2 后，变为黄色。

5.向 $FeCl_3$ 溶液中，滴加KSCN溶液后，立即呈血红色。加入适量 $SnCl_2$ 后，溶液变为无色。

6.将 SO_2 通入高浓 $CuSO_4$ 和NaCl的混合溶液中，得到白色沉淀。

7.向 Na_2SO_3 溶液中，滴加 $KMnO_4$ 溶液。

8.经酸化后，砒霜可与锌粉作用，该方法可检验痕量砒霜。

9.铝粉与酸性的重铬酸盐溶液作用，溶液呈绿色。

10.将少量 $SnCl_2$ 溶液滴入 $HgCl_2$ 溶液中。

11.红棕色气体 NO_2 可被NaOH溶液吸收。

12.将铋酸钠固体加入到酸化后的硫酸锰溶液中，溶液呈紫红色。

13.H_2S 气体通入双氧水中，有乳白色沉淀生成。

14. 向碘化亚铁溶液中通入过量氯水，溶液呈黄色。

15. HgO 溶于氢碘酸。

16. 向 $K_4[Co(CN)_6]$ 晶体滴加蒸馏水。

17. 黑色的 Co_2O_3 溶于浓 HCl，形成粉红色溶液，并有气体产生。

18. CuCl 溶于氨水，得到无色溶液。

19. 石英玻璃遇氢氟酸，成为毛玻璃。

20. SnS 溶于 $(NH_4)_2S_2$ 溶液。

四、简答题

1. 碘溶于 CCl_4，呈紫红色，溶于乙醚后，却呈红棕色。

2. 氟的电子亲和能小于氯，但氟气的活泼性远大于氯气。

3. 稀释 $CuCl_2$ 的浓溶液，颜色由黄色、绿色，最终变为蓝色。

4. 钾比钠活泼，但可以通过下列反应制备金属钾，请说明原因。

$$Na+KCl \xrightarrow{\text{高温熔融}} NaCl+K$$

5. $BaCrO_4$ 和 $BaSO_4$ 的溶解积常数相近，$K_{sp}^{\ominus}(BaCrO_4)=1.2\times10^{-10}$，$K_{sp}^{\ominus}(BaSO_4)=1.1\times10^{-10}$，但 $BaCrO_4$ 溶于 HNO_3，而 $BaSO_4$ 不溶于 HNO_3。

答　案

一、选择

1.D 2.D 3.C 4.C 5.B 6.B 7.D 8.B 9.B 10.B 11.A 12.A 13.C 14.D 15.A 16.B 17.A 18.C 19.B 20.B 21.D 22.C 23.C 24.A 25.D 26.D 27.D 28.B 29.A 30.A

二、填空

1. 3种　石墨　金刚石　富勒烯 C_{60}

2. sp^2　平面三角形　$BI_3>BBr_3>BCl_3>BF_3$

3. 一　层　氢键　分子间力　润滑

4. $Cu(OH)NO_3$　$CuO+NO_2+O_2$　$MnO+NO_2+O_2$

5. As_2O_5　Bi_2O_3

6. 甘汞　溶解度　Hg_2Cl_2（见光）$=Hg+HgCl_2$

7. (1) >　>　(2) <　>　(3) >　>　(4) <　>　(5) >　<

8. Mn^{2+}　MnO_2　MnO_4^{2-}

9. $Pt(NH_3)_2Cl_2$　4　+2　平面正方

10. ZnS　MnS　SnS　CuS　HgS

三、根据实验事实，写出反应方程式，并配平

1. $2CO_2+2Na_2O_2=O_2+2Na_2CO_3$

2. $Bi(NO_3)_3+H_2O=BiO(NO_3)(s)+2HNO_3$

3. $Au+4HCl+HNO_3=H[AuCl_4]+NO+2H_2O$

4. $Cr^{3+}+4OH^-=Cr(OH)_4^-$；$2Cr(OH)_4^-+3Cl_2+8OH^-=2CrO_4^-+6Cl^-+8H_2O$

5. $Fe^{3+}+6SCN^-=Fe(SCN)_6^{3-}$；$Sn^{2+}+2Fe(SCN)_6^{3-}=Sn^{4+}+2Fe^{2+}+12SCN^-$

6. $2Cu^{2+}+SO_2+2Cl^-+2H_2O=2CuCl(s)+SO_4^{2-}+4H^+$

7. $2MnO_4^-+3SO_3^{2-}+H_2O=2MnO_2(s)+3SO_4^{2-}+2OH^-$

8. $As_2O_3+6Zn+12H^+=2AsH_3+6Zn^{2+}+3H_2O$

9. $2Al+Cr_2O_7^{2-}+14H^+=2Al^{3+}+2Cr^{3+}+7H_2O$

10. $Sn^{2+}+2HgCl_2=Sn^{4+}+Hg_2Cl_2(s)+2Cl^-$

11. $2NO_2+2NaOH=NaNO_2+NaNO_3+H_2O$

12. $5NaBiO_3+2Mn^{2+}+14H^+=5Bi^{3+}+2MnO_4^-+5Na^++7H_2O$

13. $H_2S+H_2O_2 = S(s)+2H_2O$ 或 $H_2S+4H_2O_2 = H_2SO_4+4H_2O$

14. $FeI_2+Cl_2 = FeCl_3+I_2$，$I_2+5Cl_2+6H_2O = 2HIO_3+10HCl$

15. $HgO+2HI = HgI_2(s)+H_2O$，$HgI_2(s)+2HI = H_2[HgI_4]$

16. $2K_4[Co(CN)_6]+2H_2O = 2K_3[Co(CN)_6]+2KOH+H_2(g)$

17. $Co_2O_3+6HCl = 2CoCl_2+Cl_2(g)+3H_2O$

18. $CuCl(s)+2NH_3 = Cu(NH_3)_2^+ + Cl^-$

19. $SiO_2+4HF = SiF_4(g)+2H_2O$

20. $SnS(s)+S_2^{2-} = SnS_3^{2-}$

四、简答

1. CCl_4 为非极性分子，碘溶解于 CCl_4 后，以 I_2 分子状态存在，故显其单质的颜色，呈紫红色。乙醚为极性溶剂，碘溶解后，以溶剂合物的形式存在，故颜色不再是紫红色，而是红棕色。

2. 氟的原子半径小，得到电子形成 F^- 后，电子之间的排斥作用很大，故放出的能量较小，电子亲和能小于氯。F_2 比 Cl_2 活泼，原因是 F 原子半径小，F—F 键的成键电子的排斥作用也大，故其解离能较 Cl_2 的解离能小，而且氟化物的晶格能也比氯化物的晶格能大。另外，在水溶液中，F^- 的水合热也比 Cl^- 大。

3. 在 $CuCl_2$ 的浓溶液中，物质存在形式是 $Cu[CuCl_4]$，故溶液呈配合物的黄色。当 $CuCl_2$ 溶液被稀释时，溶剂 H_2O 分子配位能力大于 Cl^-，H_2O 分子可逐步取代配位的 Cl^-，故颜色由黄变为蓝。

4. 钾的沸点为 774℃，钠的沸点为 883℃，钾的沸点比钠约低 100℃。控制反应温度在钠和钾的沸点之间，因反应是一个可逆反应，生成的钾成为蒸气从反应体系中逸出，使得平衡反应不断向右进行。

5. 首先，$HCrO_4^-$ 为弱酸，$K_{a_2}^{\ominus}(H_2CrO_4)=3.2\times10^{-7}$，而 HSO_4^- 为中强酸，$K_{a_2}^{\ominus}(H_2SO_4)=1.0\times10^{-2}$。因此，在 $BaCrO_4$ 溶液中，存在 $BaCrO_4(s)+H^+ \rightleftharpoons Ba^{2+}+HCrO_4^-$，加入大量 H^+，有利于上述平衡向右移动。

其次，CrO_4^{2-} 易双聚，形成下列平衡：$CrO_4^{2-}+2H^+ \rightleftharpoons Cr_2O_7^{2-}+H_2O$

因 $BaCr_2O_7$ 的溶解度远大于 $BaCrO_4$，加入酸有利于铬酸盐溶解。所以，$BaCrO_4$ 溶于硝酸，而 $BaSO_4$ 不溶。

第六章　有机化学

【说明】 本章内容超出普通化学课程要求，读者可根据需要选取部分内容阅读。

一、基本要求

（1）掌握常见有机物的分类、命名。

（2）了解有机物的同分异构现象。

（3）掌握常见有机物的物理性质变化规律、化学性质及一些重要的有机反应。

（4）了解波谱分析原理和常见有机物的波谱解析。

二、内容精要及基本例题分析

（一）有机物的分类与命名

通常，有机化合物的分类与命名按其所含的官能团进行（见表 6-1）。系统命名（也称 IUPAC 命名）的基本原则是：构型＋取代基的位置与名称＋烃基（母体）名称＋主官能团的位置与名称。具体命名规则请读者参阅相应的教材。各官能团的先后次序见表 6-1。

表 6-1　有机物官能团的类别与优先次序

序号	官能团	名称	序号	官能团	名称
1	—COOH	(羧)酸	10	Ph—OH	酚
2	—SO_3H	磺酸	11	—SH	硫醇
3	—COOR	酯	12	—NH_2	胺
4	—COX	酰卤	13	—C≡C—	炔
5	—CONH—	酰胺	14	—C═C—	烯
6	—CN	腈	15	—OR①	醚
7	—CHO	醛	16	—X①	卤代烃
8	—CO—	酮	17	—$NO_2$①	硝基化合物
9	—OH	醇			

① 若有机化合物中含多个官能团，一般将除主官能团之外的其他官能团视作取代基。

【例 6-1】 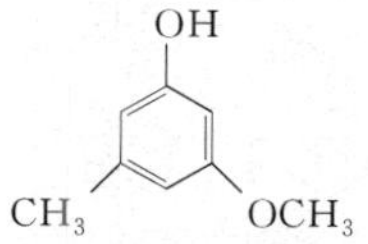

化合物的 IUPAC 命名是：

（A）3-甲氧基-5-羟基甲苯　　（B）3-羟基-5-甲氧基甲苯

（C）3-甲氧基-5-甲基苯酚　　（D）3-甲基-5-甲氧基苯酚

【解】 答案为 D。

【分析】 题设的化合物含醚键和羟基两个官能团，应首先选择优先级高的官能团作为主官能团。由表 6-1 可知，羟基的优先级高于烷氧基，故化合物的主名是“酚”，非“甲苯”，所以选项 A、B 错误。在选项 C、D 中，由于取代基的定位序数之和均为 8，所以必须考虑哪个取代基优先。与主链相连的原子原子序数较小的取代基优先（碳原子序数小于氧），所以甲基优先于甲氧基，选项 C 错误。

（二）同分异构

有机化合物具有相同的分子式，但分子结构不同的现象称为同分异构现象。分子式相同的有机化合物有许多同分异构体，根据原子的不同排列可分为构造异构和立体异构两大类：

1. 构造异构

（1）碳链异构　由有机分子碳链形状不同而产生的异构现象，如 $CH_3CH_2CH_2CH_3$（正丁烷）和 $(CH_3)_2CH_2CH_3$（异丁烷）。

（2）位置异构　由取代基或官能团在碳链上或碳环上的位置不同而产生的异构现象，如2-甲基丁烯（$CH_3—CH_2—\overset{\overset{\large CH_3}{|}}{C}═CH_2$）和3-甲基丁烯（$CH_3—\overset{\overset{\large CH_3}{|}}{C}H—CH═CH_2$）。

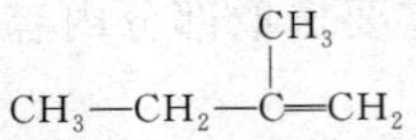

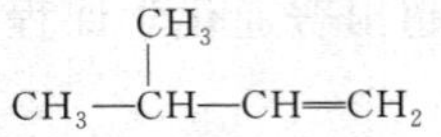

（3）官能团异构　由官能团不同而产生的异构现象，如单烯烃与环烷烃、醇与醚、醛与酮、炔烃与二烯烃、酯和羧酸、酚和芳香醇。

2. 立体异构

立体异构是指原子或原子团在空间的相对位置不同。

（1）顺反异构　由一些双键或环状有机分子的旋转受阻所产生的异构现象。如顺丁烯二酸（马来酸）和反丁烯二酸（富马酸）、顺-1,2-二氯环己烷和反-1,2-二氯环己烷。常用 *cis* 或 *Z* 表示顺式结构，*trans* 或 *E* 表示反式结构。

（2）* 光学异构　由互成镜像的有机分子产生的异构现象，如酒石酸（2，3-二羟基丁二酸）。因酒石酸由 2 个手性碳原子构成，有 3 种异构体：左旋酒石酸、右旋酒石酸和内消旋酒石酸。常用 *R*-/*S*-标记表示分子中的手性碳原子，请读者总结 E/Z 和 R/S 的规则，掌握判断有机分子的立体构型。

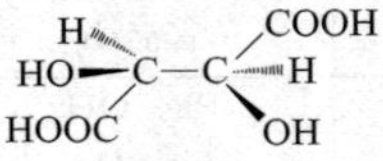
左旋酒石酸

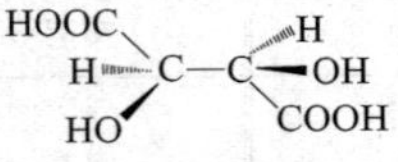
右旋酒石酸

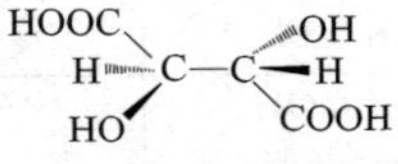
内消旋酒石酸

（3）* 构象异构　由化学键的旋转所产生的异构现象，常用纽曼（Newman）投影式表示。

【例 6-2】　下列哪一对异构体属于位置异构？

（A）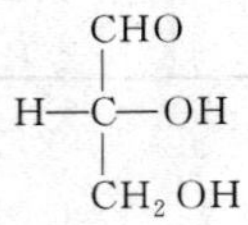 或 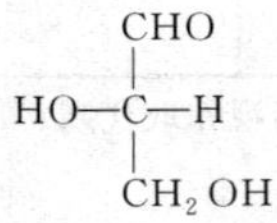

（B）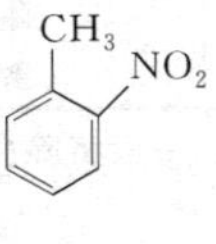 或 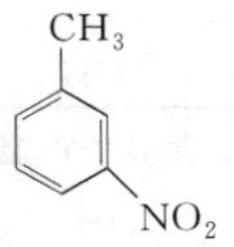

（C）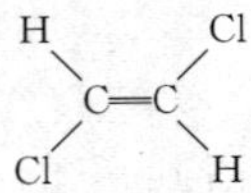 或 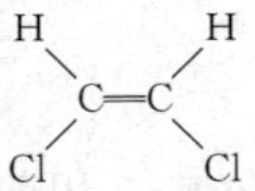

（D） 和 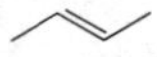

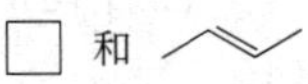

【解】　答案为 B。

【分析】　选项 A 的化合物俗称甘油醛，IUPAC 名称是 2,3-二羟基丙醛，甘油醛含有一个手性碳原子。左边的分子是右旋的 *D*-(+)-甘油醛，右边的分子是左旋的 *L*-(−) 甘油醛，它们是光学异构体（也称对映异构体）。光学异构体的结构式常用 Fishcer 投影式表示，在分子式中常用 *D*-/*L*-(现已逐渐退出）或 *R*-/*S*-表示取代基与手性碳原子的连接方式，旋光性用（+）或（−）表示，（+）表示右旋，（−）表示左旋，但需指出，*R*-/*S*-标记与旋光标记并无直接关系。选项 C 中，左边的分子是反-1,2-二氯乙烯，右边的分子是顺-1,2-二氯乙烯，故它们是顺反异构体。选项 D 中的分子分别是环丁烷和 2-丁烯，它们是官能团异构体。选项 B 中，左边的分子是邻硝基甲苯，也称 2-硝基甲苯；右边的分子是间硝基甲苯，也称 3-硝基甲苯，它们是位置异构体。

（三）有机化合物的成键特性

有机化合物均为共价分子，碳链中的碳原子可分别以 sp^3、sp^2 和 sp 杂化，分别形成如烷烃（或卤代烃）、烯烃（或芳环、或酮、醛等）和炔烃（或腈）。

【例 6-3】 下列化合物中，有碳原子以 sp 杂化成键的是：

（A）甲苯　　（B）丙烯　　（C）丙酮　　（D）苯乙炔

【解】 答案为 D。

【分析】 在甲苯分子中，组成苯环的所有碳原子（编号 2～7）均以 sp^2 杂化，参与 sp^2 杂化的

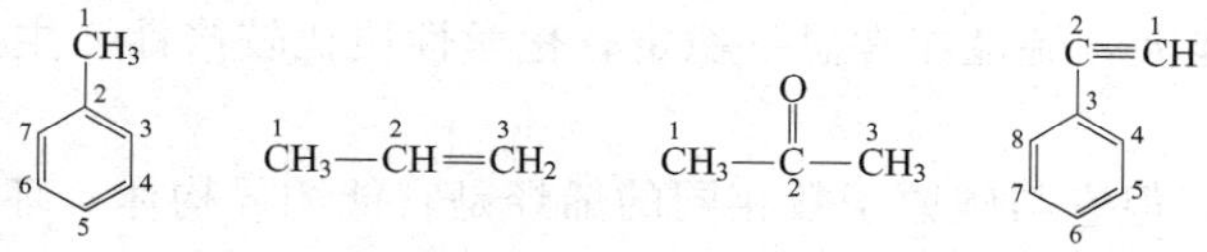

甲苯　　丙烯　　丙酮　　苯乙炔

每个碳原子剩下的一个 p 轨道彼此以肩并肩的方式，形成一个离域的 Π 键，故苯环中每一个碳-碳键的键长相等。但甲基中的碳原子却以 sp^3 杂化，其中的 3 个 sp^3 杂化轨道与 H 原子的 1s 轨道重叠，形成 3 个 C—H 键，一个 sp^3 杂化轨道与苯环上碳原子（编号为 2）的 sp^2 杂化轨道以头碰头的方式成键，形成 σ 键。所以，甲苯分子中，没有碳原子以 sp 杂化。

在丙烯分子中，组成烯键的两个碳原子（编号为 2 和 3）以 sp^2 杂化，参与 sp^2 杂化的两个碳原子剩下的一个 p 轨道彼此以肩并肩的方式，形成一个 π 键。甲基中的碳原子（编号为 1）以 sp^3 杂化，故选项 B 不是正确答案。

在丙酮分子中，中心碳原子（编号为 2）以 sp^2 杂化，剩下一个 p 轨道与氧原子的 p 轨道以肩并肩的方式重叠，形成 π 键，组成羰基官能团。两端甲基中的碳原子均以 sp^3 杂化，故选项 C 也不是正确答案。

在苯乙炔分子中，组成苯环的六个碳原子（编号 3～8）的成键方式见甲苯分子的成键讨论。组成炔键的碳原子（编号为 1 和 2）以 sp 杂化，两个碳原子各有 2 个未杂化成键的 p 轨道，每一对 p 轨道以肩并肩的方式重叠，形成 2 个 π 键，故选项 D 为正确答案。

（四）有机化合物的物理性质及其递变规律

有机化合物均为共价分子，属于分子晶体，其相互作用是分子间力，因此它们的熔、沸点较低。随有机同系物的碳链增加，即分子量增大，它们的熔、沸点呈递增现象。若有机化合物的分子之间存在氢键，其熔、沸点则更高，如羧酸。

根据相似相溶原理，许多有机化合物均不溶于水，却大多溶于一些常见的有机溶剂。但一些有机分子能与水分子形成氢键，其中分子量较小的化合物在水中有一定的溶解度，如低级醇（甲醇、乙醇、异丙醇等）、低级醛（甲醛、乙醛等）、低级酮（丙酮等）、低级酸（甲酸、乙酸等）、低级胺（三乙胺等）、苯酚以及乙醚等。有些甚至能与水形成完全互溶体系，如乙醇、丙酮等。

【例 6-4】 下列哪一个化合物的沸点最高？

（A）正庚烷　　（B）正己烷　　（C）2-甲基戊烷　　（D）2,2-二甲基丁烷

【解】 答案为 A。

【分析】 选项中的化合物均属烷烃的同系物。同系物的分子量越大，沸点越高。正庚烷的碳原子数为 7，选项 B、C 和 D 是碳原子数为 6 的同分异构体，故正庚烷的沸点最高，选项 A 为正确答案。在碳原子数相同的烷烃异构体中，支链越多，沸点越低；支链数相同者，分子对称性高的化合物，沸点越高。因此选项 B、C 和 D 的沸点高低顺序为：正己烷＞2-甲基戊烷＞2,2-二甲基丁烷。

（五）有机化合物的化学性质

有机化合物的化学性质取决于官能团的性质。

1. 烷烃、环烷烃

烷烃的沸点随分子量增加而升高，碳原子数相同的烷烃，直链烷烃的沸点较支链烷烃的沸点高，支链越多，沸点越低。

因 C—C 键的键能大，烷烃在常温下稳定，化学性质比较惰性，主要反应有氧化反应与卤素的取代反应。

环烷烃属于烷烃，但它与碳原子数相同的烯烃是官能团异构体。环烷烃的熔、沸点较碳原子数相同的直链烷烃高。

环烷烃的化学性质与烷烃相似，除与卤素发生自由基取代反应，还能发生开环氧化反应，但 $KMnO_4$ 甚至不能氧化环张力很大的环丙烷。环烷烃的开环加成遵循马氏规则，即卤原子加到含氢原子较小的环碳原子一侧。

【例 6-5】 若 C_5H_{12} 的一元氯代产物只有一种，下列哪一个结构式为该分子的结构式？

(A) $H_3C-\underset{\underset{CH_3}{|}}{\overset{\overset{CH_3}{|}}{C}}-CH_3$ (B) $CH_3CH_2\underset{\underset{CH_3}{|}}{CH}CH_3$

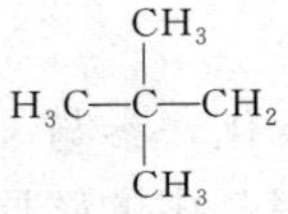

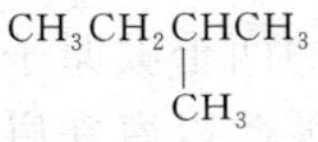

(C) $CH_3CH_2CH_2CH_2CH_3$ (D) ⬠

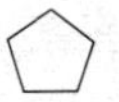

【解】 答案为 A。

【分析】 在光照下，烷烃与卤素（主要是 Cl_2 和 Br_2）能发生自由基取代反应，反应历程由链引发、链增长和链终止三个阶段构成。反应活性的次序为 $Cl_2 > Br_2$；叔氢原子（3°H）＞仲氢原子（2°H）＞伯氢原子（1°H）＞甲基上的氢原子。

此题考查烷烃的取代反应及其产物卤代烃的同分异构现象。选项 A 为新戊烷，IUPAC 名称是 2,2-二甲基丙烷。分子结构中，所有氢原子的化学环境相同，故一氯代产物只有一种。选项 B 是异戊烷，IUPAC 的名称是 2-甲基丁烷，分子中有 4 种不同的氢原子，即 $\overset{1}{C}H_3\overset{2}{C}H_2\overset{3}{C}H\overset{4}{C}H_3$，故其一氯代产物有 4 种。选项 C 为正戊烷，分子中有 3 种不同的氢原子，
$\quad\quad\quad\quad\quad\underset{CH_3}{|}$

其一氯代产物有 3 种。选项 D 为环戊烷，分子中所有的氢原子同属一个化学环境，其一氯代产物只有一种，但其分子式却为 C_5H_{10}，故选项 D 不正确。

2. 烯烃、炔烃和共轭二烯

烯键（C=C）是烯烃的官能团。烯烃的沸点变化规律与烷烃相同，但端烯烃（烯键位于碳链一端的烯烃）的熔沸点较之于碳原子数相同烷烃的熔沸点略低些。顺式烯烃的沸点高于反式烯烃，但其熔点却低于反式烯烃。由于烯烃的 π 键能与金属离子的 d 轨道配合，故烯烃的某些金属盐（如亚铜盐和银盐）在水中的溶解度很大。

烯烃存在 π 键，化学性质较烷烃活泼，典型的化学性质是亲电加成反应。以丙烯为例。

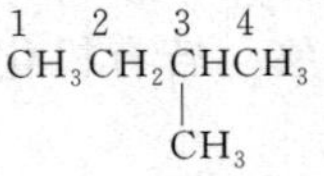

(1) 亲电加成 烯烃能与卤素、HX、H_2O、硫酸、羧酸、醇、酚、次卤酸发生亲电加成反应，加成产物遵循马氏加成规则。

$$CH_3CH{=}CH_2 + HOH \xrightarrow{H^+} CH_3\underset{\displaystyle OH}{\underset{|}{C}}HCH_3$$

(2) 自由基加成 烯烃在过氧化物或光照条件下，能与 HBr 发生自由基加成反应，加成产物不符合马氏规则。

(3) 氧化反应 烯烃能使 $KMnO_4$ 溶液退色，可鉴定烯烃，并能确定双键在分子中的位置。

烯烃的重要反应还有臭氧化反应、硼氢化反应*（主产物为反马氏加成产物）、羟汞化-还原去汞反应*、聚合反应（详见第七章）以及 Diels-Alder 反应*。

炔烃的官能团为 $C{\equiv}C$ 三键，其物理性质与烷烃、烯烃相似。

炔烃也能发生加成反应和氧化反应（请读者自行总结），但炔烃的酸性大于烯烃。炔烃能与 $NaNH_2$、$Ag(NH_3)_2^+$、格氏试剂等反应，生成相应的 $RCH{\equiv}Na$、$RCH{\equiv}Ag$、$RCH{\equiv}MgX$，例如，丙炔的典型反应有

$$CH_3C{\equiv}CH + Ag(NH_3)_2^+ \longrightarrow CH_3C{\equiv}CAg$$
$$CH_3C{\equiv}CH + RMgX \longrightarrow CH_3C{\equiv}CMgX + RH$$

二烯烃也与烯烃性质相似，但共轭二烯烃加成的主产物为 1,4-加成产物。

【例 6-6】 向下列化合物中滴加氯化亚铜的氨溶液，发生变化的是：

(A) 环戊烷 (B) 环戊二烯 (C) 丙炔 (D) 环丙烷 (E) 丙烯

【解】 答案为 C。

【分析】 用化学方法鉴别有机化合物要求操作简单，反应容易发生，现象明显易观察。在氯化亚铜的氨溶液中，形成的配合物是 $[Cu(NH_3)_2]Cl$，配合物名称是一氯化二氨合铜(Ⅰ)，它与炔烃反应，生成砖红色沉淀，而烯烃、环烷烃均不与之反应，故答案为 C。

若对选项中的化合物进行逐一鉴别，可选试剂及鉴别过程如下表所示：

试剂	反应现象	结论				
		A	B	C	D	E
$[Cu(NH_3)_2]Cl$	砖红色沉淀	−	−	+	−	−
顺丁烯二酸酐	白色沉淀	−	+		−	−
Br_2-CCl_4	黄色退去	−			+	+
$KMnO_4$	紫红色退去				−	+

3. 芳香烃

苯分子中 6 个碳原子均以 sp^2 杂化，呈平面六边形结构，有一个离域 Π_6^6 键。苯同系物的沸点随分子量增加而增加。但对于含碳原子数相同的苯的各种异构体，它们沸点的关联度不大。

苯环能发生亲电取代反应，主要有卤化、硝化、磺化和 Friedel-Crafts 反应（傅克反应）。

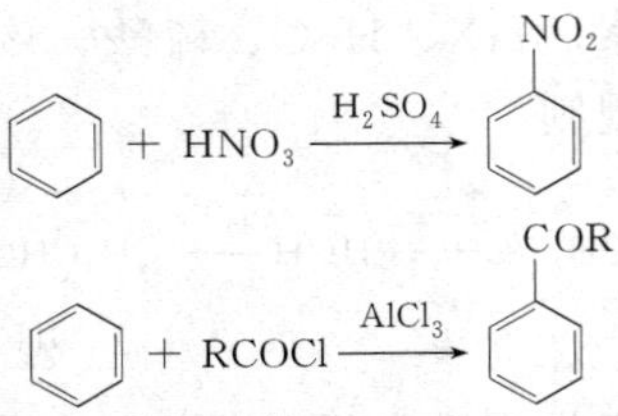

当苯环上已有1个取代基，再进行亲电取代反应时，第2个取代基受原有取代基的控制，这一效应称为定位效应。—OH、—NH_2 等推电子基团（除X原子外）都是致活的邻、对位定位基，第2个取代基主要进入邻、对位。—NO_2、—CN 等致钝的吸电子基团都是间位定位基。它们使亲电取代反应变得愈发困难，且第2个取代基主要进入间位。详见表6-2。

表6-2 邻、对位定位基和间位定位基

性能	邻、对定位基				间位定位基
强度	强	中	弱		强
取代基	—NR_2	—OCOR	—R	—F	—NO_2、—CN、—CF_3
	—NHR	—NHCOR	—C_6H_5	—Cl	—SO_3H、—CHO、
	—NH_2	—OR		—Br	—COR、—COOR、
	—OH			—I	—COOH、—$CONR_2$、
性质	活化基团			钝化基团	

芳烃侧链能发生 α-H 的取代反应和氧化反应。只要芳烃中含有 α-H，无论侧链多长，其氧化产物均为苯甲酸。

【例6-7】 对硝基甲苯在 $FeBr_3$ 催化剂存在下与 Br_2 发生亲电取代反应，主要产物是：

(A) 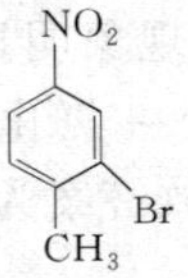

(B) 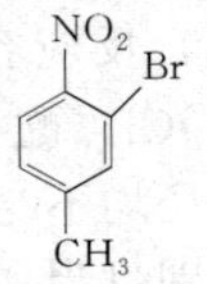

(C) 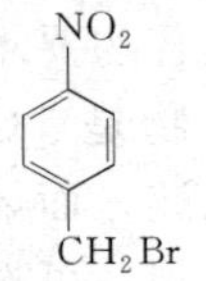

(D) 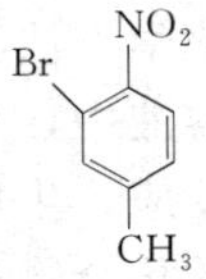

【解】 答案为A。

【分析】 此题考查苯环定位基的定位效应。—CH_3 是推电子基团，为邻、对位定位基，—NO_2 是吸电子基团，为间位定位基。当两个定位基定位效应一致时，第3个基团进入它们共同确定的位置，即：

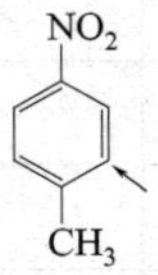

故选项A正确。选项B中Br在苯环上的位置并不是两个定位基共同确定的位置，故不正确。选项D和选项B是同一个化合物，IUPAC的名称是3-溴-4-硝基甲苯。尽管苯环的侧链，即题设化合物的甲基上可以发生 α-H 的取代反应，但不应选用 $FeBr_3$ 作催化剂。

4. 卤代烃

绝大多数卤代烃的比重大于1。一卤代烃的沸点随碳原子数的增加而有规律地增大，碳原子数相同的一卤代烃的沸点高低次序为：RI＞RBr＞RCl＞RH。一卤代烃均为极性分子，偶极矩较大。

C—X 键易受亲核试剂的进攻，发生亲核取代反应，形成一系列含其他官能团的化合物，主要反应有水解、氨解、醇解、酯解、氰化等反应，分别生成醇、胺、醚、腈。苄氯和烯丙基氯也易发生亲核取代反应。

卤代烃能在亲核试剂如 OH^- 的作用下，消去卤原子，形成烯烃。C═C 双键的位置遵循 Saytzeff 规则。

卤代烃与金属 Mg、Li 作用，分别生成格氏试剂和有机锂试剂。格氏反应也是有机化学的重要反应，RMgX 能与烯丙基卤化物（或苄基卤化物）发生偶联；能与甲醛反应，生成碳原子数增一的伯醇；与环氧丙烷反应，生成碳原子数增二的伯醇；与 CO_2 反应，生成碳原子数增一的羧酸；与醛、酮反应，生成相应的仲醇和叔醇。

卤代烃与金属钠发生 Wurtz 反应。邻二卤化合物在金属 Zn 或 Ni 粉存在下，消去卤素，生成烯烃。

【例 6-8】 下列化合物中，与 $AgNO_3$ 的乙醇溶液反应，最易进行的是：

(A) 2-环丁基-2-溴-丙烷　(B) 1-溴-丙烷　(C) 1-溴-丙烯　(D) 2-溴-丙烷

【解】 答案为 A。

【分析】 该反应可检验卤代烃中卤原子的位置，反应产物是硝酸酯和溴化银。加入硝酸银乙醇溶液后，伯卤代烃无沉淀生成，需加热后，才有沉淀；几分钟后，仲卤代烃才有沉淀出现，而叔卤代烃则立刻出现沉淀。因此，容易发生上述反应的化合物的次序是：A＞C＞D＞B。

【例 6-9】 2-溴-丁烷与 NaOH 的乙醇溶液作用，主要产物是：

(A) 异丁醇　(B) 仲丁醇　(C) 顺-2-丁烯　(D) 反-2-丁烯

【解】 答案为 D。

【分析】 与碱作用，溴代烃可发生取代反应，生成醇；也能发生消去反应，生成烯烃。据题意，在强碱条件（如 NaOH 的乙醇溶液）下，2-溴-丁烷发生消去反应，生成 2-丁烯。因顺-2-丁烯的两个甲基在烯键的同侧，排斥作用较大，故反应的主要产物是反-2-丁烯，选项 D 为正确答案。

5. 醇、酚、醚

醇能形成氢键，其沸点远高于碳原子数相同的烷烃。若碳原子数相同，伯醇的沸点最高，仲醇次之，叔醇最低。

醇中—OH 上的 H 原子能与活泼金属如 Na 等作用，形成醇钠，并放出氢气。醇能与无机酸、有机酸、酰卤、酸酐作用，生成酯。醇与 HX、PX_n、SO_2Cl 等卤化试剂作用，生成卤代烃，其活性顺序为 HI＞HBr＞HCl。醇在温度低于 140℃时，发生分子间脱水，生成醚；在温度高于 150℃时，发生分子内脱水，生成烯烃。

伯醇能被 $KMnO_4$ 氧化为相应的羧酸。伯醇和仲醇能被重铬酸盐的硫酸溶液分别氧化为相应的羧酸和酮，在氧化剂 CrO_3 · 吡啶（Collins 试剂，简称 PCC）存在下，伯醇能被选择性氧化为相应的醛。

同醇一样，酚的熔、沸点高于分子量相近的芳烃。酚的酸性虽远大于醇，但化学性质与醇极为相似，所不同的是，其苯环还可进行亲电取代反应。酚遇 $FeCl_3$，发生显色反应，可检验酚的存在。

醚可看作烷烃中 CH_2 被氧原子取代后所形成的衍生物，故醚的沸点与碳原子数相同的烷烃的沸点相近。

醚的化学性质不活泼，遇碱、氧化剂稳定。醚遇过量的 HI 和 HBr，发生醚键断裂，生成相应的溴代烷或碘代烷。环醚（如环氧丙烷）性质活泼，会发生水解、醇解、卤代等反应，并能与格氏试剂反应。

【例 6-10】 2012 年央视 3.15 晚会曝光，部分液化气中竟然混有一半以上的二甲醚。试问，如何从天然气中除去二甲醚？

(A) 通入浓硫酸中　　(B) 光照下，通入氯气

(C) 通入水中　　(D) 通入醇中

【解】 答案为 C。

【分析】 虽然醚分子间不能形成氢键，其沸点与碳原子数相同的烷烃相近，远低于碳原子数相同的醇。但醚能与水分子形成氢键，所以醚在水中的溶解度大于烷烃，例如乙醚微溶于水，乙二醇二甲醚和四氢呋喃能与水互溶。

二甲醚是简单的脂肪醚，分子式为 CH_3OCH_3，室温下为气体，其沸点（−23℃）与碳原子数相近的丙烷的沸点（−42℃）较相近。因醚键可与水分子中的氢原子形成氢键，故二甲醚能与水互溶，而甲烷不溶于水，故选项 C 为正确答案。

6. 醛、酮

醛、酮分子之间不能形成氢键，故其沸点比相应的醇低许多，但醛、酮的偶极矩较大，分子间力（偶极间的静电引力）也较大，故其沸点较之于分子量相当的烃、醚高。醛、酮能与水分子形成氢键，所以，甲醛、乙醛、丙酮能与水互溶，其他的醛、酮在水中的溶解度随分子量的增加而降低。

醛和酮的官能团为羰基，羰基中碳原子以 sp^2 杂化，存在 π 键，易受亲核试剂的进攻，发生亲核加成。同时，因羰基的吸电子作用，致使与羰基相连的 α-H 具有活泼性，也能发生亲核加成，因此，醛、酮的化学反应异常丰富。主要反应有：与 HCN 的加成、醇醛缩合、与格氏试剂的加成、与氨及氨衍生物的加成。此外，还有醛、酮的 α-H 的反应、氧化反应、还原反应等。

【例 6-11】 丙醛与格氏试剂 C_6H_5MgX 作用，水解后，主要生成：

(A) 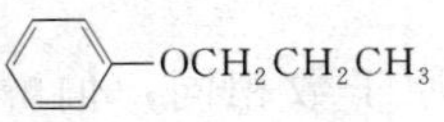

(B) 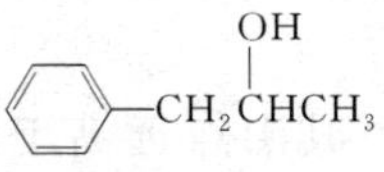

(C) 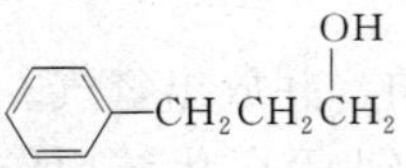

(D) 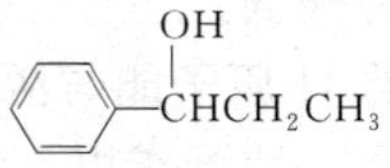

【解】 答案为 D。

【分析】 此题考查羰基的加成。醛与格氏试剂反应，产物应为相应的仲醇，而选项 A 的名称是苯丙醚，故 A 不正确。选项 C 是伯醇，IUPAC 名称是 3-苯基丙醇，故选项 C 也不正确。尽管选项 B 是仲醇，其 IUPAC 名称是 1-苯基-2-丙醇，但丙醛的羰基在端位上，故选项 B 也不正确。正确答案为 D，其 IUPAC 名称是 1-苯基丙醇。

7. 羧酸及其衍生物

(1) 羧酸　直链饱和一元羧酸在水中的溶解度随分子量增加而减小，因存在分子间氢键，羧酸的沸点远高于碳原子数相同的其他有机化合物，比碳原子数相同的醇还要高，但其熔点却随碳原子数的增加而呈锯齿状一样的升高。羧基中—OH 能与羰基形成 p-π 共轭，故羧酸表现出明显的酸性。当羧基旁的 α-H 被吸电子基团取代后，酸性增加；当被推电子基团取代后，酸性降低。

羧酸典型的化学反应有，酯化反应、脱水反应、还原反应*、脱羧反应*等。

【例 6-12】 下列化合物中酸性最强的是：

(A) 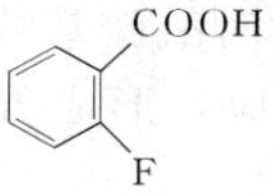　(B) 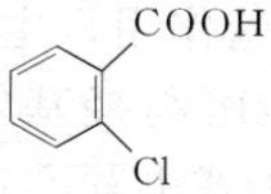　(C) 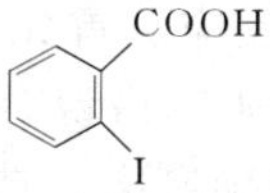　(D) 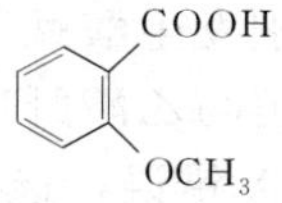

【解】 答案为 A。

【分析】 选项 A 至 D 的化合物依次为邻氟苯甲酸、邻氯苯甲酸、邻碘苯甲酸和邻甲氧基苯甲酸。卤原子属吸电子基团，因 F、Cl、I 的电负性依次降低，因此，氟原子的强吸电子效应最强，致使羧基内羟基中的成键电子对更偏向氧原子，因而羟基上的氢原子更容易发生电离，故邻氟苯甲酸、邻氯苯甲酸和邻碘苯甲酸的酸性依次降低。另外，甲氧基属推电子基团，所以，邻甲氧基苯甲酸的酸性最低。

(2) 羧酸衍生物　羧酸衍生物有酰卤（—OH 被卤原子取代）、酸酐（—OH 被酰氧基取代）、酰胺（—OH 被—NH_2 取代）。

酰卤和酸酐的沸点较相应羧酸的沸点低许多，与碳原子数相同的醛和酮相当。酯的沸点也比羧酸低许多。酰胺的氨基上的氢原子能形成分子间氢键，因此酰胺的沸点比相应的羧酸高。除甲酰胺外，所有酰胺均为固体。

羧酸衍生物能发生水解、氨解和醇解反应。因羧酸衍生物均含有羰基，均能发生亲核加成反应。由于离去基团的顺序为 $Cl^- > RCOO^- > RO^- > NH_2^-$，故羧酸衍生物亲核加成的活性顺序为酰氯>酸酐>酯>酰胺。请读者自行总结羧酸衍生物之间的转化、亲核加成反应以及还原反应。

【例 6-13】 下列物质中，不属于羧酸衍生物的是：

(A) $CH_3—\underset{}{\overset{NH_2}{\overset{|}{C}}}H—COOH$　　(B) $CH_3—\overset{O}{\overset{\|}{C}}—N(CH_3)_2$

(C) 油脂　　(D) CH_3COCl

【解】 答案为 A。

【分析】 选项 A 的名称是 2-氨基丙酸，故它不属于羧酸衍生物。选项 B 的名称是 *N*，*N*-二甲基丙酰胺。油脂是高级脂肪酸与甘油形成的酯，名称是三烷酸甘油酯，其中脂肪酸的碳原子数一般为大于 10 以上的单数，其中的碳链可以是饱和烷基，也可以是不饱和的烷基。选项 D 是乙酰氯。

8. 胺与酰胺

氨基与氧（或氮）原子可形成氢键，但氢键 N—H…N 比氢键 O—H…O 弱，故伯胺的沸点低于分子量相近的醇，而高于烷烃。因位阻效应，仲胺形成的氢键弱于伯胺，而叔胺的分子间不能形成氢键，所以，碳原子数相同的伯胺沸点最高，仲胺次之，叔胺最低。胺分子中氮原子以 sp^3 杂化，氮原子上有一对孤对电子，能接受电子，故胺呈碱性。

胺的重要反应有：与质子酸反应、烷基化反应、酰化反应、重氮化反应*。酰胺的重要反应有脱水反应和 Hoffmann 降级反应*。

【例 6-14】 对羟基苯胺与 2 倍摩尔比的乙酸酐反应，主要产物为：

(A) 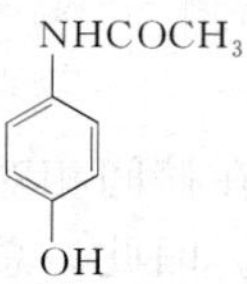　(B) 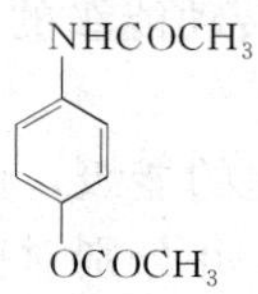　(C) 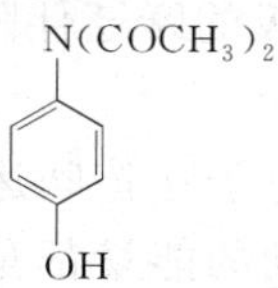　(D) 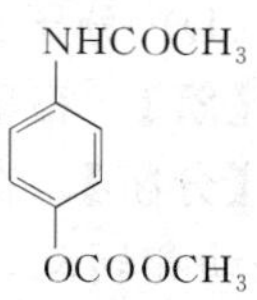

【解】 答案为 B。

【分析】 此题考查氨基和羟基的化学性质。对羟基苯胺的苯环上有氨基和羟基，与酸酐分别发生酸碱反应和酯化反应。首先乙酸酐与氨基作用，生成酰胺，此时酰胺基的氮原子不会再与乙酸酐反应，故选项C错误。剩余的乙酸酐与羟基发生酯化反应，形成芳酯，故选项A错误，选项B才是正确答案。选项D的分子式书写不正确。

（六）有机化合物的波谱分析

1. 紫外可见光谱

分子中的成键电子吸收紫外光后，由稳定的基态向激发态跃迁，有以下4种类型。

（1）$\sigma \rightarrow \sigma^*$ 跃迁：所需能量最大，一般发生在小于200nm的远紫外区。

（2）$n \rightarrow \sigma^*$ 跃迁：醇、醚、卤代烃中的O、N、X原子的未成键电子吸收紫外光后，跃迁至激发态，虽所需的能量低于 $\sigma \rightarrow \sigma^*$ 跃迁，但吸收还是在远紫外区。

（3）$n \rightarrow \pi^*$ 跃迁：与双键相连接的杂原子（如C═O、C═N、S═O等）上未成键电子的孤对电子向 π^* 反键轨道跃迁，该跃迁所需的能量低，产生的紫外吸收波长最长，但吸收弱。

（4）$\pi \rightarrow \pi^*$ 跃迁：有机化合物中的 π 电子吸收紫外光后，跃迁至 π^* 轨道。孤立双键的 $\pi \rightarrow \pi^*$ 跃迁还是在远紫外，但共轭不饱和键的 $\pi \rightarrow \pi^*$ 跃迁向长波方向移动，吸收峰一般在200nm以上。表6-3是常见生色团吸收峰的位置。

表6-3 有机化合物的常见生色团的紫外-可见吸收峰

生色团	化合物举例	λ_{max}/nm	跃迁类型	ε_{max}	溶剂
烯键	乙烯	165	$\pi \rightarrow \pi^*$	15000	正己烷
炔键	乙炔	173	$\pi \rightarrow \pi^*$	6000	气体
羰基	丙酮	279	$n \rightarrow \pi^*$	15	正己烷
羧基	乙酸	204	$n \rightarrow \pi^*$	41	甲醇
—COCl	乙酰氯	220	$n \rightarrow \pi^*$	100	正己烷
—COOR	乙酸乙酯	204	$n \rightarrow \pi^*$	60	水
—$COONH_2$	乙酰胺	217	$n \rightarrow \pi^*$	63	水
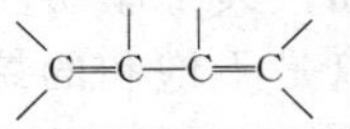	1,3-丁二烯	224	$\pi \rightarrow \pi^*$	20900	正己烷
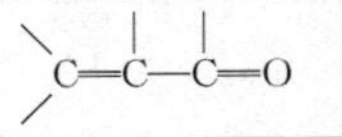	丙烯醛	210	$\pi \rightarrow \pi^*$	5500	水
芳基	苯	204	$\pi \rightarrow \pi^*$	7900	正己烷
		256	$\pi \rightarrow \pi^*$	200	正己烷

【例6-15】 分子的紫外-可见吸收光谱常呈现带状光谱，其原因是：

（A）分子中价电子运动的离域性

（B）分子中价电子的相互排斥作用

（C）分子振动能级的跃迁伴随着转动能级的跃迁

（D）分子中价电子能级的跃迁伴随着振动、转动能级的跃迁

【解】 答案为D。

【分析】 在分子中，电子在核间运动具有一定的能级，此外，电子在核间相对位移会引发振动和转动，这三种运动的能量都是量子化的，并分别对应一定能级。因此，总能量 $E = E_{电子} + E_{振动} + E_{转动}$。当紫外-可见光被分子吸收后，价电子可以从基态激发至激发态中的

任一振动和转动能级上。因此，价电子跃迁产生的吸收光谱包含了许许多多量子化的振动和转动谱线，并由于这些谱线的重叠成为连续的紫外-可见吸收谱带，故答案为 D。

【例 6-16】 化合物 $CH_3CH═CH_2$ 和 $CH_3CH═CH—OCH_3$，哪一个紫外吸收（只考虑 $\pi \longrightarrow \pi^*$ 跃迁）波长更长？

【解】 化合物 $CH_3CH═CH—OCH_3$ 的紫外吸收波长更长。

【分析】 影响有机化合物紫外吸收光谱的因素有内因（分子内的共轭效应、位阻效应、助色效应等）和外因（溶剂的极性、酸碱性等溶剂效应）。当吸电子基（如—NO_2）或推电子基（含未成键 p 电子的杂原子基团，如—OH、—NH_2 等）连接到分子中的共轭体系时，都能导致共轭体系电子云的流动性增大，分子中 $\pi \rightarrow \pi^*$ 跃迁的能级差减小，最大吸收波长移向长波，颜色加深。这些基团被称为助色团。助色团可分为吸电子助色团和推电子助色团。各助色团的助色能力如下。

吸电子基团：—NO_2>—SO_3H>—COOH>—Cl>—Br>—I>—F。

推电子基团：—NH_2>—OH>—OCH_3>—CH_3。

1-甲氧基丙烯中的推电子助色团—OCH_3 能与烯键形成共轭体系，故吸收峰波长比丙烯的吸收波长更长。

2. 红外光谱

有机化合物官能团的化学键均有固有振动-转动频率，当红外光照射试样时，因红外辐射的频率等于有机分子的振动频率，并导致振动过程的偶极矩变化，有机分子便可产生吸收，形成红外光谱。影响有机分子红外吸收峰位置变化的主要因素有诱导效应、共轭效应、氢键效应和空间效应等。

有机物的红外谱图可分为特征频率区和指纹区，其中特征频率区的吸收峰基本上是由官能团的伸缩振动产生，数目不是很多，但具有很强的特征性，因此红外光谱可用于鉴定有机化合物中的官能团，如羟基、烯键、羰基等，详见表 6-4。

表 6-4　红外光谱特征吸收频率与其对应的基团

吸收峰位置(cm^{-1})和强度①	基团②	吸收峰位置(cm^{-1})和强度①	基团②
3650～3600(m)	自由 O—H(ν)	约 1810(s),约 1760(s)	酸酐 C═O(ν)
3400～3200(m)	带氢键 O—H(ν)	约 1740(s)	酯 C═O(ν)
3500(m)	N—H(ν)	约 1720(s)	羧酸、酮 C═O(ν)
约 3300(s,m)	炔氢(ν)	约 1710(s)	醛 C═O(ν)
3150～3000	烯氢(ν)	约 1680(s)	酰胺 C═O(ν)
3000～2850(s)	C—H(ν)	1680～1620(m)	C═C(ν)
2260～2240(m)	腈基(ν)	1600～1450(m)	芳环 C═C(ν)
2140～2100(s)	炔氢键(ν)	约 1400(m),约 1350(w)	C—H(δ)

① s、m、w 分别代表吸收峰的强度为强、中、弱。

② ν 为伸缩振动，δ 为弯曲振动。

【例 6-17】 红外光谱判断分子中官能团的主要参数是：

（A）偶合常数　（B）波数　（C）化学位移　（D）波长

【解】 答案为 B。

【分析】 通过解读红外谱图中吸收峰的位置，可判断有机化合物的官能团，而红外吸收峰的位置用波数（cm^{-1}）表示，故答案为 B。

【例 6-18】 下图最有可能是哪一个化合物的红外谱图？

(A) 丁醇　　(B) 丁二烯　　(C) 乙腈　　(D) 苯乙酮

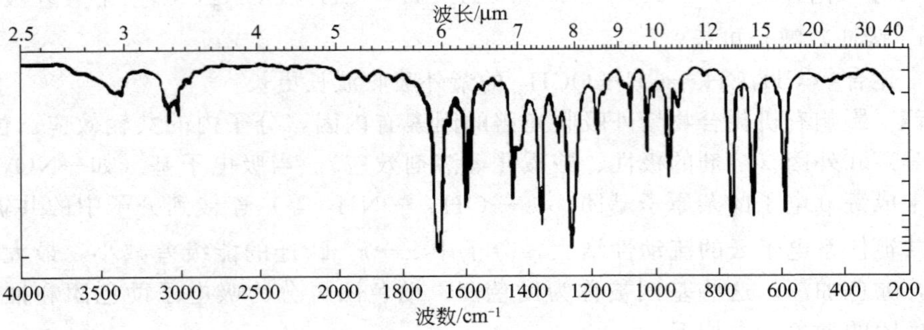

【解】 答案为 D。

【分析】 从化合物的红外谱图特征频率区中可以看出，$3100cm^{-1}$ 附近有中等强度的吸收，在 $2900cm^{-1}$ 附近出现 C—H 伸缩振动，在 $1730cm^{-1}$ 附近有羰基的强吸收，在 $1600cm^{-1}$ 附近有碳-碳双键的伸缩振动吸收，故正确答案为 D。

3. ^{1}H 核磁共振谱

核磁共振是磁矩不为零的原子核如^{1}H、^{13}C、^{19}F 等在外磁场作用下自旋能级发生分裂，引起核自旋能级的跃迁而产生的光谱。由于氢原子在有机化合物中所处的化学环境不同，受到的屏蔽作用也不相同，因此，不同环境中的氢原子实际感受到的磁场强度也不尽相同，由此产生的核磁共振信号（即化学位移 δ）也大有不同。δ 值愈大的核磁信号出现在低场，δ 值愈小的核磁信号出现在高场。由于磁各向异性效应，若氢原子处于屏蔽区域，其 δ 移向高场，而当氢原子处于去屏蔽区域，其 δ 移向低场。另外，由于电负性大的基团吸电子的能力强，通过诱导效应使邻近氢原子核外电子密度降低，屏蔽效应随之降低，使其核磁信号移向低场（图 6-1）。

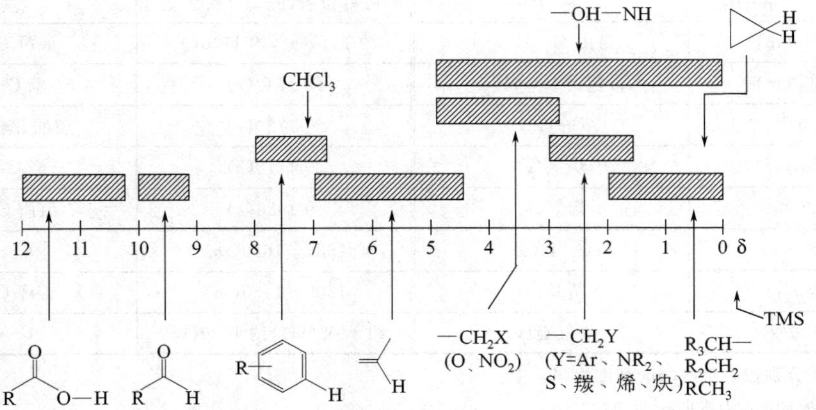

图 6-1 重要官能团的^{1}H NMR 化学位移（δ）值

由于氢原子核磁矩的空间取向不同，使得相邻氢原子感受到外磁场强度发生微小变化，导致原有的吸收峰发生分裂，产生自旋耦合裂分。一般用偶合常数 J 表示裂分的核磁谱线间距，单位为 Hz。

【例 6-19】 ^{1}H NMR 谱图可提供有机化合物分子的相关信息。以下选项中，哪一个不是氢谱的特征：

（A）峰的位置　（B）峰的裂分　（C）峰高　（D）积分线高度

【解】 答案为 C。

【分析】^{1}H 核磁共振图谱提供了积分曲线、化学位移、峰形及偶合常数等信息，其中，化学位移表示峰的位置，以 ppm 为单位；峰形和偶合常数 J 表示峰的裂分；峰面积与产生峰的质子数成正比，在谱图上从低场到高场用连续阶梯积分曲线来表示，所以，积分曲线的总高度与分子中的总质子数目成正比，故正确答案为 C。

【例 6-20】 下列化合物在^{1}H NMR 谱图中出现单峰的是：

（A）1,2,2-三氯乙烷　（B）乙醇　（C）丙酮　（D）2-甲基丙烷

【解】 答案为 C。

【分析】 1,2,2-三氯乙烷的分子式为 $CHCl_2CH_2Cl$，分子中有两种不同化学环境中的氢原子，其核磁氢谱有 2 个峰，由于自旋偶合效应，这 2 个峰还会进一步裂分为一个三重峰和一个双峰（图 6-2）。乙醇的分子式为 CH_3CH_2OH，分子中有 3 种氢原子，其核磁氢谱有 3 个峰。丙酮的分子式为 $(CH_3)_2CO$，分子中只有 1 种氢原子，其核磁氢谱只有一个峰，化学位移为 2.0。2-甲基丙烷的分子式为 $(CH_3)_3CH$，分子中也有 2 种氢原子，其化学位移分别为 0.86 和 1.50。故答案为 C。

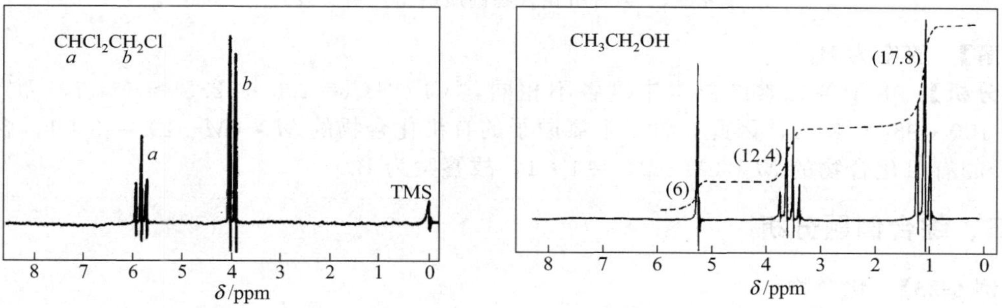

图 6-2 1,2,2-三氯乙烷（左图）和乙醇（右图）的核磁氢谱图

4. 质谱

有机分子在高能电子流的轰击下，失去 1 个价电子，形成分子离子（M^+），M^+ 还可进一步裂解为一系列碎片离子，这些荷质比各不相同的离子在外电场和磁场的作用下，能被检测器一一记录下来，形成质谱图。质谱图中的分子离子峰可精确测定有机化合物的相对分子量。

【例 6-21】 质谱图中强度最大的峰，其强度被规定为 100%，称为：

（A）分子离子峰　（B）基峰　（C）亚稳定离子峰　（D）准分子离子峰

【解】 答案为 B。

【分析】 质谱图是由一组分子离子和碎片离子的峰构成，其中分子离子峰只有一个。每个峰的相对强度称为丰度，丰度最高的峰称为基峰，其强度定为 100。故答案为 B。图 6-3 为某有机化合物的质谱图，但图中的分子离子峰的丰度不是最大。有时，分子离子峰还会不出现在质谱图中。

【例 6-22】 图 6-4 为某有机化合物的质谱图。由此可以推断，该有机化合物含有

（A）1 个 Cl 原子　（B）1 个 Br 原子

（C）2 个 Cl 原子　（D）2 个 Br 原子

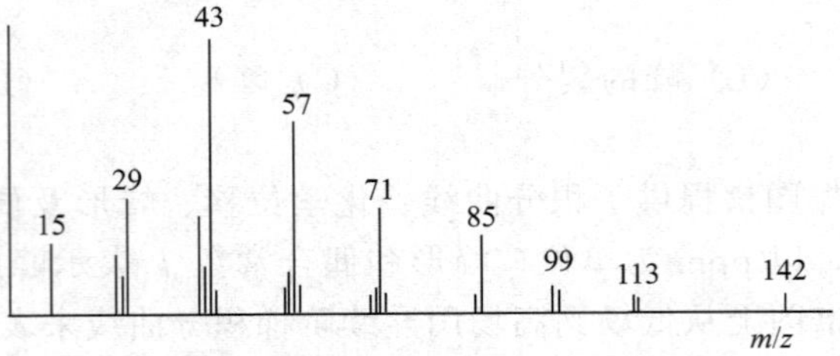

图 6-3 某有机化合物的质谱图（例 6-21）

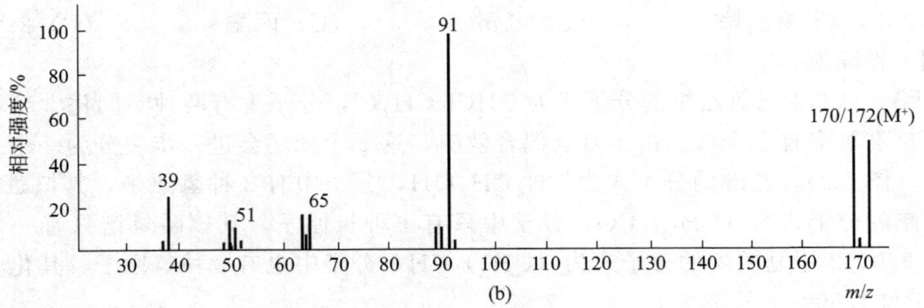

图 6-4 某有机化合物的质谱图（例 6-22）

【解】 答案为 B。

【分析】 由于各元素同位素丰度各不相同，$^{35}Cl:{}^{37}Cl=100:32.5\approx3:1$，而$^{79}Br:{}^{81}Br=100:98\approx1:1$，因此，含 1 个氯原子的有机化合物的 $M:(M+2)=3:1$，含 1 个溴原子的有机化合物的 $M:(M+2)=1:1$，故答案为 B。

三、综合例题分析

【例 6-23】 化合物

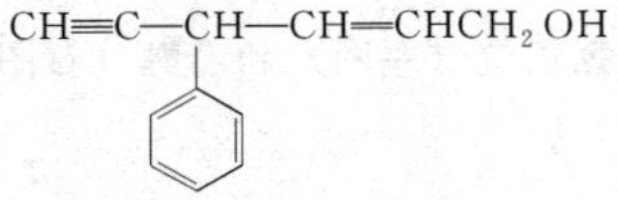

的正确命名是：

（A）1-乙炔基-2-苯丁烯-4-醇　　（B）4-苯基-2-己烯-5-炔-1-醇

（C）3-苯基-4-己烯-1-炔-6-醇　　（D）4-乙炔基-2-苯丁烯-1-醇

【解】 答案为 B。

【分析】 根据命名规则，选择优先级高的官能团作为主名（详见表 6-1），本题的主名是"醇"。再选择碳原子数最大的碳链，故最长的碳链含 6 个碳原子，而苯基视作取代基。因此选项 A 和 D 不正确。若主链含有多个官能团，记数顺序从主官能团位置数较小的一端开始，

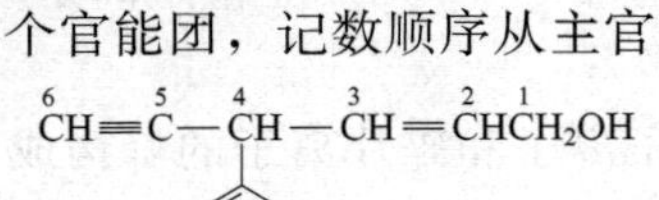

故正确答案为 B。

【例 6-24】 $CH_3CH{=}CH{-}\overset{\overset{\large O}{\|}}{C}{-}O{-}CH{=}CHCH_3$ 与等摩尔 Br_2 反应，其主要产物是：

（A） $CH_3CH{=}CH{-}\overset{\overset{\large O}{\|}}{C}{-}O{-}CHBr{-}CHBrCH_3$

(B) CH₃CHBr—CHBr—C(=O)—O—CH=CHCH₃

(C) CH₃CH₂—CHBr—C(=O)—O—CHBr—CH₂—CH₃

(D) CH₃CHBr—CH₂—C(=O)—O—CH₂—CHBrCH₃

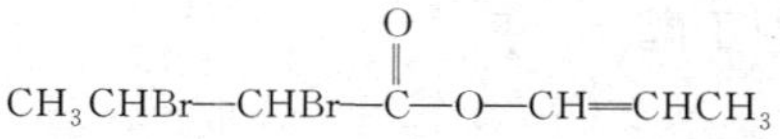

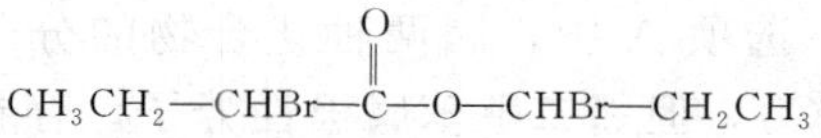

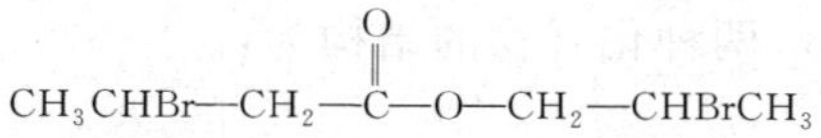

【解】 答案为 A。

【分析】 题设的化合物不是共轭烯烃，不存在 1,4-加成产物，故选项 C、D 错误。因化合物酯基上的 C-C 双键与酯基上的 O 原子形成 p-π 共轭，该双键更活泼。Br_2 加成到此双键，故答案为 A。

【例 6-25】* 叔丁基溴与氰化钠的醇-水溶液反应，其主要产物是：

(A) (CH₃)₃C—CN
(B) (CH₃)₃C—OH
(C) CH₃—C(CH₃)=CH₂
(D) CH₃—CH=CH—CH₃

【解】 答案为 C。

【分析】 此题考查在给定条件下卤代烃的取代反应与消去反应的优先。在高浓 OH^- 的极性非质子溶液（如乙腈、DMF、DMSO）中，卤代烃发生 S_N2 和 E2 反应，而在稀碱水溶液中，卤代烃发生 S_N1 和 E1 反应。一般而言，伯卤代烃发生取代反应占优，仲卤代烃发生取代和消去反应的几率相当，如果亲核试剂的碱性越强，空间位阻越大，则消去反应占优，叔卤代烃主要发生消去反应。据题意，反应介质是 NaCN 的醇-水混合溶液，故叔丁基溴发生的是 S_N1 或 E1 反应，因此，叔丁基溴首先形成：

(CH₃)₃C⁺

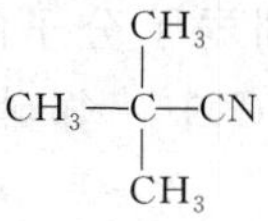

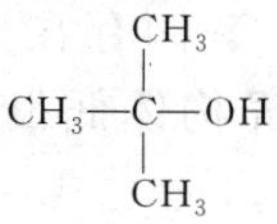

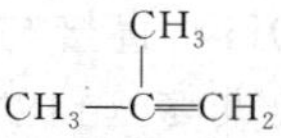

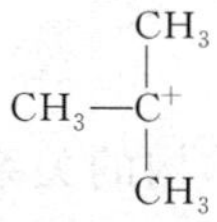

尽管 CN^- 的亲核性远小于 OH^-，但发生的反应是 E1 消去反应，故选项 C 正确。选项 A 和 B 均是叔丁基溴取代反应的产物。尽管卤代烃发生消去反应的产物是烯烃，但选项 D 的结构与发生 E1 消去反应所形成的中间体不吻合，故 D 也不正确。

【例 6-26】 化合物 CH₂=CH—C(=O)—CH₂—C(=O)—OH 与 $LiAlH_4$ 作用后，酸性条件下水解，其主要产物是：

(A) 1,3-戊二醇
(B) 4-戊烯-1,3-二醇
(C) 3-羟基-4-戊烯酸
(D) 1-羟基-4-戊烯-3-酮

【解】 答案为 B。

【分析】 此题考查 $LiAlH_4$ 的还原和化合物 IUPAC 命名。$LiAlH_4$ 能将卤代烃还原为烷烃，将酸、酯还原为伯醇，将酰胺、腈还原为伯胺，将环氧化物还原为仲醇或叔醇，将醛、酮还原为相应的醇，但使用 $NaBH_4$ 还原醛、酮，反应更为温和。$LiAlH_4$ 不能还原 C=C 双键。故正确答案为 B。

【例 6-27】 在下列各对化合物沸点的比较中，正确的是：

(A) 邻二甲苯＜对二甲苯
(B) 顺丁烯二酸＞反丁烯二酸

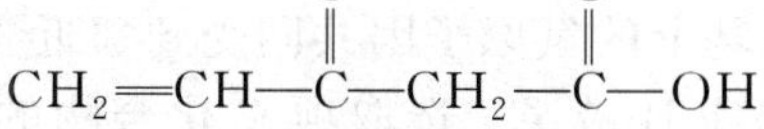

(C) 邻硝基苯酚>对硝基苯酚　　(D) 丁醇>丁醛

【解】 答案为D。

【分析】 此题考查分子间力与沸点的关系。选项A中，因两种化合物的分子量相等，色散力相当。对二甲苯是非极性分子（沸点138℃），但邻二甲苯属极性分子，存在取向力，故分子间力大，沸点也较高（144℃）。选项B中，两种化合物的结构为：

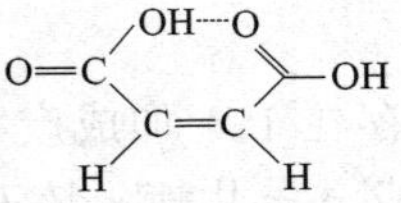

顺丁烯二酸

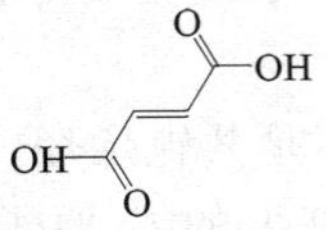

反丁烯二酸

反丁烯二酸（富马酸，沸点290℃）的分子中，有2个羧基，分子间存在大量氢键，沸点很高。但顺丁烯二酸（马来酸，沸点160℃）因存在分子间氢键，从而削弱了分子间的氢键，使得分子间力反而变小，故沸点比反式异构体低很多。同理，在选项C中，邻硝基苯酚的沸点（214℃）低于对硝基苯酚（279℃）。

丁醇、丁醛都存在氢键。在丁醇分子中，形成氢键的氢原子（—OH）直接与电负性大的氧原子相连，电子对明显偏向氧原子，诱导效应大，氢键作用强。沸点高（118℃）。在丁醛分子中，羰基中的氧原子与醛基中的氢原子形成氢键，因醛基中的氢原子与电负性较小的碳原子相连，因此，形成的氢键较弱，沸点较低（74.8℃）。故选项D正确。

【例6-28】* 某化合物的分子式是$C_5H_{10}O$，其中^1H NMR的化学位移是：1.02 ppm（d，双重峰）、2.13 ppm（s，单重峰）、2.22 ppm（七重峰）。下列哪一个结构与^1H NHM数据相吻合？

(A) 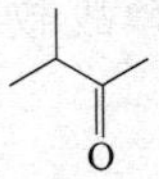　(B) 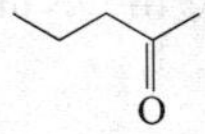　(C) 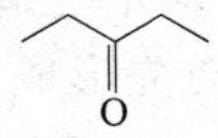　(D) 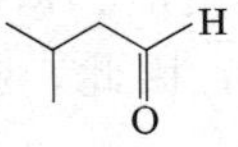

【解】 答案为A。

【分析】 此题考查^1H核磁与化合物结构的关系。选项B化合物名称是2-戊酮，有4种化学环境不同的氢原子：

$$\overset{4}{CH_3}-\overset{3}{CH_2}-\overset{2}{CH_2}-\overset{\overset{O}{\|}}{C}-\overset{1}{CH_3}$$

1位甲基上的氢原子有1个单重峰，由于偶合效应，2位亚甲基上氢原子有三重峰，4位甲基上氢原子也有三重峰，而3位亚甲基上的氢原子因共同受到邻近4位甲基和2位亚甲基上氢原子的偶合，有一个多重峰。故选项B错误。选取项C化合物的名称是3-戊酮，分子呈对称结构，有2种氢原子，分别是甲基上的氢原子，呈三重峰；亚甲基上的氢原子，呈四重峰，故选项C不正确。选项D化合物的名称是2-甲基2-丁醛，有4种化学环境不同的氢原子，请读者自行分析。

选项A化合物的名称是2-甲基-2丁酮，有3种不同化学环境的氢原子：

$$\overset{3}{CH_3}-\underset{\underset{^{3}CH_3}{|}}{\overset{2}{CH}}-\overset{\overset{O}{\|}}{C}-\overset{1}{CH_3}$$

其中，1位甲基上的氢原子显单重峰，2位次甲基上的氢原子显七重峰，3位甲基上的氢原子显双峰，故正确答案为A。

【例 6-29】 下列哪一种试剂不能用于化学方法鉴别丙醛、丙酮、丙醇和异丙醇？

（A）$Ag(NH_3)_2^+$　　（B）NaOI　　（C）$HCl\text{-}ZnCl_2$　　（D）$FeCl_3$

【解】 答案为 D。

【分析】 此题考查醛、酮、醇的化学性质。区分和鉴别上述醛、酮、醇化合物时，首先使用 $HCl\text{-}ZnCl_2$ 试剂（又称 Lucas 试剂），显混浊的是异丙醇。然后使用银氨溶液，发生银镜反应的是丙醛。最后使用 NaOI，有碘仿生成的是丙酮。$FeCl_3$ 用于苯酚显色，故答案为 D。

【例 6-30】* 若利用波谱方法鉴定下列化合物结构，下列哪一种技术为首选方法？

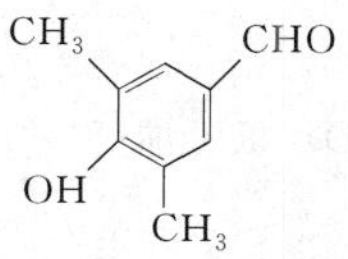
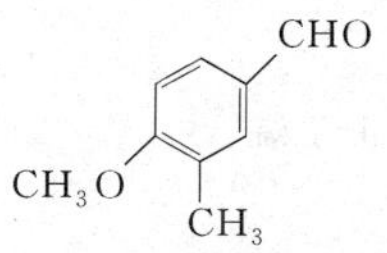
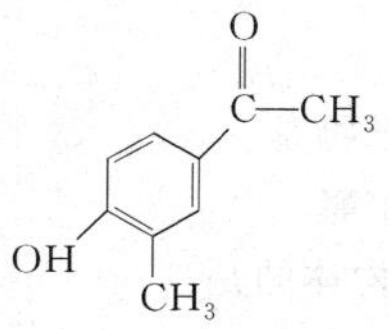
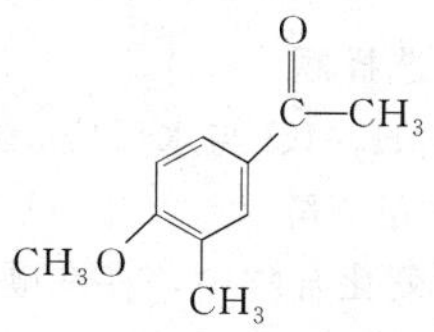

（A）核磁共振　　（B）紫外光谱　　（C）红外光谱　　（D）荧光光谱

【解】 答案为 A。

【分析】 此题考查波谱学和有机物的鉴定之间的关系。有机物的结构确认一般可采用四种方法：红外、核磁共振、质谱和元素分析。红外鉴定有机物中所含的官能团，核磁确定有机物中氢原子的位置和数量，可推断取代基在碳链上的位置。质谱确定有机物的分子量。元素分析确定有机物中各元素的比值。因此，选项 A 正确。紫外光谱可确定有机物中的共轭双键，荧光光谱是一种光致发光，与紫外光谱大体相同。

【例 6-31】* 分子式为 $C_8H_{18}O_2$ 的有机化合物，其 IR 谱：$3350cm^{-1}$，$1390cm^{-1}$，$1370cm^{-1}$，^1H NMR 谱：δ 1.2（s，12H），δ 1.5（s，4H），δ 1.9（s，2H），则该化合物的分子式是：

（A）2,5-二甲基-2,5-己二醇　　（B）2,2,4,4-四甲基-3,3-戊二醇

（C）2,2,3,3-四甲基-1,4-丁二醇　　（D）2-羟甲基-2,3,3-三甲基丁醇

【解】 答案为 C。

【分析】 此题考查有机物的名称与结构关系，并利用 IR 和^1H NMR 数据，推测有机物的结构。首先，根据题中的选项，画出各选项分子的结构图（如下，图中的数字标注不是碳链的序数，而指是化学环境相同的氢原子的种数）。由 IR 数据可知，该有机物一定含有—OH（$3350cm^{-1}$ 表明羟基存在），无羰基（$1600\sim1800cm^{-1}$）存在，表明该化合物是醇。由^1H NMR 数据可知，该化合物有 3 种化学环境相同的氢原子，且每种氢原子的数量依次为 12 个氢、4 个氢和 2 个氢（括号中“s”表示峰形尖锐），为脂肪链上的氢原子和羟基上氢原子，从化学位移的数值（1.2、1.5 和 1.9，单位 ppm）可以判断，该化合物无苯环存在，其中化学位移为 1.9 的峰可归属为羟基上的氢原子，故为脂肪二醇。选项 A 中，共有 4 种氢原子，不符合题意。选项 B 中，共有两种氢原子，脂肪链中所有的氢原子均相同，不符合题意。选项 C 中，氢原子有 3 种，且数量与题意一致，故答案为 C。选项 D 中，尽管氢原子有 4 种，但各种氢原子的个数与题意不相吻合。

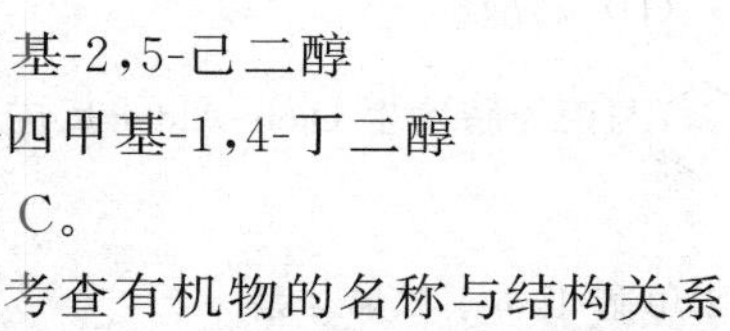

（A）

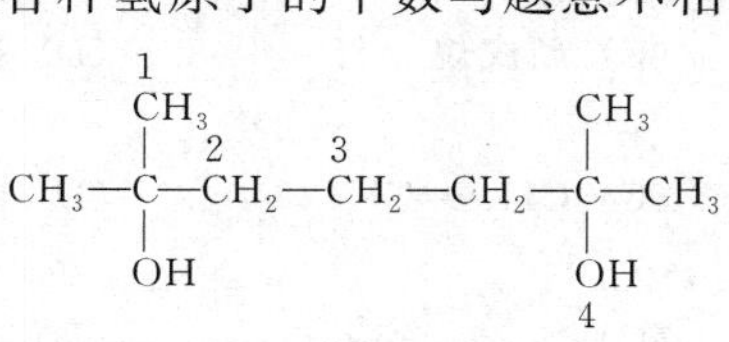

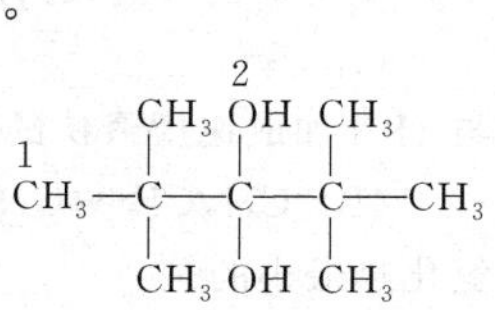

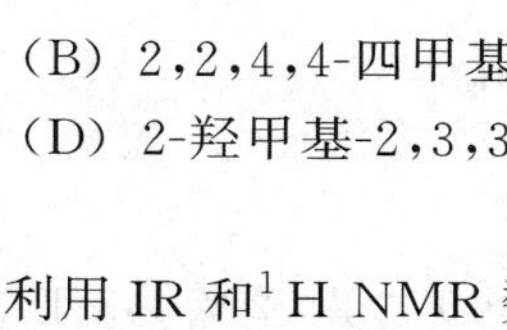

（B）

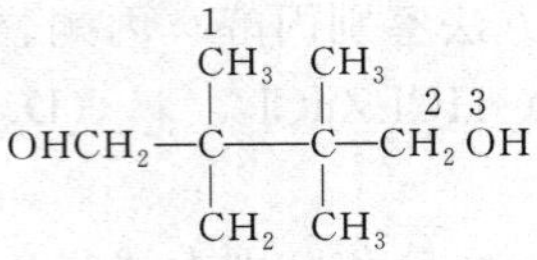
(C)

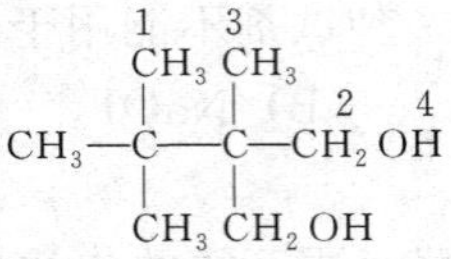
(D)

自测题及答案

自　测　题

一、选择题

1. C_4H_9MgI 与水反应，主要产物是：

(A) 正丁醇　(B) 正丁醚　(C) 正丁烷　(D) 正丁烯

2. 下列化合物中，存在顺反异构体的是：

(A) 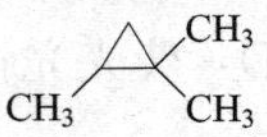　(B) 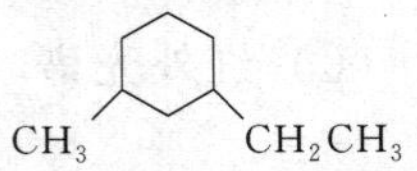　(C) 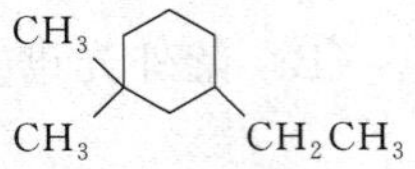　(D) 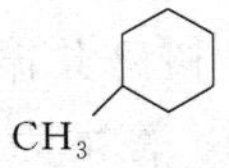

3. 化合物 CH_3CH_2OH、CH_3COOH、$CH_3CH_2OCH_2CH_3$、$CH_3CH_2CH_2CH_3$ 的沸点由高到低的顺序是：

(A) 乙醇＞乙酸＞丁烷＞乙醚　(B) 乙酸＞乙醇＞乙醚＞丁烷

(C) 乙酸＞乙醚＞乙醇＞丁烷　(D) 乙醇＞丁烷＞乙酸＞乙醚

4. 化合物 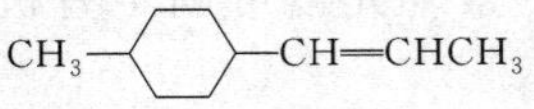 存在的构型异构体有：

(A) 1个　(B) 2个　(C) 3个　(D) 4个

5. Z-2-丁烯与冷、稀 $KMnO_4$ 反应，所得主要产物是：

(A) 顺式-2，3-丁二醇　(B) 反式-2，3-丁二醇

(C) 乙醛　(D) 乙酸

6. 化合物 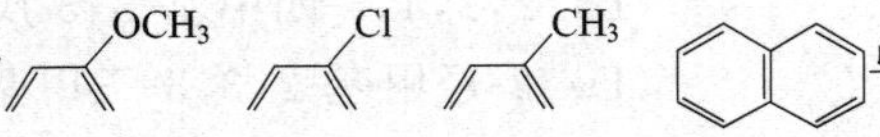 与丙烯腈发生 Diels-Alder 反应，活性由强到弱的次序为：

(A) 2-甲氧基-1,3-丁二烯＞2-氯-1,3-丁二烯＞2-甲基-1,3-丁二烯＞萘

(B) 2-甲氧基-1,3-丁二烯＞2-甲基-1,3-丁二烯＞ 2-氯-1,3-丁二烯＞萘

(C) 2-氯-1,3-丁二烯＞ 2-甲基-1,3-丁二烯＞萘＞2-甲氧基-1,3-丁二烯

(D) 2-甲氧基-1,3-丁二烯＞2-甲基-1,3-丁二烯＞萘＞2-氯-1,3-丁二烯

7. 某化合物的分子式为 C_8H_{10}，硝化后产生1个一硝基产物和3个二硝基产物。X化合物可能为：

(A) 乙苯　(B) 邻二甲苯　(C) 对二甲苯　(D) 间二甲苯

8. 假定甲基自由基为平面构型时，其未成对电子处于何种轨道？

(A) 1s　(B) 2s　(C) sp^2　(D) 2p

9. 下列振动模式中，不会产生红外吸收峰的是：

(A) C═O 的对称伸缩　(B) 乙炔碳碳三键的对称伸缩；

(C) CH_3CN 分子中碳碳键的对称伸缩　(D) 乙醚中 C—O—C 不对称伸缩

10. 在核磁共振谱中，^1H 化学位移值最大的化合物是：

(A) 环己烷　(B) 苯　(C) 新戊烷　(D) 四甲基硅烷

11. 下列化合物中与 HCl 加成速度最快的是：

(A) $CH≡CH$　(B) $CH_3CH═CH_2$　(C) $CH_2═CH_2$　(D) $CH_3CH═CHBr$

12. 下列化合物中氢化热最小的是：

(A) 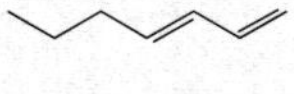　(B) 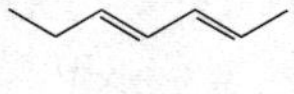　(C) 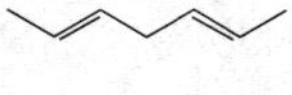　(D) 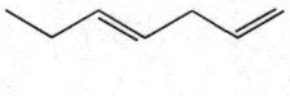

13. 下列化合物中，最难进行 Friedel-Crafts 酰基化反应的是：

(A) 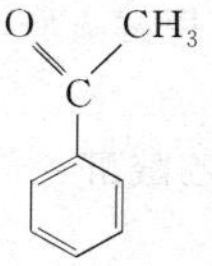　　(B) 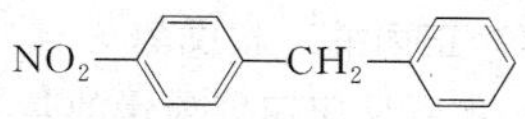

(C) 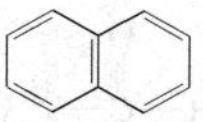　　(D) 

14. 下列化合物中能使溴水退色，但不能使 $KMnO_4$ 溶液退色的是：

(A) 环戊烷　　(B) 环戊烯　　(C) 环己烯　　(D) 环丙烷

15. 下列化合物用高锰酸钾处理后，被氧化生成一元芳香族羧酸的是：

(A) 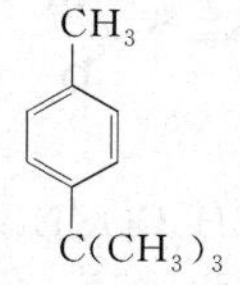　　(B) 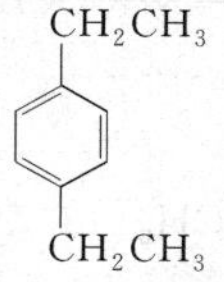　　(C) 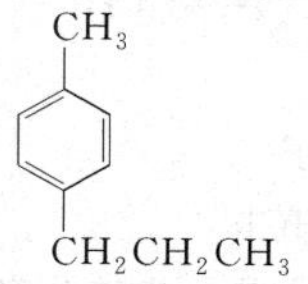　　(D) 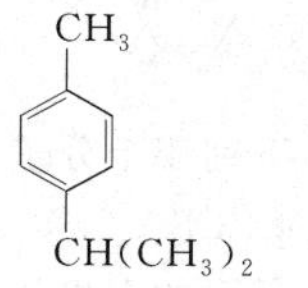

16. 下列化合物中进行硝化反应的速度最慢的是：

(A) 乙苯　　(B) 苯乙醚　　(C) 苄甲醚　　(D) 苯酚

17. 下列化合物中进行硝化反应时，反应速度最快的是：

(A) 苯甲醛　　(B) 苯乙醚　　(C) 硝基苯　　(D) 氯苯

18. 化合物 2-甲基-2-溴丙烷、正溴丁烷、异丁基溴和 2-溴丁烷发生 S_N1 反应，其活性由弱到强排列的是：

(A) 2-甲基-2-溴丙烷＞正溴丁烷＞异丁基溴＞2-溴丁烷

(B) 正溴丁烷＞异丁基溴＞2-溴丁烷＞2-甲基-2-溴丙烷

(C) 异丁基溴＞2-溴丁烷＞正溴丁烷＞2-甲基-2-溴丙烷

(D) 2-溴丁烷 ＞异丁基溴＞正溴丁烷＞2-甲基-2-溴丙烷

19. 下列化合物中沸点最低的是：

(A) 对苯二酚　　(B) 甲苯　　(C) 苯酚　　(D) 苯甲醚

20. 下列化合物中，既能进行亲电取代反应，又能进行亲核取代反应的是：

(A) 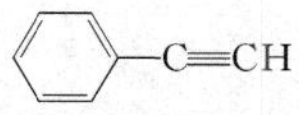　　(B) $CH\equiv CCH_2—CN$　　(C) 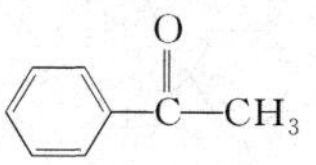　　(D) 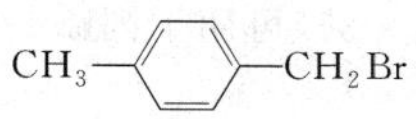

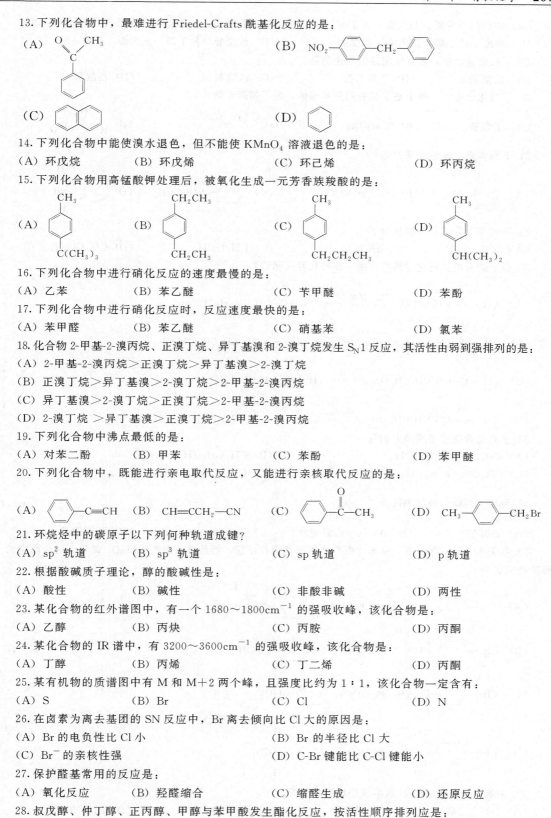

21. 环烷烃中的碳原子以下列何种轨道成键？

(A) sp^2 轨道　　(B) sp^3 轨道　　(C) sp 轨道　　(D) p 轨道

22. 根据酸碱质子理论，醇的酸碱性是：

(A) 酸性　　(B) 碱性　　(C) 非酸非碱　　(D) 两性

23. 某化合物的红外谱图中，有一个 $1680\sim1800cm^{-1}$ 的强吸收峰，该化合物是：

(A) 乙醇　　(B) 丙炔　　(C) 丙胺　　(D) 丙酮

24. 某化合物的 IR 谱中，有 $3200\sim3600cm^{-1}$ 的强吸收峰，该化合物是：

(A) 丁醇　　(B) 丙烯　　(C) 丁二烯　　(D) 丙酮

25. 某有机物的质谱图中有 M 和 M＋2 两个峰，且强度比约为 1∶1，该化合物一定含有：

(A) S　　(B) Br　　(C) Cl　　(D) N

26. 在卤素为离去基团的 SN 反应中，Br 离去倾向比 Cl 大的原因是：

(A) Br 的电负性比 Cl 小　　(B) Br 的半径比 Cl 大

(C) Br^- 的亲核性强　　(D) C-Br 键能比 C-Cl 键能小

27. 保护醛基常用的反应是：

(A) 氧化反应　　(B) 羟醛缩合　　(C) 缩醛生成　　(D) 还原反应

28. 叔戊醇、仲丁醇、正丙醇、甲醇与苯甲酸发生酯化反应，按活性顺序排列应是：

(A) 正丙醇＞甲醇＞叔戊醇＞仲丁醇　(B) 甲醇＞正丙醇＞仲丁醇＞叔戊醇
(C) 甲醇＞仲丁醇＞正丙醇＞叔戊醇　(D) 叔戊醇＞仲丁醇＞正丙醇＞甲醇

29. 下列化合物中，水解反应速度最慢的是：
(A) 乙酰胺　(B) 乙酸乙酯　(C) 乙酰氯　(D) 乙酸酐

30. 下列化合物中，哪个是丁酸的同分异构体，但不属同系物？
(A) 丁酰胺　(B) 甲酸丙酯　(C) 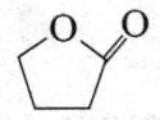　(D) 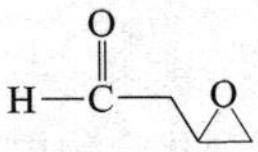

31. 下列物质中碱性最弱的是：
(A) 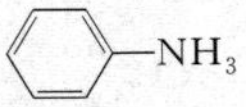　(B) 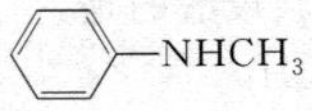　(C) 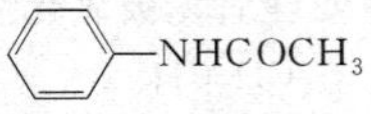　(D) 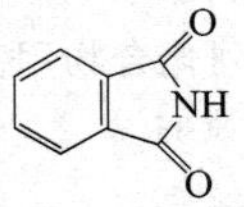

32. 下列哪个分子是非极性分子？
(A) CCl_4　(B) $CHCl_3$　(C) CH_3OCH_3　(D) CH_3COCH_3

33. 以下的有机物转化过程中，哪一步转化存在错误？

(A) $CH_3-\overset{\overset{O}{\|}}{C}-CH_2CH_2Cl \xrightarrow{Mg，无水乙醚} CH_3-\overset{\overset{O}{\|}}{C}-CH_2CH_2MgCl$

(B) $CH_3-\overset{\overset{O}{\|}}{C}-CH_2CH_2MgCl + HCHO \longrightarrow CH_3-\overset{\overset{O}{\|}}{C}-CH_2CH_2CH_2OMgCl$

(C) $CH_3-\overset{\overset{O}{\|}}{C}-CH_2CH_2CH_2OMgCl \xrightarrow{H^+} CH_3-\overset{\overset{O}{\|}}{C}-CH_2CH_2CH_2OH$

(D) $CH_3-\overset{\overset{O}{\|}}{C}-CH_2CH_2CH_2OH \xrightarrow{LiAlH_4} CH_3-\overset{\overset{OH}{|}}{CH}-CH_2CH_2CH_2OH$

34. 下列化合物中密度最大的是：
(A) $CH_3CH_2CH_2COOH$　(B) $CH_3CH_2CH_2CH_2OH$
(C) $CH_3CH_2OCH_2CH_3$　(D) $CH_3CH_2CH_2CH_3$

35. 可用下列哪一种试剂区分 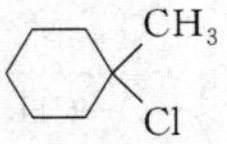 、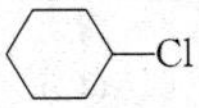 、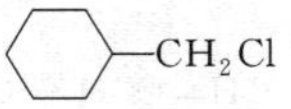 ？
(A) 乙醇钠　(B) $AgNO_3$ 乙醇溶液　(C) NaCN　(D) 稀碱溶液

36. 在无水 $AlCl_3$ 存在下，甲苯首先与2-甲基氯丙烷反应，然后再被酸性 $KMnO_4$ 氧化，两步反应的主要产物依次是：

(A) 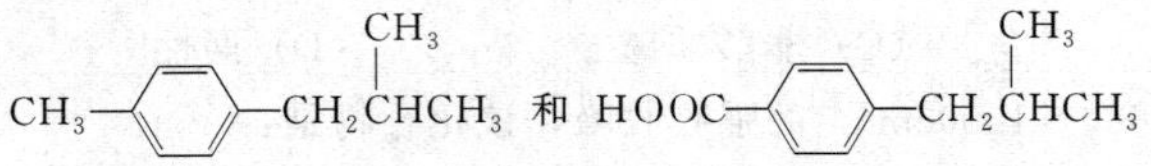

(B) 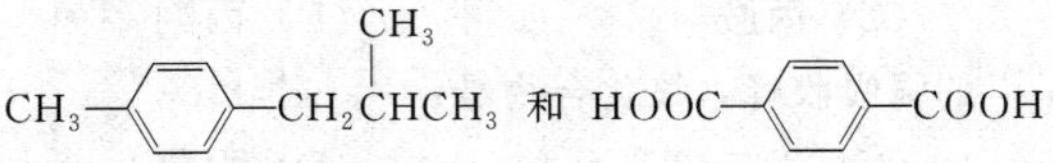

(C) 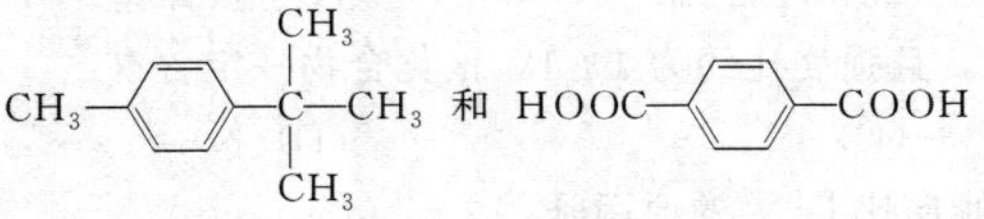

(D) 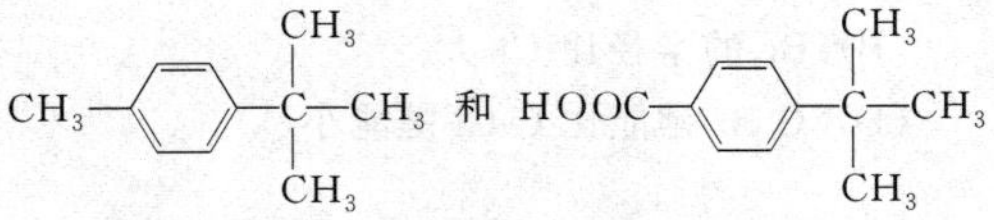

37. 4-氯丁醇在稀 NaOH 水溶液中反应，生成：
(A) 1-4-丁二醇　(B) 4-羟基丁烯　(C) 1-羟基 2-丁烯　(D) 四氢呋喃

38. 化合物 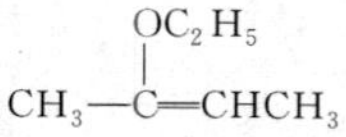 在酸性条件下水解，生成：

(A) 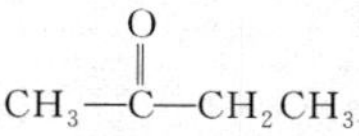

(B) 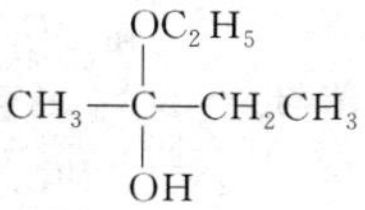

(C) 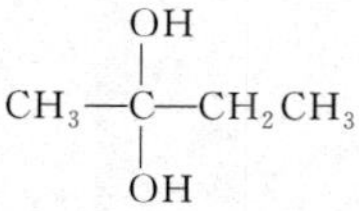

(D) 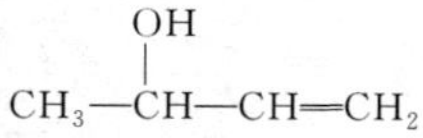

39. 下列哪一个化合物不能与重氮盐发生偶联反应？

(A) 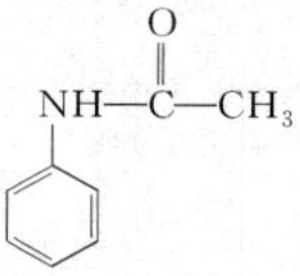

(B) 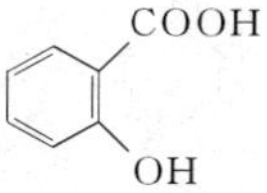

(C) 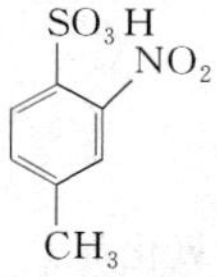

(D) 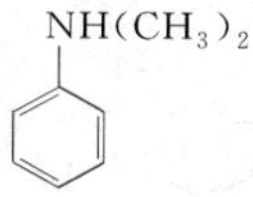

40. 在有机合成中，常需要多步冗长的有机反应才能得以实现，其中格氏试剂的应用非常广泛，能增加原料分子的碳原子数。在下列有机物的转化过程中，不需要使用格氏试剂的是：

(A) 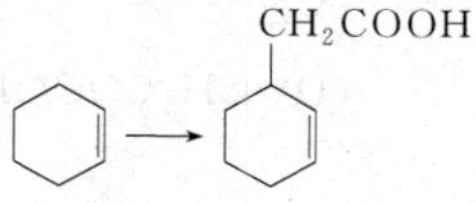

(B) 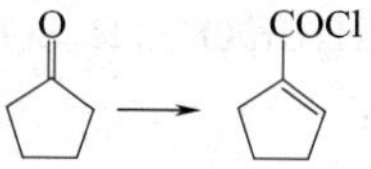

(C) 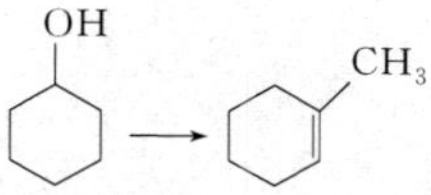

(D) 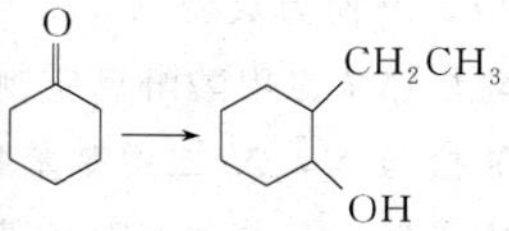

41. 如下的有机物转化过程中，哪一步转化存在错误：

(A) 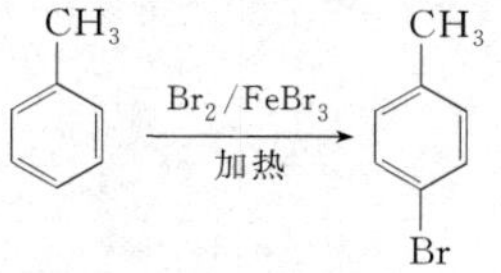

(B) 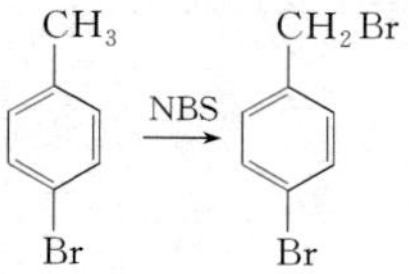

(C) 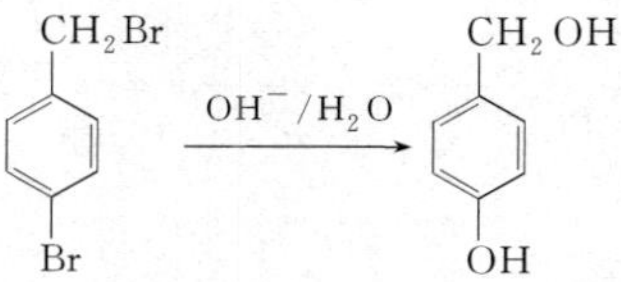

(D) 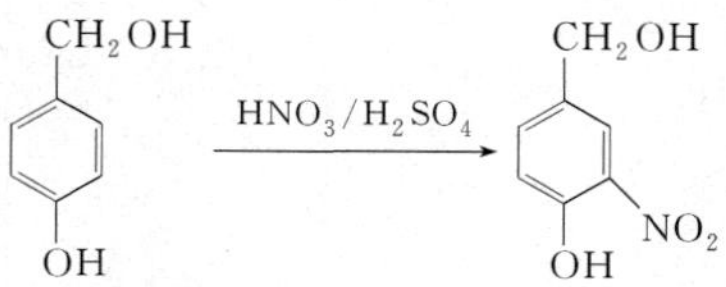

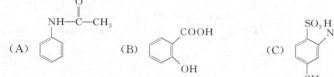

42. 丁烯先用乙硼烷处理，接着再与 $H_2O_2/NaOH$ 作用，其主要产物是：

(A) 异丁醇　(B) 丁醇　(C) 2-甲基丙醇　(D) 叔丁醇

43. 在 $HgSO_4/H_2SO_4$ 的催化下，丙炔与水反应，生成丙酮。该反应是：

(A) 亲核加成　(B) 亲电加成　(C) 亲核取代　(D) 亲电取代

44. 苄甲酮与次溴酸钠反应，其主要产物是：

(A) 1-苯基 2-溴-2-丙醇　(B) 1-苯基-2-丙醇

(C) 苯乙酸钠和溴甲烷　(D) 苯乙酸钠和溴仿

45. 苯甲酰氯被下列哪一种还原剂还原，还原产物是苯甲醛？

(A) H_2/Pd　(B) H_2，$Pd/BaSO_4$　(C) $LiAlH_4$　(D) $NaBH_4$

46. 间二硝基苯与硫氢化铵反应，其主产物是：

(A) 间二苯胺　(B) 2-硝基苯胺　(C) 2-氨基硝基苯　(D) 4-氨基硝基苯

47. 苯甲醛用金属钠和乙醇处理后，再酸化，其主要产物是：

(A) 1,2-二苯基-1,2-乙二醇　　(B) 苯乙酮

(C) 苯酚　　(D) 苄醇

48. 在无水 $AlCl_3$ 存在下，苯与 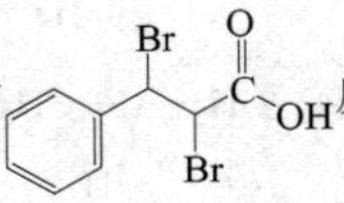 反应，其主要产物是：

(A) 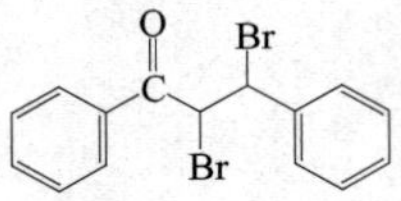　　(B) 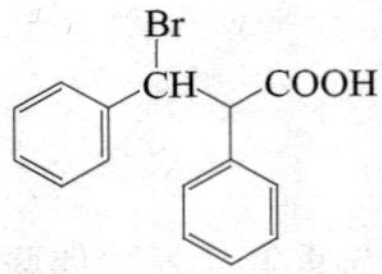

(C) 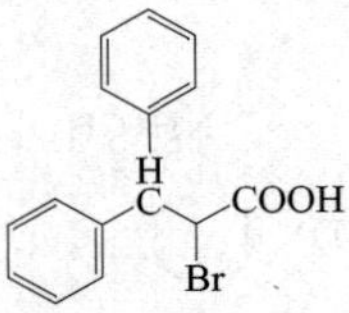　　(D) 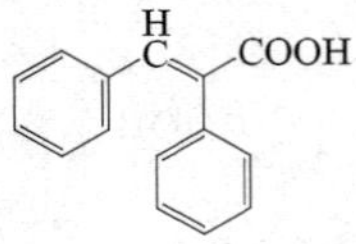

49. 为实现下列转化，应选择何种氧化剂？

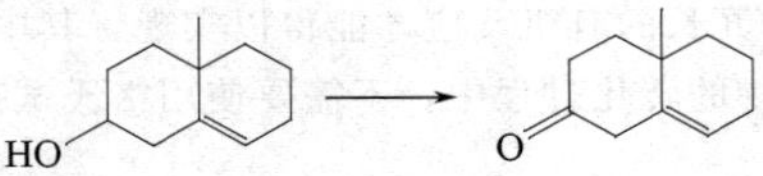

(A) CrO_3·吡啶　(B) $K_2Cr_2O_7+H_2SO_4$　(C) $KMnO_4$　(D) CH_3COOOH

50. 下列说法中不正确的是：

(A) 苯酚与丙酮反应，产物为双酚 A

(B) 酚酞由间二苯酚与邻苯二甲酸酐反应制得

(C) 对氨基苯磺重氮盐与 *N*，*N*-二甲基苯胺的反应产物是甲基橙

(D) 苯酚的硝化反应是邻硝基苯酚和对硝基苯酚

51. 水杨酸与 Br_2 作用，其主要产物是：

(A) 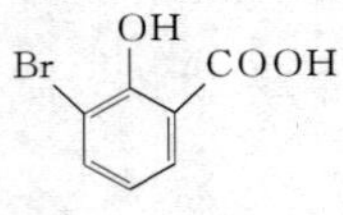　　(B) 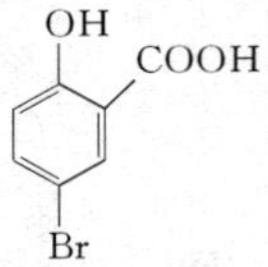

(C) 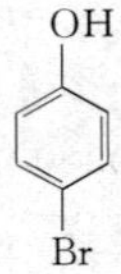　　(D) 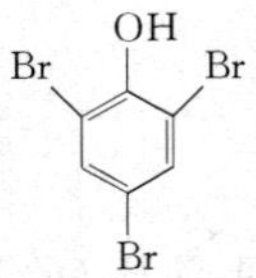

52. 化合物 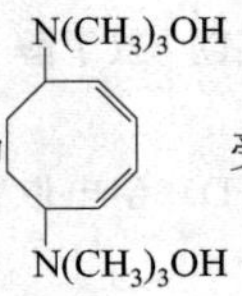 受热后，转化为：

(A) 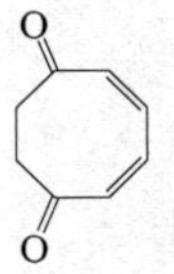　(B) 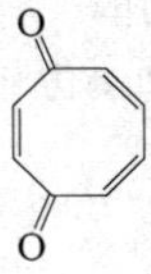　(C) 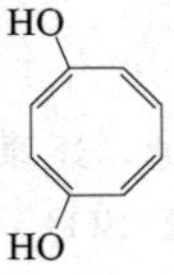　(D) 

53. 在甲醇溶液中，化合物 $CH_3CHBr-\overset{O}{\overset{\|}{C}}-CH_2Br$ 与甲醇钠反应，其主要产物是：

(A) $CH_2=CH-C(=O)-CH_2OCH_3$　　 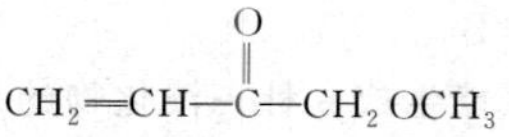(B) 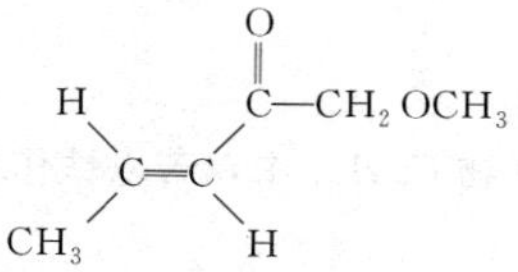

(C)　　 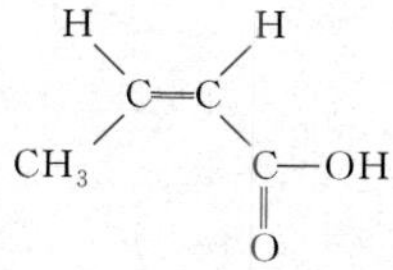(D) 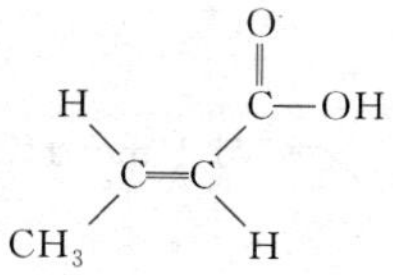

54. 苯甲腈与过量的 CH_3MgI 作用，然后在酸性溶液中水解，其主要产物是：

(A) 苯乙酮　(B) 2-苯基-2-丙醇　(C) 苯乙醇　(D) 2-苯基-2-苯乙醇

55. 化合物 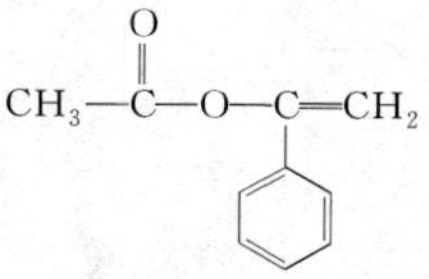 在碱性条件下水解，其主要产物是：

(A) $CH_3-C(=O)-CH=CH_2$　　 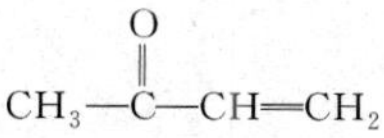(B) 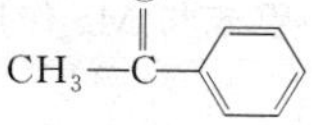

(C)　　 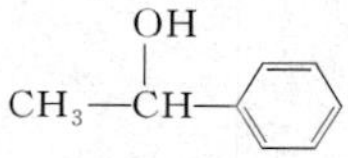(D) 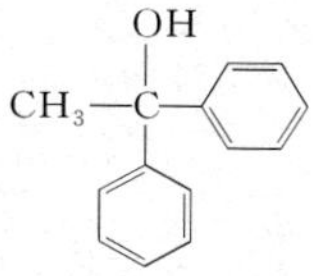

56. 下列哪一个化合物具有手性碳原子？

(A)　　 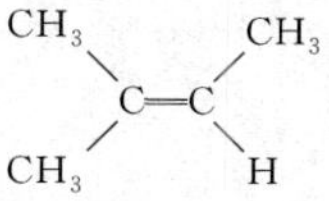(B) 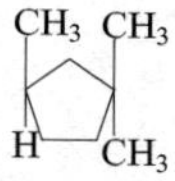

(C)　　 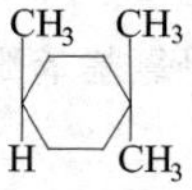(D) 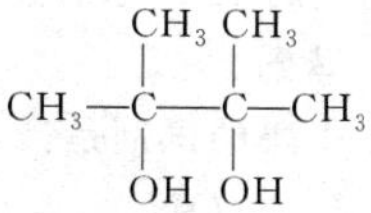

57. 下列哪一个化合物能发生碘仿反应，但不能与饱和 $NaHSO_3$ 反应？

(A) 2-苯乙醇　(B) 苯乙酮　(C) 甲乙酮　(D) 丁醛

58. 化合物 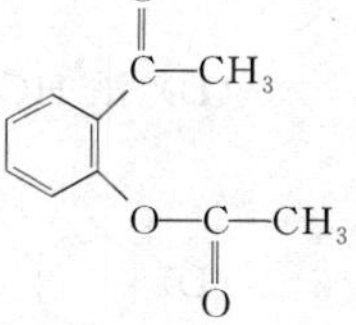 用甲醇-吡啶溶液处理后，其主要产物是：

(A)　　 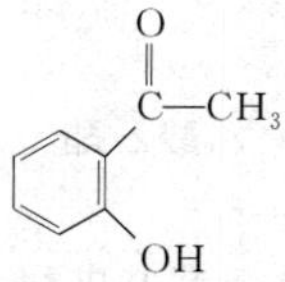(B) 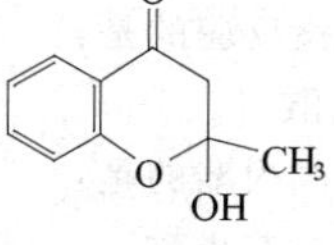

(C)　　 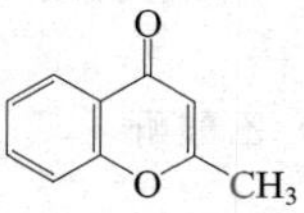(D) 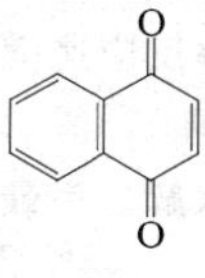

59. $CF_3-C\equiv CH$ 与过量的 HBr 作用，其主要产物是：

(A) $CF_3CBr_2CH_3$ (B) $CF_3CH_2CHBr_2$

(C) $CF_3CBr=CH_2$ (D) $CF_3CH=CH_2Br$

60. 在下列苯的同系物 C_8H_{10} 中，若以铁作催化剂，与液溴反应，只能生成一种一溴化物的是：

(A) 乙苯 (B) 间二甲苯

(C) 邻二甲苯 (D) 对二甲苯

61. 1mol 化合物 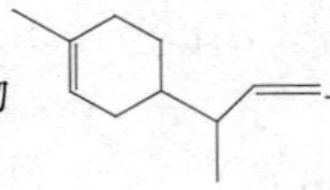 与 1 mol HCl 反应，其主要加成产物为：

(A) 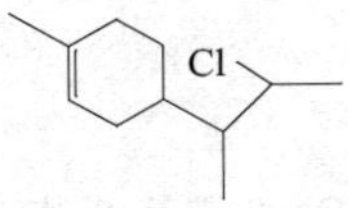
(B) 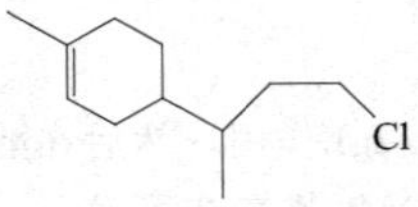

(C) 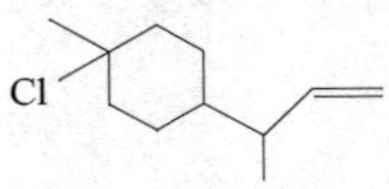
(D) 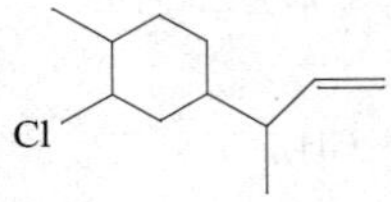

62. 下列化合物中，不能发生 Fredel-Crafts 反应的是：

(A) 甲苯 (B) 苯酚 (C) 苯胺 (D) 萘

63. 在无水乙醚中，3-溴-5-氯-甲苯与 Mg 作用，主要产物是：

(A) 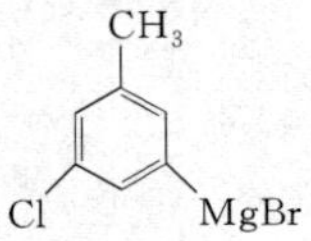
(B) 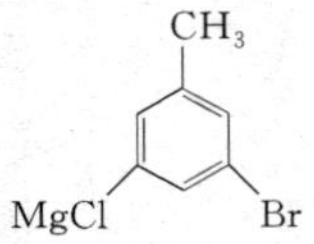

(C) 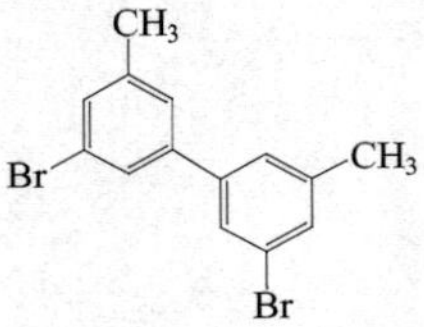
(D) 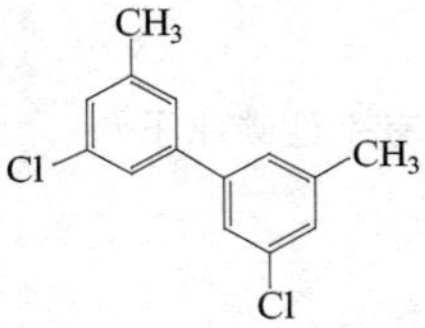

64. 下列哪一个化合物羟基上的 H 最不活泼？

(A) 环己醇 (B) 苯酚 (C) 对硝基苯酚 (D) 对甲氧基苯酚

65. 能用来鉴别 1-丁醇和 2-丁醇的试剂是：

(A) KI/I_2 (B) $I_2/NaOH$ (C) $ZnCl_2$ (D) Br_2/CCl_4

66. 能区分甲醛、乙醛和苯甲醛的试剂是：

(A) Tollens 试剂 (B) Fehling 试剂 (C) 羰基试剂 (D) Schiff 试剂

67. 羟醛缩合反应的条件是：

(A) 浓 NaOH (B) 稀 NaOH (C) 稀 HCl (D) 浓 HCl

68. 在稀酸中，下列哪一个化合物不发生水解？

(A) 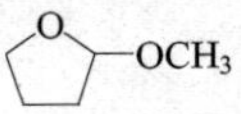 (B) 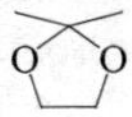 (C) 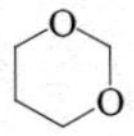 (D) 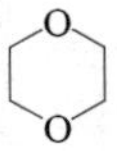

69. 下列化合物中，能发生银镜反应的是：

(A) 甲酸 (B) 乙酸 (C) 乙酸甲酯 (D) 乙酸乙酯

70. 下列化合物中，加热能生成内酯的是：

(A) 2-羟基丁酸 (B) 3-羟基戊酸 (C) 邻羟基丙酸 (D) 5-羟基戊酸

71. 在下列 4 种羧酸衍生物中，水解反应速度最慢的是：

(A) 乙酰氯 (B) 乙酸乙酯 (C) 乙酰胺 (D) 乙酸酐

72. 在碱性条件下，下列化合物中水解速率最大的是：

(A) CH_3COOCH_3 (B) $CH_3COOC_2H_5$

(C) $CH_3COOC(CH_3)_3$　　　　(D) $HCOOCH_3$

73. 脂肪胺中与亚硝酸反应能够放出氮气的是：

(A) 季铵盐　　(B) 叔胺　　(C) 仲胺　　(D) 伯胺

74. 下列化合物中碱性最强的是：

(A) 苯胺　　(B) 对甲氧基苯胺　　(C) 对氯苯胺　　(D) 对硝基苯胺

75. 下列化合物中，哪一个吸收峰的波长最长？

(A) 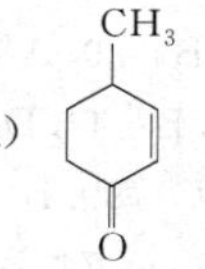

(B) 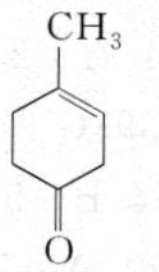

(C) 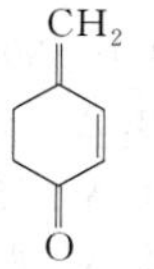

76. 在乙酸（CH_3COOH）分子中，下列哪一种振动不具有红外活性？

(A) O—H 伸缩　　(B) C—C 伸缩　　(C) C—H 伸缩　　(D) C=O 伸缩

77. 下图最有可能是哪一个化合物的 ^1H NMR 谱图？

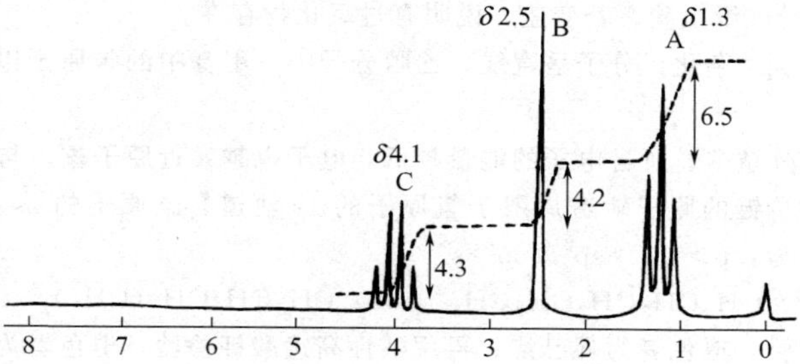

(A) 对苯二甲酸

(B) 1,4-环己基二甲酸

(C) $CH_3CH_2—\overset{O}{\overset{\|}{C}}—O—CH_2CH_2—O—\overset{O}{\overset{\|}{C}}—CH_2CH_3$

(D) $CH_3CH_2O—\overset{O}{\overset{\|}{C}}—CH_2CH_2—\overset{O}{\overset{\|}{C}}—OCH_2CH_3$

78. 下列化合物中，分子离子峰的荷质比（m/z）为偶数的是：

(A) 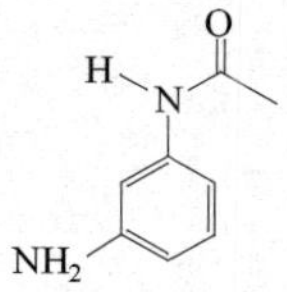

(B) 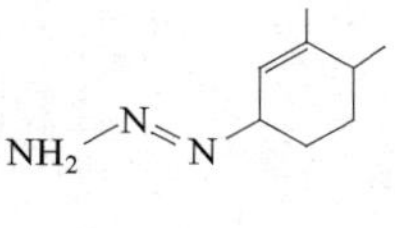

(C) 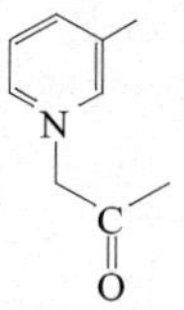

(D) 

二、简答题

1. 暴露在空气中的乙醚在使用前为什么要检验？如何检验？

2. 试分析 CO_2、CH_3CN 中每个 C、O、N 的杂化状态。

3. 在含碳氢的有机化合物中，不同杂化方式对共价键的稳定性有何影响？按能量递增的顺序排列 s、p、sp、sp^2、sp^3 轨道。

4. 某烷烃的相对分子质量为 72，根据氯化产物的不同，试推测各烷烃的结构，并写出其结构式。

(1) 一氯代产物只能有 1 种　　(2) 一氯代产物可以有 3 种

(3) 一氯代产物可以有 4 种　　(4) 二氯代产物只可能有 2 种

5. 用简便的化学方法区分苯、甲苯和环己烯。

6. 如何分离提纯苯酚和环己醇？

7. 酚中的C—O键长比醇中的C—O键长短，为什么？

答　案

一、选择

1. A　2. B　3. B　4. D　5. A　6. B　7. C　8. D　9. C　10. B　11. A　12. B　13. A　14. D　15. A　16. C　17. B　18. B　19. B　20. D　21. B　22. D　23. D　24. A　25. B　26. D　27. C　28. B　29. A　30. B　31. D　32. A　33. A　34. A　35. B　36. D　37. D　38. A　39. C　40. B　41. C　42. B　43. B　44. D　45. B　46. B　47. A　48. C　49. A　50. B　51. D　52. D　53. C　54. B　55. B　56. B　57. B　58. C　59. B　60. D　61. C　62. C　63. A　64. A　65. C　66. A　67. B　68. D　69. A　70. D　71. C　72. D　73. D　74. B　75. C　76. B　77. C　78. A

二、简答

1. 乙醚暴露在空气中易氧化产生过氧化物，过氧化物受热会爆炸，所以暴露在空气中的醚在使用之前应检验。用湿润的KI-淀粉试纸检验，若变蓝，说明有过氧化物存在。

2. CO_2 分子中，C以 sp^2 杂化，分子呈直线。乙腈分子中，甲基中的碳原子以 sp^3 杂化，腈基中的C、N以sp杂化。

3. 杂化轨道中含s成分越多，所含电子的能量越低，电子也越靠近原子核，与其他轨道形成的键越强。因碳氢有机物中，形成共价键的原子轨道局限于氢原子的1s轨道、碳原子的2s、2p轨道以及杂化轨道，因此，按能量递增的顺序为：$p > sp^3 > sp^2 > sp > s$。

4. (1) $(CH_3)_4C$　(2) $CH_3CH_2CH_2CH_2CH_3$　(3) $CH_3CH_2CH(CH_3)_2$　(4) $(CH_3)_4C$

5. 答案：先用溴水试验，退色者为环己烯；再用酸性高锰酸钾检验，退色者为甲苯，剩下的就是苯。

6. 答案：

7. 酚中的氧原子直接连在 sp^2 杂化C上，氧的杂化状态也为 sp^2 杂化，为平面结构，因此氧上的孤对电子就能与苯环Π电子发生p-Π共轭，使C—O键具有部分双键特性。另外 sp^2 杂化的氧s电子云成分比 sp^3 要高，所以 sp^2 电子云距原子核更近。而醇中的C—O键的形成是由C-sp^3 杂化轨道与O-sp^3 杂化轨道头碰头重叠而成，所以形成σ单键键长比酚中C—O键长要长些。

第七章 高分子化合物

一、基本要求

(1) 掌握高分子化合物特性、种类及常见高聚物的名称。

(2) 掌握高分子化合物的聚合反应类型。

(3) 了解高分子化合物的链结构及特点，掌握高分子化合物的三种力学状态及两个转变温度。

(4) 了解常见的高分子材料。

二、内容精要及基本例题分析

(一) 高分子化合物的基本概念

高分子化合物主链由单体通过聚合反应而成，结构式中重复单元称为链节，链节数称为聚合度。平均相对分子量与平均聚合度相关联。

【例 7-1】 与小分子化合物相比，以下哪一个描述不属于高分子化合物的特性：

(A) 高分子链通过重复单元以共价键连接

(B) 相对分子量大，约 $10^4 \sim 10^6$，呈多分散性

(C) 结构复杂，可用一次、二次和三次结构描述

(D) 高分子化合物数量庞大

【解】 答案为D。

【分析】 此题考查高分子化合物的基本概念。选项 A 是高分子化合物的特征。选项 B 中，高分子化合物的相对分子量具有统计平均的意义，可以用质均分子量和数均分子量来表示，高聚物相对分子量的分散性以两者的比值表示，比值越大，该高聚物试样相对分子量的分布越宽，故选项 B 是高聚物的特征。聚合物一级结构是指重复单元的化学元素组成和结构，二级结构是指高分子链的构象，三级结构是指许多高分子聚集在一起形成高分子材料所具有的结构，有无定型和结晶态两种类型，故选项 C 也是高分子化合物的特征。

(二) 高分子化合物的分类

高分子化合物有不同分类方式。①按组成可分为碳链、杂链和元素有机高分子化合物。②按聚合单体可分为均聚物、共聚物。其中共聚物可细分为无规、交替、嵌段和接枝共聚物。③按反应机理可分为加聚物、缩聚物。④按分子形状可分为线型高聚物、体型高聚物。⑤按性质和用途又可分为塑料、橡胶、纤维、胶黏剂、涂料、功能高分子等。

【例 7-2】 下列聚合物中，属于共聚物的是：

(A) 聚乙烯　(B) 尼龙-6　(C) 尼龙-66　(D) 聚碳酸酯

【解】 答案为 C。

【分析】 由两种或两种以上的单体聚合而成的高分子化合物称为共聚物。选项 A、B、D 聚乙烯、聚己内酰胺（尼龙-6）、聚碳酸酯均是只由一种单体聚合而成的均聚物，单体分别为乙烯、ω-氨基己酸、双酚 A。而选项 C 尼龙-66 是由两种单体己二胺和己二酸缩聚而成的共聚物，C 为正确答案。

（三）聚合反应

聚合反应按反应机理分为加聚反应和缩聚反应，也可按聚合反应的动力学特征分为连锁聚合和逐步聚合。连锁聚合包括链引发、链增长和链终止过程，又分为自由基型聚合和离子型聚合反应。

【例 7-3】 下列高聚物中，属于由加聚反应生成的加聚物的是：

（A）有机玻璃　（B）密胺树脂　（C）尼龙-66　（D）酚醛树脂

【解】 答案为 A。

【分析】 加聚反应是由含有不饱和链的单体，通过加成反应而形成高聚物的反应，反应过程没有小分子的副产物产生，聚合物与单体的元素组成相同，链节结构与单体结构相似，只有电子结构有所改变。选项 B、C、D 均是由缩聚反应制得，其中蜜胺树脂是三聚氰胺和甲醛的缩聚物，反应过程有氨分子失去；尼龙-66 是己二胺和己二酸的缩聚物，反应过程有水分子失去；酚醛树脂是苯酚与甲醛的缩聚物，反应过程有水分子失去。选项 A 有机玻璃是聚甲基丙烯酸甲酯，是由单体甲基丙烯酸甲酯通过相互加成聚合而成，故 A 为正确答案。

（四）高分子化合物的结构

高分子化合物的结构复杂，有线型、支链和体型高聚物。线型高聚物可溶解、熔融，具有热塑性；体型高聚物只能一次加热成型，属于热固性高分子化合物。有些线型高聚物在分子主链上有一些长短不一的侧链（支链），称为支链高分子。

因高分子链中的 C—C 键可以旋转，所以高分子链具有柔顺性。根据分子主链上的化学键是否可以发生内旋转，高分子链可呈现出链柔性或链刚性。柔性链和刚性链具有完全不同的力学性能和热性能。例如，橡胶的分子链以柔性链为主；而在天然高分子（纤维素、蛋白质和核酸等）中，分子链有氢键或极性基团的相互作用，使这些高分子链具有刚性链结构。

【例 7-4】 下列高聚物中，属于热固性高分子的是：

（A）聚苯乙烯　（B）环氧树脂　（C）聚氯乙烯　（D）ABS

【解】 答案为 B。

【分析】 线型和支链高分子依靠分子间力聚集成高聚物，受热时，克服分子间力塑化或熔融，冷却后又凝聚成固态聚合物。受热塑化和冷却固化可以反复可逆进行，这种热行为称为热塑性。如聚烯烃都是热塑性高聚物。而另一些体型高聚物，如酚醛树脂、环氧树脂等，由于受热过程中发生了交联，变得不溶不熔，冷却后固化，再受热时不能再塑化变形，这一热行为称为热固性。故 B 为正确答案。

（五）高分子化合物的力学状态

通常情况下，高分子以固态存在，分为两类。①结晶高分子，如聚乙烯、聚丙烯、聚酰胺等，其内部分子链之间的相互排列非常规整。②非晶高分子，如聚氯乙烯、聚苯乙烯、聚甲基丙烯酸甲酯等，其内部分子链杂乱无章的排列堆砌。

结晶聚合物加热到一定温度时，结构被破坏，晶态转变为非晶态。而非晶态高聚物随温度升高会依次出现三种力学状态和两个转变温度。

高分子化合物的力学状态有玻璃态、高弹态和黏流态，相互间的转化温度为玻璃化温度 T_g 和黏流化温度 T_f。

【例 7-5】 适合制成橡胶的高聚物应当是：

（A）T_g 低于室温高聚物　（B）T_g 高于室温高聚物

（C）T_f 低于室温高聚物　（D）T_f 高于室温高聚物

【解】 答案为 A。

【分析】 此题考查材料特性与特征温度之间的关系。T_g 是高分子化合物的一个重要的特性参数，每一种高分子化合物都有自身特有的 T_g。若高分子化合物的 T_g 高于环境温度，在此温度下，高分子化合物处于玻璃态，形变小，坚硬而缺少弹性。因此，T_g 高于室温的高聚物被称作塑料，而 T_g 低于室温的高聚物被称作橡胶，故正确答案为 A。对橡胶而言，T_g、T_f 都具有重要的工艺价值。T_g 是橡胶的耐寒温度，宜低；而 T_f 是橡胶的耐热标志，宜高。能满足此要求的橡胶高弹态温度范围（T_g～T_f）宽，使用性能佳。

请读者注意，共聚物也有特征的 T_g，如聚苯乙烯的 T_g 为 100℃，不能制成橡胶，但若苯乙烯与一种软单体（即 T_g 特别低）如丁二烯共聚，所获得的共聚物的 T_g 为 －75～－63℃，因此，苯乙烯与丁二烯的共聚物可制成橡胶。

（六）高分子化合物材料及应用

高分子材料是由高分子化合物经过加工掺入某些添加物而制成的工程或化工材料。

高分子材料通常指塑料、合成橡胶、合成纤维三类。此外，有机涂料、有机胶黏剂、离子交换树脂等也属高分子材料。

【例 7-6】 下列高聚物可用作通用塑料的是：

（A）聚异戊二烯　　（B）聚丙烯　　（C）聚丙烯腈　　（D）聚酰胺

【解】 答案为 B。

【分析】 塑料是在玻璃态下使用，T_g 成为其工作温度的上限，故对通用塑料而言，要求其 T_g 较高，而为易于加工成型，又要求其 T_f 不要太高，即两者差值越小越好。选项 B 符合这些条件，而且耐热性好，使用范围广。选项 A 的 T_g 过低，常温下是高弹态，具有橡胶特性；选项 C 可作为合成纤维原料；选项 D 可作为工程塑料。

三、综合例题分析

【例 7-7】 以下三种温度-形变曲线，各对应于何种高分子材料？

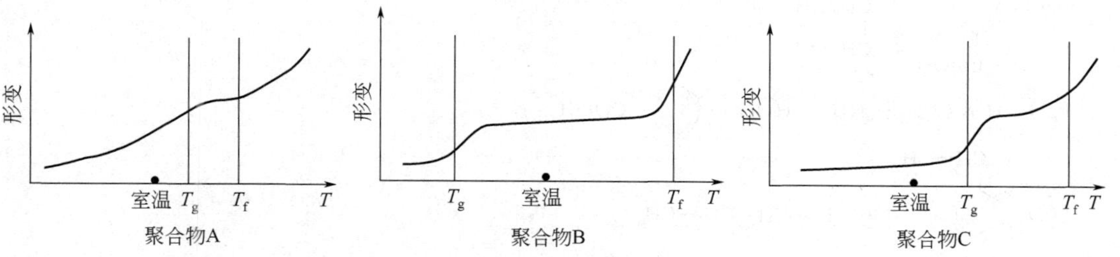

【解】 聚合物 B 为橡胶，聚合物 A、C 是塑料（或纤维）。

【分析】 聚合物 A、C 的 T_g 高于室温，为塑料（或纤维），聚合物 B 的 T_g 低于室温，为橡胶。A、C 的差异在于，聚合物 C 的黏流化温度高，表明该聚合物的使用温程大，耐热性较好。聚合物 A 的熔融温度比聚合物 C 要低，因此，其加工温度较低，易于加工成型。

【例 7-8】 下列聚合物中，哪一个是杂链高分子化合物？

（A）氯丁橡胶　　（B）氟橡胶　　（C）聚丙烯　　（D）聚碳酸酯

【解】 答案为 D。

【分析】 选项 A 中，氯丁橡胶（缩写为 CR），系统命名是聚氯丁二烯，为均聚物，其重复单元是 $\left[CH_2—CH═\underset{}{\overset{Cl}{\overset{|}{C}}}—CH_2\right]_n$ ，属于碳链高聚物。选项 B 中，氟橡胶是含氟特种橡胶的

统称，一般是指偏氟乙烯与六氟丙烯、偏氟乙烯与三氟氯乙烯、四氟乙烯与六氟丙烯的共聚物，它们的重复单元分别为：

$\lbrace CF_2-CH_2 \rbrace_m \lbrace CF(CF_3)-CF_2 \rbrace_n$、$\lbrace CF_2-CH_2 \rbrace_m \lbrace CF(Cl)-CF_2 \rbrace_n$、$\lbrace CF_2-CF_2 \rbrace_m \lbrace CF(CF_3)-CF_2 \rbrace_n$

所以，它们皆为碳链高分子化合物。显然，选项 C 聚丙烯（缩写为 PP）是碳链高分子化合物，为均聚物。选项 D 聚碳酸酯（缩写为 PC）是由双酚 A 与光气缩合而成，其重复单元为：

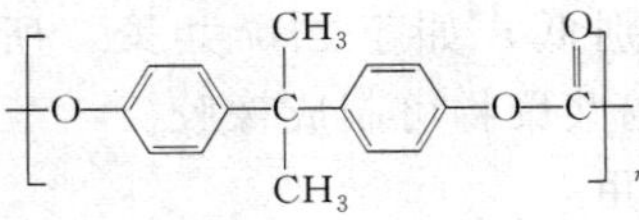

故为杂链高分子化合物。

【例 7-9】 下列单体中，在一定条件下能发生缩聚反应的是：

(A) $CH_2=CHCl$　　(B) $H_2N\lbrace CH_2 \rbrace_5 COOH$

(C) $CH_2=C(CH_3)-CH=CH_2$　　(D) 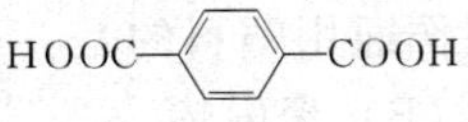

【解】 答案为 B。

【分析】 能发生缩聚反应的单体中，必然含有 2 个或 2 个以上能相互作用的官能团。按此条件，选项 A、C 均无能相互反应的官能团，仅含有不饱和烯键，只能发生加聚反应。选项 D，单体中只含一种官能团—COOH（羧基），故既不能缩聚，也不能发生加聚反应。只有选项 B，单体中含有能相互作用的两种官能团，即—NH_2（氨基）和—COOH（羧基），所以在一定条件下可发生缩聚反应，生成尼龙-6。

【例 7-10】 下列单体在一定条件下，能发生加聚反应的是：

(A) 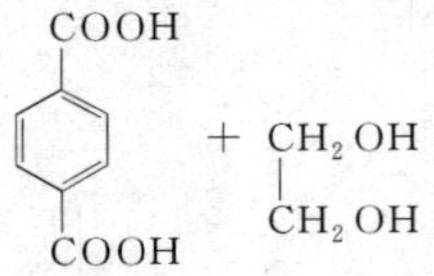

(B)  $H_2N\lbrace CH_2 \rbrace_6 NH_2$ + 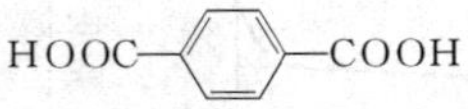

(C) 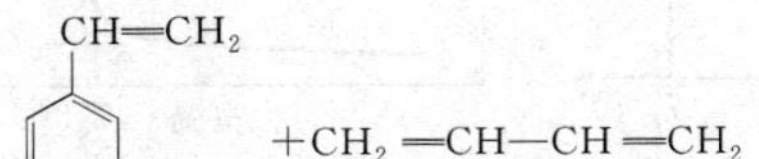

(D) 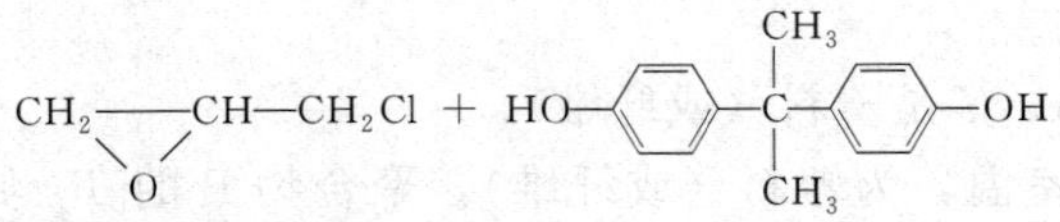

【解】 答案为 C。

【分析】 能发生加聚反应的单体应含有不饱和烯（或炔）键。若能发生加聚反应，则参与加聚反应的多种单体均应含有不饱和烯（或炔）键。选项 C 满足此条件，故为正确答案。其余选项的单体均含有两种能相互作用的官能团，故能发生缩聚反应。

【例 7-11】 下列化合物中，可作聚合反应引发剂的是：

(A) $CH_3-C(CH_3)(CN)-N=N-C(CH_3)(CN)-CH_3$　　(B) 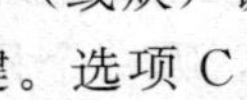

(C) $CH_3CH_2NH_2$ (D) CH_3CH_2Cl

【解】 答案为A。

【分析】 加聚反应是连锁聚合反应，而连锁聚合反应需要经过链的引发阶段，即形成单体自由基的反应阶段。虽然热、光（紫外光）和高能辐射能引发某些烯类单体，形成自由基单体，但工业中常使用化学引发法，即使用一种遇热可发生均裂的有机化合物，常称作引发剂，形成自由基，再与单体加成，形成单体自由基。

有机引发剂中常含有活泼的共价键，如过氧键、偶氮键等。选项A属于偶氮化合物，可作为引发剂，故正确答案为A。

【例7-12】 下列哪一种合成材料的相对分子量最小？

(A) 塑料 (B) 橡胶 (C) 纤维 (D) 树脂

【解】 答案为C。

【分析】 此题考查合成材料与聚合物相对分子量之间的关系。塑料、橡胶和纤维是三大合成材料，它们皆由高分子化合物与其他助剂加工而成，但树脂是指高分子化合物本身，大多数缩聚物被命名为树脂，如酚醛树脂、密胺树脂等。聚乙烯（树脂）是指聚乙烯高分子化合物，但聚乙烯塑料是由乙烯的均聚物与其他助剂混炼而成。

为确保材料的使用性能，塑料的相对分子质量一般在5万～20万之间，橡胶的相对分子质量一般大于20万，而纤维的分子质量一般在2万～3万之间。故选项C正确。

【例7-13】 若想区分下列高分子化合物聚氯乙烯、聚苯乙烯、聚四氟乙烯和尼龙，最便捷的方法是：

(A) 测定融熔温度 (B) 紫外谱图 (C) ^1H 核磁共振 (D) 红外谱图

【解】 答案为D。

【分析】 此题考查高分子化合物的鉴定与表征。与小分子化合物相同，熔融温度的测定以及核磁、红外、元素分析等常规的仪器分析方法同样也适用于聚合物的表征，最不相同的是测定聚合物分子量一般需通过凝胶色谱得到。按题意，上述方法都可以区分聚氯乙烯、聚苯乙烯、聚四氟乙烯和尼龙，但选项A的方法耗时较长，而选项B需要寻找聚合物各自的良溶剂，选项C则需要适合这些聚合物的氘代溶剂。因聚合物大多是白色固体，进行红外测定是最便捷的方法，只需将聚合物固体与KBr研磨压片，便可从红外图谱中加以区别。聚氯乙烯在 $2800\sim2900cm^{-1}$ 处有较强的C—H吸收振动峰，聚苯乙烯在 $1600cm^{-1}$ 附近有特征吸收，聚四氟乙烯在 $1200cm^{-1}$ 处有C—F的强吸收，尼龙在 $1700cm^{-1}$ 处有羰基的强吸收。故选项D正确。

【例7-14】* 根据热力学原理，烯烃类单体完成加聚反应的主要参数是：

(A) 聚合反应的聚合熵 ΔS (B) 聚合反应的聚合焓 ΔH

(C) 聚合物的分解温度 (D) 聚合反应的速率

【解】 答案为B。

【分析】 此题考查聚合反应的判据。单体完成聚合反应须从热力学和动力学因素进行考查。动力学因素为温度和引发剂等条件。根据题意，若单从热力学上判断聚合反应的倾向，应根据 $\Delta G=\Delta H-T\Delta S$ 判断。单体转化为高分子化合物的过程是一个熵减过程，聚合熵 ΔS 为负值，对不同的烯烃类单体而言，ΔS 的变化不大，可认为是一个定值。而对不同的烯烃单体，其聚合焓的变化却较大，如乙烯、丙烯、异丁烯、α-甲基苯乙烯的聚合焓分别为 $92kJ\cdot mol^{-1}$、$84kJ\cdot mol^{-1}$、$48kJ\cdot mol^{-1}$、$35kJ\cdot mol^{-1}$，其中的原因请读者自行分析，故正确答案为B。另请读者分析，上述哪一个单体最容易发生聚合。

【例 7-15】* 若采用过氧化二苯甲酰为引发剂的自由基聚合，升高温度可使聚合反应的速率：

(A) 增加　　(B) 降低　　(C) 影响小　　(D) 无法确定

【解】 答案为 A。

【分析】 此题考查聚合反应速率的影响因素和影响结果。在自由基聚合反应中，影响聚合速率的因素有单体浓度、引发剂浓度、聚合温度和引发剂分解温度。聚合反应速率遵循阿仑尼乌斯公式 $k=Ae^{-E_a/RT}$，由于过氧化二苯甲酰引发剂需热引发，因此聚合反应的反应温度大多不低于 50℃，典型自由基聚合反应的总活化能的估算值为 $84kJ\cdot mol^{-1}$（请读者自行计算，聚合温度由 50℃升高到 80℃时，自由基聚合反应速率常数 k 增加了多少倍)，故增加温度，聚合反应的速率增加。但增加温度，可使聚合度降低，并使聚合物的结构发生变化，如升高温度，有利于支链的生成、有利于主链上结构单元的头-头连接等。

【例 7-16】* 下列哪一种单体能通过自由基聚合，得到高分子量的聚合物：

(A) $CH_2=(Ph)_2$　　(B) $CH_2=CHOR$

(C) $CHCl=CHCl$　　(D) $CF_2=CFCl$

【解】 答案为 D。

【分析】 此题考查烯类单体的聚合规律。烯烃的结构式为：

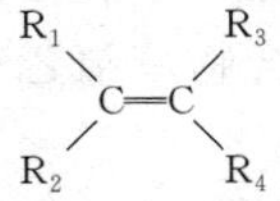

当 R_1、R_2、R_3 和 R_4 皆为 H 原子时，为烯烃母体；当 $R_1\neq H$，而其他取代基皆为 H 时，为一元取代衍生物；当 R_1、$R_2\neq H$，而其他取代基皆为 H 时，为 1,1-二元取代衍生物。由于空间位阻小，烯烃单体、一元取代衍生物和 1,1-二元取代衍生物可通过自由基聚合，或者在烯烃单体的取代衍生物中存在强吸电子基团或存在共轭效应，也可得到高分子量的聚合物。显然，选项 C 化合物的结构对称，1,2-二取代造成较大的空间位阻，不能通过自由基聚合，形成高分子量的聚合物。尽管选项 A 化合物是 1,1-二元取代的烯烃单体，但取代基苯基的空间位阻很大，只能形成二聚体。尽管选项 B 化合物也是 1,1-二元取代的烯烃单体，但—OR 是推电子基团，不能均聚成高分子量的聚合物，一般只能作为共聚单体的形式出现。丙烯、2-丁烯等也不能通过自由基聚合形成高分子量的聚合物。故选项 D 正确。

甲基丙烯酸甲酯（简写为 MMA）分子属 1,2-二元取代的烯烃单体，尽管甲基是推电子基团，但因邻近的酯基能与烯键形成共轭体系，可通过自由基聚合得到高分子量的聚合物，而其同分异构体 2-丁烯酸甲酯却不能，原因请读者自行分析。

【例 7-17】* 发生下列哪一个反应时，聚合物的聚合度增大？

(A) 由聚醋酸乙烯酯制成聚乙烯醇　　(B) 离子交换树脂的制备

(C) 聚合物的老化　　(D) 环氧树脂的固化

【解】 答案为 D。

【分析】 此题考查聚合反应类型和聚合度之间的关系。选项 C 的反应属于聚合物的降解，是聚合度变小的反应。选项 A 的反应如下：

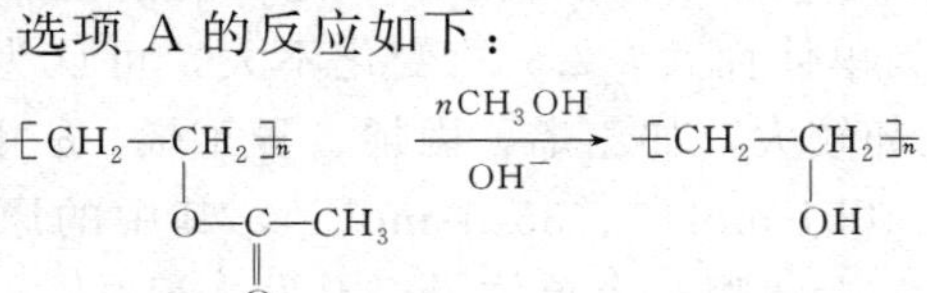

所以聚合度不变。离子交换树脂的制备是将苯乙烯与少量对二乙烯基苯所得的轻度交联的无规聚合物，在浓硫酸和浓硝酸的存在下，通过苯环上的取代反应制得，反应如下：

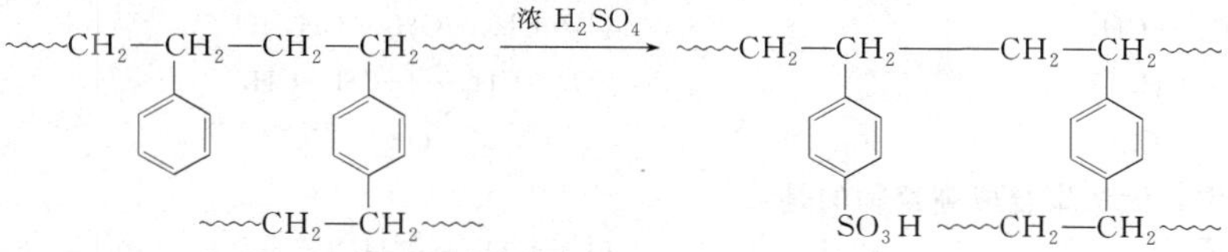

聚合度也不发生改变，故选项 B 错误。

环氧树脂泛指分子中含有两个或两个以上环氧基团的高分子化合物，其中双酚 A 型环氧树脂是最常用的环氧树脂，它是由环氧氯丙烷与双酚 A 缩合而成的高分子化合物。

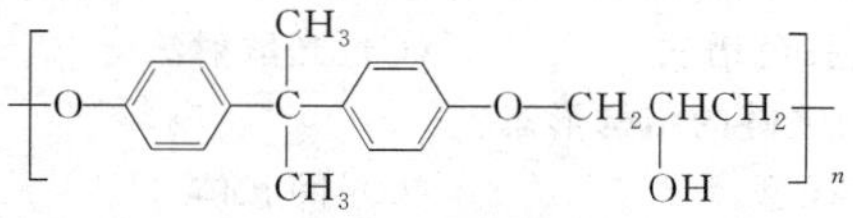

从环氧树脂的重复单元可以看出，它属于杂链高分子化合物，重复单元中有一个活性较大的羟基，能与脂肪族二胺固化剂如乙二胺反应，发生交联，因此，环氧树脂的固化是一个扩链反应，聚合物的聚合度增加。

【例 7-18】* 同时加入两种单体，在进行自由基共聚时所形成的高聚物是：

（A）等规聚合物　　（B）嵌段聚合物　　（C）接枝高聚物　　（D）无规高聚物

【解】 答案为 D。

【分析】 此题考查聚合方法与聚合物结构之间的关系。一般而言，等规聚合物是均聚物，嵌段聚合物、接枝聚合物一定是共聚物，而无规聚合物可以是均聚物，也可以是共聚物。

在普通自由基聚合中，一般采用自由基引发剂，如过氧化二苯甲酰。在自由基链增长过程中，因电子效应和位阻效应，单体与链自由基键合方式采取头尾键接的方式，但头-头和头-尾键接的活化能差异为 34～42kJ·mol^{-1}，且链自由基的碳原子为 sp^2 杂化，呈平面结构，而单体在平面上、下进攻链自由基的概率各为 50%，因此，普通自由基聚合所得到的高聚物为无规聚合物。若控制适当条件，可获得交替共聚物。

等规、间规聚合物如等规聚丙烯，一般需通过配位聚合的方法得到，故选项 A 错误。

嵌段聚合物作为一种特殊的线型共聚物，它的玻璃化温度由温度较低的聚合物决定，而软化点却随温度较高的聚合物而变化，一般通过离子型连锁聚合方法获得，如活性阴离子、活性阳离子聚合。

接枝高聚物是支化的共聚物，其性质由所含高分子化合物性质综合体现，如 ABS 树脂。一般都需要通过预聚，大多采用聚合物的化学反应获得。

自测题及答案

自　测　题

一、选择题

1. 丁苯橡胶是一类：

（A）均聚物　　（B）共聚物　　（C）缩聚物　　（D）难以确定

2. 下列高聚物按自由基聚合反应机理聚合的是：

（A）尼龙-6　　（B）酚醛树脂　　（C）环氧树脂　　（D）聚氯乙烯

3. 下列高聚物按逐步聚合反应机理聚合的是：

（A）聚丙烯　　（B）聚苯乙烯　　（C）丁苯橡胶　　（D）聚酰胺树脂

4. 高聚物 $\left[CH_2-\underset{\displaystyle CH_3}{\underset{|}{CH}}\right]_n$ 是由下列哪一个单体聚合而成的？

(A) $CH_2=CH-CH_3$　　(B) $CH_3-CH_2-CH_3$

(C) $CH \equiv C-CH_3$　　(D) 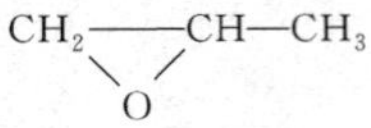

5. 下列单体中，无法聚合成高聚物的是：

(A) 　　(B) $CH_2=CHCl$

(C) $CH_2=CHCN$　　(D) 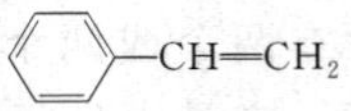

6. 下列哪种方法不能用于高分子化合物相对分子量的测定？

(A) 黏度法　(B) 凝胶色谱法　(C) 光散射法　(D) 渗透压法

7. 下列哪一种形态不是聚合物碳链的结构形态？

(A) 内旋转状态　(B) 直线型　(C) 网状体　(D) 支链型

8. 下列哪一物质不是高分子化合物？

(A) 金刚石　(B) 核酸　(C) 纤维素　(D) 三聚氰胺

9. 越来越多的高聚物进入人类的日常生活，许多材料和器皿均由高聚物制成，如人造大理石、有机玻璃、人造皮革、塑料杯、电线护套塑料管道等，这些材料或器皿的材质都用缩写的大写英文字母标注，如PE、PP、PU、PC、PS、PVC、PMMA、PTFE等，其中PC表示：

(A) 聚乙烯　(B) 聚氯乙烯　(C) 聚碳酸酯　(D) 聚醋酸乙烯酯

10. ABS属于：

(A) 无规共聚物　(B) 交替共聚物　(C) 接枝共聚物　(D) 嵌段共聚物

11. 合成纤维常用“纶”来表示，如涤纶、氨纶、腈纶、氯纶、锦纶、丙纶、维尼纶等。其中，锦纶代表何种高分子化合物？

(A) 聚酯　(B) 聚酰胺　(C) 聚氨酯　(D) 聚脲

12. 聚乙烯醇在下列哪种溶剂中的溶解度最大？

(A) 水　(B) 己烷　(C) 甲苯　(D) 石油醚

13. 关于线性缩聚反应，下列哪一个说法不正确？

(A) 聚合度随反应时间或反应程度而增加　(B) 链引发和链增长速率比自由基聚合慢

(C) 反应可以暂时停止在中等聚合度阶段　(D) 聚合初期，单体几乎全部缩聚成低聚物

14. 所有缩聚反应的共性是：

(A) 逐步特性　(B) 通过活性中心实现链增长

(C) 引发速率很快　(D) 快终止

15. 在下列自由基聚合的基元反应中，哪一个反应的活化能最大？

(A) 链引发　(B) 链增长　(C) 链终止　(D) 链转移

16. 当聚合和解聚处于平衡状态时的温度称为聚合极限温度。大多数自由基聚合的反应温度应该____聚合极限温度，缩聚反应的温度应该______聚合极限温度。

(A) 高于，高于　(B) 低于，低于　(C) 低于，高于　(D) 高于，低于

17. 以下聚合物中，最易发生解聚反应的是：

(A) 聚乙烯　(B) 聚丙烯　(C) 聚苯乙烯　(D) 聚甲基丙烯酸甲酯

18. 下列关于橡胶的说法中，正确的是：

(A) 橡胶均为丁二烯的共聚物　(B) 缩聚物不能形成橡胶

(C) 橡胶的 T_g 应低于－30℃　(D) 橡胶的 T_g 应高于0℃

19. 决定高聚物制品的使用性能的主要因素是：

(A) 高分子的碳链结构　(B) 高分子的形态

（C）碳链的高级结构　　　　　　　　　（D）聚集态结构

20. 人造板材家具中常使用胶黏剂。下列哪种高分子化合物是目前人造板材中使用最多、甲醛释放量较大的胶黏剂？

（A）聚甲醛　　（B）脲醛树脂　　（C）酚醛树脂　　（D）聚氨酯

21. 下列哪对单体之间不能发生自由基共聚？

（A）氯乙烯和苯乙烯　　　　　　　　（B）马来酸酐和醋酸乙烯酯

（C）丙烯腈和丁二烯　　　　　　　　（D）四氟乙烯和全氟丙烯

22. 合成高分子量的等规聚丙烯可使用下列何种催化剂？

（A）$H_2O+SnCl_4$　　　　　　　　（B）NaOH

（C）$TiCl_3+AlEt_3$　　　　　　　　（D）偶氮异丁腈

23. 四氟乙烯的聚合反应是：

（A）吸热反应　　（B）放热反应　　（C）氧化还原反应　　（D）缩聚反应

24. 下列哪个单体的聚合焓最小？

（A）乙烯　　（B）丙烯　　（C）异丁烯　　（D）α-甲基苯乙烯

25. 自由基聚合分为链引发、链增长和链终止。下列哪一个不是自由基聚合的特征性质？

（A）链引发慢　　（B）链增长快　　（C）链增长慢　　（D）链终止快

26. 下列哪一种高分子化合物的主链之间存在化学键？

（A）线型高聚物　　（B）支化高聚物　　（C）体型高聚物　　（D）等规高聚物

27. 下列哪一个高分子化合物不属于体型高分子化合物？

（A）酚醛树脂　　（B）脲醛树脂　　（D）聚氨酯　　（D）聚碳酸酯

28. 下列哪一个不是缩聚反应的特征性质？

（A）缩聚反应没有特定的反应活性中心　　（B）聚合物的相对分子量与反应时间无关

（C）缩聚反应无链引发、链增长和链终止　　（D）缩聚反应是逐步、可逆平衡反应

29. 烯烃类单体的聚合焓可由碳-碳双键和单键的键能估算。已知碳-碳双键的键能为 $610kJ\cdot mol^{-1}$，碳-碳单键的键能为 $347kJ\cdot mol^{-1}$，则聚合焓 ΔH 的估算值为：

（A）$84kJ\cdot mol^{-1}$　　（B）$236kJ\cdot mol^{-1}$　　（C）$-236kJ\cdot mol^{-1}$　　（D）$-84kJ\cdot mol^{-1}$

30. 下列哪一个是聚氨酯的重复单元？

（A）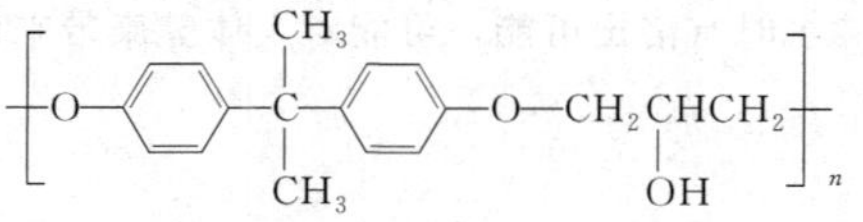

（B）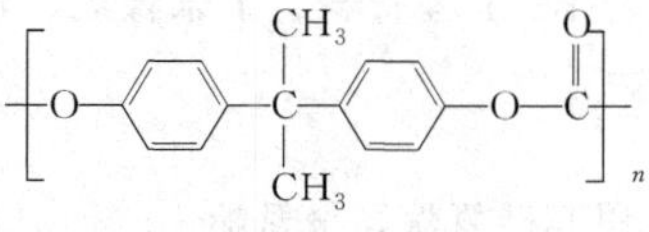

（C）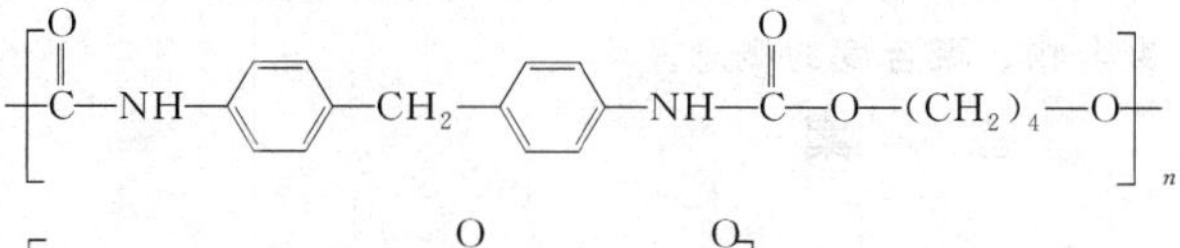

（D）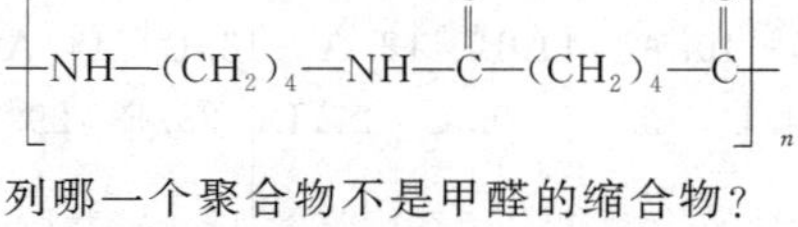

31. 下列哪一个聚合物不是甲醛的缩合物？

（A）酚醛树脂　　（B）密胺树脂　　（C）维尼纶　　（D）氨纶

32. 进行缩聚反应时，为使聚合度最大化，应选择：

（A）封闭体系　　　　　　　　　　（B）开放体系

（C）平衡常数大的有机反应　　　　（D）长时间高温

33. 同时可以获得高聚合速率和高相对分子量的聚合方法是：

（A）乳液聚合　（B）溶液聚合　（C）悬浮聚合　（D）本体聚合

34. 大多数聚合物是绝缘体，下列哪一个聚合物是绝缘体？

（A）聚吡咯　（B）聚亚酰胺　（C）聚苯硫醚　（D）聚乙炔

35. 在橡胶加工中加入硫黄，因为硫黄是：

（A）相对分子量调节剂　（B）引发剂

（C）交联剂　（D）链转移剂

二、填空题

1. 高分子化合物由______聚合而成，其中重复的结构单元称为______，______是衡量高分子化合物相对分子质量的重要指标，其分布区间越______越好。

2. 聚合反应按反应机理分为__________聚合反应、__________聚合反应。前者生成的高分子化合物又分为__________（如聚乙烯）和__________（如ABS塑料）。

3. 线型的非晶态高聚物在不同温度下，可以呈现3种不同的力学状态______、______、______。

4. 常温下塑料处于______，橡胶处于______。

5. 对塑料而言，其______温度越高越好；______温度越低越好。对橡胶而言，应选取__________的高分子材料。

6. 通用塑料中______的产量最大，但不宜做食品包装。

7. 酚醛树脂是由______与______缩合而成。ABS是由______、______与______共聚而成。尼龙66是由______与______缩合而成。丁苯橡胶是由______与______共聚而成。丁腈橡胶是由______与______共聚而成。

8. 从高分子化合物的塑性分类，聚乙烯、聚苯乙烯、聚酰胺等线型分子属于________高聚物；酚醛树脂、脲醛树脂等体型分子属于________高聚物。

9. 玻璃化温度指______态与______态之间的转变温度，而黏流化温度是指______态与态之间的转变温度。

10. 塑料按其受热后性能的不同，可分为______与______两大类。若按其用途又可分为______、______、______与______。

11. 各类人造板材及其家具在制作中通常采用______作为胶黏剂，可能是家具中甲醛的最大排放源。

12. ______塑料以双酚A(BPA)为原料制成，盛放沸水时有溶出可能，可能对人体健康带来危害。

三、简答题

1. 指出下列高聚物属于均聚物还是共聚物？

聚乙烯、聚氯乙烯、酚醛树脂、尼龙6、尼龙66、聚碳酸酯、ABS工程塑料、丁苯橡胶、顺丁橡胶、丁腈橡胶

2. 写出下列聚合物的单体分子式。

聚丙烯腈、天然橡胶、丁苯橡胶、聚甲醛、聚四氟乙烯、聚二甲基硅氧烷、聚氨酯

3. 解释单体、结构单元、重复单元、聚合物、聚合度的概念。

答　案

一、选择

1.B　2.D　3.D　4.A　5.A　6.C　7.A　8.D　9.C　10.A　11.B　12.A　13.B　14.A　15.A　16.C　17.D　18.C　19.D　20.B　21.B　22.C　23.B　24.D　25.C　26.C　27.D　28.B　29.A　30.C　31.D　32.B　33.A　34.B　35.C

二、填空

1. 单体　链节　聚合度　窄

2. 加成　缩合　均聚物　共聚物

3. 玻璃态　高弹态　黏流态

4. 玻璃态　高弹态

5. 玻璃化　黏流化　玻璃化温度低而黏流化温度高

6. 聚氯乙烯

7. 苯酚　甲醛　丙烯腈　丁二烯　苯乙烯　己二胺　己二酸　丁二烯　苯乙烯　丁二烯　丙烯腈

8. 热塑性　热固性

9. 玻璃　高弹　高弹　黏流

10. 热塑性塑料　热固性塑料　通用塑料　工程塑料　改性塑料　增强塑料

11. 脲醛树脂

12. 聚碳酸酯

三、简答

1. 均聚物：聚乙烯、聚氯乙烯、尼龙 6、顺丁橡胶

共聚物：酚醛树脂、尼龙 66、聚碳酸酯、ABS工程塑料、丁苯橡胶、丁腈橡胶

2. 聚丙烯腈：$\lbrack CH_2-\underset{\underset{CN}{|}}{CH}\rbrack_n$；

天然橡胶（聚异戊二烯）：$\lbrack CH_2-\underset{\underset{CH_3}{|}}{C}=CH-CH_2\rbrack_n$；

丁苯橡胶（丁二烯与苯乙烯的共聚物）：$\lbrack CH_2-CH=CH-CH_2-\underset{\underset{C_6H_5}{|}}{CH}-CH_3\rbrack_n$；

聚甲醛：$\lbrack CH_2-O\rbrack_n$；

聚四氟乙烯（商品名是特富隆）：$\lbrack CF_2-CF_2\rbrack_n$；

聚二甲基硅氧烷（俗称硅橡胶）：$\lbrack \overset{\overset{CH_3}{|}}{\underset{\underset{CH_3}{|}}{Si}}-O\rbrack_n$；

聚氨酯：$\lbrack NH(CH_2)_6NH-\underset{\underset{O}{\|}}{C}-NH(CH_2)_6NH-\underset{\underset{O}{\|}}{C}\rbrack_n$

3. 单体：带有某种官能团并具有聚合能力的低分子化合物。

结构单元：单体参与聚合反应后在分子链中所形成的化学结构，也称为单体单元。

重复单元：分子链上由化学键重复连接而成的化学结构相同的最小单元，也称为链节。

聚合物：由许多化学组成和结构相同的结构单元通过共价键重复连接而成的高分子化合物。

聚合度：平均每个分子链上具有的结构单元的数目。

第八章　生命与化学

一、生命的起源及演化

1. 生命的起源

现有许多不同的假说和理论。奥派林学说认为有以下几点。

（1）第一阶段　原始营养物的形成阶段。由 CH_3、H_2O、N_2、H_2、HCN →醛、醇、羧酸 →进入原始海洋。

（2）第二阶段　由原始营养物中的简单有机物逐渐演化成孕育生命所需的有机物（氨基酸、核苷酸、糖、脂肪、卟啉、核酸及蛋白质）。

（3）第三阶段　具有新陈代谢作用的多分子体系（原生体）的产生阶段。

随着这种原生体内新陈代谢催化机制的完善，内部的多核苷酸与多肽之间密码关系逐步建立，通过量的积累导致质的飞跃，最终产生了生命。

2. 生命产生的条件

（1）存在生命体组成的必要元素：C、H、N、O。

（2）存在孕育生命环境所需的水。

（3）有适当的温度。

（4）存在一定数量和质量的大气及光和热（能量）。

3. 细胞的化学组成

水、蛋白质、脂肪、糖类及核酸。

二、基本的生命物质

1. 氨基酸、蛋白质和酶

（1）氨基酸（α-氨基酸）　除甘氨酸外均为 L-构型。对人类而言有 8 种氨基酸（亮氨酸、异亮氨酸、赖氨酸、蛋氨酸、苏氨酸、苯丙氨酸、色氨酸、缬氨酸）必须从食物中取得，称为必需氨基酸。对高等植物而言，全部 20 种氨基酸都可通过自身合成以供蛋白质合成之需要。

氨基酸分子中含碱性基团—NH_2 和酸性基团—COOH 两种官能团，所以是两性电解质。

（2）蛋白质

① 组成　由 40 种以上 L-构型 α-氨基酸以肽键（酰胺键）连接而成的近线型聚合物。

② 结构　通常有一级、二级和三级结构，但有时也有四级结构。

蛋白质的一级结构——指多肽链中氨基酸的种类、数目及线性排列顺序。

蛋白质的二级结构——指分子中多肽链骨架的折叠方式（α-螺旋及 β-折叠），稳定性靠链内氢键维持。

蛋白质的三级结构——指多肽链的三维空间构型（通过疏水作用、静电作用、氢键和二硫键等结合方式）。

蛋白质的四级结构——多条肽链之间结合方式及其空间构象。

③ 分类及作用　球形蛋白质——如血红蛋白（运输氧气和养料）、酶（生物催化剂）、

抗体（防护作用）；纤维状蛋白质——如胶原蛋白（建构作用）、角蛋白（指甲、羽毛中主要成分）、丝蛋白（蚕丝）及肌蛋白等。

（3）酶 生物催化剂，具有专一性（选择性）及高效性。酶可分为简单纯蛋白质酶和结合蛋白质酶两大类。

2. 核酸

是由不同的核苷酸聚合而成。

（1）分类及功能 核酸可分为核糖核酸和脱氧核糖核酸两大类。

核糖核酸（RNA）主要有三类：m-RNA（信使核糖核酸）、t-RNA（转运核糖核酸）和 r-RNA（核糖体核糖核酸）。

脱氧核糖核酸（DNA）是遗传的物质基础，负责遗传信息的存储和发布。基因是指DNA链上由若干核苷酸所组成的包含着特殊遗传信息的片段。

（2）组成和结构

① 组成 核酸由核苷酸聚合而成，而核苷酸由磷酸基和核苷所组成，核苷则由戊糖（核糖或脱氧核糖）和碱基（腺嘌呤 A、鸟嘌呤 G、胸腺嘧啶 T、尿嘧啶 U、胞嘧啶 C）组成。

② 结构 RNA 通常只有一条多核苷酸的长链，局部区域可以形成配对结构。

DNA 分子是由两条反向平行的多核苷酸组成的双螺旋结构，两条链上的碱基根据互补配对原则通过氢键连接形成碱基对，A～T，G～C。

3. 糖

习惯称为碳水化合物（醛糖和酮糖），均为D-构型。

（1）单糖 有D-葡萄糖、D-果糖、D-核糖、D-脱氧核糖，因它们均可以环状结构存在，故又具有 α 和 β 两种构象。

（2）寡糖（低聚糖） 蔗糖、麦芽糖和纤维二糖为双糖，其分子中均含有糖苷键，均具有不同的构型（例如麦芽糖为 α-1,4-糖苷键，而纤维二糖为 β-1,4-糖苷键）。

（3）多糖（纤维素和淀粉） 是由多个单糖分子通过糖苷键连接而成的多聚糖。

4. 脂

是指脂肪（真脂）和类脂（磷脂、固醇和固醇脂）等一大类物质的总称。

（1）甘油三酯又称中性脂肪或真脂，是由甘油和脂肪酸生成的三酰基甘油酯。含有双键的脂肪酸称作不饱和脂肪酸，不含双键的脂肪酸称作饱和脂肪酸。

（2）类脂（磷脂、固醇类及萜类）。

① 磷脂（卵磷脂、脑磷脂、丝氨酸磷脂）是生物膜磷脂双分子层的主要成分。

② 固醇（甾醇类）其中最重要是胆固醇（细胞膜的主要成分，并作为合成固醇类激素、维生素 D、胆汁酸前体的原料）。

③ 萜类是由非极性疏水的异戊二烯聚合而成的链状或环状结构化合物。如 β 胡萝卜素、维生素 E，均具有抗衰老、抗辐射等功能。

5. 维生素与矿物质

（1）维生素 指维持生物生长和代谢所必需的微量有机物（一般是某种酶的辅酶、辅基的组分）。

脂溶性维生素有维生素 A、维生素 D、维生素 E、维生素 K。

水溶性维生素有维生素 B_1、维生素 B_2、维生素 B_6、维生素 B_{12}、维生素 C 等。

（2）矿物质 指 22 种生命必需元素。根据元素在体内含量不同，又分为人体宏量元素（K、Ca、S、P、Cl、Na、Mg）与人体微量元素（Fe、Zn、Cu、Mn、Cr、Co、F、Se、Sn、Mo、Si、I、B、Ni、V），主要来源于无机化合物。

三、生物工程与生物技术

1. 生物技术指自然科学（尤其是生物科学）与工程技术结合的产物。其构成主体有基因工程、蛋白质工程、细胞工程、发酵工程和酶工程。

而生物工程仅指生物技术中与产业化结合紧密的应用部分。

2. 基因工程：指在生物体外，将代表某种特定基因的外源性 DNA 分子（基因），经过定向切割、连接、复制重组 DNA 分子，再导入到受体细胞中的过程。

自测题及答案

自 测 题

一、填空题

1. 细胞的化学组成非常复杂，但就主要物质组成看，主要由______、______、______、______、______几大类分子组成。

2. 组成生命的基本物质有______、______、______、______、______。

3. 蛋白质的基本结构单元是______，其通式为______。蛋白质是由______通过______连接组成的相对分子质量______的高分子化合物。

4. 核酸可分为______和______两大类，其中______是遗传的物质基础，负责着遗传信息的存储和发布。

5. 核酸由______聚合而成，而______是由磷酸基和核苷所组成，核苷则由______和______组成。

6. 组成核酸的碱基有 5 种，分别是______、______、______、______和______，可分别用下面符号表示______、______、______、______和______。

7. DNA 分子是由两条反向平行的多核苷酸组成的______结构，两条链上的碱基根据互补配对原则通过______连接形成碱基对。

8. 维生素 C 又叫______；维生素 E 又称______；缺少维生素______可引起儿童佝偻病；口腔炎、口腔溃疡通常是缺乏维生素______引起的。

9. ______是一类具有生物催化活性的球状蛋白质，具有高度选择性。

10. DNA 是______的英文名称缩写，它是由______聚合而成的。其分子中含有 4 种不同的碱基，它们的不同排列形成了遗传密码。这 4 种不同的生物碱分别是______、______、______和______。

11. G-四链体结构（G-quadruplex）是由富含______的 DNA 链形成的特殊二级结构，其结构形成的主要驱动力为______。

12. 大多数蛋白质在酸性溶液中带______电荷，在碱性溶液中带______电荷。蛋白质具有两性电离性质。当蛋白质处在某一 pH 值溶液中时，它所带的正负电荷数相等时蛋白质成为两性离子（兼性离子），该溶液的 pH 值称为蛋白质的______。

13. 下列四种氨基酸（亮氨酸、组氨酸、苏氨酸、缬氨酸）中，不属于人体必需氨基酸的是______。

14. 血红蛋白是铁与______形成的配合物。维生素______是以 Co^{3+} 为中心离子的配合物，缺乏此维生素易得______病。

15. 脂肪酸分为饱和脂肪酸和不饱和脂肪酸两大类，其中不饱和脂肪酸又分为单不饱和脂肪酸和多不饱和脂肪酸。橄榄油中富含______脂肪酸，具有抗氧化的强大功效。深海鱼中富含多不饱和脂肪酸中的______，对大脑发育极为重要。

二、简答题

1. 为何氨基酸是两性电解质？其等电点指什么？

2. 蛋白质通常有几级结构？其一级结构和高级结构的区别是什么？什么是蛋白质变性？

3. 脂类中饱和脂肪酸与不饱和脂肪酸的区别是什么？

4. 谈谈你对基因工程的了解。

答　案

一、填空

1. 水　蛋白质　脂肪　糖类　核酸

2. 蛋白质　核酸　糖　脂　维生素与矿物质

3. 氨基酸　$\mathrm{R{-}\overset{\displaystyle NH_2}{\overset{|}{C}}H{-}COOH}$　天然氨基酸　肽键　大于5000

4. 核糖核酸（RNA）　脱氧核糖核酸（DNA）　DNA

5. 核苷酸　核苷酸　戊糖　碱基

6. 胞嘧啶　胸腺嘧啶　尿嘧啶　腺嘌呤　鸟嘌呤　C　T　U　A　G

7. 双螺旋　氢键

8. 抗坏血酸　生育酚　D　B_2

9. 酶

10. 脱氧核糖核酸　核苷酸　胞嘧啶(C)　胸腺嘧啶(T)　腺嘌呤(A)　鸟嘌呤(G)

11. 鸟嘌呤/或G　氢键

12. 正　负　等电点

13. 组氨酸

14. 卟啉　B12　恶性贫血

15. 单不饱和　亚麻酸（欧米伽-3）

二、简答（略）

第九章　环境与化学

一、人类、环境与化学

1. 人类与环境的关系

人类依赖自然环境而生存，并不断索取自然资源、创造新的物质文明和生存环境；同时由于人类生产、生活两大活动带来的一系列严重的环境污染束缚和影响了人类的发展与生存。故人类与环境的关系是作用与反作用的关系。

环境污染：若外来污染物超出环境的自净能力时，环境的生态会受到不可逆转的严重破坏，称为环境污染。

2. 环境科学与环境化学

环境科学——是研究在人类活动影响下，环境质量变化的规则以及保护、改善环境的策略与方法的科学。

环境化学——是环境科学与化学学科相结合的交叉学科，其运用化学的理论和方法来研究化学污染物的来源、存在状态、性质、在环境中的变迁规律以及化学污染物的分析检测和防治。

二、当代重大的环境问题

1. CO_2 与温室效应

由于大气层中 CO_2 能透过波长较短的太阳辐射，却吸收由地表散发的波长较长的红外线辐射，导致将太阳辐射的热量截留在近地表大气层的现象。其危害主要使大气环境温度上升，导致两极冰川融化、海平面上升，引起风、降雨、飓风等自然气象异常及大规模农业减产等十分严重的后果。

主要温室气体有：CO_2、CH_4、$CFCl_3$、N_2O 等。

2. 臭氧层的破坏

是指卤代烃类污染物使大气平流层中臭氧浓度下降，造成臭氧层的破坏（出现臭氧层空洞）。其危害主要是紫外线辐射过度会造成生物死亡，人和动物免疫系统损伤、皮肤癌发病率升高等。

破坏臭氧层的物质主要是氯氟代烃（氟利昂）。

3. 光化学烟雾

是指由于汽车排放的尾气和石油化工厂排放的废气中的氮氧化合物和碳氢化合物，在高温、无风、湿度小的气象条件下，受太阳光中紫外线强烈照射，发生一系列光化学反应，而产生臭氧、过氧乙酰硝酸酯 PAN 等刺激性物质，形成的极淡蓝色的“烟雾”。其危害主要是强氧化性、强刺激性、强致癌性，严重时可致人死亡。

光化学烟雾是废气中的氮氧化合物 NO_x（主要是 NO 和 NO_2）及碳氢化合物产生的。

4. 酸雨

指 pH 值小于 5.6 的降雨。主要来源是人为排放到大气中的硫氧化合物（SO_x）和氮氧化合物（NO_x）。其危害主要有人体呼吸系统疾病，建筑物及设备的金属腐蚀，农作物减产，土壤因大量营养元素被淋失而贫瘠、水生生物群体大量减少等。

5. 水体富营养化

指来自生活污水和工业废水中的含氮、磷等植物营养物质在水体中的富集，导致水体中的藻类及浮游生物迅速繁殖、生长，从而使水体严重缺氧、水质恶化的现象。如淡水湖中的蓝藻现象及海湾处的赤潮现象。

6. 土壤污染

指进入土壤中的有害、有毒物质超过土壤的自净能力，导致土壤的物理、化学和生物性质发生改变的现象。其中包括农药、重金属、病原微生物、固体废弃物及放射性物质的污染。

三、现代化学与可持续发展

1. 可持续发展的三个特征

可持续发展的三个特征是生态持续、经济持续和社会持续。生态持续是基础，经济持续是条件，社会持续是目的。其强调的是对不可再生资源（矿物、油、气和煤等）要提高利用率，加强循环利用；对可再生资源（太阳能、水能、风能、潮汐能等）要限制在其再生的承受力限度内，保证可再生资源的持续利用。

2. 化学在可持续发展中的作用与地位

现代化学极大地推动了社会进步，在提高粮食产量，开发和使用新材料、新能源以及提高人类生活素质等方面起着极其重要的作用；同时也带来各种公害和环境问题。因此化学对处理环境污染、实现与环境协调发展，从而对人类的可持续发展也将发挥极其关键的作用。

四、绿色化学

是一门具有明确的社会需求和科学目标的新兴交叉学科。其研究污染的根源，预防污染产生，使其达到零排放或零污染。绿色化包括以下几方面。

（1）原料的绿色化　使用无毒、无害原料及可再生资源为原料。

（2）化学反应的绿色化　设计“原子经济性”反应。所谓“原子经济性”反应是指将原料分子中的原子尽可能地全部转化为产物，不产生副产物或废物（零排放）。

（3）催化剂的绿色化　使用无毒、无害、性能优异的催化剂，提高反应的选择性，大大降低反应能耗。

（4）溶剂的绿色化　使用无毒、无害溶剂或寻找非溶剂化的替代反应。

（5）产品的绿色化　产品为环保型，可被动植物、微生物分解吸收而转化为无害物。同时在设计分子时应考虑其降解性。

自测题及答案

自　测　题

一、填空题

1. 当有毒害物质进入环境的数量超过了环境生态系统自身降解毒害的能力，因而破坏了体系的__________平衡，使人类赖以生存的环境质量恶化，这就称为__________。

2. 人们普遍认为，__________的广泛使用和大量排放，是造成臭氧层空洞的主要原因。而汽车尾气中的氮氧化物则是造成__________的罪魁祸首。

3. 因环境污染而造成的公害病中，著名的水俣病被认为是由__________污染引起的，而骨痛病是由

__________污染引起的。

4.引起温室效应的主要温室气体有__________、__________、__________、__________等。酸雨的pH________，形成酸雨的大气污染物主要是__________和__________。

5.当代重大的五大环境问题有__________、__________、__________、__________和__________。

6.绿色化学中化学反应的绿色化是指选择__________反应，实现废物的零排放。

7.绿色化学的研究主要围绕__________、__________、__________、__________和__________等方面的绿色化开展。

8.日本水俣病事件是由于生产氯乙烯和醋酸乙烯的企业，在制造过程中使用含汞催化剂______。废水排入水中，无机汞能够通过一种甲基钴氨素的细菌转化为______剧毒物质，对______系统产生很严重的侵害。中国居民摄入甲基汞的主要渠道是____，而非鱼类。

9.骨痛病的中毒机理是镉离子能够取代______与体内的负离子结合，造成严重的_______。

10.日本四日市哮喘事件是世界上有名的公害事件之一。致病原因是______产生的废气。哮喘病与大气中______气体的浓度呈明显相关关系。

11.氟里昂被认为是破坏臭氧层的化学物质，它与臭氧分子间的化学反应属于_________。

二、简答题

1.请解释水体富营养化的原因，赤潮形成的主要原因。

2.什么是绿色化学？绿色化学的基本思路、目标和特点是什么？

3.什么是原子经济性反应？它的优点有哪些？

4.什么叫温室效应？试简述温室效应的成因、后果及人类的对策。

答　案

一、填空

1.生态　环境污染

2.氯氟代烃（氟利昂）　光化学烟雾

3.汞（Hg）　镉（Cd）

4.CO_2　CH_4　$CFCl_3$　N_2O　<5.6　SO_x　NO_x

5.温室效应　臭氧层空洞　光化学污染　酸雨　水体富营养化

6.原子经济性

7.化学反应　原料　催化剂　溶剂　产品

8.氯化汞和硫酸汞　二甲基汞（CH_3HgCl）神经　稻米

9.钙离子　骨质疏松/骨软化/缺钙

10.高硫重油　二氧化硫

11.自由基反应

二、简答（略）

第十章 能源与化学

一、能源发展的历史与现状

1. 能源

指能够提供能量的源泉或资源。

(1) 一次能源、二次能源 自然界中已存在，并能直接被人类利用的能源，例如太阳能、水能、风能、潮汐能、煤、石油、天然气等属于一次能源。利用一次能源经加工转化得到的能源，例如煤气、电、焦炭、汽油等，属于二次能源。

(2) 可再生能源与不可再生能源 有些能源在自然界中能很快得到补充或循环再生（日光、流水、风、地热、潮汐等）为可再生能源；另外有些能源在自然界中生长周期极长（煤、石油、天然气、核燃料等），不可能在短期内得到再生和补充，则为不可再生能源。

(3) 化石能源 指煤、石油、天然气。

2. 历史

从柴薪时期到煤炭时期，再到石油、天然气时期。

3. 现状

仍然是以化石能源为主。

(1) 煤 其化学组成相当复杂，除C、H、O、N、S等元素外，尚含有Ca、Al、Mg、Fe、Cu、Na、K等多种元素。煤为固体能源，可作燃料、化工原料，可制造煤气和发电。

(2) 石油 即原油。是含有多种碳氢化合物的混合物。石油为液体能源，可作优良的燃料、重要的化工原料，而且现代生活中的衣、食、住、行也直接或间接地与石油产品有关。

(3) 天然气 其主要成分为甲烷，还有少量的乙烷和其他碳氢化合物。天然气为气体能源，可作优质的气体燃料和重要的化工原料。

二、化石能源深度利用的新技术

1. 煤炭的气化

即煤气的制造。基本方法有煤炭干馏法和煤炭完全气化法，以后者为主。

2. 煤炭的地下气化

指煤炭的气化在地下煤层中进行。可用钻孔点燃、高压电焦化、高压水注入及激光贯通法、爆破压裂贯通法进行。煤炭的地下气化不仅可省去煤的开采和运输，而且能充分利用不便于开采的煤炭资源。

3. 磁流体发电技术

是以高温的导电流体（导电的气体或液态金属）高速通过磁场而产生电动势。其能量转化形式是从化学能变为热能，再从热能直接变为电能，发电效率高。

三、新能源的开发利用

1. 核能

是原子核发生反应而释放出来的巨大能量。

(1) 核裂变能 较重原子核（如铀-235），受到中子轰击后，会分裂成为大小相仿的两个原子核（称为碎片），同时放出的巨大能量。

（2）核聚变能　轻原子核聚合成较重原子核的反应称为核聚变。核聚变可释放出比核裂变巨大得多的能量。例如氢弹的爆炸。但人们期望使用这种热核反应能在人工控制下慢慢地进行，并将所释放出的能量变为电能，此过程称为受控热核反应或受控核聚变。

2. 太阳能

即太阳辐射的能量，是一种可再生能源。太阳能的利用主要分为3个方面，即太阳能采暖和制冷、太阳热发电和太阳光发电。

3. 其他新能源

（1）海洋能　分为波浪、潮汐、海流、海洋温度差、海水浓度差以及海洋生物等5种形式，分别属于运动能、热能和化学能。其中，潮汐能是被开发得最有成效的。

（2）风能　太阳的辐射能穿过大气层时被大气层吸收，使大气被加热而产生了对流运动，形成了风。所以风能实际上也是太阳能。风能主要用于发电，也有将其作为动力或转为热能来取暖。

（3）地热能　是指蕴藏于地球内部的热能。目前地热只在少数国家被开发利用。

（4）可燃冰　是丰富的海底能源。实际上是天然气（主要成分为甲烷）的水合物，在深海底部低温高压条件下，形成透明的晶体，外貌像冰，但可燃烧，因而得名。由于可燃冰纯度高，一般不含硫及其他杂质，因而燃烧时不排放硫氧化物、氮氧化物及尘埃等污染物，是一种理想的新能源。

（5）氢能　氢气是一种可燃气体，发热值高，燃烧后生成水，不污染环境，是一种比较理想的清洁的二次能源。由于制氢成本较高，目前氢还不能作为一般能源使用。

（6）生物质能　指来源于生物体的能量，是利用现代科技手段将含生物质的废弃物（或废弃的生物质），如有机垃圾、粪便之类，转化为燃料，从中获取的能量。

自测题及答案

自　测　题

一、填空题

1. 传统能源主要指__________、__________、__________，常被称为化石能源，属于不可再生能源；新能源是指__________、__________、__________、__________、__________等，其中属于可再生能源的是__________、__________。

2. 在各种能源中，有些能源是自然界中本已存在，能直接被人类利用的，称为__________能源，例如__________和__________；而利用已存在能源加工转化能到的能源，则称为__________能源，例如__________和__________。

3. 在各种能源中，有些能源是在自然界中能很快得到补充或循环再生的，称为__________能源，例如__________和__________；而有些能源生长周期极长，不可能在短期内得到再生或补充的，则称为__________能源，例如__________和__________。

4. 核能是原子核发生反应而释放出来的巨大能量，原子核反应有__________反应和__________反应两种。你所知道的核电站事件有__________、__________（至少举两例）。

5. 在海洋能中开发得最有成效的是__________能。在海底资源中蕴藏着丰富的__________，它实际是天然气的水合物，纯度高、燃烧时污染少，是一种理想的新能源。

6. 太阳能利用主要依赖________、________、________等方式实现能量转化。

二、简答题

1. 什么是可持续发展？试以可持续发展的观念，简单评价我国当前的能源状况，并提出适合我国国情的能源发展战略。

2. 试从能源的角度阐述人类对海洋资源的深入综合开发和合理利用，对于实现可持续发展的重要意义。简要评价开发核能的环保价值。

3. 核反应堆和核电站的安全性如何？阐述你的理解。

答　案

一、填空（1、2、3 题可有多种答案，不唯一）

1. 煤　石油　天然气　核能　太阳能　地热能　海洋能　风能　太阳能　风能　海洋能

2. 一次　煤　石油　二次　煤气　电

3. 可再生　太阳能　地热能　不可再生　煤　石油

4. 裂变　聚变　苏联切尔诺贝利核电站事故　日本福岛核电站事故　美国三里岛核电站事故

5. 潮汐　可燃冰

6. 光能到热能　光能到电能　光能到化学能

二、简答（略）

参 考 文 献

[1] 同济大学普通化学及无机化学教研室.普通化学.北京：高等教育出版社，2004.

[2] 大连理工大学无机化学教研室.无机化学.第5版.北京：高等教育出版社，2006.

[3] 陶雷.普通化学学习指导.上海：同济大学出版社，2002.

[4] 王金玲.普通化学学习指导.北京：科学出版社，2004.

[5] 王志林，黄孟健.无机化学学习指导.北京：科学出版社，2006.

[6] 周公度，段连运.结构化学习题解析.北京：北京大学出版社，2001.

[7] 薛思佳.有机化学学习指导.北京：科学出版社，2009.

[8] 何旭明，董炎明.高分子化学学习指导.北京：科学出版社，2007.